U0339789

BIG BANG

大爆炸简史

一场伟大的比赛，赛场就是宇宙本身

[英] 西蒙·辛格◎著　王文浩◎译

CNS 湖南科学技术出版社

这本书之所以能呈现在你面前，要感谢卡尔·萨根、詹姆斯·伯克、马格努斯·派克、亨兹·沃尔夫、帕特里克·摩尔、约翰尼·巴尔、鲍勃·巴克曼、米利亚姆·斯托帕德、雷蒙德·巴克斯特，和激发起我对科学的兴趣的所有科学电视节目的制片人和导演。

在大教堂里放上3粒沙子，于是大教堂的沙粒密度就将比太空中的星星密度还要高。

——詹姆斯·金斯

理解宇宙的努力属于这样的极少数事情之一：它为人类生活略略增添了一些幽默，也让它带上某种悲剧的美感。

——斯蒂芬·温伯格

在科学上，人们试图以人人都能理解的方式告诉他人某些前人不知道的事情。但在诗歌上，这一点正相反。

——保罗·狄拉克

宇宙中最不可理解的事情就是宇宙是可以理解的。

——阿尔伯特·爱因斯坦

目　录

第1章：起源

科学必定源于神话，并在对神话的批评中成长起来。

——卡尔·波普尔

我不觉得有责任相信，赋予我们感觉、理性和智慧的上帝故意让我们弃之不用。

——伽利莱·伽利略

生活在地球上虽然可能成本高昂，但它却包含了每年一度的绕日免费旅行。

——匿名

物理学不是宗教。如果是的话，我们挣钱就会容易得多。

——莱昂·莱德曼

我们的宇宙点缀着超过1000亿个星系。每个星系又包含大约1000亿颗恒星。目前还不清楚到底有多少行星在环绕这些恒星运行，但可以肯定的是，它们中至少有一个演化出生命。特别是，有一种生命形式已经具备了推测这个巨大宇宙起源的能力和胆量。 3

人类凝视太空已有几千代人的历史，但我们很荣幸，成为第一代可以声称对宇宙的创生和演化给予体面的、合理的和一致的描述的人里的一分子。大爆炸模型对我们在夜空中看到的一切事物的起源提供了一种优美的解释，这使它成为人类智慧和精神财富中最伟大的成就之一。它是永不满足的好奇心的结果，是神话般想象力的结果，是敏锐的观察力和无情的逻辑推理的结果。

更奇妙的是，大爆炸模型可以被我们每一个人所理解。我第一次了解大爆炸概念还是一个十几岁的少年，我被它的简单性和完美性震慑住了，对它那种很大程度上建立在未超出我在中学物理课上所学知识的范畴的原理之上这一点感到叹为观止。正如查尔斯·达尔文的自然选择理论，大多数心智健全的人都能理解并领悟其基本原理一样，大爆炸模型也可以用非专业人士能理解的语言来说明，而不必担心弱化了理论中的关键概念。 4

但在了解大爆炸模型的最早期状况之前，我们有必要学习一些基础知识做铺垫。宇宙的大爆炸模型是在上个百年里发展出来的。这是唯一可能的，因为20世纪的突破是建立在前几个世纪积累的天文学知识基础之上的。同样，有关天空的这些理论和观测又是在两千多年里无数前人刻苦钻研所创设的科学框架内取得的。往更远了说，这种科学方法，作为获取物质世界客观真理的途径，可能在神话和民间传说的作用开始减弱的那一刻就已经开始萌芽了。总而言之，大爆炸模型的根基和我们对科学宇宙论的追求可以回溯到古代神话世界观衰落之时。

从巨人造物主到希腊哲学家

根据公元前600年的中国创世神话，巨人盘古由一个蛋中脱壳而出，并着手创造世界。他用凿子刻出峡谷和山脉。接着，他设置了太阳、月亮和天上的星星。任务完成后他便去世了。巨人造物主的死亡也是创世过程的重要组成部分，因为他身体的碎片帮助完成了这个世界。盘古的头盖骨形成了天空的穹顶，他的肉体变成了土壤，骨头化为岩石矿脉，血化作江河和海洋。他的最后一口气变成了风和云，而他的汗水则变成了雨。他的头发落到地面，产生了植物生命，头发里的跳蚤即为人类的先祖。由于我们的出生需要以我们的造物主的死亡为代价，因此我们都会受到悲伤的诅咒。

5　相反，在冰岛的（散文体）史诗神话《埃达》里，宇宙的创生不是始于一个蛋，而是诞生于巨大的缺口。这个虚空将南方的火热之地（Muspell）与北方的严寒之地（Niflheim）分开，直到有一天，火热之地的炎炎酷热将严寒之地的冰雪融化，水雾侵入巨大的缺口，点燃了巨人伊米尔（Imir）的生命。这样，世界的创生才开始。

西非多哥的克拉钦（Krachi）人则讲述了另一个版本的巨人故事。这个巨人叫蓝色巨神乌尔巴里（Wulbari），他就是我们再熟悉不过的天空。他曾一度躺在地球上方，但一个用长木棒捣粮食的女人不停地戳他，他只好将自己升空到这个讨厌鬼够不着的地方。然而，乌尔巴里还是在人间够得着的地方活动，他曾用其腹部作毛巾，从他的蓝色身体上取一部分体液来增添他们的汤的滋味。但渐渐地，乌尔巴里升得越来越高，直到蓝天变得遥不可及，且一直保持至今。

还是在西非，在约鲁巴人看来，奥勒伦（Olorun）才是天空的主人。他向下看了一眼了无生机的沼泽后，便要求另一位神带着蜗牛壳降临到荒蛮的地球上。蜗牛壳里有一只鸽子、一只母鸡和一丁点土壤。土壤被撒在地球的沼泽上，随后母鸡和鸽子便开始用爪子挠地，并用嘴啄地，直到沼泽变成坚实的大地。为了检验它们的工作，奥勒伦又派变色龙下凡，变色龙从天上降临到大地后，身上的颜色也由蓝色变成褐色，表明母鸡和鸽子已成功地完成了它们的任务。

在世界各地，每一种文化都有它们自己的关于宇宙的起源和它是如何形成的神话。这些创世神话差异极大，但每个神话都反映了它所起源的环境和社会。在冰岛，正是火山和那里特有的气象条件形成了伊米尔诞生的背景，但在西非约鲁巴人那里，则是大家熟悉的鸡和鸽子带来了坚实的土地。不过，[6]所有这些独特的创世神话都有一些共同的特点。无论是巨大的、蓝色的、伤痕累累的乌尔巴里，还是中国垂死的巨人，这些神话不可避免地都要求助于至少一个超自然的存在，来扮演宇宙创生的解释中所起到的至关重要的作用。此外，每一种神话在其诞生的社会中代表了绝对真理。“myth（神话）”一词源自希腊词“mythos”，其本义可以是“故事”，但在“最后指令”的意义上也可以是“命令”。事实上，任何胆敢质疑这些解释的人都将置自己于异端邪说的境地。

这种情况直到公元前6世纪才有了大的改变。当时在知识阶层中突然形成了一种宽容的氛围。哲学家第一次可以自由放弃公认的对宇宙起源的神话解释，并发展他们自己的理论。例如，米利都的阿那克西曼德认为，太阳是一个环绕地球转动的，其内燃烧着熊熊大火的环形的洞。同样，他还认为，月球和星星无非就是天空中的洞，露出了其中隐藏的火。而科洛封的色诺芬则认为，土渗出可燃气体，这些气体在晚上积累到一个临界点并被点燃，从而产生太阳。当气态的球燃烧殆尽后，夜幕便再次降临，燃烧留下的点点火花便构成我们所称的星星。他解释说，月球以同样的方式运行，只不过它的气体聚集和燃烧有一个28天的周期。

色诺芬和阿那克西曼德的解释是否接近事实并不重要，因为真正的要点是他们发展了一些不诉诸超自然的器物或神灵来解释自然界的理论。这种认为太阳是我们透过天空中的洞看见的天火，或是一个燃烧着的气态火球的理[7]论，性质上不同于那种将太阳解释成战神赫利俄斯驾驶的驶过天际的火热的战车的希腊神话。这不是说新一波哲学家必然要否定神的存在，而只是说他们不愿相信自然现象都是上帝干预的结果。

这些哲学家是第一批*宇宙学家*，因为他们对物理宇宙及其起源的科学研究感兴趣。“宇宙学”这个词源自古希腊单词“kosmeo”，意思是“有序”或“有组织”，反映了宇宙是可以理解的，是值得分析研究的这一信念。宇宙有模式，古希腊人的雄心就是想辨别出这些模式，予以详尽的考察，了解其背后的机制。

称色诺芬和阿那克西曼德是现代意义上的科学家这肯定过于夸张，认为他们的想法是完全成熟的科学理论不啻对他们的奉承。但不管怎样，他们确实对科学思维的诞生做出了某种贡献，他们的精神与现代科学有很多共同之处。举例来说，如同现代科学中的思想一样，古希腊宇宙学家的观点可以受到批评和比较，被提炼或放弃。古希腊人爱好辩论，所以哲学家的圈子里会审查各种理论，质疑其背后的原因，并最终择出哪一种理论是最有说服力的。与此相对照，在其他许多文化中，个人不敢质疑本民族的神话。每一种神话在其社会中都是一种信仰。

大约自公元前540年开始，萨摩斯的毕达哥拉斯帮助加强了这种新理性主义运动的基础。作为其哲学的一部分，数学在他那里得到了长足的发展。他展示了数字和公式如何能够帮助用来构建科学的理论。他的第一个突破是通过数字的调和来解释音乐的和谐。古希腊早期音乐中最重要的乐器是四弦琴，但毕达哥拉斯利用单根弦制成的单弦琴进行实验，发展了他的理论。让[8]弦保持固定的张力，但弦长可以改变。弹拨特定长度的弦产生一个特定的音符，毕达哥拉斯认识到，如果将同一弦长减半，则产生的音调高八度，且与原长的弦所发出的音相和谐。事实上，按简单的分数或比值来改变弦的长度，将产生一个与第一个音符和谐的音（例如：比例3：2发出的音现在称为五度乐音），但按照不合适的比例来改变弦长（例如15：37）就将导致不和谐。

自从毕达哥拉斯证明了数学可以用来帮助解释和描述音乐之后，随后几代科学家便都试着用数字来探索一切事情——从炮弹的轨迹到混沌的天气。威廉·伦琴，就是在1895年发现了X射线的那一位，便是毕达哥拉斯数学科学学派的坚定信徒。他曾指出："物理学家在准备工作时需要三样东西：数学、数学还是数学。"

毕达哥拉斯的口头禅是"一切皆数"。在这种信念的推动下，他试图找出支配天体的数学法则。他认为，天空中太阳、月亮和行星的运动产生出特定的音符，具体音高由它们的轨道长度来确定。因此，毕达哥拉斯得出结论，这些轨道和音符必然具有特定的数值比例，因为宇宙是和谐的。这成为当时流行的理论。我们可以从现代的角度来重新审视它，看看它在当今严格的科学方法面前是不是还能站得住脚。从积极的一面看，毕达哥拉斯声称宇宙中充满了音乐这一点没有诉诸任何超自然的力量。而且，这个理论相当简单，也相当优美，这两种特质在当今科学里受到高度重视。在一般情况下，一个[9]建立在单个简洁、优美的方程基础上的理论要比一个建立在多个复杂、丑陋的方程（其品质需要诸多繁复虚饰的注解来说明）基础上的理论更受青睐。

正如物理学家伯恩特·马蒂亚斯所言："如果你在《物理评论》上看到一个公式占了超过四分之一页，算了吧，是错的。大自然不会那么复杂。"然而，简洁和优美还不是科学理论最重要的特征。最重要的是理论结果必须与实际相吻合，必须能被检验，而这正是天体音乐理论不完备的地方。根据毕达哥拉斯的解释，我们时时刻刻都沐浴在他假想的天籁之中，但我们之所以感知不到它，是因为我们自出生后就一直听到它，已经变得充耳不闻了。但不管他怎么解释，说到底，任何理论，如果它预言有一种音乐你可能永远听不到，或有一种东西你无法检测到，那么它只能是一种蹩脚的科学理论。

每一种真正的科学理论都必须对宇宙间的事物做出可观察或可测量的预言。如果实验或观测结果与理论预言的结果相匹配，那么我们就有充分的理由接受这一理论，并将其并入更大的科学框架内。反之，如果理论预言不准确，而且与实验或观测结果相冲突，那么这一理论就必定会被拒绝，或至少是需要更改，不论从美学还是简单性上看这一理论有多好。这是最高级别的挑战，是最残酷的挑战，但每一种科学理论都必须是可检验的，并与实际事实相容。对此19世纪的博物学家托马斯·赫胥黎这样论述道："科学的大悲剧——一个美丽的假说被一个丑陋的事实所戕害。"

幸运的是，毕达哥拉斯的后继者们在他的想法基础上建立并改进了他的方法论。科学逐渐成为一门日益复杂和强大的学科，它能够取得惊人的成就，[10]例如对太阳、月球和地球的实际直径，以及它们之间的距离进行测量。这些测量活动是天文学史上的里程碑，它们代表了人类在了解整个宇宙的道路上迈出的试探性的第一步。因此，这些测量活动值得在此稍加详细地说明。

在天体的距离或大小可以计算出来之前，古希腊人最先建立起大地是一个球体的概念。随着哲学家慢慢熟悉这样一种现象——远去的帆船逐渐消失在地平线下，只露出桅杆的顶——这种观念得到了古希腊人的认可。因为这种现象只有将海面看成是曲面并在远处消失才能够说得通。如果海面具有曲面性质，那么可推知大地也应如此，这意味着它可能是一个球体。这一观念通过对月食的观测得到了强化。月食的发生源自地球在月球上投下的圆盘形影子，其形状恰如你所预料的一个球形物体的投影一样。同样重要的事实是，每个人都可以看到，月球本身就是圆的，这表明球形是存在的一种自然状态，这一点为球状大地假说增添了更充分的理由。一切都开始变得好理解了，包括希腊史学家和旅行家希罗多德的著作。希罗多德在书中讲述道，在遥远的北方，人们一睡就是半年的时间。如果大地是球形的，那么球面上不同的地区根据其纬度的不同会有不同的白天时长，这自然就产生了极地的冬季和夜晚要历时6个月的现象。

但是，球形的地球产生了一个问题，这个问题即使在今天依然让孩子们困惑不解——是什么力量阻止了南半球的人们不会掉下去？古希腊人解决这个谜团的办法是基于信仰——相信宇宙有一个中心，一切都受到这个中心的吸引。地球的中心理应恰与这个假设的宇宙中心重合，因此地球本身是静态的，其表面上的一切东西都被拉向中心。因此，希腊人都因为这个力才[11]能够站在地面上，正如地球上的其他人一样，即使他们生活在地球的背面。

测量地球大小的壮举最早是由出生于约公元前276年的昔兰尼（今利比亚）的埃拉托色尼完成的。甚至在他还是个小男孩时，埃拉托色尼就显露出过人的聪慧，他的知识遍及任何学科，从诗歌到地理。他甚至被戏称为“五项全能者”，就是说像一个从事五项全能运动项目的运动员一样，才华遍及各领域。埃拉托色尼作为图书馆馆长在亚历山大城住了很多年。图书馆馆长这个职位在古代世界可以说是最有名望的学术职务。当时，大都会亚历山大城取代雅典成为地中海地区的知识文化中心，该城的图书馆是世界上最受尊敬的学术机构。这里可没有成天在书上加盖日期的刻板的图书管理员，也没有人交头接耳窃窃私语，因为这是个充满活力、令人兴奋的地方，到处是鼓舞人心的学者和让人眼花缭乱的学生。

正是在主持这个图书馆期间，埃拉托色尼了解到，在埃及南部的赛伊尼城（今阿斯旺镇）附近有一口具有奇特用途的井。每年的6月21日夏至这天的中午，太阳直射井底。埃拉托色尼认识到，在这个特定的日子里，太阳必定在头顶正上方，而这种事情从来没有在赛伊尼以北几百千米外的亚历山大发生过。今天我们知道，这是因为赛伊尼靠近北回归线，那里是太阳可以在头顶正上方的最北端的纬度区域。

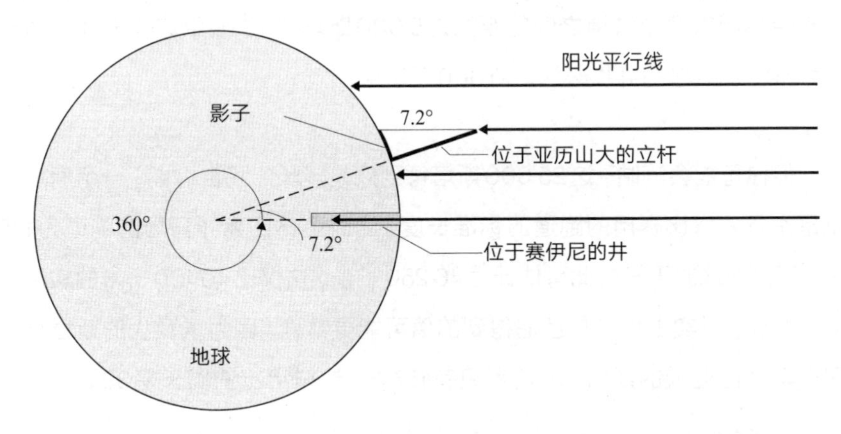

图1　埃拉托色尼在亚历山大城用一根立杆的影长来计算地球的周长。他在夏至这天进行了这项实验。这天地球对阳光倾斜得最厉害，使得沿北回归线的城镇都处在阳光直射的状态。这意味着在这些城镇的正午时刻太阳正好在头顶的正上方。为清晰起见，本图和其他的图中的距离未按比例绘制。同样，角度可能有夸大。

埃拉托色尼意识到，太阳之所以不能同时在赛伊尼和亚历山大两地过头顶，原因在于大地是弯曲的。他想到应该可以利用这个性质来测量地球的周长。他考虑这个问题的方式可能与我们今天的考虑有所不同，他的几何解释和他所用的符号也不尽相同，因此这里给出的是他的方法的现代阐释版

12

本。图1显示了来自太阳的平行光线在6月21日中午直射地球的情形。在正午时刻，在赛伊尼，阳光直射井底；在亚历山大，埃拉托色尼在地上立了根直杆，并测量了阳光与立杆之间的角度。最重要的是，这个角度等同于亚历山大和赛伊尼两地到地球中心的两根径向延长线之间的夹角。他测得的角度为7.2°。

接着，假设有人决定从赛伊尼径直走到亚历山大，然后马不停蹄地继续走下去，直到他环绕地球一圈回到赛伊尼。那么这个人便绕了360°整整一圈。因此，如果赛伊尼与亚历山大之间的角度为7.2°，那么赛伊尼与亚历山大之间的距离即为地球周长的7.2/360即1/50。接下来的计算就简单了。埃拉托色尼测得两个城镇之间的距离是5 000斯塔德。[1] 如果这代表地球周长的1/50，那么总的周长必为250 000斯塔德。

13

但你可能会嘀咕，这25 000斯塔德到底是多长？我告诉你，一个斯塔德就是举行体育比赛用的跑道的标准长度。当时奥林匹克体育场的跑道为185米，所以地球的周长由此可估计为46 250千米，这仅比40 100千米的实际值大了15%。事实上埃拉托色尼得到的值可能更精确。因为埃及人的斯塔德不同于奥林匹亚人的斯塔德，前者只有157米，这样给出的周长是39 250千米，误差只有2%。

他的误差是2%还是15%是无关紧要的。重要的是，埃拉托色尼如何科学地估算出地球大小的方法。不够精确仅仅是诸多因素——角度测量不够好，赛伊尼-亚历山大之间距离的测量有误差，至日中午的时间掐得不够准，以及亚历山大不是位于赛伊尼的正北等——的结果。在埃拉托色尼之前，没

1. stade，古希腊长度单位。——译注

14

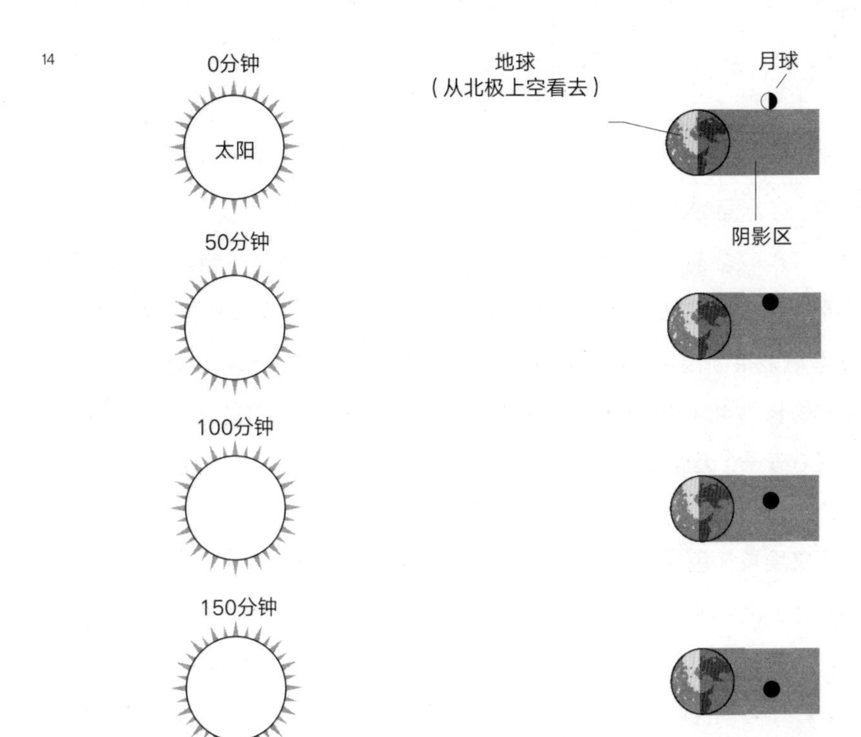

图2　地球与月球的相对大小可以通过月食期间观测月球穿过地球阴影的时间来估计。比起地月间的距离，二者离太阳的距离非常非常远，因此，地球的影子的大小可以大致等同于地球本身的大小。

图中显示了月球穿过地球的影子的全过程。在这个特殊的月蚀——月亮大致穿过地球的影子中心——过程中，月亮从月面上刚出现阴影到被完全覆盖，需要50分钟，所以50分钟是月亮自身直径的指示。从月面完全隐没在地球的阴影里到月面完全离开阴影区所需的时间为200分钟，这是地球的直径的指示。因此地球的直径大约是月球直径的4倍。

有人知道地球周长是4 000千米，还是40亿千米，所以能够确定下来大致为40 000千米不啻一个巨大成就。它证明了，一个人要想测量这个星球，需要的不只是尺子，还要有一颗大脑。换句话说，只要智慧与某些实验装置嫁接起来，那么几乎所有事情都有可能实现。

对埃拉托色尼来说，现在有可能推算出月球和太阳的大小以及它们与地球的距离。这方面的大部分基础性工作已经由早期自然哲学家完成，但在地球的大小被确立之前，他们的计算都是不完整的，现在埃拉托色尼有了这个缺失的值。例如，通过比较月食时地球在月球上投射的阴影的大小（如图2所示），就有可能推断出月亮的直径约为地球的四分之一。一旦埃拉托色尼知道了地球的周长为40 000千米，那么其直径大约就是（40 000/π）千米，这大概是12 700千米。因此，月球的直径为12 700/4千米，即大约为3200千米。 15

接下来埃拉托色尼很容易估计出地月之间的距离。一种方法是伸出你的手臂，竖起手指，闭上一只眼，盯着满月看。如果你试着这么做，你就会发现，你的食指指尖可以遮住月亮。图3显示了你的指甲与你的视线形成一个三角形。月亮与你的视线构成一个相似的三角形，虽然二者大小差很多，但比例相同。你的臂长与指甲高度之间的比大约是100∶1，这个比值必然也是地月之间的距离与月球自身的直径之比。这表明地月间距离大致是月球直径的100倍，即320 000千米。

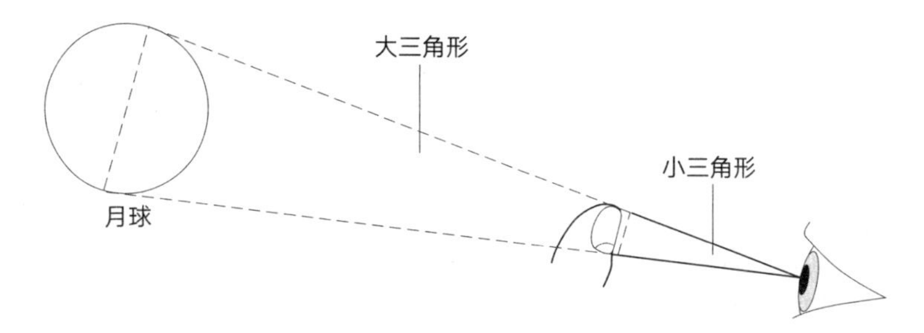

图3 有了月球的大小，计算地月间距离就相对容易了。首先，你会发现，你在一臂之长的距离上用指尖就可以遮蔽掉月亮。因此，问题很清楚，指甲的高度与臂长的比大致等同于月亮的直径与地月间距离的比值。手臂的长度大约是指甲高度的100倍，所以到月球的距离大约是月球直径的100倍。

16　接下来是估计太阳的大小和距离。要感谢克拉佐美纳伊（Clazomenae）的阿那克萨哥拉提出的假设，和萨摩斯的阿里斯塔克斯为此提出的绝妙论证，它使得埃拉托色尼能够用来计算太阳的大小以及日地间距离。阿那克萨哥拉是公元前5世纪的一位激进的思想家，他认为人生的目的就是“研究太阳、月亮和天堂”。他认为，太阳是一块白热化的石头而不是神。同样，他相信各个恒星也是热的石头，只是距离太远无法加热地球。相反，月亮被认为是一块冰冷的石头，是不发光的，而且阿那克萨哥拉还认为，月光只不过是对太阳光的反射。

尽管阿那克萨哥拉所居住的雅典的学术氛围越来越宽容，但要宣称太阳和月亮是岩石而不是神仍然存在很大争议，以至于嫉妒的竞争对手指责阿那克萨哥拉为异端，并组织起一场声讨运动，导致他被流放到小亚细亚的兰萨库斯。雅典人有一个爱好，就是用偶像来装饰他们的城市，这就是为什么大主教约翰·威尔金斯会在1638年不无讥讽地指出，一个把神变成石头的人会受到一个把石头变成神的人的迫害。

在公元前3世纪，阿里斯塔克斯对阿那克萨哥拉的想法进行了论证。如果月光是对阳光的反射，他论证道，那么当太阳、月亮和地球形成一个直角三角形时，必然会出现半个月亮，如图4所示。阿里斯塔克斯测量了地球分别

17

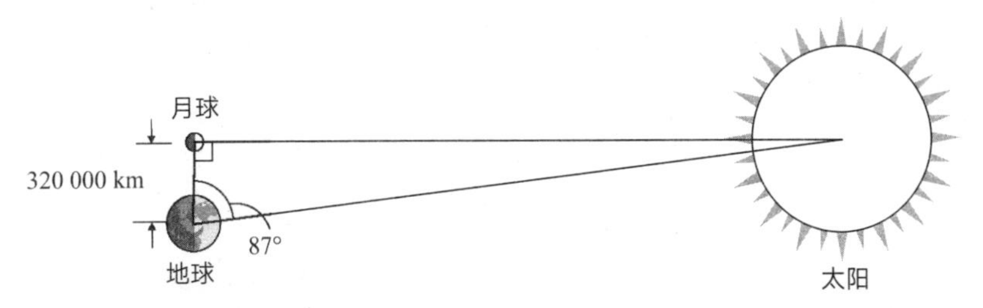

图4　阿里斯塔克斯认为，利用出现半月的月相时地球、月球和太阳形成直角三角形这一事实，可以估算到太阳的距离。在半月时，他测量了图中所示的角度。然后用简单的三角学和已知地月间距离就可以确定地球-太阳的距离。

到太阳和到月亮的连线之间的夹角，然后用三角学算出了地月之间和日地之间距离的比值。他测得的角度为87°，这意味着日地之间距离大约是地月间距离的20倍，而我们前面的计算已经给出了我们到月球的距离。事实上，正确的角度是89.85°，而且太阳要比月球远400倍，因此阿里斯塔克斯显然还得为精确测量这个角度继续努力。同样，测量的精度不是关键，关键是希腊人想出了一种有效的方法，这才是关键性的突破，更好的测量工具将使得未来的科学家更接近真实的答案。

最后，导出太阳的大小就简单了，因为一个公认的事实是，日食期间月球几乎完全遮盖住太阳。因此，太阳的直径与日地间距离的比必然等于月亮的直径与地月间距离的比，如图5所示。我们已经知道月亮的直径和它到地球的距离，而我们也知道太阳到地球的距离，因此太阳的直径很容易计算出。这种方法与图3所示的方法是一样的，只不过现在月球取代了那里的指甲的位置。

18

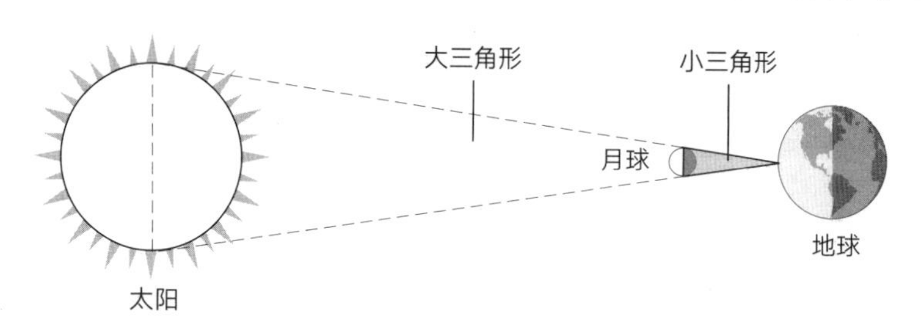

图5　一旦我们知道了太阳的距离，我们就可以估计它的大小。一种方法是利用日全食和我们关于月球的距离和直径的知识。在地球上，日全食只有在特定时间在某个小区域才可见，因为这时太阳和月亮看起来几乎有相同的大小。这个图（未按比例）显示了地球上的日蚀观察者如何处在两个相似三角形的顶点。第一个三角形延伸到月球，第二个三角形到太阳。知道了到月球和到太阳的距离，又知道月球的直径，因此足以推断出太阳的直径。

埃拉托色尼、阿里斯塔克斯和阿那克萨哥拉的惊人成就说明，古希腊的科学思维正在取得进步，因为他们对宇宙的测量依赖的是逻辑、数学、观察和测量（现代对他们测量的结果修正如表1）。但希腊人真的能够享有奠定科学基础的荣耀吗？那么巴比伦人在天文学上的贡献又当如何看待呢？毕竟，作为伟大的、讲求实际的天文学家，他们曾进行过数以千计的观察。科学哲学家和科学史学家普遍认为，巴比伦人不是真正的科学家，因为他们仍然满足于相信神主宰宇宙和神话解释。不管怎么说，比起真正的科学，收集数百种测量结果和罗列数不清的恒星和行星的位置只能算是小打小闹。科学的志向是要凭借对宇宙基本性质的理解来解释这些观察。法国数学家暨哲学家亨利·庞加莱对此说得很到位："科学是由事实建立起来的，就像房子是用石头建造的。但事实的收集还不是科学，正像一堆石头不是一所房子一样。"

如果巴比伦人不算是第一批原始科学家，那么埃及人又当如何呢？胡夫大金字塔可是要比帕特农神庙早了两千年，而且就埃及人发展出的秤、化妆[19]品、油墨、木门锁、蜡烛和其他许多发明来看，他们肯定远远走在了希腊人的前面。然而，这些是技术，不是科学。技术是一种实践活动，正像上述埃及人的例子所展示的那样，它们有助于使葬礼变得隆重，促进交易、美容、写作、安全和照明。简言之，技术是要让我们的生活（和死亡）变得更舒适体面，而科学则是单纯为了理解世界。科学家们受到的是好奇心的驱使，而不是舒适和实用的驱使。

虽然科学家和技术人员有着非常不同的目标，但是科学和技术经常被混淆为同一件事情，这可能是因为科学发现往往会导致技术上的突破。例如，科学家们花费了数十年做出关于电的发现，而技术专家则借此发明了灯泡和其他许多电力设备。然而，在远古时代，技术的增长无须得益于科学，所以埃及人可以是成功的技术人员而无须掌握任何科学。当他们酿制啤酒时，他们感兴趣的是技术方法和结果，而不是原因，他们不必知道一种原料为什么或怎样转化为另一种物质。他们不具有工序背后的化学或生物化学机制的知识。

因此，埃及人是技术专家，而不是科学家，而埃拉托色尼和他的同事们则是科学家，不是技术专家。二千年后的亨利·庞加莱对古希腊的科学家的意图做了如下描述：

> 科学家研究自然不是因为它有用，而是因为他对它感兴趣。他之所以对它感兴趣，是因为它很美。如果自然不美，它就不值得去理解，如果自然不值得理解，生命就没有意义。当然，我这里说的不是那种作用于感官的美，那种品质和外观之美；我不是要低估这种美，远离这种美，而是这种美与科学没有任何关系。我在这里谈的是更深刻的美，它来自各部分之间和谐的秩序，并且只有智力可以把握。

总之，希腊人展示了如何从到太阳的距离的知识去获知太阳的直径，而前者又取决于对到月球距离的了解，而这则取决于对月球直径的认识，这种认识又取决于对地球的直径的认识，地球直径的获知则是埃拉托色尼的伟大突破。获取这些距离和直径的垫脚石则是由一系列观察——北回归线上深的竖井，地球投射在月球上的阴影，太阳、地球和月球在半月月相期间构成直角三角形的事实，以及月亮在日食期间完全遮住太阳等——铸就的。除此之外，一些假设，如月光是对太阳光的反射，和科学逻辑框架的初具规模，也是必不可少的条件。科学逻辑的这种架构有其内在的美，这种美体现在如何将各种论据组合在一起，如何将几个测量结果彼此联系起来，以及不同的理论是如何突然被引入来支撑知识大厦的过程中。 20

完成了最初阶段的测量后，古希腊天文学家们现在可以准备考查太阳、月亮和行星的运动了。他们试图建立一个宇宙的动力学模型，以便辨别各天体之间的相互作用。这将是更深入了解宇宙的征途上的下一步。

圆套圆

我们最遥远的祖先详细研究了天空，从预测天气变化、跟踪时间到辨别方向，应有尽有。他们白天看着太阳穿过天空，晚上盯着接踵而来的星星列队游行。他们站立的土地是坚实固定的，所以认为重物都向着静态的地球运动而不是相反是很自然的事情。因此，古代的天文学家发展出地球中心论的世界观，就是说，地球是一个让整个宇宙围绕它旋转的静止的球。

22

实际上当然是地球绕着太阳运动，而不是太阳绕着地球转，但没有人认为存在这种可能性，直到克罗顿的菲洛劳斯参与到论战里来。菲洛劳斯是公元前5世纪的毕达哥拉斯学派的门生，他第一个提出地球绕太阳转而不是相反。在接下来的一个世纪里，庞杜斯的赫拉克利德斯接过了菲洛劳斯的想法，尽管他的朋友们都以为他疯了，给他起了个绰号叫paradoxolog——“矛盾制造者”。给这种宇宙图像进行最后的润色的是阿里斯塔克斯，他出生于公元前310年，即赫拉克利德斯去世的同一年。

21

表1

埃拉托色尼、阿里斯塔克斯和阿那克萨哥拉的测量结果不准确，因此下表引用这些不同距离和直径的现代的精确值予以修正。

地球的周长	40 100千米 = 4.01×10^4 千米
地球的直径	12 750千米 = 1.28×10^4 千米
月球的直径	3 480千米 = 3.48×10^3 千米
太阳的直径	1390 000千米 = 1.39×10^6 千米
地月距离	384 000千米 = 3.84×10^5 千米
日地距离	1.5亿 千米 = 1.50×10^8 千米

此表也可作为指数计数法——一种表示大数的方法——的介绍。宇宙学里有一些非常非常大的数。

10^1表示$10 = 10$

10^2表示$10 \times 10 = 100$

10^3表示$10 \times 10 \times 10 = 1\ 000$

10^4表示$10 \times 10 \times 10 \times 10 = 10\ 000$

等等

例如，地球的周长可以表示为：40 100千米 = 4.01 ×10 000千米 = 4.01 × 10^4千米。

指数计数法是一种简洁的表达，否则将需要用很多个零。10^N的另一种考虑是省去1后面的N个零，故10^3是1后面三个零，即1000。

指数计数法也可用于书写非常小的数：

10^{-1}表示$1 \div 10 = 0.1$

10^{-2}表示$1 \div (10 \times 10) = 0.01$

10^{-3}表示$1 \div (10 \times 10 \times 10) = 0.001$

10^{-4}表示$1 \div (10 \times 10 \times 10 \times 10) = 0.0001$

等等

虽然阿里斯塔克斯对测量到太阳的距离有贡献，但比起他对宇宙的惊人准确的概述，这只能算是一个小小的成就。他试图清除掉有关宇宙的那种出于直觉的（但却是不正确的）图像，即地球是一切的中心的图像，如图6（a）所示。与此相反，阿里斯塔克斯的不太显然（但却是正确的）图像是：地球是绕着一个更占优势的太阳旋转，如图6（b）所示。阿里斯塔克斯还说对了一点：地球绕自身轴线自转的周期是24小时，这就解释了我们每个白天面朝太阳，每个夜晚背对着它的原因。

阿里斯塔克斯是一位受人尊敬的哲学家，他的天文学思想众所周知。事实上，他的太阳中心宇宙论是由阿基米德记录下来的。阿基米德写道：“他的假设是：恒星和太阳都是不动的，地球围绕太阳做圆周运动。”然而，哲学家们完全摒弃了这种非常精准的太阳系图像，致使太阳中心说的想法在随后的一千五百年里消失了。古希腊人被认为是聪明人，但为什么要拒绝阿里斯塔克斯的有见地的世界观，而坚持以地球为宇宙的中心呢？

以自我为中心的态度可能是地球中心论世界观背后的促成因素，但人们 24

23

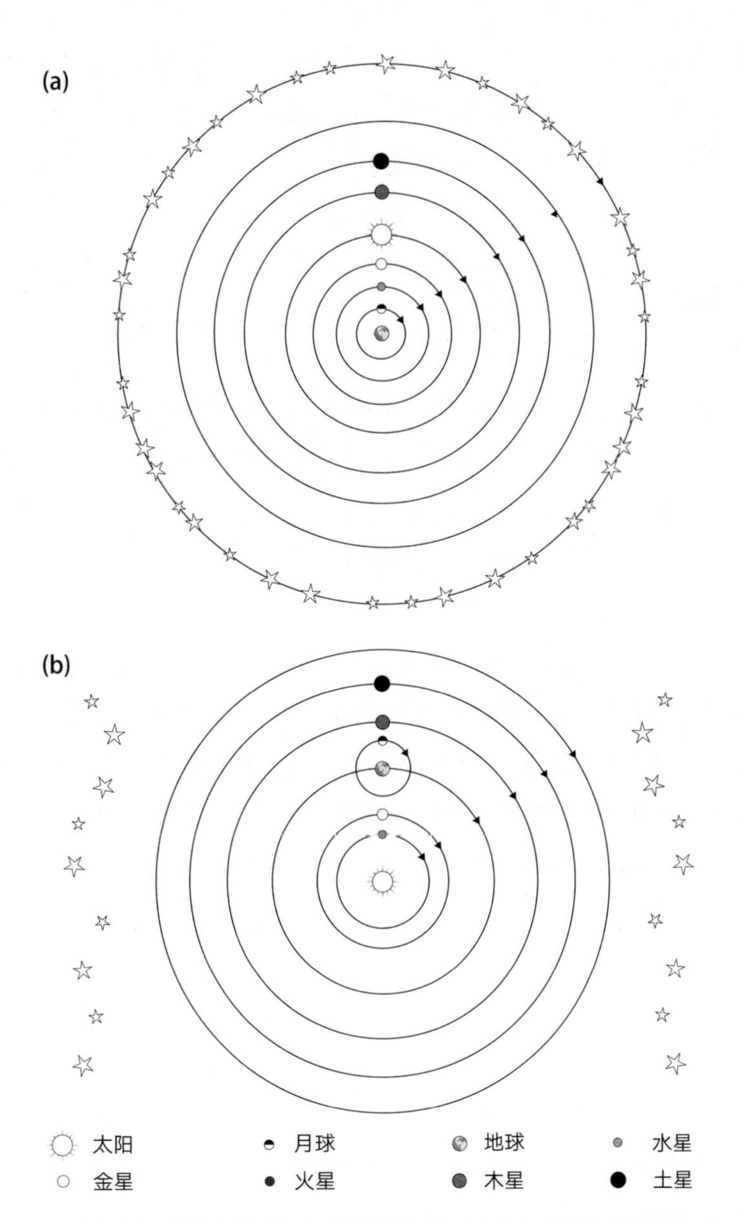

图6　图（a）表示的是古典的但不正确的以地球为中心的宇宙模式，其中月亮、太阳和其他行星都绕着地球做轨道运行。甚至几千颗恒星也绕着地球转。

图（b）表示的是阿里斯塔克斯的以太阳为中心的宇宙图像，其中只有月球绕地球转。在这种图像下，恒星形成宇宙的静态的背景。

之所以偏爱地球中心论的宇宙而不看好阿里斯塔克斯的以太阳为中心的宇宙，还有其他原因。日心世界观的一个基本问题是它看起来太过荒谬。事情看上去很明显，太阳每天围着静态的地球旋转而不是相反。总之，以太阳为中心的宇宙有悖于常理。但是，优秀的科学家不应该被常理所左右，因为事情往往是基于科学道理。爱因斯坦就谴责过常识，宣称它是“18岁之前形成的各种偏见”。

希腊人拒绝阿里斯塔克斯的太阳系的另一个原因是它显然未能经得起严谨的检验。阿里斯塔克斯建立的宇宙模型应该是符合现实的，但人们并不清楚他的模型是准确的。难道地球真的围绕太阳在转？批评者指出，阿里斯塔克斯的太阳中心模式有三个明显的缺陷。

首先，希腊人认为，如果地球在动，那么我们就会感觉到始终有风在吹向我们，我们应感觉到脚下的地面在动。然而我们并没有感觉到这样的风，也没有觉得地面在动，所以希腊人的结论是：地球必定是固定不动的。当然，地球确实是动的，我们之所以感觉不到这种掠过空间的速度，是因为地球上的一切都与它一起运动，包括我们自身、大气和地面在内。希腊人还领悟不了这种说法。

第二个成问题的观点是，运动的地球与希腊人对引力的理解不相容。正如前面提到的，传统的观点认为，一切事物都倾向于向宇宙中心运动，而地球已经处于这个中心，所以地球是不动的。这个理论非常有意义，因为它解释了苹果为什么会从树上落下来向着地球中心运动，因为它们受到宇宙中心的吸引。但如果太阳是宇宙的中心，那么为什么物体会落向地球？相反，苹果不应该从树上掉下来，而应该被吸向太阳——事实上，地球上的一切都应该落向太阳才对。今天，我们对引力有了更清晰的认识，这使得日心说的太

25

阳系变得更好理解。现代引力理论描述了大质量地球附近的物体是如何被地球所吸引的，同样，行星的轨道运行是受到更大质量的太阳的引力使然，然而这样的解释超出了希腊人的有限的科学知识范围。

哲学家们拒绝阿里斯塔克斯的日心宇宙说的第三个原因是，恒星的位置没有明显的变化。如果地球绕着太阳飞驰过巨大的距离，那么我们应该会在一年里从不同的位置来看宇宙。我们不断变化的位置意味着从不同的角度看宇宙，我们应该能看到星星之间彼此的相对移动，即所谓的*恒星视差*。这种局部的视差现象你向正前方伸出一根手指就可感觉到。闭上左眼，用右眼看手指附近的物体，例如窗户的边缘，与你闭上右眼，用左眼看同一物体时所看到的对象会有不同，这就是视差。如果你让两眼的闭合不断地来回切换，你会看到手指似乎在跳来跳去。因此，你变换视角，那么距离手指几厘米外的物体就会有明显的位置移动。其图像如图7（a）所示。

地球到太阳的距离为1.5亿千米，因此如果地球绕太阳转动，那么6个月后它距原来的位置将有3亿千米远。希腊人发现，在一年的过程中，根本无法探测到恒星位置的任何相对变化，尽管按照地球绕日转动说地球位置存在着巨大的变化。证据似乎再次表明，地球是不动的，是处在宇宙的中心这一结论。当然，地球就是不绕太阳运行，也存在恒星视差，但在希腊人看来，这是因为恒星都十分遥远的缘故。你可以再次进行轮换单眼观察物体的实验来体会这种视差减小的效果：现在充分伸展你的手臂，使你的手指在一米开外。再次用你的右眼去看与手指成一直线的窗户的边缘。这一次，当你切换到左眼观看时，你会发现视差变化比以前显著小了，因为你的手指离得较远，如图7（b）所示。总之，地球不动，但视差的变化会随着距离增大而迅速减小。恒星都非常遥远，因此恒星的视差无法用原始的设备检测出来。

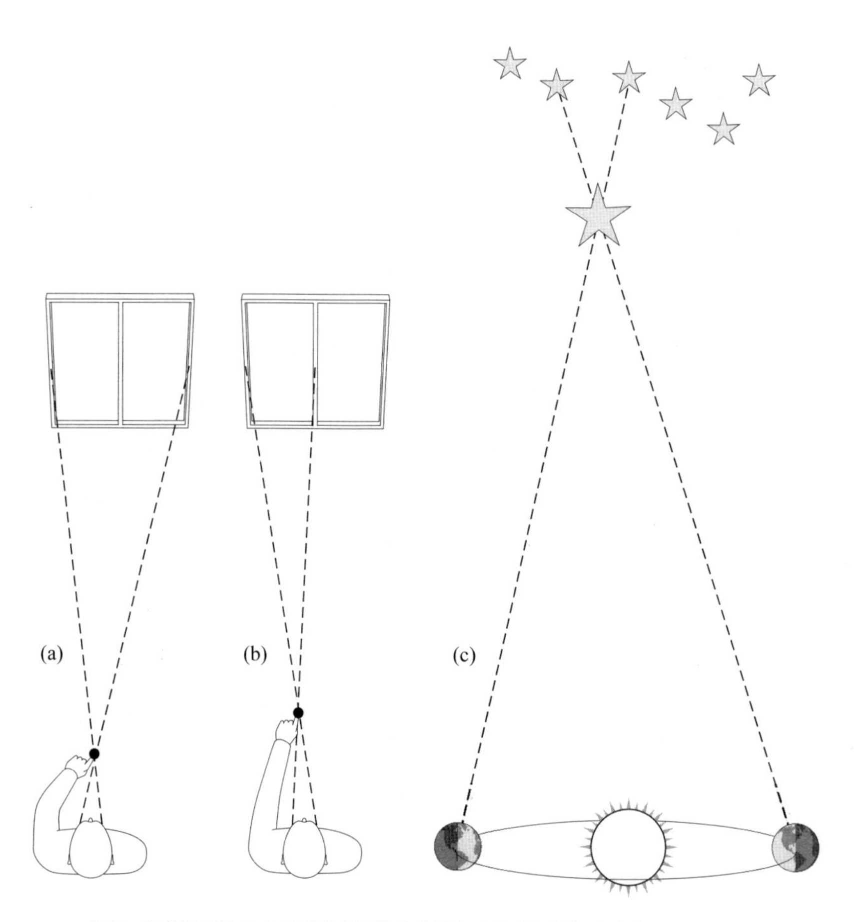

图7　视差是指物体由于观察者视角变化而出现的位置的视在变化。

图（a）显示的是，当用右眼观察时，手指出现在左窗边缘，但如果改用另一只眼睛观看时，手指则移位到右窗边缘。

图（b）显示，如果手指伸出得较远，那么两眼间切换所造成的视差移位会显著减小。由于地球围绕太阳转动，我们的观察位置有变化，因此如果我们拿一颗恒星作参照物，那么在一年的不同时间里，这颗参考星相对于更遥远的恒星就会出现位置变化。

图（c）显示出标记星是如何随地球位置的变化而与两颗不同的背景星构成一直线的。然而，如果图（c）是按比例绘制的话，那么这些恒星要画到页面外1千米的地方去了！因此，视差的变化是非常非常小的，古希腊人难以察觉到。而希腊人认为星星离得都非常近，所以在他们看来视差缺少变化就意味着地球是静态的。

当时，反对阿里斯塔克斯的日心宇宙模型的证据似乎是压倒性的，因此为什么他的所有哲学家朋友都相信地心模型是完全可以理解的。他们的传统模式非常有道理、富于理性而且自洽。他们满足于自己对宇宙的看法，认为自己就处在它的中心位置。然而有一个突出的问题。虽然太阳、月亮和星星看似都乖乖地环绕地球游行，但有5个天体却以相当随意的方式磨磨蹭蹭地横跨天空。偶尔，它们中的一些甚至敢随时停下来，然后扭头做反向运动，即所谓*逆行*。这些流浪的反叛者是其他5个已知的行星：水星、金星、火星、木星和土星。事实上，“行星”这个词源自希腊语“planetes”，意思是“流浪者”。同样，巴比伦语里称行星叫“bibbu”，字面意思是“野羊”——因为行星似乎满世界乱窜。而古埃及人称火星为“sekded-ef em khetkhet”，意思是“一个反向旅行者”。

28

从我们现代的地球绕日转动的观点看，这些天体的流浪汉行为很容易理解。实际上，行星是以稳定的方式绕日运动，但我们是从一个运动的观测平台——地球——来看它们，这就是为什么它们的运动看上去似乎是不规则的。特别是火星、土星和木星的逆行表现很容易解释。图8（a）展示的是一个只包含了太阳、地球和火星的简化版太阳系。地球绕日旋转的速度比火星快，因此当我们赶上火星，并超越它之后，我们观察火星的视线就会转换到逆向。然而，从旧的地球中心说的角度来看，我们坐在宇宙的中心，周围的一切都围绕着我们转，这样火星轨道就成了一个谜。如图8（b）所示，火星绕地球旋转时看起来就像是以一种最奇特的方式做着回转运动。土星和木星也显示出类似的逆行行为，古希腊人也有过这样的带圈轨道的概念。

这些带圈的行星轨道让古希腊人很难理解，因为按照柏拉图和他的学生亚里士多德的观点，所有的轨道都应该是圆形的。他们宣称，圆，以其简单、优美和无始无终的特征，成为最完美的形状，因为天堂是完美的境界，因此

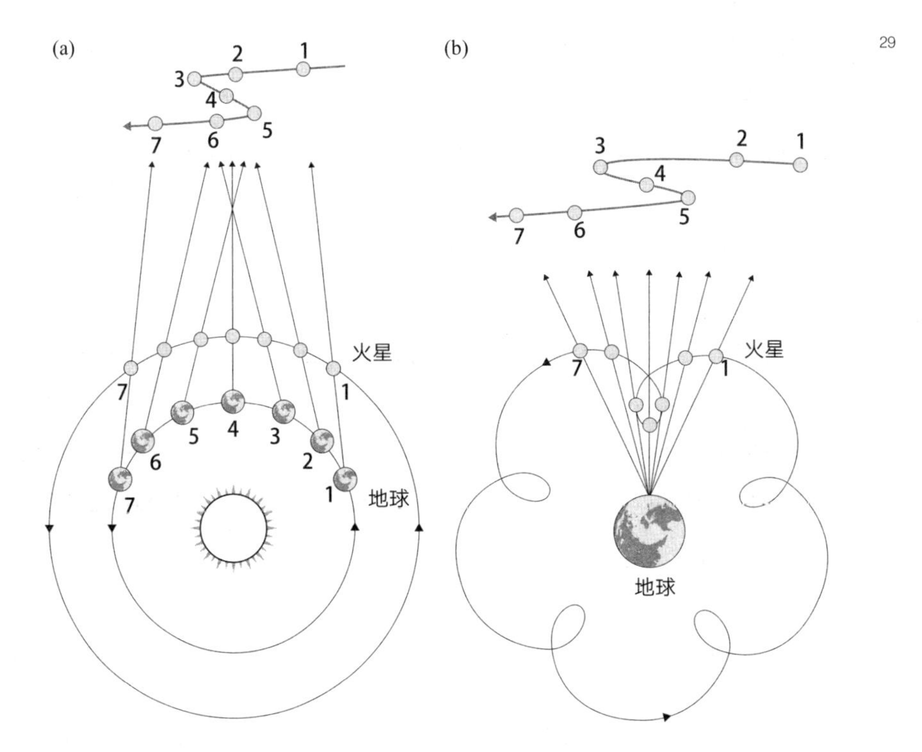

图8　从地球上观看，如火星、木星和土星等行星表现出所谓的逆行运动。

图（a）显示的是只有地球和火星绕太阳做（逆时针）轨道运动的简化版太阳系。从位置1开始，我们看到火星逐渐向着我们运动，到我们处在位置2的观察点时这种运动一直在持续。但当我们到达位置3时，火星停了下来。当我们到达位置4时，火星表现出右移，这种右移一直持续到地球到达位置5，这时火星再一次停下来，随后，当我们向位置6和7进发时，它又恢复到其原有的运动方向上。当然，火星本身一直在做逆时针的绕日转动，但在我们看来，由于地球与火星之间的相对运动，火星走过的是一条“Z”字形路径。因此在以太阳为中心的宇宙模型里，逆行是非常合理的。

图（b）显示的是地球中心说的信徒所认为的火星轨道。火星的“Z”字形路径被解释为实际走过的是带圆环的轨道。换言之，传统主义者认为，静态的地球处在宇宙的中心，而火星环绕地球做套环运动。

天体必然做圆周运动。几个世纪里，一些天文学家和数学家一直在研究这一问题。他们发展出一套精巧的解决方案——一种根据若干个圆的组合来描述行星的带圈轨道的方法。它符合柏拉图和亚里士多德关于圆运动的最完美的要求。这套解决方案与一位天文学家紧密关联，他就是生活在公元2世纪的亚历山大城的托勒密。

30　托勒密的世界观的起点是一种在当时普遍持有的假设，即地球处在宇宙的中心并且是固定不动的，否则“所有的动物和所有单独的重物都将被撇下，飘浮在空中”。接下来，他根据简单的圆运动解释了太阳和月亮的轨道。然后，为了解释逆行，他发展出一套圆套圆的理论，如图9所示。为了形成周期性的逆行路径，如前述火星的视在行为，托勒密先是提出单个的圆（所谓均轮），在这个圆上有一根想象的棒，其一端作为支点位于圆上，行星则位于这个棒的另一端。如果主均轮圆固定不动，棒绕其支点旋转，那么行星将划过一个短半径的圆形路径（所谓本轮），如图9（a）所示。反过来，如果主均轮圆转动而棒保持固定不动，那么行星将走过一个具有较大半径的圆形路径，如图9（b）所示。现在将二者合起来，棒绕其枢轴转动，同时又随主均轮圆一起转动，这时行星的路径就将是两个圆运动的复合，它模拟出逆行的回转，如图9（c）所示。

31

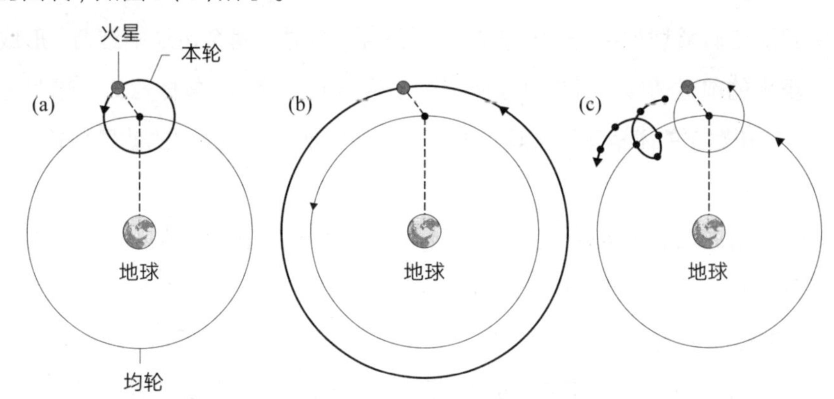

图9　托勒密的宇宙模型用圆圈组合解释了如火星等行星的带圈轨道。

图（a）显示了大圆，称为均轮，和一根想象的棒，其一端位于均轮上，另一端为行星。如果均轮不转动，而棒转动，则行星画出一个较小的实线圆圈，它称为本轮。

图（b）表示，如果棒保持固定，均轮转动，这时行星画出一个大半径的圆。

图（c）表示，当棒绕其枢轴转动，同时又随均轮一起转动。此时行星的轨道是两个圆形路径的组合，这导致带圈的逆行轨道。如图中火星轨道所示。均轮和本轮的半径皆可调整，二者的转速也能够调整使得模型可以模拟任何行星的路径。

虽然圆和支点的描述传递出托勒密模型的核心思想，但这个模型实际上要复杂得多。首先，托勒密的模型是三维的，需要用水晶球来构建，但为了简单起见，我们将继续从二维圆的角度来考虑。另外，为了准确解释不同行星的逆行，托勒密必须仔细调整均轮的半径和每颗行星的本轮的半径，并选好每个转动的速度。为了获得更高的精确度，他引入了另外两个变量：*偏心*和*对点*。偏心定义为这样一个点，它位于地球的一侧，充当均轮圆的稍微偏离地球中心的圆心，而对点定义为圆心附近与地球位置相对且等距的另一个点，其作用是促成行星变速。对行星轨道的这种越来越复杂的解释变得让人很难想象，但其实质无非就是在圆上叠加更多的圆。

对于托勒密的宇宙模型，我们可以在游乐场找到它的最好的类比。月亮走过的是一个简单的路径，有点像一个为幼儿准备的相当温和的旋转木马。而火星的轨道更像是一个疯狂的华尔兹单车，车手被锁定在摇篮里，摇篮的支点在很长的旋转臂的末端。当摇篮自转时骑手划过一个圆形路径，但同时，[32] 摇篮跟随旋转臂划过另一个更大的圆形路径。有时这两个运动相结合，形成一个更大的前进速度，而有时摇篮相对于转臂向后移动，总体速度减慢甚至逆转。在托勒密的术语里，摇篮在本轮里打转，而长臂描绘出的就是均轮。

托勒密的地心宇宙模型完全是遵从这样一种信念来构造的：一切都围绕着地球转动，所有天体的运行轨道都是圆。由此产生了一个复杂得离谱的模型，其中充满了堆在均轮上的本轮，既有对点又有偏心。在阿瑟·库斯勒写的《梦游》这本描述早期天文学史的书里，托勒密模型被描述成“疲乏的哲学和颓废的科学结合的产物”。然而，托勒密系统尽管有根本性错误，但它满足一个科学模型所必须具备的一项基本要求，那就是它所预言的每颗行星的位置和运动的精确度要比以往任何模型都高。即使是阿里斯塔克斯的日心宇宙模型，尽管在根本上是正确的，但它无法以这种精确性来预言行星的运动。所以，说一千道一万，最后之所以还是托勒密模型坚挺了下来而阿里斯塔克斯的模型消失了，就不足为奇了。表2总结了两种模型的主要优缺点，正如古希腊人所理解的那样，它只会加强地心模型的明显优势。

托勒密的地心模型被写进了他的《至大论》（“集大成”），一本写于约公元150年的皇皇巨著，它一面世便成为随后几百年里天文学最权威的典籍。事实上，在下一个千年里，欧洲的每一位天文学家都深受《至大论》的影响，没有人认真质疑过其地心宇宙图像。公元827年，《至大论》的影响进一步扩大，它被翻译成阿拉伯文，并改名为《天文学大成》（“最伟大的书”）。因此，在欧洲中世纪经院哲学盛行的停滞时期，托勒密的思想依然保持活力，并得到中东地区伟大的伊斯兰学者的研究。在伊斯兰帝国的黄金时期，阿拉伯天文学家发明了许多新的天文仪器，取得了一批重要的天体观测结果，并建立起几座主要的天文台，如位于巴格达的沙马希亚（AL-Shammasiyyah）天文台，但他们从来没有怀疑过托勒密的由一个圆套着一个圆来给出行星轨道的地心宇宙学说。

随着欧洲终于开始从知识沉睡中醒来，古希腊人的知识取道西班牙托莱多的莫里斯城（这里有一座宏伟的伊斯兰图书馆）重新回归西方。1085年，西班牙国王阿方索六世从摩尔人手中夺取了这座城市，于是欧洲各地的学者有了前所未有的机会来获取当时世界上最重要的知识宝库里的信息。图书馆里的大多数书籍都是用阿拉伯文写的，因此首要任务是建立工业规模的翻译局。大多数译者在中间人的帮助下，先将阿拉伯语翻译成西班牙语的白话文，然后他们再翻译成拉丁语。当时最多产和最杰出的译者之一是克雷莫纳的杰拉尔德，他学会了阿拉伯语，因此能够更直接、更准确地理解原文。他是被传闻吸引到托莱多来的，当时有传闻说托勒密的代表作在这里的图书馆被发现。于是他将这套有76卷的原创性著作从阿拉伯文翻译成拉丁文，《天文学大成》成为他译述中最重要的成就。

由于杰拉尔德和其他译者的努力，欧洲学者们得以能够重获他们的先人过去的作品，并为欧洲的天文学研究注入新的活力。但矛盾的是，进步反而遭到扼杀，因为在当时，古希腊人的著作受到如此尊崇，以至于没人敢质疑他们的工作。人们想当然地认为，古典学者已经掌握了所能理解的一切，所以像《至大论》这样书被奉为福音。不管你怎么想，事实上古人曾犯下一些大得离谱的错误。例如，亚里士多德的著作被奉为神圣，尽管他曾说，男人的牙齿比女人多，因为这是他基于对公马的牙齿比母马多的观察所做出的推论。虽然他结过两次婚，但亚里士多德显然从来不曾想到去看看他妻子的嘴。他可能是一个高级逻辑学家，但他未能掌握观察和实验的概念。具有讽刺意味的是，学者们等了几百年才让古人的智慧重见天日，接着他们又不得不花费几个世纪来清除古人的所有错误。事实上，在杰拉尔德于1175年译完《天文学大成》后，托勒密的地心宇宙模型又完好无损地持续了另一个400年。

36

表2

34

该表列出了用以判断地心说和日心说的各种判据，这些判据是基于公元第一个千年里人们所掌握的知识。“√”和“×”给出的是该理论得到相应判据的认可性，问号“？”表明该项判据缺乏数据或难以判断。从古代的观点来看，日心说仅在一个判据（简单性）上胜过竞争对手，尽管我们现在知道它更接近于事实。

判据	地心说	认可度
1.常识	一切都围绕地球转这一点似乎是显然的	√
2.运动意识	我们没检测到任何运动，因此地球不可能在动	√
3.落地	地心说解释了物体为什么会降落，即物体被吸引到宇宙的中心	√
4.恒星视差	没检测到恒星视差，这与静态地球和固定的观察者的概念是兼容的	√
5.预言行星轨道	非常一致，是最好的	√
6.行星逆行路径	用本轮和均轮来解释	√
7.简单性	非常复杂——本轮、均轮、对点和偏心	×

35

判据	日心说	认可度
1.常识	它需要想象和逻辑上的跳跃才能看出地球会绕着太阳转	×
2.运动意识	我们没感觉到任何运动，如果地球正在移动，这很难解释	×
3.落地	在一个地球不处在中心的模型里，为何物体要落向地面，很难解释	×
4.恒星视差	地球在移动，所以恒星视差的明显缺乏必然是由于恒星距离过于遥远，希望这种视差能被更好的设备检测到	?
5.预言行星轨道	一致性好，但不如地心模型	?
6.行星逆行路径	地球运动和我们观测位置变化的自然结果	√
7.简单性	很简单，每个天体都做圆运动	√

然而在此期间，有过一些小的批评，这些批评意见还是来自像阿方索十世[卡斯蒂利亚和莱昂的国王（1221年至1284年）]这样的大人物。在定都托莱多后，他指示他的天文学家制定后来被称为行星运动的《阿方索星表》，这部星表的编纂部分基于他们自己的观察，部分是基于翻译过来的阿拉伯星表。虽然他为天文学提供了强有力的支持，但阿方索对托勒密的错综复杂的由均轮、本轮、对点和偏心等概念构成的系统绝对是始终没好感：“如果万能的耶和华在着手创世之前问过我，我会推荐那些更简单的东西。”

随后，到14世纪，尼可·德奥雷姆——法国查理五世时期的一位神父——公开表示，地心宇宙没有得到充分证明，尽管他还没有走得太远，胆敢认为它是错误的。但在15世纪的德国，库萨的枢机主教尼古拉斯则认为地球不是宇宙的中心，但他点到即止，没敢暗示太阳应该占据这个空出的宝座。

37

整个世界就这样不得不等到16世纪，这时一位天文学家鼓足勇气重新安排了宇宙，并对希腊人的宇宙学提出了严肃的挑战。这位最终重塑阿里斯塔克斯的日心宇宙的人就是尼古拉·哥白尼。

革命

哥白尼于1473年出生在托伦（位于现今波兰的维斯瓦河沿岸）的一个繁荣兴旺的大家庭里。他之所以能选为弗龙堡大教堂教团的教士，很大程度上要归功于他的叔叔卢卡斯，他是埃姆兰的主教。在意大利学完法律和医学后，哥白尼作为教士的主要职责是充当卢卡斯的医生和秘书。这些不是繁重的职责，因而哥白尼有的是时间从事各种活动。他成为货币改革领域的经济学专家和顾问，甚至出版了他自己翻译的不起眼的希腊诗人泰奥菲拉克塔斯（Theophylactus Simocattes）的拉丁文译本。

然而，哥白尼的最大爱好是天文学，他在当学生时买了一册《阿方索星表》，自此他的兴趣便被天文学牢牢抓住了。这个业余的天文学家变得越来越痴迷于研究行星的运动，他的想法最终使他成为科学史上最重要的人物之一。

令人惊奇的是，哥白尼的所有天文学研究都集中在1.5卷的出版物中。更令人惊讶的是，就这1.5卷的出版物在他生前还几乎没人读过。这里的半卷是指他的第一部作品《简评》，这是部手稿，从没有正式发表过，只是在大约1514年间在少数人当中传阅过。尽管如此，在这短短20页里，哥白尼以一千多年来天文学中最激进的想法震撼了宇宙。他的这本小册子的核心是他的宇宙观赖以建立的7条公理：

1．天体不共享同一个中心。

2．地球的中心不是宇宙的中心。

3．宇宙的中心在太阳附近。

4．与地球到恒星的距离相比，地球到太阳的距离是微不足道的。

5．恒星的周日视运动是地球绕自身的轴自转的结果。

6．太阳的周年视运动序列是地球绕其转动的结果，所有行星都绕太阳旋转。

7．一些行星的表观逆行，只是我们作为观测者在运动的地球上位置不断变化的结果。

哥白尼的公理在各个方面均有见证。地球确实在自转，地球和其他行星也确实在环绕太阳运动，这确实能解释逆行的行星轨道，同时，没有发现任何恒星视差是由于恒星过于遥远。目前还不清楚是什么促使哥白尼制定出这些公理，并与传统的世界观分离，也许他是受到多梅尼科·玛丽亚·诺瓦拉的影响，后者是他在意大利时的一位教授。诺瓦拉保持毕达哥拉斯学派的传统，这一传统也是阿里斯塔克斯哲学的根源，而正是阿里斯塔克斯在1700年前最先提出了日心说。

《简评》是天文学领域发生反叛的一道宣言，是哥白尼对古代的托勒密模型的丑陋的复杂性表示沮丧和失望的宣泄。后来他这么谴责地心说的临时性质道："这就像一个艺术家为他要创作的形象从不同模型那里收集来手、脚、头和其他肢体，每个部分都绘制得很好，但都与一个整体不搭，因为它们无法以任何方式彼此匹配，结果则只能是一个怪物，而不是一个人。"然而，尽管内容激进，但这本小册子却没有在欧洲的知识分子中造成波动，这部分是因为没有几个人看过它，部分是因为它的作者是一个处在欧洲边缘的年轻教士。

39

哥白尼并没有气馁，因为这是他改造天文学努力的开始。在他叔叔卢卡斯于1512年去世（很有可能是被条顿骑士团毒死的，他们形容他是"人形魔鬼"）之后，他有更多的时间去从事自己的研究。他搬到了弗龙堡城堡，在那里建立了一座小型天文台，集中精力充实他的论证，补充了《简评》所缺少的所有数学细节。

在接下来的30年里，哥白尼反复修改他的《简评》，将它扩充成一部有200页的权威手稿。纵观这段长时间的研究，他花了大量时间来考虑其他天文学家会对他的宇宙模型做出怎样的反应，这个模型从根本上违背了公认的智慧。很多时候，因为担心会遭到来自四面八方的嘲笑，他甚至考虑放弃出版他的著作的计划。此外，他怀疑神学家了解了这种亵渎性的科学猜测后会变得根本无法容忍。

他的担心是有道理的。教会后来在迫害意大利哲学家吉尔达诺·布鲁诺——哥白尼后一代的持不同观点者——这件事情上就显示了它的不能容忍的态度。宗教裁判所指控布鲁诺犯有8项异端邪说罪名，但现存的记录并没指明是哪8项。历史学家认为，这很可能是布鲁诺写的《无限宇宙和世界》一书冒犯了教会。这本书认为宇宙是无限的，恒星都有自己的行星，在这些行星上都存在蓬勃的生命演化。当判处他死刑时，他回答说："或许判处我死刑的人比我更害怕接受这个事实。"1600年2月17日，他被带到罗马的鲜花广场，脱得一丝不挂，堵上嘴，绑在火刑柱上被活活烧死。 40

哥白尼对这种迫害的恐惧原本可能使他过早地结束他的研究，但幸运的是，来自维滕堡的一位年轻的德国学者进行了干预。1539年，格奥尔格·约阿希姆·冯·劳琛，即著名的雷蒂库斯，来到弗龙堡找到哥白尼，想了解有关他的宇宙模型的更多的细节。这是个勇敢的举动，因为这位年轻的路德教学者不仅很可能会在天主教的弗龙堡遭到冷遇，而且他自己教派的同事们也不同情他的使命。马丁·路德记下了当时的境遇，他存有关于哥白尼的餐桌谈话记录："有传闻说新的天文学家想证明地球在运动，转动的不是天空、太阳和月亮，（现有的天文学）就好像某个坐在马车或轮船上的人，可能会认为他静止地坐着，而大地和树木在行走…… 这个傻瓜想推翻整个天文学。"

路德称哥白尼是"违背圣经的傻瓜"，但雷蒂库斯却像哥白尼一样有着不可动摇的信念：探索天体真理的道路由科学奠定而不是圣经。66岁的哥白尼因为25岁的雷蒂库斯的关注而感到心里美滋滋的。雷蒂库斯花了三年时间在弗龙堡阅读哥白尼的手稿，向他提供阅读后的意见，并和他一样对这一理论有信心。

到1541年，雷蒂库斯在对外交往和天文学技能方面的综合能力已经成熟到足以让他获得哥白尼的信任，于是受哥白尼委托他将手稿交由纽伦堡的约翰内斯·彼得雷乌斯印刷所出版。他计划留下来监督整个印刷过程，但因为急事被突然叫走去了莱比锡，临行前他将监督出版的责任移交给了一个名叫安德烈亚斯·奥西安德尔的牧师。最后，在1543年春天，《天球运行论》（"论天球的旋转"）一书终于出版了，几百本新书启程送往哥白尼的住处。

在此期间，哥白尼在1542年底已遭受脑出血，他躺在床上顽强地与死神抗争，要亲眼见到耗费他一生心血的专著面世。他的大作到达得正是时候。他的朋友吉泽主教给雷蒂库斯写了一封信描述哥白尼当时的困境："很多天里，他的记忆已经丧失而且神志不清。直到去世那天，他在弥留之际才看到自己的完整的作品。"

哥白尼已完成了他的职责。他的著作为世界提供了有利于阿里斯塔克斯日心模型的有说服力的论据。《天球运行论》是一本巨著，但在讨论它的内容之前，先说明围绕其出版前后的两个错综复杂的谜团是很重要的。第一个涉及哥白尼的不完全的致谢。《天球运行论》的序言提到了几个人，如教皇保罗三世、卡普亚的红衣主教和库尔姆的主教，但没有提到雷蒂库斯这位杰出的徒弟，他为哥白尼模型的诞生发挥了助产士的重要作用。历史学家都百思不得其解，为什么他的名字被省略了？他们只能推测，计入一个新教教徒的贡献可能会引起天主教高层的不满，而哥白尼正试图打动这些高层人士。致谢中的这一缺失使得雷蒂库斯感到被冷落，因此在《天球运行论》出版后他再也没跟这本书打过交道 。[1]

第二个谜团是《天球运行论》的前言，这篇东西加到书中并没有得到哥白尼的同意，而且有效地贬损了他所宣称的实质。总之，这篇前言破坏了书中的其余部分，它宣称哥白尼的假设“不必是真的，甚至并不一定可能为真”。它强调在太阳为中心的模型里有“许多荒诞不经的东西”，这意味着哥白尼自己详细的和精心论证的数学描述不过是一种虚构。这篇前言不承认哥白尼系统与合理精度下的观测结果是相容的，认为它仅仅是一种方便的计算方式，而不是试图代表实在。哥白尼的原始手稿仍然存在，所以我们知道，原初的开篇在语调上与这篇轻视自己工作的印刷体前言完全不同。因此这篇新的前言必定是在雷蒂库斯带着原稿离开弗龙堡后被人插入书中的。这表明哥白尼是在临终前第一次读到它，那时书已经印刷，做任何改变都已经太晚了。也许正是看了这篇前言将他送入坟墓。

42

43

那么是谁撰写并插入的这篇新的前言？主要嫌疑人是在雷蒂库斯离开纽伦堡前往莱比锡后接手出版工作的牧师奥西安德尔。事情可能是这样，他认为哥白尼的想法一旦广为人知，就会使他遭受迫害，他可能是怀着最大的善意插入这篇前言的，希望能够平息批评意见。对于奥西安德尔的担忧的证据可以在他给雷蒂库斯的一封信里找到。他在这封信里提到了亚里士多德的信

43

---

1. 这只是作者的一家之言。关于这一点的更详细说明，见译自权威英文本的中译本《天球运行论》（张卜天译，商务印书馆，2014年第一版）中的注释。—— 译注

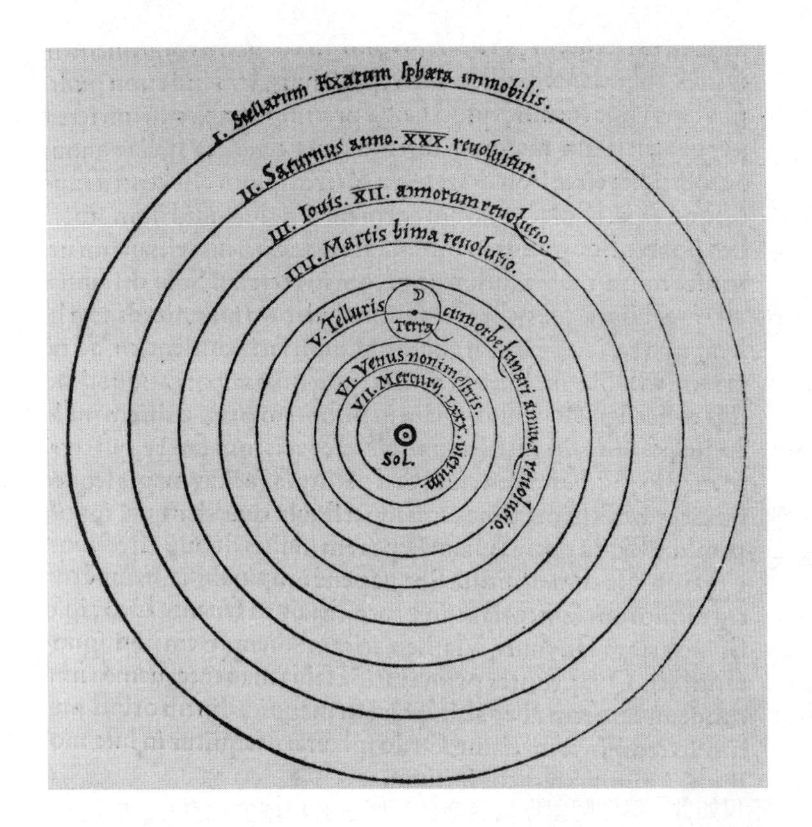

图10　这个引自哥白尼《天球运行论》的图阐明了他的旋转宇宙观。太阳坚定地坐落在圆心，行星围绕着它做轨道运行。地球本身有月亮围着它转，其正确定位在金星和火星的轨道之间。

徒们，意指那些信奉地心说的人："亚里士多德的信徒和神学家们很容易被安抚，如果他们被告知……目前提出的这些假说不是因为它们揭示了真正的现实，而是因为它们对于表观的复合运动的计算最方便的话。"

但在他计划的前言中，哥白尼一直很明确，他宁愿对反对他的批评家采取挑衅姿态："也许有这么一些胡言乱语者，他们虽然完全不懂数学，但却自诩为数学专家，并且为了其自身目的而严重曲解《圣经》的某些段落，并胆敢对我的事业吹毛求疵，妄加指责。对于这些没有根据的批评，我绝不予以理睬。"

终于鼓起勇气来发表了自古希腊人以来最重要也是最有争议的天文学突破后，哥白尼悲惨地到死方知奥西安德尔已经将他的理论歪曲成无非是一种奇技淫巧。因此，《天球运行论》在出版后的前几十年里几乎没人知晓，因为不论是公众还是教会都不予以认真对待。第一版没有卖完，在下一个世纪里这本书只被重印了两次。相比之下，同一时期里推进托勒密模型的书仅在德国就被重印了一百次。

44

然而，《天球运行论》之所以缺乏冲击力，奥西安德尔的怯懦的、重在调和矛盾的前言只是部分原因，另一个原因在于哥白尼这本书的令人畏惧的写作风格。这本四百页的书排得密密麻麻，行文非常复杂。而且这是他的第一本天文学著作，哥白尼这个名字在欧洲学术界还不是很有名望。这还不是灾难性的，最糟糕的是哥白尼现在已经离世，无法再推进自己的作品。最后一根稻草是雷蒂库斯，他可能是唯一赞同《天球运行论》观点的人，但他因为被冷落，已不再想与哥白尼体系有任何关系。

不仅如此，就像阿里斯塔克斯的原版日心模型的化身，《天球运行论》之所以不受重视还因为在预测行星的未来位置方面，哥白尼体系不如托勒密的地心模型准确——在这方面，这个基本正确的模型（如图10）根本不是那个本质上有缺陷的模型的对手。造成这种奇怪状态的原因有两个。首先，哥白尼模型缺少一个关键要素，而没有它这一理论的预言能力就不可能精确到足以让人接受这个理论。其次，托勒密模型通过本轮、均轮、对点和偏心等设置已经取得了很高的精度，因为引入这样的修修补补因素之后，几乎任何有缺陷的模型都能得到挽救。

当然，哥白尼模型还受到所有那些曾导致阿里斯塔克斯的日心说被放弃的困难（见表2）的困扰。事实上，日心说优于地心说的唯一属性是它的简单

45

性。虽然哥白尼也借重本轮概念，但在他的模型里，每颗行星基本上采用的是简单的圆形轨道，而托勒密的模型则异常复杂，它需要对每一颗行星的本轮、均轮、对点和偏心进行微调。

对哥白尼来说幸运的是，简单性是一种珍贵的科学资源。这一点生活在14世纪英国的奥卡姆的威廉就已经指出。威廉是英国方济各教会的神学家，生前因主张教会不应该拥有自己的财产或财富而闻名。他是如此热情地推销他的观点，以至于跑到牛津大学外去散布，于是教会不得不将他贬到法国南部的阿维尼翁。而在那里他又指责教皇约翰十二世为异端。毫不奇怪，他被逐出教会。1349年，他因黑死病谢世。但奥卡姆却因他在科学上的遗产——奥卡姆剃刀——而死后成名。所谓奥卡姆剃刀是指，如果有两个相互竞争的理论或解释，所有其他方面均相同，那么，较简单的那个更可能是正确的。奥卡姆将其表述为："切勿浪费较多的东西去做用较少的东西同样可以做好的事情。"

例如，假设经过一夜的暴风雨后，你在场地中央发现了两棵倒下的树木，而且没有明显的迹象表明是什么造成了它们的倒伏。简单的假设认为，这些树木是被暴风雨刮倒的。而较复杂的假设可能是，从外太空同时飞来两颗陨石，正好分别砸到每棵树上，造成树木倒地，而这两颗陨石接着发生对头碰撞并汽化，从而没留下任何物证。运用奥卡姆剃刀，你很快就会确定是风暴而不是这对陨石是更为合理的解释，因为它简单。奥卡姆剃刀并不能保证答案的正确，但它通常能指引我们走向正确的方向。医生在诊断疾病时通常也会运用奥卡姆剃刀，因此医学院的学生都会得到忠告："当你听到马蹄声时，应判断是马而不是斑马。"而另一方面，阴谋论者则往往鄙视奥卡姆剃刀，他们经常拒绝简单的解释，而喜欢代之以一种更令人费解的且耸人听闻的推理。

奥卡姆剃刀偏爱哥白尼模型（每颗行星一个圆）而不是托勒密模型（每颗行星都有一套均轮、本轮、对点和偏心），但只有当两种理论都同样成功时奥卡姆剃刀才具有唯一的决定性。而在16世纪，托勒密模型在几个方面明显要更强有力一些。最值得注意的是，它给出的行星位置更准确。因此，日心说的简单性被认为是无关紧要的。

而对于许多人来说，日心说还是太过激进，让人无法接受，以至于哥白尼的著作可能导致一个旧词有了新的含义。有一种词源学理论就认为，“revolutionary”这个词是指一种完全违背传统智慧的想法（革命性的），其灵感就是来自哥白尼的这本书的书名——“论天球的转动”。与revolutionary一样，宇宙的太阳中心模式似乎也是完全不可能的。这就是为什么哥白尼这个名字的德语词“köpperneksch”在德国巴伐利亚州北部地区被用来形容一个令人难以置信的或不合逻辑的命题。

总而言之，日心说是一种超前的想法，太革命，太难以置信还太不精确，难以赢得广泛的支持。没几个书店的书架上会有《天球运行论》，研究的人很少，读它的只是寥寥几个天文学家。日心说的想法在公元前5世纪就已由阿里斯塔克斯提出，但被人忽略了。现在它已经得到哥白尼的改进，但还是再次被忽略。这个模型只好进入休眠状态，等待有人来挽救它，研究它，完善它，并找出缺失的关键要素，以便向世界其他地方证明，哥白尼的宇宙模型是现实的真实写照。事实上，找出证明托勒密是错的，而阿里斯塔克斯和哥白尼是正确的证据的任务将留给下一代的天文学家。

天之城堡

1546年，第谷·布拉赫出生在丹麦的一个贵族世家。第谷之所以在天文学家中享有持久的名声有两个特殊原因。第一，1566年，第谷卷入与他的表亲曼德鲁普·帕尔斯贝格的不和，原因可能是帕尔斯贝格侮辱和嘲笑第谷在最近的占星术预测上的失败。第谷曾经预言显赫人物苏莱曼的死亡，他甚至将这则预言嵌入了他的拉丁文诗歌里。他显然没注意到这位奥斯曼领袖已经去世6个月了。争论到最后便是一场轰动一时的决斗。斗剑时，帕尔斯贝格劈出一剑划开了第谷的前额并削去了他的鼻梁。如果稍微再深一点点，第谷必死无疑。此后，他做一个假的金属鼻子罩在脸上。这个假鼻子由金-银-铜合金铸成，这样可以巧妙地混同于他皮肤的色调。

使第谷成名的第二个也是更重要的原因是，他将天文观测推进到一个全新的精度水平。他获得的声誉是如此之高，乃至丹麦国王弗雷德里克二世将离丹麦海岸10千米外的汶岛送给了他，并资助他在那里建立一座天文台（如图11）。这座名为“天堡（Uraniborg[1]）”（天之城堡）的建筑群历经多年的修建，最后建成为一座巨大的华丽城堡。其花费超过当时丹麦国民生产总值的5%，创造了研究中心建设资金消耗的空前的世界纪录。

天堡内设有一个图书馆，一座造纸厂，一间印刷所，一间炼金术士的实验室，一个厨房和一间关押不守规矩的仆人的禁闭室。观象室里设有巨大的仪器，如六分仪、象限仪和浑天仪球（所有用肉眼来观察的仪器，因为当时天文学家还没有学会如何利用聚焦镜头）。每一种仪器都有四套，可用于同时测量和独立测量，从而最大限度地减小了对恒星和行星的角位置的观测误差。第谷的观测精度一般可精确到（1/30）°，要比以前的测量精度高出5倍。也许，第谷卸下他的假鼻子后，测量时两眼的准直能力更完美。

49

---

1. Uraniborg 一词取自“Urania”（乌拉尼娅，希腊神话中掌管天文的女神）和词根“borg”（城堡）。——译注

图11　坐落在汶岛上的天堡，天文学史上耗资最多、最为华丽的享乐主义型的天文台。

第谷的这座天文台建成后可谓闻名遐迩，前来参观的贵宾络绎不绝。这些游客不仅对他的研究感兴趣，同时也是受到天堡的露天聚会的吸引，这里已成为全欧洲著名的游览胜地。第谷在花园里不仅提供酒水，而且还制作了机械雕像供游人娱乐，他招聘了一位善讲故事的小矮人杰普，据说他天生就具有千里眼的过人能力。为了增添景致，第谷还养了一只宠物麋鹿，它被放养在城堡里，但不幸的是，一次在它喝了太多的酒之后，从楼梯上摔了下来，伤重不治。天堡与其说是研究机构，不如说更像是彼得·格林纳威的电影拍摄基地。

虽然第谷继承了托勒密的天文学传统，但他的潜心观察迫使他重新评估他对古代宇宙观的信心。事实上，我们知道，他的书房里有一册《天球运行论》，他赞同哥白尼的想法。但他不是毫无保留地全盘接受这些观点，他要发展他自己的宇宙模型。这是一个介于托勒密和哥白尼之间的怯懦的半拉子模型。1588年，即哥白尼去世近50年后，第谷出版了《关于天上世界的新现象》一书，在其中他认为，所有的行星绕着太阳公转，而太阳绕着地球转，如图12所示。他的自由主义思想一直延伸到让太阳成为行星的中心，但他的保守主义观念则迫使他将地球保留在宇宙的中心。他不愿意让地球旁落，因为这个所谓的中心是解释为什么物体落向地球中心的唯一途径。

在第谷可以继续下一阶段的天文观测和理论研究计划之前，他遭受到一次严重打击。他的赞助人，弗雷德里克国王，就在第谷出版《关于天上世界的新现象》一书的同一年因酗酒去世。新国王克里斯蒂安四世不再准备为第谷奢华的天文台提供资助，或者说不再容忍他的这种享乐的生活方式。第谷不得不放弃天堡，带着家眷、助理、侏儒杰普和天文设备离开丹麦。幸运的是，第谷的仪器在设计时就考虑到可移动性，因为他清楚地意识到：“天文学家必须是世界性的，因为你不能指望无知的政治家看重他们的服务。”

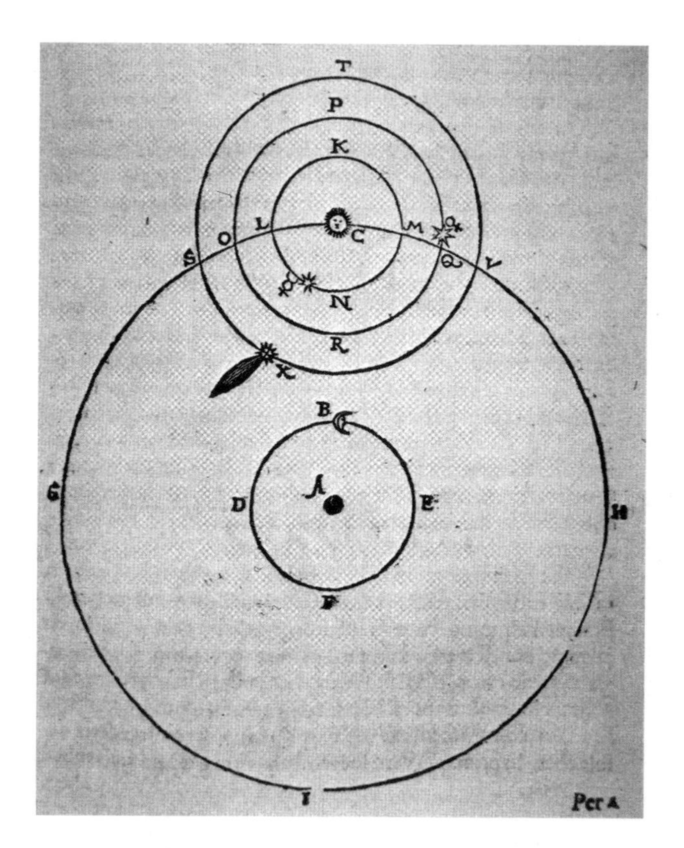

图12 第谷的模型犯了与托勒密同样的错误：将地球置于宇宙的中心，让月亮和太阳绕着地球转。他的主要突破是认识到行星（和火热的彗星）是绕着太阳运行的。这幅图摘自第谷的《关于天上世界的新现象》一书。

第谷·布拉赫移居布拉格。在那里，德皇鲁道夫二世任命他为皇家数学家，批准他在贝纳特津城堡建立新的天文台。不想此举竟然是因祸得福，因为正是在布拉格第谷招募到了一位新的助手——约翰内斯·开普勒，他将在几个月后到达这个城市。路德教教徒开普勒因为天主教费迪南大公威胁要处死他而被迫逃离他在格拉茨的家。起因是他坚持不放弃他的宣言：他“宁愿做一个流亡者也不愿去统治异教徒”。

历史就有这么巧合，开普勒于1600年1月1日启程前往布拉格。这个新世纪的开始也标志着一项再造宇宙的新的合作的开始。第谷与开普勒的合作可谓珠联璧合。科学进步既需要观察也需要理论。第谷已经积累了天文学史上最优质的观测结果，而开普勒将被证明是对这些观测资料最出色的解释者。虽然开普勒患有近视和先天性散光的毛病，但历史最终将表明，他比第谷看得远。

这种伙伴关系的结成还有机缘凑巧的因素。在开普勒到来几个月后的一天，第谷参加了由罗森伯格男爵主持的晚宴。他喝得多了点，但又不好意思52破了礼仪在宴会结束前离开。开普勒是这么记述的："在他喝多了之后，他觉得膀胱涨得厉害，但他把礼节看得比健康重要。当他回到家后，他几乎无法小便。"那天晚上他发了高烧，随后就一直处于昏迷和谵妄的交替发作状态，10天后便去世了。

在弥留之际，第谷反复说着这样一句话："但愿我没有白活。"其实他没有必要担心，因为开普勒会确保第谷的细致观察记录结出硕果。事实上，很可能第谷的去世要比他活着更有利于他的工作的蓬勃发展，因为他活着时对笔记本的守护可小心了，从不让人分享他的观察记录，总是梦想着有朝一日独自出版这份杰作。第谷肯定从来没有考虑过要以一个平等的伙伴关系来对待开普勒——毕竟，他是丹麦的贵族，而开普勒只是单纯的农民。然而，要想看清自己的观察记录所包含的更深层次的意义，这无疑超出了第谷的能力，它要求具备训练有素的数学家的眼光，而开普勒正是这样的人。

开普勒出生于底层家庭，从小就挣扎在战争和宗教纷争造成的动荡之中。父亲因为任性成了罪犯，母亲因为魔咒被流放他乡。毫不奇怪，他是在缺少自尊极度抑郁的环境中长大的。在他以第三人称的口吻为自己写的自嘲的星象卦辞中，他形容自己是一只小狗：

> 他喜欢啃骨头和面包的干痂皮，而且是如此贪婪，无论什么东西，只要被他看见，上去就是一通劫掠；然而也像狗一样，他喝得很少，满足于简单的食物……他不断地寻求别人的好感，一切都仰仗他人，投他人所好，当他们痛斥他时他从不生气，反而急着要博取他们的青睐……他像狗一样，对浴缸、酊剂和乳液感到恐怖。他的无畏让他不知有终，这无疑是由于火星与水星正交并与月亮构成三角。

53

他对天文学的热情似乎成为他摆脱自我厌恶的唯一的喘息机会。在25岁时，他写了《宇宙的奥秘》一书，这是捍卫哥白尼的《天球运行论》的第一本著作。此后，他坚信日心说是准确的，并投身到找出是什么造成它不准确的原因的工作中。日心说预言得最不准的当属火星的确切轨道，这个问题曾让哥白尼的助手雷蒂库斯困扰了很久。根据开普勒的描述，雷蒂库斯因为未能解决火星轨道的问题一直很沮丧，以至于“他最后不得不求助于他的守护天使的神谕。这个粗俗无礼的神灵随之抓住雷蒂库斯的头发不断地将他的头撞到天花板上，然后让他的身体倒悬过来坠落到地板上。”

最后终于拿到了第谷的观察记录后，开普勒起初认为他只要8天时间就能解决火星问题，去除日心说的不准确之处。但事实上，他花了8年时间。而值得强调的正是开普勒为完善日心说花去的这8年时间，因为接下来的简短的归纳很容易淡化他的这一巨大成就。开普勒通过艰难曲折的计算最终得到了正确的解，这些计算用了九百页对开的纸张。

开普勒取得重要突破的法宝是他抛弃了一项古老的信条，即行星的所有运动轨道是圆形或圆形的组合。甚至连哥白尼都曾忠实地坚守着这个圆形的教条。而开普勒指出，这正是哥白尼的一条有缺陷的假设。事实上，开普勒认为他的这位前辈错误地假设了以下三点：

1.行星按完美的圆形轨道运动；
2.行星以恒定的速度运动；
3.太阳处于这些轨道的中心。

54 虽然哥白尼在指出行星是围绕太阳而不是地球转这一点上是正确的，但他对这三条错误的假设的信念使他根本没希望能够准确预言火星和其他行星的运动。而开普勒之所以能够在哥白尼的失败之处取得成功，正是因为他放弃了这些假设。他相信，只有当所有的意识形态、偏见和教条被抛在一边，真理才能够浮现。他不但睁眼看，更是敞开了心灵，他将第谷的观察记录作为自己的垫脚石，在第谷的数据基础上建立起自己的模型。渐渐地，无偏的宇宙模式开始显现。果然，开普勒的新的轨道公式与观测数据匹配得十分完美，太阳系终于成型。开普勒揭示了哥白尼的错误，并表明：

1.行星沿椭圆轨道，而不是完美的圆形轨道运动；
2.行星的速度是不断变化的；
3.太阳不是处在这些轨道的中心。

当他意识到他得到了行星轨道奥秘的解决办法之后，开普勒不禁失声大叫："噢，万能的上帝，我想到了你的想法。"

事实上，在开普勒新的太阳系模型里，第二点和第三点是由第一点，即行星轨道是椭圆形的，推导出来的。为此我们先简要叙述一下椭圆轨道是怎么形成以及为什么会这样。绘制椭圆的一种方法是先在画板上固定两点定一弦长，如图13所示。用铅笔拉紧一根线使线到两定点的距离之和为定长，然[51]后铅笔一边保持线处于张紧状态，一边在画板上移动，由此描绘出一个半椭圆形。切换到弦的另一侧，并使铅笔在移动时仍保持线的张紧状态，即可绘

55

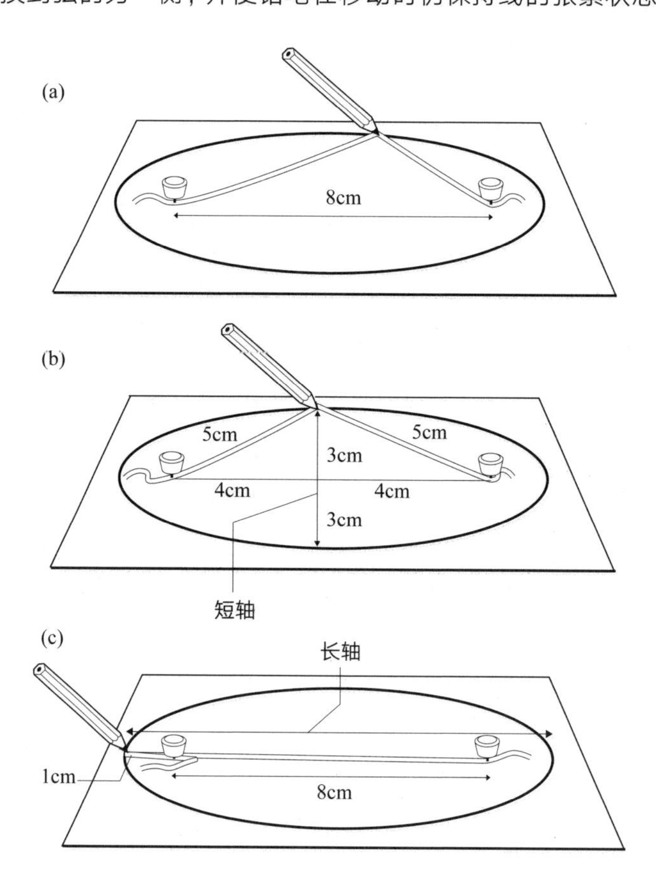

图13 一种绘制椭圆的简单方法是用一根两端固定在两个定点上的线，如图（a）所示。如果两定点间距离为8厘米，那么线长可取10厘米，画板上所有到这两定点的距离之和等于10厘米的点的集合即构成一个椭圆。例如，在图（b）中，10厘米的线构成一个三角形的两边，每边长5厘米。从勾股定理知，从椭圆的中心到顶端的距离必为3厘米。这意味着，椭圆的总高度（或短轴）为6厘米。在图（c）中，10厘米长的线被拉到一侧。这表明，椭圆的总宽度（或长轴）为10厘米，因为两定点间8厘米加上每个定点到各自顶端的1厘米正好是10厘米。

图中的椭圆较扁，因为短轴为6厘米而长轴为10厘米。如果两个定点靠得更近一些，椭圆的长轴和短轴之间的差距就将减小，椭圆将变得不是很扁。如果两个定点合并成一个点，则这根线便成为5厘米长的恒定半径，所得的形状将是一个圆。

出另一半椭圆。弦长恒定，两定点固定，所以椭圆的一种可能的定义是一动点到两定点的距离之和为常数的点的集合。

56 定点的位置称为椭圆的*焦点*。行星走过的是这样的椭圆路径：太阳坐落在其中一个焦点上，而不是处在行星轨道的中心。因此有很多时候行星会比其他时刻更接近太阳，就像是行星要落向太阳似的。这种落向太阳的过程导致行星运动加快，反之，行星在远离太阳时会减慢。

开普勒表明，由于行星绕日运行遵循的是一条椭圆路径，有时快有时慢，对此我们不妨假想在行星与太阳之间拉一条线，开普勒断定，在相同的时间里行星拉着的线所扫过的面积相同。这句有点抽象的陈述可以用图14来表示，

57

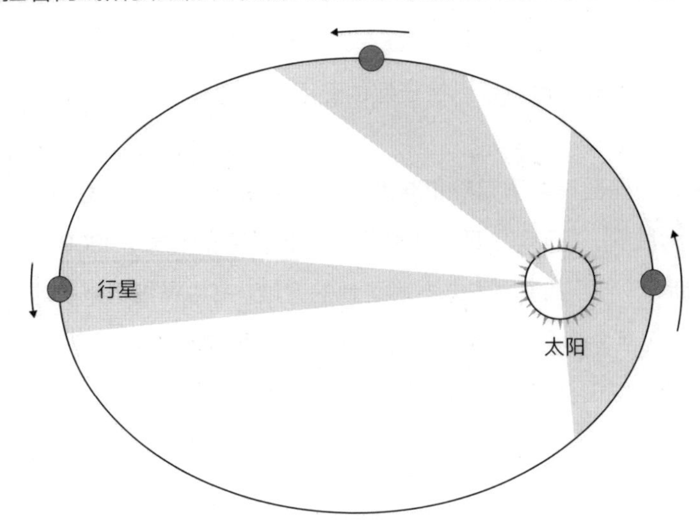

图14　这个图显示了一个非常夸张的行星轨道。椭圆的高度大约是其宽度的75%，而太阳系里的大多数行星轨道的这一比值通常在99%和100%之间。类似地，太阳位于偏离中心很远的一个焦点上，而实际行星轨道的焦点仅稍微偏离中心一点。这个图展示了开普勒的第二条行星运动定律。他解释说，太阳与行星之间的一条假想直线（矢径）在相同的时间内扫过相同的面积，这是行星在接近太阳时其速度增大的结果。图中的三个阴影部分具有相等的面积。当行星接近太阳时，其径矢较短，但这时它有更大的速度来补偿，这意味着在固定的时间里它沿椭圆周长走过较长的距离。当行星远离太阳时，其径矢要长得多，但它的速度较慢，因此在同一时间里走过的周长较短。

这一判断很重要，因为它精确给出了行星在作轨道运动的过程中速度的变化。相反，哥白尼信仰的是行星的速度是不变的。

自古希腊时期以来，椭圆的几何性质已得到充分研究，但为什么以前从来就没有人提出过椭圆形状的行星轨道？其中一个原因，正如我们所看到的，就是圆所具有的神圣的完美性质，这个持久的信念让天文学家根本不去想其他所有的可能性。而另一个原因是大多数行星轨道的椭圆只是略呈椭圆形，因此除非是做严格审查，否则粗略地看，它们似乎都是圆形的。例如，短轴与长轴（见图13）之比是一个椭圆与圆的接近程度的良好示性指标，对于地球，这个比值是0.99986；而对于成为雷蒂库斯噩梦的火星，这就有问题了，因为它的轨道虽较地球扁，但两个轴的比值仍非常接近于1，为0.99566。简言之，火星轨道仅略呈椭圆形。正是这一点让天文学家误以为它是圆形的，但轨道的一点点椭圆度就足以让任何试图用圆来建模的人遇到实际问题。

开普勒的椭圆提供了完整和准确的太阳系图像。他的结论是科学和科学[57]方法的一大胜利，是观察、理论和数学方法相结合的结果。1609年，他首次以名为《新天文学》的专著形式发表了他的突破，书中详细记录了这8年中的细致工作，包括众多导向死胡同的研究路径。他要求读者多多包涵："如果你[58]对这种枯燥无味的计算方法感到厌烦，请原谅我，我可是花了大量时间，对这些计算至少反复计算过70遍。"

开普勒的太阳系模型不仅简单、优美，而且在预言行星的路径方面无疑是准确的，但在当时却几乎没有人相信它代表了实在。绝大多数哲学家、天文学家和教会领袖承认它是一种很好的计算模型，但他们坚持认为地球处在宇宙的中心。他们之所以偏爱地心宇宙主要是因为开普勒未能解决前面表2中的一些问题，例如重力——当我们看到周边的一切都被吸引落向地球时，到底是什么让地球和其他行星围绕着太阳做轨道运动？

此外，开普勒诉诸椭圆也违背了圆的教义，这被认为是可笑的。荷兰牧师暨天文学家戴维·法布里修斯在致开普勒的一封信中就表达了这一点："因为您的椭圆，您废除了运动的圆的性质和均匀性，我越想越觉得它荒唐……如果你能保持完美的圆形轨道，用另一个小的本轮来证明你的椭圆轨道，这将会好很多。"但是，一个椭圆不可能由圆和本轮来构建，所以这种妥协是不可能的。

看到《新天文学》在社会上的接受度如此低迷，开普勒大失所望。他将注意力移到他处，开始在其他地方运用自己的技能。他对周围的世界永远充满好奇。对于这种不懈的科学探索，他这么写道："我们不要去问鸟儿唱歌有什么用处，既然歌曲创作出来是为了歌唱，那么歌声就代表了它们的快乐。同样，我们不应问为什么人的心里总装着想要参透天地秘密的烦恼……自然现象的多样性是如此广博，而上天隐藏的宝藏又如此丰富，正是为了给人类的大脑以永远不会缺少的新鲜养料。"[59]

开普勒除了研究行星的椭圆轨道，又沉溺于性质各不相同的工作。他误导性地复活了毕达哥拉斯的理论，认为行星与"天球的音乐"有共鸣。根据开普勒的观点，每个行星的速度产生特定的音符（例如哆、来、咪、发、唆、拉、希）。地球发出的音符是"发"和"咪"，由此产生了拉丁词"fames"，意为"饥荒"，明确表征了我们这个星球的本质。他还花了不少时间撰写《梦与月亮天文学》一书，使他成为科幻小说的先驱者之一。这部小说讲述了一个月球探险之旅的故事。在《新天文学》出版两年后，开普勒写了一篇他的最具原创意义的研究论文之一，"论六角雪花"。在其中他探索了雪花的对称性问题，并提出了物质的原子论观点。

“论六角雪花”是献给开普勒的资助者约翰内斯·马特乌斯·瓦克赫·冯·瓦肯费尔斯的，后者还向开普勒传递了最令人兴奋的消息：一项将彻底改变天文学尤其是日心说的技术突破。这一消息是如此令人吃惊，以至于开普勒对1610年3月瓦克赫先生的来访专门做了记述：“在我听到了这个神奇的故事后，我经历了一场美妙的情感体验。我觉得我被彻底打动了。”

这是开普勒第一次听到关于望远镜的故事——伽利略正利用它来探索天空，并完全揭示了夜空的新景象。由于这一新的发明，伽利略将会发现能够证明阿里斯塔克斯、哥白尼和开普勒所坚持的日心说的证据。

眼见为实

60

伽利略于1564年2月15日出生在比萨。他经常被后世称为科学之父。事实上，他之所以能赢得这项荣誉凭借的是一系列惊人的研究上的成就。他不是第一个制定出科学理论的人，也不是第一个进行实验的人，不是第一个观察自然的人，甚至不是第一个向世人证明发明的力量的人，但他是第一个擅长所有这些门类的人，他是一个杰出的理论家，一位实验大师，一位细致的观察者和娴熟的发明家。

他在学生时代就展现出多方面的才能。在教堂做礼拜时，他的大脑一刻都没闲着。他注意到一盏摇摆的吊灯。他用自己的脉搏来度量每次摆动的时间，注意到这种往复摆动的时间周期是不变的，即使开始时摆动的幅度很大，到最后摆幅变得很小。到家后，他将这一观察现象转换成一项实验：他用各种不同长度和重量的摆来复现这一现象。然后，他用自己的实验数据提出一个理论，解释了为什么摆动周期与摆动的角度和摆锤的重量无关，而只取决于摆的长度。在这项纯粹的研究之后，伽利略没有止步，而是从实验模式切换到发明模式，由此发明了脉搏计，一种简单的摆，其规则的摆动使得它被用作计时装置。

特别是，这个装置可以被用来测量患者的脉搏速率，从而使他最初的观察对象的角色掉了个个儿。当初他是用他的脉搏来测量摆动的灯的周期。那时他正在医学院学习，这项发明是他对医学的唯一贡献。随后，他说服了父亲允许他放弃医学，投身科学。

除了不容置疑的智慧，伽利略作为一个科学家的成功还取决于他对世界、对一切所抱有的巨大的好奇心。他很清楚他的好奇本性，有一次他惊呼道："我什么时候才能不感到惊奇？"

61

这种好奇心与叛逆性格结合在一起。他反对任何权威，因此他不会仅仅因为一件事情是老师、神学家和古希腊人说是对的就认为是对的。例如，亚里士多德用理念推断出重物下落得要比轻的物体快，但伽利略通过实验证明，亚里士多德在这一点上是错的。他甚至敢说，亚里士多德这位历史上最负盛名的智者"写的是真理的反面"。

当开普勒第一次听说伽利略用望远镜来探索宇宙时，他可能认为伽利略发明了望远镜。今天很多人也确实都是这么认为的。但事实上，是汉斯·利普西——佛兰芒的眼镜制造商——在1608年10月注册了望远镜的专利。在利普西取得突破的几个月里，伽利略这样记述道："有谣传说某个荷兰人制作了一架望远镜"，于是他立即着手建造他自己的望远镜。

伽利略的伟大成就在于将利普西的初步设计变成一架真正的了不起的仪器。1609年8月，伽利略向威尼斯总督展示了这架当时世界上最强大的望远镜。他们一起爬上圣马可钟楼，架设了这台望远镜并用它来观测泻湖。一个星期后，在一封写给他内弟的信中，伽利略报告说，这台望远镜的表现“令所有人感到无限惊愕”。别人的望远镜的放大倍数大约是10倍，而伽利略的望远镜因为有一套更完美的光学系统，能够实现60倍的放大。望远镜不仅给威尼斯人带来战争中的优势，因为他们能在敌人看见他们之前发现敌人，而且它也使精明的商家发现海上正在驶近的载满香料或布匹等新货的船舶，这 62 意味着他们可以在股票的市场价格暴跌之前抛售其股票。

伽利略不仅从望远镜的商机中获利，而且他意识到它还具有科学价值。当他将他的望远镜指向夜空后，这使他能够比以往任何时候看得更远、更清晰，看到更深的空间。当瓦克赫先生告诉开普勒关于伽利略的望远镜的消息后，这位天文学家立即意识到它的潜力，并写了一篇颂文：“噢，望远镜，饱含知识的仪器，你要比任何权杖更珍贵！谁拥有你，谁可不就成为国王和拥有上帝的作品的主人？”伽利略就将成为这样的国王和主人。

伽利略首先研究了月球（如图15），指出它“充满了巨大的隆起、深深的沟壑和起伏的丘陵”，这与托勒密认为的天体是完美的球体的观点直接相矛盾。随后，伽利略又将他的望远镜对准太阳，发现那上面有斑点和瑕疵，即 63 太阳黑子，现在我们知道它们是太阳表面温度较低的斑块，跨度可达10万千米。天上的缺陷由此得到强化。

随后，在1610年1月期间，伽利略做出了更为重要的观察，他发现木星附近有东西在动，最初他以为是4颗恒星。但不久他就明白，它们不是恒星，因为它们绕着木星运动，这意味着它们是木星的卫星（图16）。此前还从未有人看到除了我们自己的星球有月亮外，其他行星也有其自身的月亮。托勒密认为，地球是宇宙的中心，但这里的证据无可争辩地表明，并非一切都围绕着地球旋转。

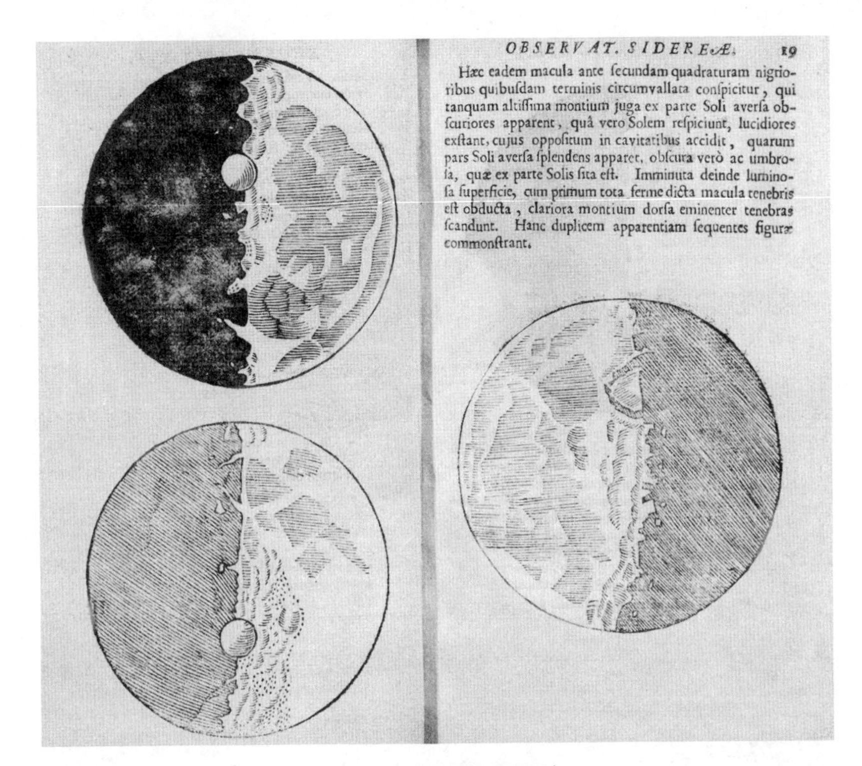
OBSERVAT. SIDEREÆ. 19

Hæc eadem macula ante ſecundam quadraturam nigrioribus quibuſdam terminis circumvallata conſpicitur, qui tanquam altiſſima montium juga ex parte Soli averſa obſcuriores apparent, quâ vero Solem reſpiciunt, lucidiores exſtant, cujus oppoſitum in cavitatibus accidit, quarum pars Soli averſa ſplendens apparet, obſcura verò ac umbroſa, quæ ex parte Solis ſita eſt. Imminuta deinde luminoſa ſuperficie, cum primum tota ferme dicta macula tenebris eſt obducta, clariora montium dorſa eminenter tenebras ſcandunt. Hanc duplicem apparentiam ſequentes figuræ commonſtrant.

图15　伽利略绘制的月面图案

在与开普勒的通信中，伽利略充分了解了开普勒给出的哥白尼模型的最新版本。他意识到自己发现的木星的卫星为宇宙的太阳中心说提供了进一步的支持。他毫不怀疑，哥白尼和开普勒是正确的，但他继续寻找支持这种模式的证据，希望彻底改变成见，那种坚持地心说的传统的宇宙观。打破僵局的唯一办法是找到一种能够对这两种竞争性模型做出区分的明确的预言。如果这样的预言可以得到检验，那么就将确认一个模型并驳倒对方。良性科学将发展出那种可检验的理论，正是通过这种检验，科学得以进步（如图18）。

事实上，哥白尼已经做出了这样的预言，其中一项一直在等待检验，只是进行适当的观察的工具一直阙如。在《天球运行论》中他曾表示，水星和

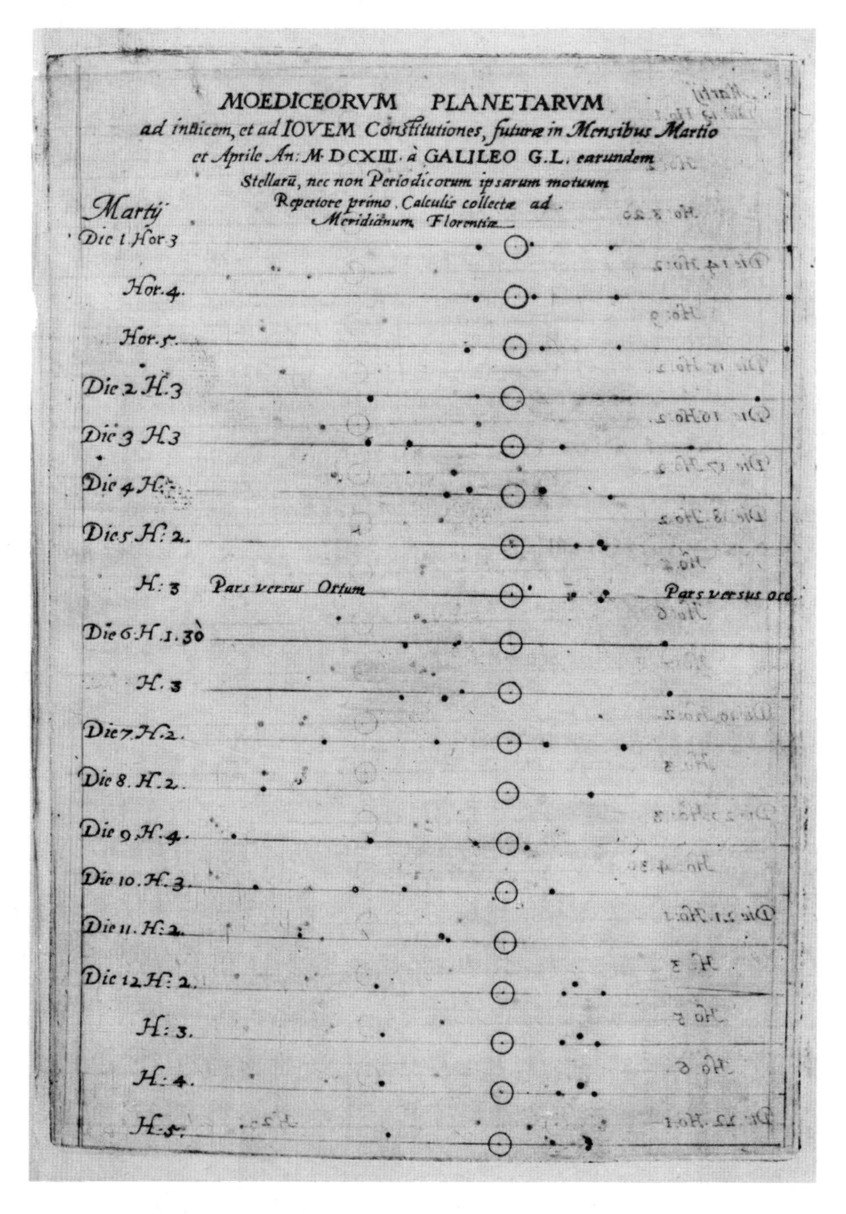

图16　伽利略绘制的木星的卫星的位置变化的草图。圆圈代表木星，两侧的几个小点表示卫星的位置变化。每一行代表在特定的日期和时间里采集的观察数据，每晚观测一次或多次。

金星应表现出一系列类似于月相的星相（例如全金星相，半金星相，新月金
65 星相等），这些相的具体模式取决于地球是否在做绕日轨道运动，反之亦然。在15世纪，没有人可以检验这些星相的模式，因为望远镜还没有发明出来，但哥白尼相信这只是时间早晚的问题，他终将被证明是正确的："如果视觉能足够强大，我们就可以看到水星和金星的各种相。"

撇开水星不谈，我们集中考虑金星。相的意义见图17。金星总是有一面被太阳照亮，而从我们地球的视角看，这个被照亮的一面并不总是对着我们，因此我们看到的金星会显示出一系列的相。在托勒密的地心模型里，相出现的顺序由金星围绕地球的路径及其奴隶般顺从的本轮确定。然而，在日心模式中，相的顺序是不同的，因为它由金星的绕日路径确定，而不存在本轮。如果有人能识别金星的相的实际消长顺序，那么这将消除一切合理的怀疑，证明哪一种模型是正确的。

1610年秋天，伽利略成为有史以来见证并绘出金星的相的第一人。如他所料，他的观察结果与日心说的预言完全一致，这为支持哥白尼革命提供了进一步的弹药。他用神秘的拉丁文注记报告了他的结果："Haec immatura a me iam frustra leguntur oy"（我还太嫩还看不懂这些）。后来他透露，这是一段编码字谜，如果我们拆开来读Cynthiæ figuras æmulatur Mater Amorum（"辛西娅的角色被爱情之母模仿"）的话。辛西娅指的是月球，人们对月相已非常熟悉，爱情之母指的是金星，金星的相就这样被伽利略发现了。

随着每一项新的发现，日心说宇宙观变得日益强大。表2比较了基于哥
67 白尼观测之前的地心说和日心说模型，说明了为什么地心说模型在中世纪更讲得通。表3（见下页）展示了伽利略的观测结果如何使得日心说模型变得更具说服力。一旦科学家对引力有了正确的理解，并能够明白为什么我们感觉

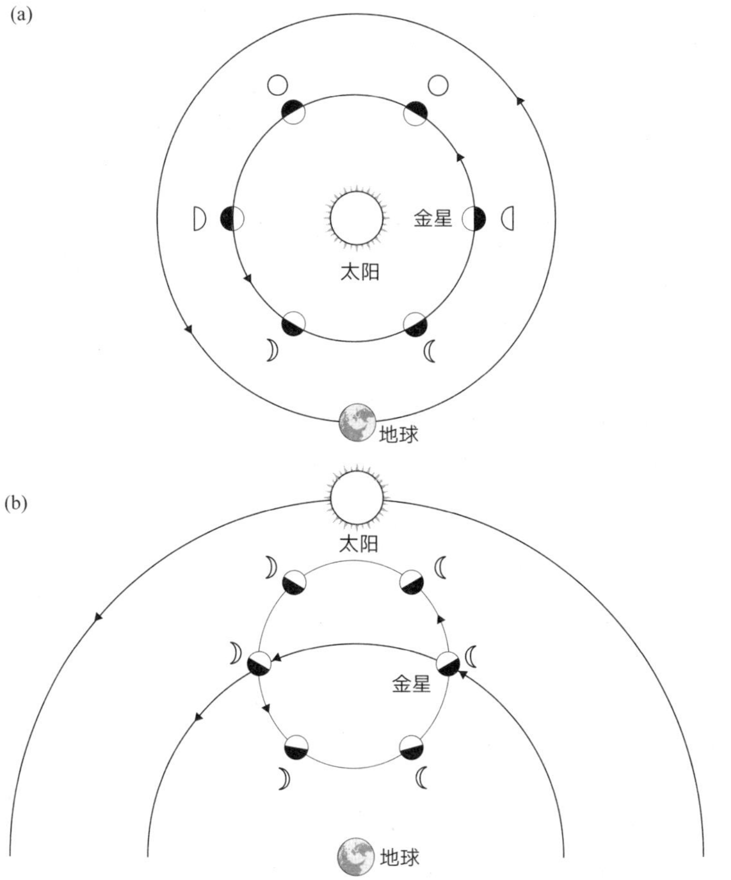

图17　伽利略对金星的相的精确观测证明了哥白尼是对的，托勒密错了。在宇宙的日心模型下，如图（a）所示，地球和金星都绕太阳作轨道运动。尽管金星总是半张脸被太阳照亮，但从地球的角度来看，它似乎会经历一个相变周期，从新月到满月。金星在每个位置上显示的相如旁边的图案所示。

在宇宙的地心模型下[图（b）]，太阳和金星都绕着地球转动，此外金星还绕着自己的本轮转动。该阶段的金星是在它的轨道上和它的本轮上。因此金星的轨道大致总是在地球和太阳之间，由此给出一系列相。通过识别一系列实际的相，伽利略就能够知道哪一种模型是正确的。

不到地球的绕日运动，日心模型的其余弱点就会在以后被消除。虽然日心说模型不符合常理（表中的判据之一），但这不是真正的弱点，因为常识对科学不起作用，如前所述。

表3

该表列出了用以判断地心说和日心说的各种判据，这些判据是基于1610年伽利略观测之后的已知知识。“√”和“×”给出的是该理论得到相应判据的认可性，问号“？”表明该项判据缺乏数据。与基于哥白尼之前可获得的证据的判据（表2）相比较可知，日心说模型现在要更可信。这部分是由于有了新的观察结果（8，9，10），而这些只有在出现了望远镜之后才有可能。

68

判据	地心说	认可度
1.常识	一切都围绕地球转这一点似乎是显然的	√
2.运动意识	我们检测不到任何运动，因此地球不可能在运动	√
3.落地	地心说解释了物体为什么会降落，即物体被吸引到宇宙的中心	√
4.恒星视差	没检测到恒星视差，这与静态地球和固定的观察者的概念是兼容的	√
5.预言行星轨道	非常一致	√
6.行星逆行路径	用本轮和均轮来解释	√
7.简单性	非常复杂——本轮、均轮、对点和偏心	×
8.金星的相	没法预言观测到的结果	×
9.太阳和月亮上的瑕疵	是个问题——该模型源自亚里士多德的观点：上天是完美的	×
10.木星的卫星	是个问题——一切本该绕地球转动才对	×

69

判据	日心说	认可度
1.常识	仍需要想象和逻辑上的跳跃才能看出地球绕着太阳转	×
2.运动意识	为什么我们感觉不到地球在绕着太阳转动，要解释这一点，伽利略还需努力。	?
3.落地	在一个地球不处在中心的模型里，物体为何要落向地面，很难解释；这只有等到牛顿提出万有引力概念后才有可能解释	×
4.恒星视差	地球在移动，所以恒星视差检测不到必然是由于恒星距离过于遥远，有了更好的望远镜，这种视差应能够被检测到	?
5.预言行星轨道	一致性好，但不如地心模型	?
6.行星逆行路径	地球运动和我们观测位置变化的自然结果	√
7.简单性	很简单，每个天体都做椭圆运动	√
8.金星的相	成功预言了观测到的结果	√
9.太阳和月亮上的瑕疵	不是问题——该模型并不声称天体运动完美与否	√
10.木星的卫星	不是问题——该模型允许多中心	√

在这一历史时刻，每一个天文学家本该转向支持日心模型，但这种重大转变并没有发生。大多数天文学家终其一生都深信宇宙是围绕着静态地球在转动，无论在理智上还是从感情上他们都无法飞跃到太阳中心的宇宙。当天文学家弗朗西斯科·西兹听说了伽利略对木星的卫星的观测结果，它似乎表明地球不是一切的中心，他想出了一个奇怪的反驳理由："这些卫星是肉眼不可见的，因此对地球没有任何影响，因此是无用的，因此也就不存在。"哲学家朱利奥·利布里采取的也是类似的不合逻辑的态度，甚至基于某项原则拒绝通过望远镜来观察天空。当利布里去世时，伽利略暗示道，他可能会在去往天堂的途中最终看到太阳黑子、木星的卫星和金星的相。

天主教会同样也不愿放弃地心说，甚至当耶稣会的数学家以更高的精度证实了新的日心说模型后依然如故。此后，神学家承认，日心模型能够对行星轨道做出出色的预言，但同时他们仍然拒绝接受这个模型是对实在的有效表达。换句话说，梵蒂冈看待日心模型就如同我们如何看下面这句话："How I need a drink, alcoholic of course, after the heavy lectures involving quantum mechanics.（上完一节量子力学大课之后，我多么想喝一口，当然是酒。）"，这句话是π的一种密码。如果你注意到句子中的每个单词的字母个数，你便得到3.14159265358979，它是π精确到小数点后第14位时的值。这句话确实是对π的一种高精度的表示，但同时我们知道，π与酒精无关。教会认为，宇宙的日心模式也类似——准确和有用，但不代表实在。

然而，哥白尼的支持者仍然坚持认为，日心模式有充分理由表明太阳就是处在宇宙的中心。毫不奇怪，这激起了教会的强烈反应。1616年2月，宗教裁判所的评审委员会正式宣布，日心说的观点为异端邪说。作为这一法令的结果，哥白尼的《天球运行论》于1616年3月——它出版的63年后——被禁止。

71

图18　哥白尼（左上）、第谷（右上）、开普勒（左下）和伽利略（右下）对推动从地心宇宙到日心模型的转变做出了巨大贡献。他们的成就共同表明了科学进步的关键特征，即理论和模型是如何随着时间的推移被几位科学家彼此的工作所发展和细化的。

哥白尼为把地球降级为仅仅是一颗卫星，同时将太阳提升到中心角色这一理论飞跃做了准备。第谷·布拉赫，借助于他的铜鼻子，提供了观测证据，这些证据后来帮助开普勒识别出哥白尼模型的明显缺陷所在，即行星轨道是略呈椭圆形，而不是完美的圆形。最后，伽利略用望远镜发现了用于说服持怀疑态度者的关键证据。他指出，地球不是一切事物的中心，因为木星就拥有自己的卫星。此外，他还表明，金星的相只有日心说的宇宙图像才能兼容。

伽利略无法接受教会对他的科学观点的谴责。虽然他是一个虔诚的天主教徒，但他也是一个狂热的理性主义者，并能够协调好这两种信仰体系。他得出结论：科学家们最有资格对物质世界进行评论，而神学家最有资格对精神世界和应如何生活在物质世界发表评论。伽利略认为："圣经是为了教导人们如何去天堂，而不是教人了解天堂如何运转。"

假如教会批评日心说是认为它缺少证据或数据不佳，那么伽利略及其同事是愿意听取的，但他们的批评是出于纯粹的意识形态。伽利略选择忽略枢机主教的意见，年复一年，他继续宣扬新的宇宙观。最后，在1623年，当他的朋友枢机主教马费奥·巴贝里尼当选为教皇成为乌尔班八世后，他看到了一个推翻保守势力的机会。

72

伽利略和新教皇都出生在佛罗伦萨并在那里长大，两人上的是比萨的同一所大学。乌尔班八世继位不久，就6次恩准伽利略冗长的谒见。在一次进见中，伽利略提到想写一本比较两种对立的宇宙观的书。当他离开梵蒂冈时，他形成了这样一个坚定的印象：他已得到教皇的祝福。他回去继续他的研究，并开始写作后来被证明为科学史上最有争议之一的一本书。

在他的《关于两大世界体系的对话》里，伽利略用了三个人物来探索日心说与地心说各自的优点。萨尔维阿蒂代表伽利略的偏爱日心说的观点，他显然是个聪明、博学和雄辩的人。辛普利邱——小丑的角色——试图捍卫地心说。而萨格利多则充当调解员的角色，引导这两人之间的对话，虽然他的偏见在他顺便戏弄辛普利邱时时有出现。这是一部学术性很强的著作，但它采用人物角色来解释正反双方的论点和反驳为它赢得了更多的读者。此外，它是用意大利语写的，不是拉丁语，这清楚地表明伽利略的目的就是要赢得广泛的民意来支持日心说。

《对话》最终于1632年出版，即伽利略明确获得教宗批准的近十年后。从批准到出版之间的这种时间上的严重滞后显然带来严重后果，因为正在进行的“三十年战争”改变了政治和宗教格局，教皇乌尔班八世现在准备推翻伽利略及其论点。三十年战争始于1618年。当时，一群新教徒闯入位于布拉格73 的皇宫，将国王费迪南的两名顾问从楼上的窗口扔了出去，这个事件被称为“布拉格扔出窗外”事件。当地人已经被天主教国王对新教徒的持续迫害激怒了，这一行动引发了匈牙利、特兰西瓦尼亚、波希米亚和欧洲其他地区的新教教区的暴动。

《对话》发表时，战争已经肆虐了14年，天主教会对日益增长的新教的威胁感到越来越震惊。教皇必须让信仰天主教的信徒们看到他的铁腕能力，因此他决定对他新施行的某些强硬的民粹主义策略来个灵巧的掉头，转而谴责胆敢质疑传统的地心说观点的任何异端科学家的有亵渎嫌疑的作品。

对于教皇的想法为什么会有这么大的转变的一种颇具个性化的解释是，天文学家们嫉妒伽利略的名气，加上比较保守的枢机主教纠合在一起兴风作浪。他们将教皇早年的一些关于天文学的较幼稚的言论与《对话》中小丑辛普利邱的言论加以比较并放大。例如，乌尔班曾辩称，就像辛普利邱辩称的那样，万能的上帝创造宇宙时完全不考虑物理定律，因此当教皇看到《对话》中萨尔维阿蒂对辛普利邱的讽刺性回应时必然感到被羞辱：“当然，神能够让鸟飞起来，即便它们的骨骼是由实心的黄金制成的，它们的静脉里全是水银，它们的肉比铅重，它们的翅膀非常小。他没有这么做，他不需要证明什么。而你动不动就把主抬出来仅仅是为了掩盖你的无知。”

《对话》出版后不久，宗教裁判所便以“强烈的异端嫌疑”而要求伽利略前来接受审讯。当伽利略抗议说，他病得厉害无法前往时，宗教裁判所威胁要逮捕他，并将他拷上手铐用囚笼押往罗马。于是他只好屈从，准备行程。74 在等待伽利略到来的同时，教皇便开始采取措施将《对话》封杀，并下令印刷所上缴所有成书到罗马，但为时已晚——所有成书都已售罄。

1633年4月，庭审开始。关于异端的指控主要集中在伽利略的观点与《圣经》上的陈述——“神固定地球在其基础上，永远不动。”——之间的冲突上。宗教裁判所的大部分成员主张枢机主教贝拉明所表达的观点：“断言地球围绕太阳运动就像宣称耶稣不是处女所生一样的谬误。”然而，在主持审判的10位枢机主教中，有部分人属于抱有同情心的理性派，为首的是教皇乌尔班八世的侄子弗朗切斯科·巴贝里尼。在庭审的两周里，证据全都对伽利略不利，有人甚至以酷刑相威胁，但巴贝里尼不断呼吁宽大和容忍。在一定程度上，他是成功的。在被认定有罪后，伽利略既没有受到肉体折磨，也没有投入大牢，而是被判无限期软禁。《对话》则被列入禁书。巴贝里尼是3名没有签字的主审法官之一。

对伽利略的审判和随后的处罚是科学史上最黑暗的事件之一，是非理性压倒逻辑的一段屈辱。在庭审结束时，伽利略被迫放弃信仰，否认他的说法的真实性。不过，他还是设法以科学的名义赢得了些许自尊。据说宣判后，当他站起来时他喃喃自语道：“Eppur SI muove！”（“然而它还是在动呀！”）。换言之，真相是由实在决定的，不是由裁判所审定的。无论教会怎样声称，宇宙仍然按照自己的不可改变的科学规律运行，地球还在围绕太阳做轨道运行。

伽利略陷入孤立，被禁闭在他的住所里。他继续思考支配宇宙的规律，但当他于1637年失明后他的研究变得非常有限。他患上青光眼也许是因为长期盯着望远镜受到阳光的强烈刺激所致。伟大的观察者再也不能观察了。1642年1月8日，伽利略与世长辞。作为最后的惩罚，教会拒绝让他安葬在圣十字教堂墓地。

终极问题

太阳中心模型在接下来的世纪里逐渐被天文学家们广泛接受，一方面是因为借助于更好的望远镜，有更多的观测证据被收集到，另一方面是因为对模型背后的物理过程的解释在理论上有了突破。还有一个重要因素是，老一代天文学家已经去世。死亡在科学进步中是一个重要因素，因为它眷顾上一代保守派科学家，他们不愿意抛弃旧的、荒谬的理论而去拥抱新的、更准确的理论。他们的顽抗是可以理解的，因为他们终其一生都是围绕一个模型在工作，让他们放弃这个模型而去适应新模型是他们不愿面对的。正如马克斯·普朗克——20世纪最伟大的物理学家之一——评论的那样："重要的科学变革很少是通过逐步争取其竞争对手并让其转变立场来实现的：扫罗几乎不可能成为保罗。所发生的只能是它的对手逐渐消亡，成长起来的一代从一开始就熟悉新概念。"

在天文学界接受宇宙的太阳中心说的同时，教会的态度也在转变。神学家们开始认识到，如果他们继续否认有识之士视为真理的那些理论，他们在大众眼里就显得太傻了。教会软化了其对待天文学和其他诸多科学领域的立场，由此形成一个知识自由的新时期。在整个18世纪，科学家们运用他们的技能去研究他们周围世界的各种各样的问题，他们用准确、合理、可检验的、自然的解释和答案替代了超自然的神话、哲学谬误和宗教教条。科学家们研究一切：从光的本性到生殖过程，从物质的组成到火山的喷发机理，不一而足。

然而，一个特定的问题显然是被忽略了，因为科学家们一致认为这超出了他们的职权范围，任何理性的思考确实无法触及这个问题。似乎没有人热衷于去着手解决宇宙是如何产生的这一终极问题。科学家将自己限定在解释自然现象的范畴之内，宇宙创生被认为是一个超自然的事件。此外，解决这个问题会危及科学与宗教之间业已形成的相互尊重。现代的、没给上帝留下任何位置的大爆炸的观念在18世纪的神学家眼里显然是异端，就好比宇宙的太阳中心说在17世纪里触犯了宗教裁判所一样。在欧洲，圣经仍然是关于宇宙创生学说的无可争辩的权威。上帝创造了天地的观念仍为绝大多数学者所接受。

看来，唯一可讨论的问题是上帝何时创造了宇宙。学者们对圣经里从《创世纪》开始的各种父子关系进行了梳理，列出了名单，加上每位出生的年份，考虑到亚当、先知和各位王的统治时长等，最后经过仔细加总得到一个宇宙的年龄。在估计宇宙创生的日期上有着太多的不确定性，误差长达三千年，这取决于是谁做的测算。例如，卡斯蒂利亚-莱昂的阿方索十世，就是负责编制《阿方索星表》的那位国王，援引的创世的最早日期为公元前6904年，而约翰内斯·开普勒给出的日期却是这个不确定范围的近端：公元前3992年。

最严格的计算是由1624年成为阿马大主教的詹姆斯·厄谢尔给出的。他[77]在中东地区找了位代理，让他去寻找已知最古老的圣经经文，以便使他的估计不易受到誊抄和翻译错误的影响。他还投入巨大的精力来确定《旧约》年表中记载的历史事件。最后，他敲定了《列王纪下》里间接提到的尼布甲尼撒的死亡时间，由此便可依据《圣经》的历史给出创世的日期。这个死亡及其日期也出现在由天文学家托勒密编制的巴比伦国王的列表里，因此可以与现代的历史记录联系起来。总之，经过反复计算和历史研究，厄谢尔能够宣称，创世的日期是公元前4004年10月22日周六。更精确的是，厄谢尔宣布，根据《创世纪》所宣称的："有晚上，有早晨，这是头一日"，这一时刻开始于那天下午的6点。

虽然对《圣经》的这种字面解释可能看起来很荒谬，但在一个将《圣经》

作为判断创世这样的大问题的绝对权威的社会里，这是非常有意义的。事实上，厄谢尔大主教给出的日期在1701年得到英国教会的认可，并从那时起与国王詹姆斯版《圣经》的出版一道公布于世，一直延续到20世纪。甚至到19世纪，科学家和哲学家们依然乐于接受厄谢尔确定的日期。

然而，在达尔文出版了他的自然选择学说的进化论后，科学界对于将公元前4004年作为创世元年的质疑变得十分强烈。尽管达尔文及其支持者发现自然选择具有普适性，但他们不得不承认，进化是一种十分缓慢的机制，与厄谢尔宣称的世界只有六千年历史的说法完全不相容。因此，人们开始探索利用科学手段来确定迄今为止的地球年龄，希望确立这个时长在百万年甚至几十亿年的量级。

78

维多利亚时代的地质学家分析了沉积岩的沉积速率，并估计地球至少有几百万岁。1897年，开尔文勋爵采用不同的技术——假设地球在形成时处于熔融状态——分析后指出，地球要冷却到它当前的温度，至少必须要20万年才行。几年后，约翰·乔利运用不同的假设——海洋开始时是纯清的，经过长时间的浸泡，地壳岩石中的矿物质才溶于水中——来估计要过多久海水中溶解的盐才会取得目前的盐度，他的结论是这大约需要上亿年。在20世纪初，物理学家发现放射性物质可用于测定地球的年龄。1905年，这项技术给出的地球年龄是5亿年。1907年，经过技术改进，新提出的地球年龄超过10亿年。断代研究一直是一项巨大的科学挑战，但越来越明显，每次新的测定总使得地球变得越来越古老。

随着科学家见证在地球年龄的认知问题上的这种巨大变化，他们在如何看待宇宙的问题上的观点也悄然有了改变。19世纪以前，科学家们普遍赞同灾变说，认为大灾难可以解释宇宙的历史。换句话说，我们这个世界是由一系列突发的灾难性事件形成并塑造成目前这个样子的，例如地壳岩石的剧烈变动造就了山脉，《圣经》里的大洪水形成了我们今天看到的地质构造。这样的灾难对于认识地球在几千年的历史进程中的地貌变化是必不可少的。但是到了19世纪末，在对地球进行了更详细的研究后，对岩石样本断代的最新结果促使科学家移向世界的均变论观点，认为应该用渐变和均变的观点来解释宇宙的历史。均变论者确信，山脉不可能一夜之间出现，而是以每年几毫米的抬升速度经过百万年的变迁使然。

均变说影响的日益扩大在科学界达成了共识：地球的年龄超过10亿岁，宇宙因此必然更古老，甚至可能是无限老。永恒宇宙似乎在科学界产生共鸣，因为这个理论既表现出一定的优雅，又具有简约性和完整性。如果宇宙永恒存在，那么就没必要解释它是如何创生，何时创生，为何创生以及由谁创生等问题。科学家们特别自豪的是，他们已经发展出一种不再依赖于上帝的宇宙理论。

查尔斯·赖尔，最著名的均变论学者，曾表示时间起源的问题“超越了凡人的认知范围”。这一观点得到了苏格兰地质学家詹姆斯·赫顿的强化：“因此，我们目前的调查结果是，我们没有发现开始的痕迹，也没希望找出终结的迹象。”

均变说可能与一些早期希腊宇宙学家的观点不谋而合。如阿那克西曼德就认为，行星和恒星的诞生和毁灭是在永恒的、时间无限长的过程中进行的”。在他这番表述的几十年后，公元前500年，艾弗萨斯的赫拉克利特重申了宇宙的永恒性：“这个宇宙，永远不变，既不是由神也不是由人创造的，而是，现在是，永远是：一团生生不息的火，不断地点燃和熄灭。”

所以，到20世纪开始时，科学家们仍满足于生活在一个永恒的宇宙中。但这个理论赖以支撑的证据却相当脆弱。虽然断代史的证据指向一个至少有几十亿年之久的真正古老的宇宙，但宇宙永恒的观念主要是基于信仰上的飞跃。从地球年龄至少几十亿年推断宇宙是永恒的根本就没有科学依据。确实，一个无限古老的宇宙构成一种连贯一致的宇宙观，但这只不过是一厢情愿，除非有人能找到一些科学证据来支持它。事实上，永恒宇宙模型确立的基础是如此脆弱，以至于称它为神话而不是科学理论可能更合适。1900年的永恒宇宙模型在解释上几乎与蓝色巨神乌尔巴里将大地与天空分开一样不靠谱。

最终，宇宙学家只好面临这样一种尴尬的局面。事实上，差不多整个20世纪里，他们都在努力用体面的和严谨的科学解释来取代这最后的伟大神话。他们竭力发展详细的理论并寻求具体的证据来支持它，以便使他们能够自信地解决这个终极问题：宇宙是永恒的，还是创生的？

有关宇宙演化史的争论，有关有限或无限的争论，迫使过分自信的理论家、英勇的天文学家和杰出的实验者投入战斗。叛军联盟试图推翻不共戴天的现有权威，他们采用最新技术——从巨型望远镜到太空卫星，无所不用其极。对这个终极问题的回答将导致科学史上最大的、最具争议的、最大胆的冒险尝试。

CHAPTER 1 - IN THE BEGINNING SUMMARY NOTES

INITIALLY SOCIETIES EXPLAINED EVERYTHING IN TERMS OF MYTHS, GODS AND MONSTERS.

① IN 6TH CENTURY BC GREECE:
PHILOSOPHERS BEGAN TO DESCRIBE THE UNIVERSE IN TERMS OF NATURAL (NOT SUPERNATURAL) PHENOMENA.

GREEK PROTO-SCIENTISTS SOUGHT THEORIES AND MODELS THAT WERE:
- SIMPLE
- ACCURATE
- NATURAL
- VIABLE

THEY WERE ABLE TO MEASURE THE SIZE OF THE EARTH, SUN AND MOON AND THE DISTANCES BETWEEN THEM USING:
- EXPERIMENT/OBSERVATIONS
- LOGIC/THEORY (+ MATHEMATICS)

GREEK ASTRONOMERS ESTABLISHED A FALSE EARTH-CENTRED MODEL OF THE UNIVERSE WITH THE SUN, STARS AND PLANETS ORBITING A FIXED EARTH.

② WHEN THE EARTH-CENTRED MODEL WAS FOUND WANTING, ASTRONOMERS RESPONDED WITH AD-HOC FIXES. (eg PTOLEMY'S EPICYCLES EXPLAINED THE RETROGRADE MOTION OF PLANETS)

THEOLOGIANS ENCOURAGED ASTRONOMERS TO STAY LOYAL TO THE EARTH-CENTRED MODEL AS IT WAS CONSISTENT WITH THE BIBLE.

③ IN 16TH CENTURY:
COPERNICUS CONSTRUCTED A SUN-CENTRED MODEL OF THE UNIVERSE IN WHICH THE EARTH AND OTHER PLANETS ORBITED THE SUN. IT WAS SIMPLE AND REASONABLY ACCURATE.

UNFORTUNATELY COPERNICUS'S SUN-CENTRED MODEL WAS IGNORED BECAUSE:

- HE WAS VIRTUALLY UNKNOWN
- HIS MODEL DEFIED COMMON-SENSE
- HIS MODEL WAS LESS ACCURATE THAN PTOLEMY'S
- RELIGIOUS (AND SCIENTIFIC) ORTHODOXY QUASHED ORIGINAL THOUGHT.

④ COPERNICUS'S MODEL WAS IMPROVED BY KEPLER USING TYCHO'S OBSERVATIONS. HE SHOWED THAT PLANETS FOLLOW (SLIGHTLY) ELLIPTICAL, NOT CIRCULAR, ORBITS. THE SUN-CENTRED MODEL WAS NOW SIMPLER AND MORE ACCURATE THAN THE EARTH-CENTRED MODEL.

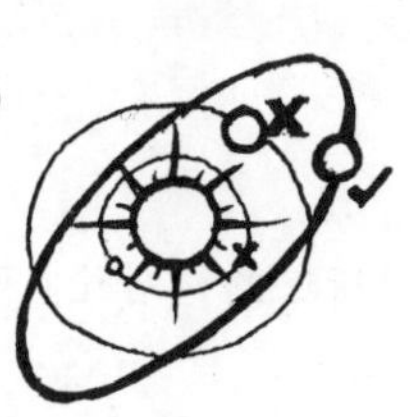

⑤ GALILEO CHAMPIONED THE SUN-CENTRED MODEL. HE USED THE TELESCOPE TO SHOW THAT JUPITER HAS MOONS, THE SUN HAS SPOTS AND VENUS HAS PHASES, WHICH CONTRADICTED THE ANCIENT THEORY AND SUPPORTED THE NEW ONE.

GALILEO WROTE A BOOK EXPLAINING WHY THE SUN-CENTRED MODEL WAS CORRECT. UNFORTUNATELY THE CHURCH BULLIED GALILEO AND FORCED HIM TO RECANT IN 1633.

IN LATER CENTURIES, THE CHURCH BECAME MORE TOLERANT. ASTRONOMERS ADOPTED THE SUN-CENTRED MODEL AND SCIENCE FLOURISHED.

⑥ BY 1900 COSMOLOGISTS CONCLUDED THAT THE UNIVERSE WAS NOT CREATED BUT HAD EXISTED FOR ETERNITY. BUT THERE WAS NO EVIDENCE TO BACK THIS THEORY. THE ETERNAL UNIVERSE HYPOTHESIS WAS NOT MUCH MORE THAN A MYTH.

⑦ 20TH CENTURY COSMOLOGISTS WOULD RETURN TO THE BIG QUESTION AND ADDRESS IT SCIENTIFICALLY

WAS THE UNIVERSE CREATED?

OR

HAS IT EXISTED FOR ALL ETERNITY?

第2章：
宇宙理论

[爱因斯坦的相对论]可能是有史以来人类理智取得的最伟大的成就。

——伯特兰·罗素

这就好像一道将我们与真理隔开的坚壁倒塌了。更广泛更深入的知识宝藏现在已暴露在探索者面前，对这一领域我们甚至没有一点预感。我们已处在比以往更接近于掌握一切物理过程发生这一机制的境地。

——赫尔曼·外尔

但是，经年累月地在黑暗中焦急地寻找一项真理，你可以感觉到它，但却不能表达它，强烈的欲望,信心与担忧的交替呈现，最后眼前突然闪现一道光——只有经历过这一切的人才能够真正欣赏它。

——阿尔伯特·爱因斯坦

不可能比光速更快，而且你肯定也不愿意这样，当你不想让帽子被吹走的时候。

——伍迪·艾伦

87 在20世纪的早期进程中，宇宙学家发展并检验了各种各样的宇宙模型。这些候选模型的出现得益于物理学家对宇宙及其运行的科学规律的越来越清晰的认识。构成宇宙的物质是什么，它们是怎么运动的？是什么产生出引力以及引力是怎么支配恒星与行星之间的互动的？宇宙是由空间构成的并随时间演化，那么在物理学家看来究竟什么是空间和时间？最重要的是，要回答所有这些基本问题，只有在物理学家们解决了一个看似简单而又天真的问题后才有可能。这个问题是：什么是光速？

当我们看到一道闪电，那是因为闪电发光，这道光可能要走几千米才能到达我们的眼睛。古代哲学家就琢磨过光速是如何影响到看这一行为的。如果光是以有限的速度飞驰的，那么它就需要一些时间才能到达我们这里，所以当我们看到闪电的时候，它可能已经不再是实际存在了。另外，如果光传播得无限快，那么光将会瞬间到达我们的眼睛，我们就会看到雷击，因为它正在发生。到底哪一种情形是正确的，这似乎已超出了古人的智慧。

88 对声音我们可以问同样的问题，但这次的答案要显然得多。雷声和闪电是同时产生的，但我们总是在看到了闪电之后才听到雷声。对于古代哲学家们来说，假设声音具有有限的速度，而且跑的肯定比光慢得多是合理的。因此，他们基于下列不完整的推理链建立了光和声的理论：

1.雷击产生光和声音；

2.光速要么非常快，要么无限快传向我们；

3.我们在事件发生后很快，或立即看到闪电；

4.声音以较慢的速度传播（大约1000千米/时）；

5.因此，我们要过一段时间后才能听到雷声，至于这段时间是多长，这取决于雷击发生处与我们的距离。

但与光速有关的基本问题——它到底是有限的还是无限的——仍继续折磨着世界上最伟大的头脑达几个世纪。公元前4世纪，亚里士多德认为，光以无限大的速度飞驰，因此事件和对该事件的观察会同时发生。公元11世纪，伊斯兰教科学家伊本·西纳（Ibn Sina）和海赛姆（al-Haytham）则采取了相反的观点，认为光速虽然非常大，但是有限的，因此任何事情都只能在发生了一段时间之后被观察到。

两种观点显然存在着分歧，但无论哪种，争论仍属于哲学范畴，这种情形一直持续到1638年。这一年，伽利略提出了一种测量光速的方法。两个观察者带上提灯和快门装置分别站在相隔一定距离的两个地方。第一个观察者向第二个观察者发送一个闪光信号，后者看到闪光后立即回复一个光信号。由此，第一观察者可以通过测量从发送到接收到回闪信号之间的时间间隔来估计光速。不幸的是，伽利略想出这个想法时已经失明，而且被软禁在他的寓所里，因此他没能够进行自己的实验。 89

1667年，伽利略去世25年后，佛罗伦萨著名的实验学院（Accademia del Cimento[1]）决定将伽利略的想法付诸检验。起初，两个观察者站得比较近。一个提灯人向另一个人发送一个灯光信号，后者看到后立即发出回复信号。然后第一个人估计从发送原始闪光到他看到回复信号之间的时间间隔，结果发现这个时间间隔只有几分之一秒。而且，就是这么短暂的时间还可能主要是两人的反应时间。实验重复了一遍又一遍，两个人分开的距离越来越远，如果光往返的时间随着距离的增加而增加，那么这将表明光速相对较低并且确实是有限的。但实际上往返时间保持不变。这意味着，光速要么是无限大，要么是快到光在两地之间走个来回的时间比起人的反应时间可以忽略

1. 一个由伽利略的学生于1657年发起成立的早期科学协会。发起人是乔瓦尼·阿方索·博雷利和温琴佐·维维亚尼。——译注

不计。实验者只能得出有限的结论，即光速在10 000千米/时与无穷大之间。如果再慢一点，他们就能检测到一个随两人分开距离稳定增长的时间延迟。

光速到底是有限的还是无限的这个悬而未决的问题直到几年后才被一位名叫奥勒·罗默的丹麦天文学家解决。罗默当时是一个年轻人，供职于第谷·布拉赫以前所在的乌勒尼伯格（Uraniborg）天文台，负责测量该天文台的确切位置，这样第谷的观察就可以与欧洲其他地方的天文台的观测数据取得相关。1672年，罗默作为出色的天文观测员赢得了声誉，他在著名的巴黎科学院获得了一个职位。这个学院的成立是为了让科学家能够独立从事研究，不必迎合率性的国王、王后或教皇。正是在巴黎，罗默得到了科学院院士乔凡尼·多美尼科·卡西尼的鼓励，开始研究与木星的卫星——特别是木卫一——相关的一种奇特的异常现象。木星的每颗卫星原本应以完全规则的方式环绕木星作轨道运动，就像我们的月球围绕地球做规则的轨道运行一样。但天文学家震惊地发现，木卫一的运行步调稍有些不规则。有时，木卫一出现在木星后方的时间比预期的提前了几分钟，而在另一些时刻，又推迟了几分钟。在天文学家看来，卫星不应该表现出这副模样，他们对木卫一的漫不经心的态度感到莫名其妙。

为了调查其中奥秘，罗默研究了卡西尼所记录的星表上木卫一的位置和时间的细微末节。开始时看不出任何有意义的迹象，但慢慢地他明白了其中奥妙。罗默断定，如果光有有限的速度，那么他就可以解释这一切（如图19所示）。地球和木星有时候在太阳的同一侧，而另一些时候它们位于太阳的两侧，相距遥远。当地球与木星相距最远时，从木卫一反射的光得走过3亿千米才能到达地球，这比起两个行星最接近时的距离要远得多。如果光速有限的话，那么光就需要更长的时间来穿越这段额外的距离，于是木卫一看起来就好像迟到了一样。总之，罗默认为，木卫一的运行是完全规则的，其表观

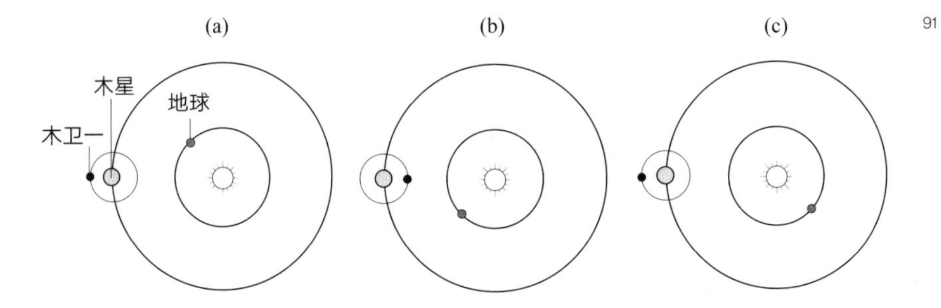

图19 奥勒·罗默通过研究木星的卫星木卫一的动向测定光速。这些图与他的实际方法稍有不同。在图(a)中，木卫一即将消隐在木星后面；在图(b)中，木卫一刚好转过半圈，位于木星的前面。同时，木星几乎没有移动，而地球则已显著移动，因为地球的绕日轨道运动速度是木星的12倍。地球上的天文学家测得(a)与(b)之间的时间间隔，即木卫一完成半圈所花费的时间。

在图中(c)中，木卫一完成另一半圈的转动回到其起始位置，而地球则移动到远离木星的位置。天文学家再次测量(b)与(c)之间的时间间隔，这原本应该与(a)与(b)之间的时间间隔相同，但事实上前者要长得多。究其原因，这多出来的时间是花费在光从木卫一到(c)图中地球位置的额外距离上，因为地球现在远离木星。这个时间延迟和地球到木星的距离可被用于估计光速。(在这些图中地球移动的距离被夸大了，因为木卫一绕行木星的周期不到两天时间，而且与此同时木星的位置也会发生变化，这些都会使问题变得复杂化。)

上的这种不均匀性是一种由于在不同时期光从木卫一到达地球需要走过不同的距离所造成的错觉。

为了帮助理解这里所发生的事情，我们不妨想象一下你位于一座炮台附近，这座炮台每小时发一炮。当你听到炮声，便立即启动秒表，并驾车以100千米/时的速度直线前行，这样当大炮再次开炮时你正好在100千米外。你立即停车，随后才听到很微弱的炮声。假设声速大约为1000千米/时，你会察觉出，从第一声炮响到第二声炮响之间的时间间隔是66分钟，而不是60分钟。这66分钟里包含了两次发炮的时间间隔60分钟和第二次炮响到传递到100千米外的你这里所需的6分钟。

罗默花了3年时间来分析木卫一的观测时间记录以及地球和木星的相对

位置数据，他估计光速为190 000千米/秒。事实上，这个量的实际值大约是30万千米/秒。但重要的一点是，罗默的工作表明，光有一个有限的速度值，尽管他导出的值不很准确。古老的争论终于得到了解决。

92 然而，在罗默宣布了他的结果后卡西尼却悲痛欲绝，因为他无法接受罗默德的结论，尽管这一计算结果主要是根据他的观测数据。卡西尼对罗默作了严厉批评，并成为一大群坚持光速无限大的学者们的代言人。罗默没有退缩，他用他的有限光速理论预言了木卫一将在1676年11月9日发生月食，他所预言的时间比他的对手所预言的要晚10多分钟。这是“我告诉过你肯定是这样”的一个典型例子——木卫一的月食时间确实晚了几分钟。罗默被证明是正确的，他发表了另一篇证实他的光速测量的论文。

这次星食的预言本应一劳永逸地解决这一争论，但正如我们在日心说与地心说的论战中所看到的那样，有时很多纯属逻辑和说理之外的因素会影响到科学的共识。卡西尼既比罗默资历深也比他活得长，因此仅凭政治影响力和活着这两点，他就能够动摇人们对罗默的光速有限的说法。然而，几十年过后，卡西尼及其同事还是不得不让位给新一代科学家，后者对罗默的结论不带偏见，他们亲自予以检验并接受了它。

一旦科学家公认了光速是有限的，他们便开始试图解决另一个谜团——它是如何传播的：究竟是什么媒介负责光的传递？科学家知道，声音可以在各种介质中传播——说话的人通过气态介质空气传递声波，鲸通过液态介质水来彼此唱和，93 我们可以通过牙齿和耳朵之间的固态介质骨骼来听到我们的牙齿发出的格格声。光也可以通过气体、液体和固体，例如空气、水和玻璃，但光与声波之间有根本性区别，这一点德国马格德堡市的市长奥托·冯·格里克在1657年的一项著名的系列实验中就给予了证明。

冯·格里克发明了第一台真空泵。他对探索真空的奇特性质非常热心。在一项实验中，他将两个大铜质半球面对面地合起来，然后抽去其中的空气，于是它们便表现得像两个吸力非常强的吸盘紧紧吸在一起。为了展示这一科学成果的奇妙性质，他让两对八匹马分别向两边拉这两半球，结果根本拉不开。

在一项精心安排的实验中，冯·格里克将一个内置有响铃的玻璃瓶抽真空。当空气被抽出瓶子后，观众就再也听不到铃声了，但他们仍然可以看到木槌敲击响铃的动作。因此很明显，声音不能在真空中传播。但同时实验表明，光可以在真空中传播，因为响铃还能被看见，瓶子里面没有变得漆黑一片。奇了怪了，如果光可以在真空中传播，那么一定有什么东西穿过了真空。

面对这种明显的矛盾，科学家们开始怀疑真空是否真的是空的。玻璃瓶已被抽去空气，但里面也许还剩有一些其他东西，它们提供了传播光所需的介质特性。到了19世纪，物理学家们提出，整个宇宙中充满了他们称之为*发光的以太*物质，它在某种程度上起了传播光的媒介作用。这种假设性物质具有一些显著的特性，正如维多利亚时代[1] 伟大的科学家开尔文勋爵所说的那样：

> 什么是发光的以太呢？它是一种其密度远远小于空气的物质——为空气密度的百万的百万的百万的分之一。对这个极限我们可以有某种概念。我们相信它是真实的东西，与其密度不同，它很硬：每秒钟可以振动4亿万次；并且在这样的密度下不会对通过它的任何物质产生丝毫的阻力。

94

换句话说，以太硬得令人难以置信，同时又稀薄得无以言表。它还是透

1. 指1837年—1901年英国维多利亚女王当政时期。——译注

明的、无摩擦的且具有化学惰性。它就在我们身边，但它显然很难识别，因为从来没有人见过它、抓住过它或是撞上它。不过美国的第一位诺贝尔物理学奖获得者阿尔伯特 · 迈克耳孙却相信他能证明它的存在。

迈克耳孙的犹太教父母为了逃离普鲁士的迫害于1854年来到美国，那时他才两岁。他在旧金山长大，后就读于美国海军学院，在那里，他以第25名的较低排名毕业于航海技术专业，但他在光学方面的成绩却是顶尖的。这促使学院院长做出这样的评价："如果将来你少关注些科学上的事情，在海军火炮使用方面多加研讨，这样才可能在未来某个时候你已具备足够的知识服务于你的国家。"迈克耳孙明智地转向专职光学研究。1878年，在他25岁那年，他断定光速为 299 910 ± 50 千米/秒，这个值比以往的估计精度上提高了 20 倍。

随后，在1880年，迈克耳孙设计了一项实验，他希望能够证明传播光的以太介质的存在。他将一束光分成相互垂直的两束光。一束沿地球在太空中运动的方向行进，另一束沿与第一束光成直角的方向行进。两束光行进相等的距离后，被反射镜反射回来，然后合成为一个光束。在合并时它们经历一个被称为"干涉"的过程，它使得迈克耳孙能够比较两光束并确定经过这段时间是否存在光程差。

迈克耳孙知道，地球绕日运行的速度大约为 100 000 千米每小时，这意味着它也以同样的速度穿过以太。由于以太被认为是弥漫在宇宙中的稳定介质，地球在宇宙中穿行将产生一种*以太风*。它与我们在无风的日子里开着敞篷汽车兜风时感觉到的伪风类似——它不是自然风，而是你自身的运动引起的风。因此如果光是由以太传递，其速度就应受到以太风的影响。更具体点说，在迈克耳孙实验中，一束光是顺着或逆着以太风行进，因此其速度应受到明显影响，而另一束光的方向与以太风垂直，因此其速度受到的影响较小。如果两束光走过的时间不同，那么迈克耳孙就能够将这一差异作为以太存在的强有力证据。

由于这项检测以太风的实验很复杂，因此迈克耳孙用一个难题来解释实验的基本前提：

> 假设有一条宽度100英尺的河流和两个游泳者。二者的游泳速度相同，例如都是5英尺每秒。河水的流速稳定在3英尺每秒。游泳比赛按以下方式进行：他们在同一岸边的同一地点同时出发。一个直接游到河对岸的最近点，然后转身游回来。另一位选手就在河的一侧游，逆流而上游过与河的宽度相等的距离（沿岸测量），然后再游回到起点，问谁能赢得比赛？（见图20图解）

迈克耳孙为他的实验置备了最好的光源和反射镜，在设备装配时采取了[97]一切可能的预防措施。所有光学器件都被仔细地准直、调平和抛光。为了提高设备的灵敏度，最大限度地减少误差，他甚至将主要组件平台漂浮在一个巨大的充满汞液的浴缸内来隔离外部影响，例如远处脚步声所造成的震颤。这个实验的主要目的是要证明以太的存在。迈克耳孙已竭尽一切可能来最大限度地提高检测机会——这也正是为什么他在检测到相互垂直的两束光在时间上没有任何差别时会感到那么惊奇。没有存在以太的任何迹象。这是个令人震惊的结果。

迈克耳孙对独自找出什么地方出错已经感到绝望，他聘请了化学家爱德[97]华·莫雷来和他一起重整旗鼓。他们一起重建了装置，改进了每一台设备以使实验更灵敏，然后一遍遍地进行测量。最终，在1887年，经过7年的重复

96

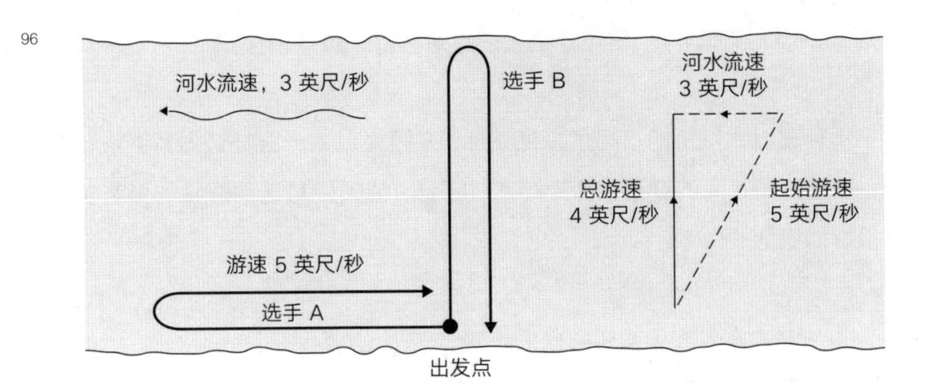

图 20　阿尔伯特·迈克耳孙用这幅游泳竞赛的比喻来解释他的以太实验。两位游泳者扮演着相互垂直的两束光的角色，二者最后回到同一起点。一个先逆流游过去再顺流又回来，另一位横着水流游——就像一束光先顺着再逆着以太风传播，另一束光垂直于以太风传播。两位选手在静水中的游速均为 5 英尺每秒，要游的距离都是 200 英尺。选手 A 先向上游游 100 英尺，再顺水向下游游 100 英尺；选手 B 游到河对岸再又回来，也是 200 英尺。水流速度是 3 英尺/秒，问同时出发后哪一位选手先回到出发点？

选手A的时间，先上游后下游，很容易分析。考虑到水速，出发时游泳者的总的速度为 8 英尺/秒（5 英尺/秒 + 3 英尺/秒），所以 100 英尺需要 12.5 秒。回来时逆流，意味着其游速只有 2 英尺/秒（5 英尺/秒−3 英尺/秒），因此游过这个 100 英尺需要 50 秒。因此他游 200 英尺的总时间为 62.5 秒。

选手 B 游到河对岸，为了补偿水流的影响必须斜着游。勾股定理告诉我们，如果他的游速是 5 英尺/秒，那么正确的倾斜角度应能使他有 3 英尺/秒的上游分量，以抵消水流速度，因此他的横渡游速为 4 英尺/秒。因此他游 100 英尺需时 25 秒，返回时还需 25 秒，游过 200 英尺总共需时 50 秒。

虽然两位选手在静水中游速相同，但横渡者将赢得比赛。因此，迈克尔孙认为横穿以太风的光束走过整个行程所花的时间应较短。为此他设计了一个实验，来看看是否真的如此。

实验后，他们发表了自己的明确结果。仍未观察到存在以太的任何迹象。因此，他们被迫得出结论：以太不存在。

我们还记得其荒谬的属性——它被认为有最小的密度但却是宇宙中最坚硬的物质——现在看来毫不奇怪，以太是一种虚构。尽管如此，科学家们抛弃它时显得极不情愿，因为它是解释光传播的唯一可能的方式。甚至迈克耳孙自己在达成他的这一结论时也是心情复杂。他曾怀旧地提到：“亲爱的老以太，它现在被遗弃了，虽然我个人还是对它有一点点记挂。”

不存在以太带来的这场危机还在加深，因为以太一直被认为负责执行电场、磁场和光之间的联系。科普作家班诺什·霍夫曼对这种严峻的形势曾作过很好的概括：

98

起先我们有了发光的以太，
随后我们有了电磁以太，
而现在我们什么都没了。

所以，到19世纪末，迈克耳孙已经证明了以太并不存在。具有讽刺意味的是，他是以一系列成功的光学实验确立起其职业生涯的，但他最大的胜利却是一项否定性的实验结果。他的目标是要证明以太存在，而不是它的缺失。物理学家现在不得不接受这样一个事实——光可以以某种方式在真空中传播，即通过没有任何介质的空间。

迈克耳孙成就的取得需要昂贵的、专门的实验设备和多年的专业努力。而在大致相同的时间段里，一个孤独的少年，在对迈克耳孙实验的突破性成就毫不知情的情形下，同样得出了以太不存在的结论，而且仅凭理论论证的基础。他的名字是阿尔伯特·爱因斯坦。

爱因斯坦的思想实验

爱因斯坦年轻的实力和他后来在全盛时期所绽放的才华，很大程度上源自他对周围世界的巨大的好奇心。在他多产的、革命性的和富有远见的一生中，他从没有停止过对支配宇宙的根本规律的思考。甚至在他5岁时，他就曾对他父亲给他的指南针的神秘性质迷恋不已。是什么无形的力量在牵引着针头，为什么它总是指向北方？磁的性质成为他终生的迷恋，这是爱因斯坦对探索看似微不足道的现象充满强烈兴趣的典型一例。

99

正如爱因斯坦对他的传记作者卡尔·塞利格说的那样："我没有什么特殊天分。我只是痴迷不已。"他还指出："重要的是不要停止问问题。好奇心都有其自身存在的理由。当我们思考永恒的、生命的和实在的宏大结构的奇妙性质时，我们不免会心存敬畏。如果我们每天都试图领悟一点点这些奥秘，就足够了。"诺贝尔奖获得者伊西多·艾萨克·拉比强调了这一点："我认为，物理学家是人类的彼得·潘。他们从来不曾长大，他们一直保持着他们的好奇心。"

在这方面，爱因斯坦与伽利略有很多共同之处。爱因斯坦曾这样写道："我们就像是一个小孩进入一个巨大的图书馆，它的墙壁前堆满了用不同语言写成的一直码到天花板的各种书籍。"伽利略也做过类似的比喻，但他将整个大自然这座图书馆凝聚成一本盛大的用一种语言写就的书，他的好奇心促使他破译这本书："这是一本用数学语言写就的书，其特征是三角形、圆形和其他各种几何图形，不懂得它，人类甚至无法理解其中的一个字；不掌握这些语言，我们就只能在黑暗的迷宫中徘徊。"

将伽利略和爱因斯坦联系在一起的是他们对相对性原理的共同兴趣。伽利略发现了相对性原理，但爱因斯坦则充分利用了它。简单地说，伽利略的相对性原理是说：所有的运动都是相对的，这意味着，如果不借助外部参考系，你无法检测是否在运动。伽利略在他的《关于两门新科学的对话》一书中生动地说明了他所说的相对性是什么意思：

> 把你和一位朋友关在一条大船的甲板下的主舱里，你们还带

> 有几只苍蝇、蝴蝶和其他一些小飞虫。舱内还放有一大碗水，水里有几条鱼；舱室的顶上倒挂着一个瓶子，瓶内的水一滴一滴地滴到下方的大口罐里。当船停着不动时，你仔细观察，所有的小昆虫都以同样的速度在舱内向各个方向飞行；鱼朝各个方向游动；水滴滴入下方的容器中。而且，你将东西扔给你的朋友时，只要距离相等，你朝一个方向扔无需比朝另一个方向扔更用力。你并起双脚起跳，无论朝哪个方向，跳过的距离都相等。
>
> 当你仔细观察了所有这些事情后……让船以你乐意的任何速度行进，只要运动是匀速的，而且不存在这样或那样的晃动，你将发现，所有上述现象都没有丝毫变化，你也无法根据其中任何一个现象来判断船是在移动还是处于静止状态。

100

换句话说，只要你是在以恒定速度做直线运动，你就没法衡量你运动得有多快，或者说清楚你是否在运动。这是因为你周围的一切都正以同样的速度在运动，所有的现象（如正在下落的瓶子，飞舞的蝴蝶）都一样，不管你是在运动还是处于静止状态。此外，伽利略设定的场景是在“甲板下的主舱”，所以你是被隔离开来的，它剥夺了你参照外部参照系来检测到任何相对运动的希望。如果你以类似的方式将自己隔离开来，譬如塞上耳朵闭上眼睛坐在平滑轨道上开行的火车车厢内，那么你同样很难判断列车是在以100千米/时的速度在跑还是停留在车站，这是伽利略相对性原理的又一例证。

这条原理是伽利略最伟大的发现之一，因为它有助于说服持怀疑态度的天文学家，地球确实是在绕着太阳运动。反哥白尼的批评人士认为，地球不可能绕着太阳运行，因为如果那样的话，我们就应该感觉到这个运动，譬如有恒定速度的风或是感到被拉离地面，但显然，这一切都没有发生。但是，伽利略的相对性原理解释说，我们不可能感知到地球在空间中运动的这一巨大

101

速度，因为从地面到大气层中的一切事物都在以与我们相同的速度运动。运动的地球所提供的环境与我们处在一个静止的地球上所经历的环境是等效的。

一般而言，伽利略的相对性原理是说，你永远无法知道你是在快速运动，还是在缓慢地移动,或是根本不动。这一原理的适用条件是你是否被隔离在地球上，或是塞上耳朵闭上眼睛待在火车上或船的甲板下面的船舱里，或是以其他某种方式隔绝了与外部参照系的联系。

爱因斯坦不知道迈克耳孙和莫雷已经否定了以太的存在，他用伽利略的相对性原理作为他探索以太是否存在的基石。特别是他将伽利略的相对性原理运用到一项思想实验上。这是一种只能在物理学家头脑中进行的纯粹想象的实验，通常是因为它所涉及的过程无法在现实世界中实现。虽然纯属理论建构，但思想实验常常会导致对现实世界的深刻理解。

在他1896年（当时年仅16岁）进行的一项思想实验里，爱因斯坦想知道，如果他能以光速运动，同时在他面前放置一面镜子,他将看到什么。尤其是他很好奇是否能从镜子里看到自己的镜像。维多利亚时代的以太理论将以太描绘成一种弥漫于整个宇宙的静止的物质。光被假定是由以太传递的，所以这暗示着以光速（300 000千米/秒）行进就是相对于以太以这个速度前行。在爱因斯坦的思想实验里，他、他的脸和他的反射镜通通以光速穿过以太。因此在通常情形下，光将离开爱因斯坦的脸并运动到他手中的镜子，但现在光永远不会真正离开他的脸，更别说到达镜面了，因为一切都在以光速运动。如果光不能到达镜面，那么它也就不可能被反射回去，因此爱因斯坦将无法看到自己的镜面反射影像。

这个假想的情景令人震惊，因为它完全违反了伽利略的相对性原理。根据这一原理，人在做恒定速度运动时根本无法确定其运动的快慢，是向前还是向后运动，甚至是否真在运动。而爱因斯坦的思想实验暗示他会知道他在以光速运动，因为他的反射影像消失了。

这个男孩很惊奇，如果进行这么一项基于充满宇宙的以太的思想实验，其结果竟是自相矛盾的，因为它违背了伽利略的相对性原理。爱因斯坦的思想实验也可以搬到伽利略的甲板下的船舱里进行：这样水手就会知道船是否在以光速运动，因为他的反射影像将会消失。然而，伽利略曾坚定地宣称，水手不可能分辨出他的船是否在运动。

两方面总有一方面得放弃。要么是伽利略的相对性原理错了，要么是爱因斯坦的思想实验存在根本性缺陷。最后，爱因斯坦意识到，他的思想实验有错，因为它是基于充满宇宙的以太进行的。为了解决这个矛盾，他的结论是：光不是以相对于以太的某个恒定速度运动，光不是由以太传递的，以太甚至根本不存在。爱因斯坦不知道，这个结论已经由迈克耳孙和莫雷发现了。

你可能会对爱因斯坦的稍显曲折的思想实验持保留态度，特别是如果你认为物理学是一门建立在利用实际设备进行真实测量的真实实验基础上的学科，那就更是心存疑虑。确实，思想实验只属于物理学的边缘，而且不完全可靠，这就是为什么迈克耳孙-莫雷的真实实验显得如此重要。但不管怎么说，爱因斯坦的这个思想实验显示了他稚嫩心灵的光辉，而且更重要的是，这使他走上了一条探索没有以太的宇宙意味着什么，以及这对于光速又意味着什么的道路。 103

维多利亚时代的以太概念原本很让人欣慰，因为它为科学家们谈及光速时提供了足够充分的内涵。每个人都接受光是以30万千米/秒的恒定速度运动，每个人都当然地认为这个30万千米/秒的恒定速度是相对于它所经过的介质的，这种介质被认为是以太。在维多利亚充满以太的宇宙里，一切现象都解释得通。但是迈克耳孙-莫雷实验和爱因斯坦的思想实验表明，不存在以太。这样，如果光的传递不需要介质，那么当科学家谈及光速时这个速度指的是什么？所谓光速30万千米/秒是相对于什么的呢？

在以后的几年里，爱因斯坦时不时就会想起这个问题。他最终想出了一个解决这个问题的办法，而且还是严重依赖于直觉。乍一看，他的解决方案似乎很荒谬，但后来他被证明是完全正确的。根据爱因斯坦的想法，光的30万千米/秒的恒定速度是*相对于观察者*而言的。换句话说，无论我们处于什么样的环境下，无论光是怎么发射的，我们每个人测得的光速均相同，都是30万千米/秒，或3亿米/秒（更准确地说，应是299 792 458米/秒）。这似乎很荒谬，因为它有违于我们对普通物体的速度的日常经验。

想象一下，一个学童拿了把射豌豆子弹的玩具枪。豌豆的出射速度是40米/秒。你靠墙站在街头离这个学童一定距离的地方。他向你射击，豌豆离开玩具枪的速度是40米/秒，它在空间飞行的速度也是40米/秒，当它击中你的额头时你感觉到的豌豆的速度肯定也是40米/秒。现在如果学童是骑在自行车上奔向你并向你射击,自行车的车速是10米/秒，豌豆的出射速度仍是40米/秒，但它相对于地面的速度为50米/秒，这时当它击中你时你感觉到的速度为50米/秒。这额外的速度源自运动的自行车。如果此时你是以4米/秒的速度奔向学童，那么情况将会变得更糟，因为豌豆现在的速度变成54米/秒。总之，你（观察者）感知到的不同的豌豆速度取决于各种因素。

104

爱因斯坦认为光的表现不同于此。如果男孩的自行车处于静止状态，那么车灯射出的光线的速度为299 792 458米/秒。当自行车是在10米/秒的速度朝你驶来，这时射向你的车灯的光的光速仍是299 792 458米/秒。甚至当你开始奔向自行车，而它也正朝你驶来，照在你身上的光速还是299 792 458米/秒。爱因斯坦坚持认为，光的行进速度相对于观察者是常数。无论是谁来测量光速，得到的总是相同的答案，不管是什么情况。后来实验证明，爱因斯坦是正确的。光线的行为与豌豆这样的其他东西的区别可以列表如下。

	你对豌豆速度的感知	你对光速的感知
双方都不动	4米/秒	299 792 458米/秒
学童骑车以10米/秒的速度奔向你	50米/秒	299 792 458米/秒
…… 同时你以4米/秒的速度奔向学童	54米/秒	299 792 458米/秒

105

爱因斯坦确信，光速相对于观察者必定是恒定的，因为这一断言似乎是让他的镜像思想实验能够说得通的唯一办法。我们可以根据光速不变这个新的法则重新审视上述思想实验。如果爱因斯坦——作为他的思想实验中的观察者——以光速运动，他仍将能看到光以光速离开他的脸，因为它是相对于观察者运动。所以光会以光速离开爱因斯坦，并以光速反射回来，因此他能够看到自己的镜像。如果他是站在浴室的镜子前，同样的事情一样会发生——光以光速离开他的脸，并以光速反射回来，因此他能看到自己的影像。换句话说，通过假设光速相对于观察者恒定不变，爱因斯坦无法分辨他是正在以光速运动还是静止地站立在浴镜前。这正是伽利略的相对性原理的要求，即不论你是否在运动，你都有同样的体验。

光速相对于观察者不变是一个惊人的结论，它一直主导着爱因斯坦的思想。当时他还只有十多岁，正是这种年轻人的雄心和无畏，使他敢于深入探讨他的这一思想的意义。最终，他想公开他的这一想法，给世界以革命性的震撼，但当时他的这一工作都是私下进行的，他还得继续接受主流教育。

最重要的是，在进行这一深度思考期间，尽管大学教育渗透着专制的本质，但爱因斯坦始终保持着他的天性、创造力和好奇心。他曾经说："妨碍我钻研的唯一障碍就是我接受的教育。”他很少认真听讲，包括杰出的赫尔曼·闵可夫斯基的课，后者对这种蔑视的回应是称他为“一条懒惰的狗”。另 106 一位主讲老师，海因里希·韦伯，对他说：“你是个聪明的孩子，爱因斯坦，你非常聪明，但你有一个很大的缺点，就是你不愿意听课。”爱因斯坦对韦伯的课之所以态度消极，部分是因为韦伯拒绝在课堂上教授最新的物理学概念，这也是为什么爱因斯坦称他为平庸的赫尔·韦伯，而不叫他赫尔·韦伯教授。

这场意志比拼的结果，是韦伯不给爱因斯坦写推荐信，使得他无法继续从事学术事业。为此，爱因斯坦在毕业后花了7年时间在瑞士伯尔尼的专利局当文员。事实表明，这段时间并非可怕的困境，反倒使爱因斯坦可以不受当时著名大学里主流理论的限制，坐在他的办公室里，好好琢磨他十几岁时提出的思想实验的意义——赫尔·韦伯教授曾嗤之以鼻的那种思辨性的思考方式。此外，爱因斯坦的办公室工作平淡无奇，因为他刚入职，还只是个“试用的三级技术专家”，这让他每天只需花费短短几个小时就可以做完他的所有专利审核工作，然后留下大量时间进行他个人的研究。如果他真是一所大学的学者，那他可能需要日复一日地应付各种学术环节、无尽的行政杂务和繁重的教学任务。在给朋友的一封信中，他将他的办公室描述成“世俗修道院，在那里我可以慢慢孵化我最优美的想法”。

做专利局职员的这些年被证明是他学术生涯中最富有成果的一个时期。同时，这段时期也是这位日渐成熟的天才的感情生活最为复杂的一段时期。1902年，他父亲得了致命的疾病，爱因斯坦经历了他一生中最深重的冲击。在他临终前，赫尔曼·爱因斯坦给阿尔伯特的祝福是允许他与米列娃·玛丽奇结婚。他不知道这对夫妻已经有一个女儿莉瑟尔。事实上，历史学家们 107 也一直不知道阿尔伯特和米列娃有这么一个女儿，直到20世纪80年代末，他们看到了爱因斯坦的私人信件，才知道有这件事。米列娃是回到她的祖国塞尔维亚生下孩子的。爱因斯坦一听到他们的女儿出生的消息，便写信给米列娃："她健康吗？已经会哭了吧？她有什么样的小眼睛？我们两个她更像谁？谁喂她奶？她饿吗？还没长头发吧？我非常爱她，但我还一点都不了解她！……她肯定已经会哭了，但要学会笑还要等一段时间。这里面有深刻的道理。"阿尔伯特既不会听到女儿的哭声也不会看到她笑。这对夫妻不敢冒险让人知道他们有这么一个非法生养的女儿，这在当时是难以被社会接受的耻辱，所以莉瑟尔被寄养在塞尔维亚。

阿尔伯特和米列娃于1903年结婚，他们的第一个儿子，汉斯·阿尔伯特，第二年出生。1905年，在一边忙着尽到做父亲的责任，一边切实履行专利局职员的职责的同时，爱因斯坦终于打磨好了他对宇宙的想法。他的理论研究以一连串发表在《物理学年鉴》上的科学论文而达到顶峰。在一篇论文中，他分析了一种称为布朗运动的现象，并由此提出了一个辉煌的论点来支持物质是由原子和分子组成的理论。在另一篇文章中，他证明了，公认所谓光电效应的现象可以采用新近发展出来的量子物理学理论予以充分说明。毫不奇怪，这篇文章使爱因斯坦赢得了诺贝尔奖。

但更为靓丽的是第三篇论文。它总结了爱因斯坦在过去10年里关于光速及其相对于观察者不变的思想。这篇文章创立了一个全新的物理学基础，并最终为研究宇宙奠定了基本法则。光速不变性本身的重要性暂且不谈，更重要的是爱因斯坦所预言的结果。这一结果简直令人难以置信，甚至爱因斯坦[108]本人都感到震惊。在他发表这些研究结果时，他还是个刚满26岁的年轻人。在他创建如今称之为"狭义相对论"的过程中，他经历过一段严重的自我怀疑时期："我必须承认，在刚开始孕育狭义相对论时，我遭遇到各种令人紧张的矛盾。我年轻的时候，经常因思绪纷乱而几周不去想它，就像一个首次遇到这种问题而无法克服的人那样处于一种麻木的状态。"

109 爱因斯坦狭义相对论的一个最令人惊奇的结果是：我们熟悉的时间观念从根本上说是错误的。科学家和非科学家一直将时间想象为某种通用时钟的运转，它无情地滴答滴答地走着，这是宇宙的心跳，是所有其他的时钟用以校准的基准。对每个人来说，时间是一样的，因为我们都按照同一个宇宙时钟生活：不论是今天还是明天，是在伦敦还是在悉尼，是对你还是对我，钟摆都将以同样的速度摆动。时间被认为是绝对的、规则的和普适的。不，爱因斯坦说道："时间是可变的、可伸缩的和个性化的，因此你的时间可以不同于我的时间。特别是，一只相对于你运动的时钟将会比待在你身旁的静态时钟走时要慢。因此，如果你坐在运动的火车上，我站在站台上，那么当你从我身边飞驰而过的一瞬间，我将会看到你的表比我自己的表走得慢"。

图 21 阿尔伯特·爱因斯坦摄于1905年。这一年他发表了他的相对论，并由此确立了他的声望。

这似乎是不可能的，但在爱因斯坦看来，这在逻辑上是不可避免的。接下来的几段我们来简要解释一下为什么时间对观察者来说是个性化的，并且取决于所观察的时钟的运动速度。这里虽然有少量的数学，但公式都是相当简单的，如果你可以循着逻辑去想，你就会理解为什么狭义相对论迫使我们改变我们对世界的看法。然而，如果你跳过数学或是被数学卡住了，那么别担心，因为最重要的要点都将在数学运算完成后给予总结。

为了理解狭义相对论对时间概念的影响，让我们假设有这样一位发明家——爱丽丝（Alice），她有一只非同寻常的时钟。所有的时钟都有一个“滴答”器，就是那种可以用来计数时间的有节律地振荡的东西，譬如古老的大座钟的钟摆或水钟的以恒定速率滴下的水滴等。而在爱丽丝的时钟里，滴答器是一个在上下相距1.8米的两平行反射镜之间来回振荡的光脉冲，如图22（a）所示。反射是一种理想的走时方法，因为光速是恒定的，所以这个时钟将是非常准确的。光的速度是300 000 000米/秒（可写为3×10^8米/秒），因此如果一次“滴答”被定义为从一个镜面传递到另一个镜面并返回的话，那么爱丽丝看到的两次“滴答”之间的时间间隔就是

110

$$时间_{\text{Alice}} = \frac{距离}{光速} = \frac{3.6\text{m}}{3 \times 10^8\text{m/s}} = 1.2 \times 10^{-8}\text{s}$$

爱丽丝将她的时钟放在列车车厢里，列车正以恒定的速度沿直线行驶。她看到每次“滴答”的持续时间是一样的——记住，一切都应该保持不变，因为伽利略的相对性原理告诉我们，她想从周边随她一起运动的物体的状态来分辨列车是在行进还是停着不动是不可能的。

同时，爱丽丝的朋友鲍勃（Bob）站在站台上。此时她乘坐的列车以80%的光速，即2.4×10^8米/秒的速度，呼啸而过（这是“特快”这个词最极端意

义上的特快列车）。鲍勃可以通过车厢巨大的窗口看到爱丽丝和她的钟，而且从他的角度来看，光脉冲的径迹是倾斜的，如图22（b）所示。他看到的光脉冲除了正常的上下运动，还有沿列车行进方向的水平运动。

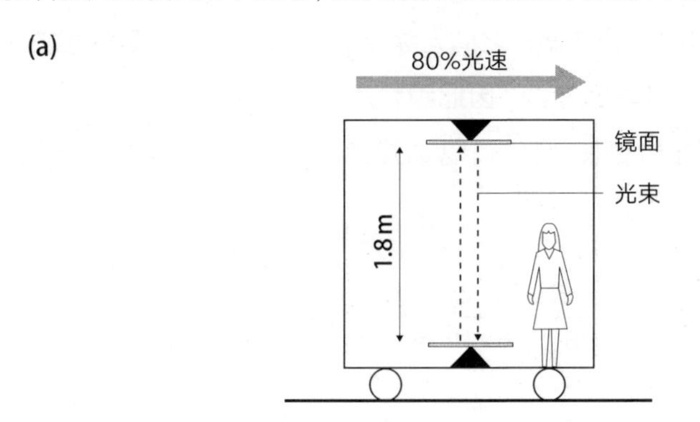

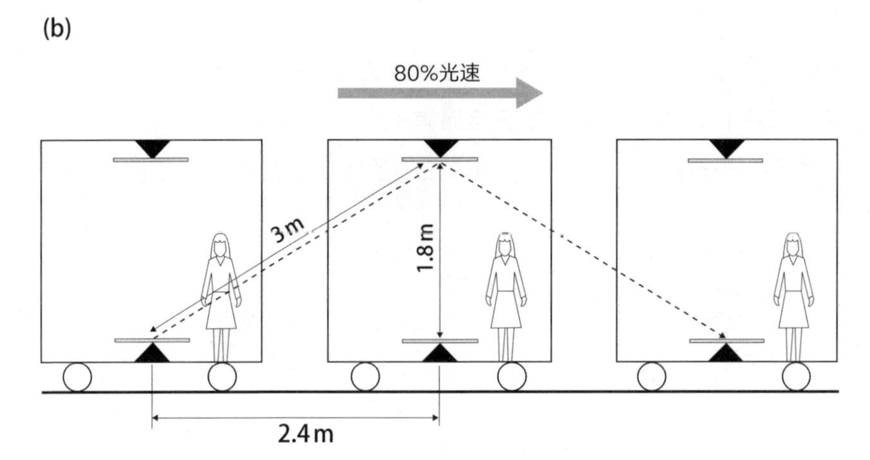

图22 上图展示了爱因斯坦的狭义相对论的一个主要结果。爱丽丝带着她的镜面时钟坐在车厢里，这个时钟的走时单位是光脉冲在上下两面镜子之间的一个反射周期。

图（a）是从爱丽丝的视角看到的情形。虽然列车正以80%的光速行进，但时钟相对于爱丽丝并没有运动，所以她看到的是正常的时钟，滴答器一如既往地以相同的速率走着。

图（b）表示从站台上鲍勃的角度去看上述场景（爱丽丝和她的时钟）。列车正以80%的光速行进，故鲍勃看到光脉冲走过的是一条斜向路径。由于光速对任何观察者都是恒定的，因此鲍勃感觉到光脉冲走过的对角线路径较长，所以他认为爱丽丝的时钟走得要比爱丽丝自己感知的走时慢。

换句话说，时钟的光脉冲在离开下方镜面与到达上方镜面之间，还有一个向前的运动，所以光走过的是一个较长的对角线路径。事实上，从鲍勃的角度看，在光脉冲到达上方镜面时火车向前移动了2.4米，因此光脉冲走过的路径长度是对角线3米，两次滴答之间光脉冲6米。由于按照爱因斯坦的理论，光速对任何观察者都是恒定的，因此鲍勃感知的时间必然较长，因为光脉冲以相同的速度要走过更长的距离。容易知道，鲍勃感知的两次滴答之间的时间间隔是：

112

$$\text{时间}_{\text{Bob}}=\frac{\text{距离}}{\text{光速}}=\frac{6.0\text{m}}{3\times10^{8}\,\text{m/s}}=2.0\times10^{-8}\,\text{s}$$

正是在这一点上，时间的实在性开始变得非常奇怪，令人稍感不安。爱丽丝和鲍勃见面并交换意见。鲍勃说他看到爱丽丝的镜子钟每两次滴答之间的时间间隔是2.0×10^{-8}秒，而爱丽丝认为她的时钟每两次滴答之间的时间间隔是1.2×10^{-8}秒。就爱丽丝而言，她的时钟运行完全正常。爱丽丝和鲍勃可能一直盯着时钟，但他们感知到的时间的脚步是以不同的速度行进的。

爱因斯坦给出了一个公式来描述在任何情形下鲍勃感知的时间相对于爱丽丝的时间是如何变化的：

$$\text{时间}_{\text{Bob}}=\text{时间}_{\text{Alice}}\times\frac{1}{\sqrt{(1-v_{\text{A}}^{2}/c^{2})}}$$

它是说，鲍勃观察到的时间间隔与爱丽丝的观察结果之间的差异取决于爱丽丝相对于鲍勃的速度（v_{A}）的和光速（c）。如果我们代入上述情况的适当数字，那么我们可以明了这个公式的意义：

$$时间_{Bob}=1.2\times10^{-8}s\times\frac{1}{\sqrt{(1-(0.8c)^2/c^2)}}$$

$$=1.2\times10^{-8}s\times\frac{1}{\sqrt{(1-0.64)}}$$

$$=2.0\times10^{-8}s$$

113　爱因斯坦曾打趣说：“把你的手放在滚热的炉子上一分钟，感觉起来就像一小时；坐在一位漂亮姑娘身边整整一小时，感觉起来就像一分钟。这就是相对论。”但是，狭义相对论的理论绝不是玩笑。爱因斯坦的数学公式精确描述了一位观察者在观察运动的时钟时真切感觉到的时间是如何变慢的，这种现象被称作时间膨胀。这听上去怎么都不像是对的，以至于人们自然会想到下面这4个问题：

1. 为什么我们平常没注意到这种奇特的效应呢？

时间膨胀的程度取决于所讨论的时钟或对象的速度是否可与光速相比。在上面的例子中，时间膨胀之所以显著，是因为爱丽丝的车厢是在以80%的光速即240 000 000米/秒的速度行进。如果车厢是以100米/秒（360千米/时）这样更合理的速度行进，那么鲍勃感知到的爱丽丝的时间就与爱丽丝自己感知的时间几乎一样了。将适当的数字代入爱因斯坦的公式将表明，他们对时间认知上的差别将只有一万亿分之一。换言之，这个时间膨胀效应在日常生活中是不可能检测出来的。

2. 时间上的这种差异是真的吗？

是真的，这是非常真实的。有无数尖端高科技玩意儿需要考虑到时间膨胀效应的修正才能正常工作。依靠卫星来给车船等的导航系统设备进行精确定位的全球定位系统（GPS）之所以能准确定位，正是因为它考虑到这种狭义相对论效应。这些效应是很显著的，因为GPS卫星的飞行速度很高，它们要用到高精度计时。

114

3.爱因斯坦的狭义相对论是否只适用于依靠光脉冲的时钟？

这一理论适用于所有的时钟，事实上，是所有的现象。这是因为，光实际上决定了发生在原子水平上的相互作用。因此从鲍勃的角度看，所有发生在车厢中的原子相互作用都变慢。他不可能看到这些单个原子的相互作用，但他可以检测到这些原子变慢效应的共同结果。因此当爱丽丝飞速经过她身边时，他不仅能看到她的镜子时钟走得慢，而且会看到她向他招手的动作也变慢了，她眨眼的动作也较慢，甚至她的心跳都会变慢。一切事物都将受到同样程度的时间膨胀效应的影响。

4.为什么爱丽丝不能用她的时钟和她自身的变慢来证明她处于运动中？

所有上述这些奇特效应都是鲍勃在运动的火车之外观察到的。对于爱丽丝而言，火车车厢内的一切都完全正常，因为无论是她的闹钟，还是她身边的其他东西都没有相对她的运动。零相对运动意味着零时间膨胀。对这里不存在时间变慢我们不应当感到惊讶，因为如果爱丽丝注意到她周围环境存在由车厢运动带来的任何变化，这将违反伽利略的相对性原理。但是，如果爱丽丝在从鲍勃面前飞驰而过的瞬间去看鲍勃，那么对她来说，鲍勃和他的环境正在经历时间膨胀，因为他正在相对于她运动。

狭义相对论还以同样惊人的方式影响到物理学的其他方面。爱因斯坦表明，当爱丽丝趋近时，鲍勃察觉到她沿运动方向收缩。换句话说，如果爱丽丝身高2米，身体的前后厚度25厘米，当她面向列车前方趋近鲍勃时，鲍勃 115 会看到她的身高仍是2米，但身体厚度只有15厘米。她看上去变薄了。这可不是什么视错觉，而是鲍勃的距离和空间知觉下的一种现实感受。它是基于与鲍勃观察到爱丽丝的时钟变慢属同一类的推理结果。

因此，正如同传统的时间观念受到冲击一样，狭义相对论还迫使物理学家们重新考虑原有的坚如磐石的空间概念。时间和空间不再是恒定的和普遍的，相反，它们是可塑的和个性化的。这并不奇怪，就连爱因斯坦本人，在发展他的理论时，有时也发现很难相信自己的这套逻辑和结论。“论证十分有趣和诱人，”他说，“但就我所知，上帝可能会对此发笑并牵着我的鼻子走。”

但不管怎样，爱因斯坦还是克服了他的疑虑，并继续推演他的方程的逻辑。在他的研究结果发表后，学者们不得不承认，一个孤独的专利局职员做出了物理学史上最重要的一项发现。马克斯·普朗克，量子理论之父，谈到爱因斯坦时说：“如果[相对论]被证明是正确的，就像我希望的那样，那么他将被公认为20世纪的哥白尼”。

爱因斯坦预言的时间膨胀和长度收缩都已得到实验的证实。单就他的狭义相对论这一项成果就足以使他成为20世纪最伟大的物理学家之一，因为它带来了维多利亚时代的物理学的翻天覆地的变化。但爱因斯坦的脚步没有止步于此，他为自己设定了更高的目标。

在他1905年的论文发表后不久，他以更大的雄心着手研究一项新的理论。爱因斯坦曾戏言，与这项新理论比起来，他的狭义相对论简直如同“儿戏”。丰厚的回报表明，为此付出的努力是完全值得的。他的下一项伟大发现将揭 116 示宇宙在大尺度上是如何运作的，这一发现为宇宙学家在解决可以想象的最根本问题方面提供了他们所需的工具。

引力之争：牛顿对爱因斯坦

爱因斯坦的思想是如此反传统，以至于主流科学家需要很长时间才愿意接纳这位办公室文员到他们的圈子里来。虽然他1905年就发表了他的狭义相对论，但直到1908年，他才接到他的第一个伯尔尼大学地位较低的职位。在1905年到1908年，爱因斯坦继续在伯尔尼的专利局上班，他被晋升为“二级技术专家”，同时他继续努力，力图将他的相对论的应用范围扩展到更广的领域。

狭义相对论之所以称为“狭义”，就因为它仅适用于特殊情形下，即那种对象以恒定速度运动的情形下。换句话说，它可以处理鲍勃观察爱丽丝的列车以恒定速度作直线行驶的情形，但无法处理火车在加快或减速时的情形。因此，爱因斯坦试图改写他的理论，以便它能处理涉及加速和减速的情形。狭义相对论的这一盛大的扩张不久就成为著名的*广义相对论*，因为它将适用于更一般的情形。

当爱因斯坦于1907年取得建立广义相对论过程的第一次突破时，他将它称为“我一生中最快乐的思想”。但随之而来的是8年的煎熬。他曾对一个朋友说对广义相对论的迷恋是如何迫使他忽视了生活中的其他方面：“我没时间写信，因为我的时间全被这件真正的大事占据了。白天和晚上，我都在绞尽脑汁来更深入地钻研我在过去两年中逐渐发现的事情，它们代表了物理学基本问题上前所未有的进步。”

这里谈到的“真正的大事”和“基本问题”，爱因斯坦是指这样一个事[117]

实：广义相对论理论似乎正引领他走向一种全新的引力理论。如果爱因斯坦是正确的，那么物理学家将不得不质疑艾萨克·牛顿的工作——物理学的一座丰碑。

1642年圣诞节那天，牛顿在一种悲惨的境况下出生了。3个月前他的父亲刚刚过世。尽管牛顿还是个婴儿，但他母亲却嫁给了63岁的校长巴拿巴·史密斯，后者拒绝接受牛顿到他家。因此牛顿是由他爷爷奶奶带大的。随着时间一年年过去，牛顿对母亲和继父抛弃他的怨恨在逐渐增强。事实上，在大学期间，为了忏悔，牛顿曾编纂过自己童年所犯的罪的列表，其中就包括承认"威胁我的父母亲史密斯要把他们连同他们的房子一起烧掉"。

毫不奇怪，牛顿成长为一个心怀怨恨、孤僻，有时甚至残忍的人。例如，当他在1696年被任命为皇家造币厂厂长时，他为抓捕造假币者订立了一项严厉的规章制度，确保那些罪犯被判罪、下狱和上绞刑架。伪造钱币已使英国的经济滑到崩溃的边缘，牛顿认定他采取的惩罚措施是十分必要的。除了严惩，牛顿还用自己的智慧来挽救国家的货币制度。他在造币厂的一项最重要的创新就是引入硬币铣边技术以打击剪裁造假（即造假者剪掉硬币的边缘，然后拿剪过的币去换取新币的做法）。

为了表彰牛顿的贡献，英国于1997年在发行的2英镑的硬币的边缘上铸上"站在巨人的肩膀上"这条短语。这句话摘自牛顿写给同事科学家罗伯特·胡克的一封信。在信中他写道："如果说我看得更远，那是因为我站在巨人的肩膀上。"这似乎是一句谦辞，承认牛顿自己的想法是建立在如伽利略和毕达哥拉斯这些杰出前辈们的基础上。其实这句话是对胡克的一种含蓄、恶毒的贬损，讥讽他严重驼背。换句话说，牛顿点明，胡克既不是一个物理学巨擘，也（暗示）不是智慧上的巨人。

无论个性上有什么瑕疵，牛顿毕竟对17世纪的科学做出了无与伦比的贡献。他用仅仅18个月的时间打了一场研究的闪电战，最终于1666年大功告成，从而为新的科学时代奠定了基础，今天我们将这一年称为牛顿的奇迹年。这个词原本是约翰·德莱顿为他的诗所取的标题。这首诗主要描述了发生在1666年的另一些更耸人听闻的事件，即大火灾之后的伦敦的生存和英国舰队对荷兰的胜利。但科学家们判定牛顿的发现才是1666年的真正的奇迹。他在这一年的奇迹包括在微积分、光学和——最著名的——万有引力等方面的重大突破。

简言之，牛顿的万有引力定律指出，宇宙中的每一个物体都吸引着其他物体。更确切地说，牛顿将任何两个物体之间的引力定义为

$$F=\frac{G\times m_1\times m_2}{r^2}$$

即两个物体之间的力（F）取决于两物体的质量（m_1和m_2）——质量越大，受力越大。此外，这个力与两物体之间的距离平方（r^2）成反比，这意味着两物体相距得越远，二者间的引力就越小。

万有引力常数（G）恒等于$6.67\times10^{-11}\ \mathrm{N\ m^2\ kg^{-2}}$，它反映了引力相对于其他种类的力，例如磁性力，的强度。

这个公式的强大之处在于它囊括了哥白尼、开普勒和伽利略一直试图解释的有关太阳系的一切。例如，一个苹果落向地面不再是因为它想趋向宇宙的中心，而仅仅是因为地球和苹果都具有质量，所以彼此之间通过万有引力自然地相互吸引。苹果朝地球加速，同时地球也向苹果加速，虽然地球的效果感觉不到，因为它的质量比苹果的质量大太多倍。同样，牛顿的万有引

力方程也可以用来解释地球如何绕太阳做轨道运行，因为二者都有质量，因此，在它们之间存在相互吸引的万有引力。同样，地球绕太阳运动而不是相反，是因为地球的质量比起太阳来小得多。事实上，牛顿的万有引力公式甚至可以用来预言月亮和行星将沿椭圆形轨道运行，而这正是开普勒在分析了第谷·布拉赫的观察数据之后予以证实的。

在牛顿去世后的几个世纪以来，牛顿的引力法则一直统治着宇宙。科学家认为引力问题已经得到解决，运用牛顿的公式可以解释一切——从箭的飞行到彗星的轨迹。但牛顿本人却怀疑他对宇宙的理解是不完整的："我不知道我在这个世界上是什么样子，但我自己感觉到，我似乎只是一个在海边玩耍的小男孩，在嬉戏中不时捡到一个比平时看见的更光滑的鹅卵石，或是更漂亮的贝壳，而在我面前展现的却是未被发现的真理的汪洋大海。"

正是爱因斯坦第一次意识到，引力的内涵可能比牛顿想象的更丰富。在他自己的1905年奇迹年——这一年，爱因斯坦发表了多篇具有划时代意义的论文——之后，他集中精力将他的狭义相对论推广到一般性理论。这项工作涉及到对引力的完全不同的解释，使我们以根本不同的观点来看待行星、卫星和苹果等物体彼此之间的相互吸引现象。

120

爱因斯坦的新方法的核心是他发现距离和时间是可变的，这是他的狭义相对论的结果。请记住，当爱丽丝带着她的时钟向鲍勃奔驰而来时，鲍勃看到时钟变慢，爱丽丝变薄了。所以时间是可变的，三维空间（宽度、高度、深度）也是可变的。不仅如此，时间和空间的可变性还是密不可分的，这促使爱因斯坦将时间和空间考虑成一个称为"时空"的可变实体。事实证明，这种可变的时空是引力的根本原因。这一连串奇异的可变性无疑令人费解，但下面的段落提供了一种比较容易理解的看待爱因斯坦的引力理念的方式。

时空由4个维度——3个空间维和1个时间维——构成，这对于我们大多数普通人可能难以想象，为此我们将它简化为只有两个空间维度（如图23所示）像想起来就要容易得多。幸运的是，这种简化版的时空能够说明正宗时空的许多关键特性，因此用起来很方便。图23（a）显示，空间（实际上是时空）就像一块有弹性的织物，网格线有助于显示，如果不占用空间，那么它的"质地"是平整而未受扰动的。图23（b）显示的是当有东西置于其上后二维空间是如何严重变形的。这第二个图可以代表空间被大质量的太阳扭曲了，它看上去就像一张在保龄球重压下弯曲的蹦床。

事实上，蹦床的类比可以延伸。如果保龄球代表太阳，那么网球就相当于围绕太阳做轨道运行的地球，如图23（c）所示。网球实际上在蹦床上营造了一个它自身的小凹坑，它是带着这个小凹坑绕着蹦床凹陷的边缘转圈的。如果我们还想模拟月球的运动，那么我们可以尝试在网球的凹坑里有一粒小宝石，它在小凹坑里转圈，同时网球带着小凹坑绕着保龄球引起的大凹坑转圈。

实际上，复杂系统用蹦床来建模的任何尝试很快就会失效，因为蹦床表面的摩擦会干扰物体的自然运动。但爱因斯坦论证说，在时空结构上确实发生着这类蹦床效应。根据爱因斯坦理论，物理学家和天文学家所看到的涉及引力的现象，实际上都是物体对时空弯曲的反应。例如，牛顿说苹果坠落到地球是因为相互间的引力作用所致，但现在爱因斯坦认为，他对驱动这种吸引力的机制有更深的理解：苹果坠向地球，是因为它正落入由地球质量造成的深的时空凹陷中。 122

时空中物体的存在产生了一种双向关系。时空的形状会影响物体的运动，同时正是这些物体确定了时空的形状。换句话说，导引着太阳和行星运动的时空凹陷正是由太阳和行星自身引起的。约翰·惠勒——20世纪里广义相

121

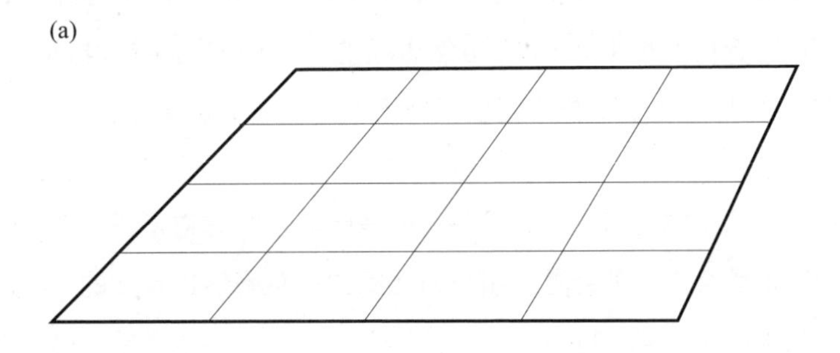

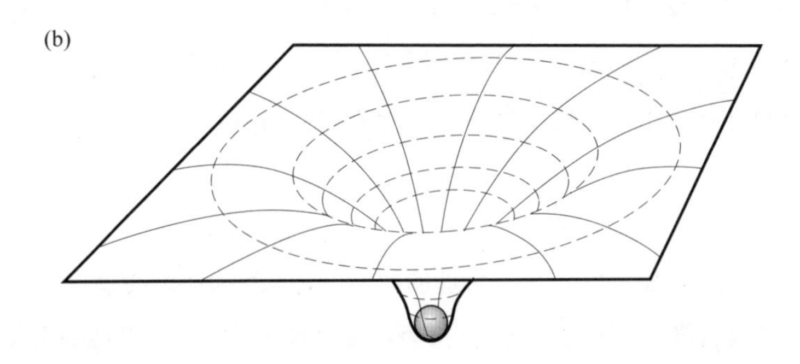

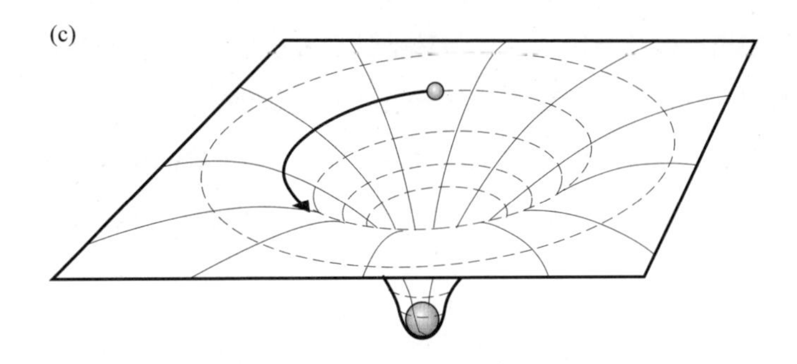

图 23　这些图是四维时空的二维表示，其中略去了时间维和一维空间。

图（a）给出的是平坦、光滑、未受扰动的网格平面，表示空的空间。如果一颗行星穿过该空间，那么它会沿着一条直线运行。

图（b）给出的是存在像太阳这样的物体时凹陷的空间。凹陷的深度取决于太阳的质量。

图（c）给出的是一颗行星在太阳引起的凹坑里做轨道运行。这颗行星有它自己的小凹陷空间，但它太小，无法在这个图中表示出来，因为地球相对来说比较轻。

对论的领军人物之一——用下述格言总结了这一理论:“物质告诉空间如何弯曲;空间告诉物质如何运动。”虽然惠勒的这句俏皮话不够准确(“空间”应改为“时空”),但这仍不失为对爱因斯坦理论的一个简要概括。

可变时空这个概念听起来很疯狂,但爱因斯坦坚信它是正确的。根据他自己的一套审美标准,可变时空和引力之间的联系必然是真实的,正如爱因斯坦所说的那样:“当我判断一个理论时,我问自己,如果我是上帝,我是否会以这种方式来安排世界。”但是,如果爱因斯坦要想让世界上其他人确信他是正确的,他就必须给出一个公式来概括他的理论。他面临的最大挑战就是,如何在严格的数学框架下将上述相当模糊的时空和引力概念转变成广义相对论的形式体系。

123

为了给他的直觉一个详细、合理的数学论证,爱因斯坦在理论研究上付出了8年的艰苦努力。在此期间,他遭受到重大挫折,不得不忍受一次次计算失败的痛苦。这种智力上的折磨几乎要将爱因斯坦推到精神崩溃的边缘。他的精神状态和挫败感反映在这些年里他给朋友的信件中的简短叙述里。他恳求马塞尔·格罗斯曼:“你一定要帮帮我,否则我就要疯了!”他告诉保罗·埃伦费斯特,相对论的工作就像沐浴一场“火与硫黄的豪雨”。而在另一封信中,他担心自己“在引力理论的某些方面再次犯错,简直让我有置身于疯人院的危险”。

冒险进入未知知识领域所需的勇气是不可低估的。1913年,马克斯·普朗克甚至警告爱因斯坦,他反对广义相对论方面的工作:“作为一个年长的朋友,我必须告诫你最好放弃它,因为首先你不会成功,再者即使你成功,也没人会相信你。”

爱因斯坦坚持着，忍受着对他的考验，终于在1915年完成了他的广义相对论。像牛顿一样，爱因斯坦终于发展出一个数学公式来解释和计算各种可能情况下的引力作用，但爱因斯坦的公式是非常不同的，它建立在一个完全独立的前提之上——柔性时空的存在。

在过去两个世纪的物理学里，牛顿的引力理论一直都足够好，那么物理学家们为什么会突然放弃它而转向爱因斯坦的新奇理论呢？牛顿理论能够成功地预言一切事物的行为——从苹果落地到行星运行，从炮弹划过的弧线到雨滴飘落时的形状，那么爱因斯坦理论的意义又何在呢？

124

答案就在于科学进步的本质。科学家们总是试图创建理论来尽可能准确地解释和预测自然现象。一种理论可以令人满意地工作上几年、几十年甚至几百年，但最终科学家总会制定出一个更好的理论，它更精确，具有更广泛的适用范围，能够解释以前无法解释的现象。这一点在早期天文学家对地球在宇宙中的地位的认识方面展示得淋漓尽致。最初，天文学家认为，太阳围绕着静止的地球做轨道运动，托勒密的本轮-均轮结构就是这样一个相当成功的理论。事实上，当时的天文学家就用它相当准确地预测了行星的运动。然而，地球中心说最终被以太阳为中心的宇宙理论所替代，因为这个基于开普勒的椭圆轨道的新理论更准确，能解释望远镜观测到的新的结果，如金星的星象。从一种理论转换到另一种理论是一个漫长而痛苦的过程，但一旦太阳中心说证明了自己，就没有回头路可走。

同样，爱因斯坦认为他为物理学提供了一种更好的引力理论，它更精确也更接近现实。特别是，爱因斯坦怀疑牛顿的引力理论可能会在某些情形下失效，而他的理论则在每一种情形下都是成功的。根据爱因斯坦的观点，牛顿理论在预言引力极其大情形下的现象时会给出不正确的结果。因此，为了证明他是正确的，爱因斯坦必须找出这些极端情形之一，用以检验他和牛顿的这两种理论。哪一种理论能够最准确地反映实际情形，它就将赢得胜利，并证明自己才是真正的引力理论。

爱因斯坦所面临的问题是，地球上的每一个场景都只涉及同一水平的引力强度，而在这些条件下，两种引力理论都同样的成功，相互一致。因此他意识到，他将不得不把眼光转向地球之外的太空中去寻找能暴露出牛顿理论缺陷的极端引力环境。具体来说，他知道太阳具有巨大的引力场，而最靠近太阳的行星水星应该能感知到这种高强度引力。他不知道太阳的引力是否强大到足以让水星的行为发生完全符合他的理论但却不符合牛顿引力理论的变化。1915年11月18日，爱因斯坦遇到了他所需要的检验事例——一种已困扰天文学家几十年的行星行为。

125

早在1859年，法国天文学家乌尔班·勒威耶就已经分析过水星轨道的异常。这颗行星具有椭圆轨道，但不是那种本身固定的绕日椭圆，而是椭圆轨道平面的指向每经过一个周期就有一定的偏离[1]，画出的是一条经典的螺旋形图案（如图24所示）。这种偏离非常小，每百年仅有574角秒，水星需要经过20万年完成100万个轨道周期运动才能回到原初的轨道取向。

天文学家原先认为，水星的这种怪异行为是由太阳系的其他行星的引力拖拽作用造成的，但是当勒威耶用牛顿引力公式计算后发现，其他行星的综合效果只可能解释每个世纪574角秒里的531角秒。就是说，有43角秒的偏离无法解释。按照某些天文学家的看法，肯定还存在某个未发现的天体，如内侧小行星带或水星的未知卫星，它们对水星轨道的看不见的影响造成了这

1. 力学上将这种行为称为“进动”——译注

43角秒的偏离。甚至有人提出在水星轨道之内还存在一颗至今未被发现的126行星，即所谓火神星。换句话说，天文学家认为牛顿的万有引力公式是不会错的，这个问题之所以没解决，是因为我们只掌握了部分要素。一旦我们找到了新的小行星带，或卫星，或行星，再来重做计算就肯定能给出正确的答案，即574角秒。

但爱因斯坦确信，不存在未被发现的小行星带、卫星或行星，问题出在牛顿的万有引力公式上。牛顿的理论在描述比地球引力要弱的情形下的现象时十分管用，但在遇到像太阳附近这种极端强大的引力情形时就显得无能为力了。这是检验两种对立的引力理论的一个完美的舞台，而且爱因斯坦信心满满地预言，他的理论将能够精确解释水星的轨道变动。

他坐下来，用他自己的公式进行了必要的计算，结果确实是574角秒，与观察结果完全一致。“几天来，”爱因斯坦写道，“我简直高兴得乐不可支。”

不幸的是，物理学界对爱因斯坦的计算并不完全信服。正如我们所知，科学信念本质上是保守的，这部分是出于实际考虑，部分是出于情绪使然。如果一个新理论推翻了旧理论，那么旧的理论就不得不被放弃，留下的科学框架就不得不与新理论相协调。这种剧变只有在整个学界确信了新理论确实有效之后，才能获得正当性。换句话说，举证责任总是落在新理论的倡导者身上。情绪对接受性的阻碍同样很高。大半辈子都信奉牛顿理论的资深科学家们很自然不愿放弃他们现有的理解去相信某个颠覆性的新理论。马克·吐温就曾敏锐地提出：“一个科学家永远不会对那种不是他打小就开始学习的理论显露出善意。”

128 毫不奇怪，科学界坚持其观点：牛顿公式是正确的，天文学家迟早会发

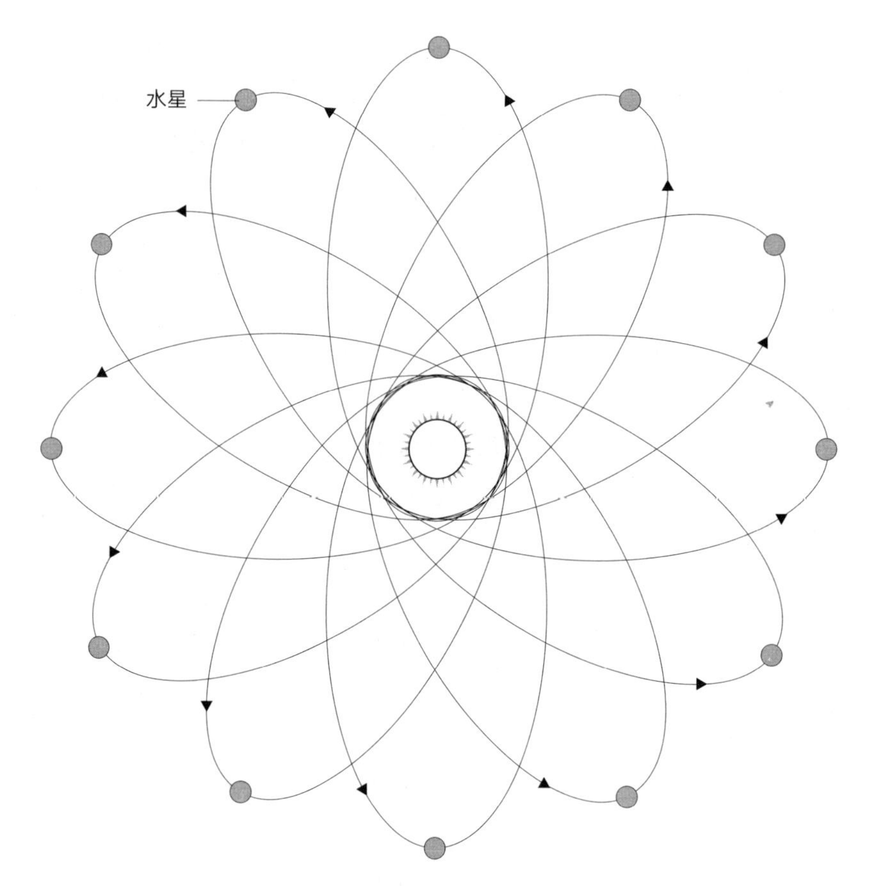

图 24　19 世纪的天文学家对水星轨道的进动感到困惑。这是一个夸张的图，因为实际的水星轨道没这么扁（即要更圆一点），太阳更接近于该轨道的中心。更重要的是，轨道平面的转动被高度夸张。在实际中，轨道平面每个周期仅转过 0.00038°。对于这样小的角度的处理，科学家们更倾向于使用角分和角秒而不是度：

1角分 =（1/60）°

1角秒 =（1/60）弧分 =（1/3600）°

所以水星每经过一个轨道周期，其轨道平面相对于前一个平面转过 0.00038°，或 0.023 弧分，或 1.383 角秒。水星绕着太阳转一周需要 88 个地球日，因此，一个地球世纪后水星完成 415 个轨道周期，其轨道平面转过 415 × 1.383 = 574 角秒。

现某个能充分解释水星轨道进动的新天体。如果经过更仔细的核查，发现确实不存在内小行星带、卫星或行星的迹象，那么天文学家就必须提供另一种解决方案来支撑牛顿的病态理论。其中方法之一就是将牛顿方程中的 r^2 改成 $r^{2.00000016}$，这样多少可以挽救一下传统方法和对水星轨道的解释：

$$F = \frac{G \times m_1 \times m_2}{r^{2.00000016}}$$

然而，这只是玩弄数学技巧，它在物理学上说不通。但这只是挽救牛顿引力理论的一个绝望的最后努力。事实上，这种临时性修修补补不过是早年托勒密的地球中心说所采取的不断增加更多的周期运动的狭隘逻辑在今天的翻版。

如果爱因斯坦打算克服这种保守性，赢得对手的信任并推翻牛顿理论，他就必须收集更多的证据来支持他的理论。他必须找到另一种可由他的理论来解释但牛顿理论无法解释的现象，这种现象如此非同寻常，它要能够为爱因斯坦的引力概念、广义相对论和时空概念提供压倒性的、无可辩驳的证据支持。

终极伙伴：理论与实验

一个新的科学理论要想得到认真对待，那么它就必须通过两项重要的检验。首先，它需要能够给出符合所有现有观测的理论结果。爱因斯坦的引力理论已经通过了这项检验，因为它在众多备选的解释方案中能够完全正确 129 地给出水星轨道进动的量。第二项检验更加苛刻，要求理论应能够预言尚未有过的观测结果。一旦科学家能够做出这些观测，且观测结果符合理论预言，那么这一证据就将令人信服地表明该理论是正确的。当开普勒和伽利略认为地球绕太阳旋转而不是相反时，他们能够迅速通过第一项检验，就是给出一种与已知的行星运动相符的理论结果。然而，第二项检验则要等到伽利略对金星星象的观察与几十年前哥白尼所做的理论预言完全相符后才算通过。

之所以单给出第一项检验还不足以说服持怀疑态度者，就是怕出现这个理论可能仅通过修修补补来给出正确结果。然而，通过理论修正是不可能给出与尚未做出的观察结果相一致的理论预言的。想象一下，你打算与爱丽丝或与鲍勃一块儿做一项投资，两人都宣称他们拥有各自完善的炒股系统或理论。鲍勃试图说服你，他的理论较好，能显示昨天的股市数据，然后向你展示了他的理论是如何完美地预测这些结果的。另一方面，爱丽丝向你展示了她预测的第二天的交易结果。24小时后，果然她被证明是正确的。你会与鲍勃和爱丽丝当中的谁一起做投资？显然，你会怀疑鲍勃可能调整了他的理论以符合前一天的交易数据，所以他的理论是不能完全令人信服的。但爱丽丝炒股理论似乎真的有效。

同样，如果爱因斯坦要证明他是正确的，牛顿是错的，他就必须用他的理论对尚未有人观察过的现象做非常可信的预言。当然，这种现象必须是发生在极端引力的环境下，否则，牛顿的和爱因斯坦的预言会一致，就没有赢家。 130

最后，这项非成即败的检验将是一个涉及光的行为的现象。甚至在他将他的理论应用到水星轨道进动之前——事实上，他甚至在完成他的广义相对论之前——爱因斯坦就已经开始探索光与引力之间的相互作用了。根据他的引力的时空效应，任何光束在途径一个恒星或大质量行星附近时都会被引力吸引而弯向恒星或行星，即光束将稍稍偏离原来的路径。牛顿的引力理论也预言了重物体会使光线弯曲，但程度较轻。因此，如果有人能够测得光线被大质量天体弯曲的效应，那么根据光线弯曲的轻微程度就能够判定爱因斯坦和牛顿到底谁的理论是正确的。

早在1912年，爱因斯坦就已开始与欧文·弗雷德里希合作探讨如何来开展这项关键性的测量。与作为理论物理学家的爱因斯坦不同，弗雷德里希是一位声名卓著的天文学家，因此在决定如何进行这项检验广义相对论预言的光线弯曲效应的观察研究中处于一个更有利的位置。起初，他们选定的观察对象是木星——太阳系中质量最大的行星。其质量大到足以使遥远的恒星星光发生弯曲，如图25所示。但当爱因斯坦用他的公式进行了相关计算后发现，很明显，木星造成的弯曲量过于微弱很难被检测出来，尽管这颗行星的质量是地球的300倍。爱因斯坦写信给弗雷德里希："但愿大自然能给我们一颗比木星更大的行星！"

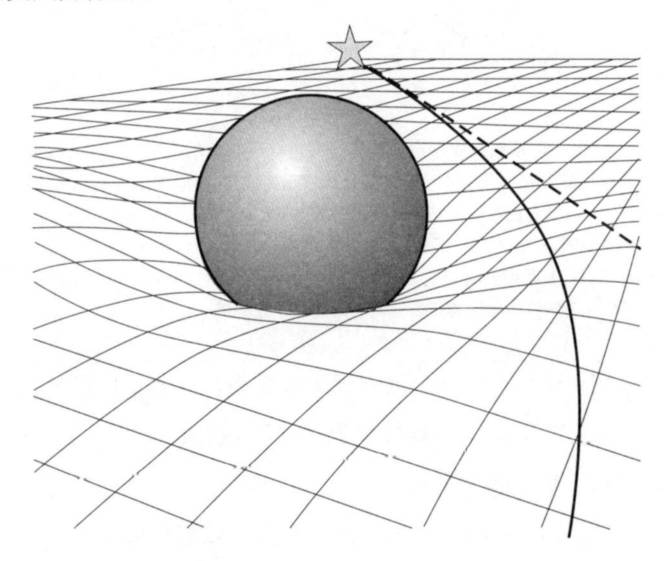

图 25　爱因斯坦曾对木星造成的星光弯曲感兴趣。木星的质量大到足以使时空平面发生凹陷。图中展示了遥远恒星发出的星光穿越空间的情形。如果没有木星，星光走的是一条直线；如果存在木星，星光的路径在木星所在的凹陷处附近就将发生弯曲。不幸的是，按照爱因斯坦的计算，这种弯曲太小了无法被检测到。

接着，他们将注意力集中到太阳上。太阳的质量是木星质量的一千倍。这一次，爱因斯坦的计算结果表明，太阳的引力会对遥远恒星的光线产生显著的影响，所造成的弯曲应该是可检测的。例如，如果一颗恒星出现在太阳边缘的后方，因此进入不了我们的视线，我们不能指望在地球上看到它（如图26）。但在太阳的巨大引力作用下，时空的变形就有可能使星光发生偏折，结果在地球上能够看见它。这颗躲在太阳背后的恒星应该能在太阳的边缘被看到。尽管视位置偏离实际位置的量非常微小，但它足以表明谁是正确的，因为牛顿公式预言的偏转量要比爱因斯坦公式给出的更小。

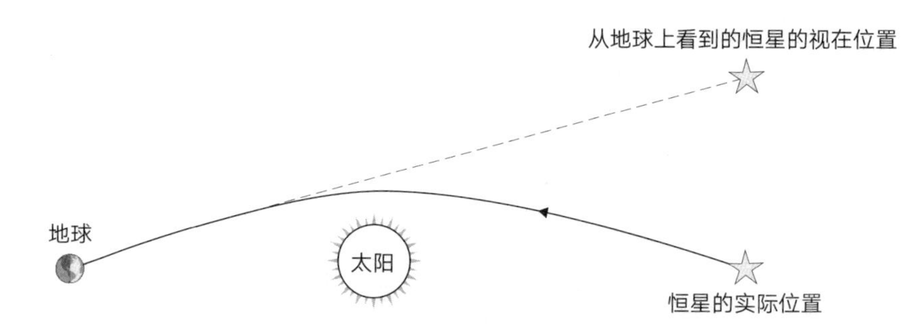

图 26 爱因斯坦希望被太阳弯曲的星光可用来证明他的广义相对论。在太阳背后的恒星原本在地球上是看不见的，因为星光被太阳挡住了。但太阳的质量造成时空弯曲，星光被偏转，可沿着弯曲路径到达地球。我们的直觉告诉我们，光沿直线传播，所以我们的视线从地球沿着星光返回到恒星上，但感觉上光是在走直线，所以看到的恒星好像其位置被移动了。爱因斯坦的引力理论预言的这种位移要比牛顿引力理论给出的预言值大得多，因此测得这种位移就能判定哪一种引力理论是正确的。

但是这里有一个问题：一个星光被太阳偏转的恒星，尽管其视在位置被移到太阳的边缘，但仍是不可能被看到的，因为太阳光太强了。事实上，太阳所在的区域总是散布着一些恒星，但它们都不可见，因为它们的亮度与太阳的亮度比起来都可忽略不计。但有一种情况下我们可以看见太阳背后的恒星，那就是日全食期间。1913年，爱因斯坦写信给弗雷德里希，提议他们在日全食期间寻找恒星的位移。 132

当月亮在日全食期间遮挡住太阳时，白天暂时变成了夜晚，星星便露脸了。月盘可将太阳遮蔽得如此严密，以至于能使我们识别出离太阳边缘非常近的恒星——或者更确切地说，这些恒星的光已经被弯曲，才使它出现在太阳圆盘外的很小的一个视角上。

133　爱因斯坦希望，弗雷德里希能够通过检查日食期间拍摄的照片来发现他所需的这种恒星位置的变化，以便证明他的引力公式是正确的。但事情很快变得明了：二手数据不足以成其事。照片的曝光和取景必须完美地探测出恒星位置的轻微变化，而过去的日食照片都没有达到这一标准。

唯一的选择是弗雷德里希必须在下一次日食期间组建一个专门的探险队来拍摄。下一次可观察的理想地点是1914年8月21日的克里米亚。爱因斯坦的声誉将取决于这一观察，为此他筹措了任务经费以备急需。爱因斯坦变得如此痴迷，以至于他会在晚餐时造访弗雷德里希，两人匆匆饭后便在桌布上开始涂鸦，检查他的计算结果，以确保不留任何出错的余地。后来，弗雷德里希的遗孀后悔将桌布洗了，否则的话他们将拥有一份完好无损的爱因斯坦随笔的财富。

弗雷德里希7月19日离开柏林前往克里米亚。事后看来，这是一次愚蠢的行程，因为就在前一个月，斐迪南大公在萨拉热窝被刺杀，引爆第一次世界大战的活动正在紧锣密鼓地进行。弗雷德里希抵达俄国时有足够的时间来建立他的望远镜，以备日食期间的拍摄，但他似乎忘了一个事实，即在他人还在旅途中时德国已对俄宣战。一帮德国人此时背着望远镜和照相器材在俄罗斯转悠，那不是自找麻烦吗？毫不奇怪，弗雷德里希和他的助手们被当作间谍逮捕。更糟糕的是，在日食发生前他们一直被拘留着，所以这次探险是完败的。幸运的是，德国在此期间抓获了一批俄罗斯军官，因此，通过交换战俘安排，弗雷德里希于9月2日安全地回到了柏林。

134　这项命运多舛的事业可谓战争如何在今后四年里阻滞物理学和天文学进展的一个象征。纯科学陷于停顿，因为所有的研究都集中到如何赢得这场战争，欧洲许多最出色的年轻人才都自告奋勇地为自己的国家而战。例如，哈利·莫塞利，牛津大学响当当的原子物理学家，自愿加入基奇纳的新军的一支部队。1915年夏天他被运到加利波利参加盟军部队在土耳其境内的战斗。他在写给他母亲的信中描述了加利波利的条件："生活中唯一真正有意思的是苍蝇。没有蚊子，但白天是苍蝇，晚上是苍蝇，水里是苍蝇，食物上还是苍蝇。"8月10日拂晓，30 000名土耳其士兵发动袭击，导致整个战争中最惨烈的一次肉搏战。进攻结束，莫塞利已经丢了性命。就连德国报纸都辟版哀悼他的去世，称这是科学的"一个严重损失"。

同样，卡尔·施瓦西，德国的波茨坦天文台主任，主动请缨为国而战。他在战壕里还在继续写论文，其中就包括一篇关于爱因斯坦的广义相对论的论文。正是这篇论文后来导致对黑洞的理解。1916年2月24日，爱因斯坦向普鲁士科学院递交了一篇论文[1]。仅仅4个月后，施瓦西就去世了。他在东线患上了一种致命的疾病。

虽然施瓦西自愿参加战斗，但他的同行，剑桥天文台的亚瑟·爱丁顿，却拒绝按征兵条例入伍。作为一个虔诚的贵格派信徒，爱丁顿提出了他的立场："我反对战争是基于宗教的理由……即使存心拒服兵役者的逃避会在胜利和失败之间造成差别，但我们不可能通过故意违背神的意志来真正使国家受益。"爱丁顿的同事为他编造了他应被免除兵役的理由，说他作为一个科学家对国家具有更大的价值，但内政部驳回了这份请愿书。这样，爱丁顿作为一个存心拒服兵役者被扣押在拘留营似乎将是不可避免的了。 135

随后皇家天文学家弗兰克·戴森前来救援。戴森知道1919年5月29日会有一次日全食，发生日食时被称为毕星团的庞大星群正处于太阳背后——

1. 这篇论文是施瓦西所写，他从战场上写就寄给爱因斯坦，请他代为投稿到普鲁士科学院发表。——译注这是测量星光是否存在引力偏转 的一个绝佳机会。日食的路径穿过南美和中非，因此进行观测需要派遣一个大的探险队奔赴热带地区。戴森向英国海军部建议，爱丁顿可以通过组织和领导这样一支远征队来为国家服务，并且在此期间，他应该继续留在剑桥，以做好各种准备。他扔出一个强硬的大国沙文主义的理由：捍卫牛顿引力理论以反对德国的广义相对论理论是一个英国人的光荣责任。从他内心来说，戴森是真心支持爱因斯坦的观点的，但他希望这种托词能够说服当局。他的游说获得了回报。拘留营的威胁被正式解除，爱丁顿被允许继续在天文台工作，以筹备1919年的日食观测。

要说这事儿也巧，爱丁顿可说是检验爱因斯坦理论的最理想的人选。他终身迷恋数学和天文学，这种兴趣甚至可追溯到他4岁时，当时他试图数清楚天上所有的星星。中学时他成为一个杰出的学生，获得奖学金进入剑桥大学，在那里他成为同龄人中的翘楚，赢得了剑桥大学数学荣誉学位考试优胜者的称号。他以提前一年毕业的姿态捍卫了他的声誉。作为一名研究者，他以倡导广义相对论而著称，并适时撰写了《相对论的数学理论》一书。这本书被爱因斯坦盛赞为“用任何语言来说它都是对这一主题的最好的呈现”。爱丁顿变得与这一理论的关系是如此紧密，以至于一向自认为也是广义相对论权威的物理学家路德维希·希尔伯斯坦曾对爱丁顿说道：“你肯定是这世界上理解广义相对论的三个人之一。”爱丁顿沉默地盯着他，直到希尔伯斯坦告诉他不必那么谦虚时才回过神，“哦不是，”爱丁顿说道，“我在想这第三个人是谁。”

136

除了智力过人和具有率领一支探险队所需的信心，爱丁顿还足够健壮，经得起热带生存的严峻考验。这一点很重要，因为天文观测探险是一段异常艰苦的旅程，其艰难程度往往将科学家逼到绝境。例如，在18世纪后期，法国科学家让·德奥特罗什（Jean d'Auteroche）曾进行过两次远征探险以观察从太阳的面前经过的金星。第一次是在1761年，他去了西伯利亚，在那里他不得不雇请哥萨克人来守卫，因为当地人认为，他瞄准太阳的奇怪设备正是引发他们最近所遭遇的春季严重洪涝灾害的诱因。8年后，他再一次进行对金星凌日现象的观测。这一次是在墨西哥的巴哈半岛上进行，但到达当地不久，热病就夺去了德奥特罗什和他的两位助手的生命，只留下一人带着珍贵的测量结果回到巴黎。

其他探险队遭遇身体伤害的危险性虽然没这么大，但心灵上遭受的创伤有过之无不及。纪尧姆·勒让蒂尔（Guillaume le Gentil），德奥特罗什的一个同事，也有计划观察1761年的金星凌日现象，但他去的是说法语的印度地区本地治里（Pondicherry）。当他到达的时候，英国人正在那里与法国人交战，本地治里被围困，勒让蒂尔无法在印度登陆。于是他决定先到毛里求斯暂避战火，一边做生意谋生，一边等待8年后（1769年）的下一次金星凌日。8年后的这一次他能够到达本地治里了，在等待金星掠过太阳表面期间尽情享受着灿烂的阳光，可到了关键时刻，浓云出现了，完全遮蔽了他的视线。“我是带着一种沮丧的心情待了两个多星期，”他写道，“当该向法国报告我的执行情况的那一刻到来时，我几乎没有足够的勇气拿起笔来续写日志，鹅毛笔几次从我手中滑落到地下。”在外漂泊了11年6个月零13天后，他终于可以回到法国的家了。可到家才发现，他的家已被洗劫一空。他只好设法通过写回忆录来重建自己的生活，好在这方面获得了巨大的商业成功。 137

1919年3月8日，爱丁顿和他的团队乘坐英国皇家海军“安塞姆”号离开利物浦前往马德拉岛，在那里科学家们被分成两组。一组留在船上继续航行前往巴西，在巴西的丛林地区索布拉尔建立观察站观测日食；而爱丁顿和第二组则登上货船“波图加尔”号前往位于西非赤道几内亚海岸的普林西比岛。他们的考虑是，如果多云的天气遮蔽了亚马孙地区的日食，那么非洲探险队也许会走运，当然情形也可能相反。探险是否成功就在此一举，所以两队一到各自的位置便开始勘察理想的观测点。爱丁顿使用的是最古老的四轮驱动卡车对普林西比进行勘察，并最终决定将观测点设在罗卡圣典，岛的西北部的一处高地，这里似乎不太会出现多云的天气。他的小组迅速着手进行底版测试和设备检查，确保关键时刻一切都完美无缺。

这次日食观测将会导致三种可能的结果。星光也许偏转得非常轻微，正如牛顿引力理论所预言的那样；或是像爱因斯坦希望的那样，有符合广义相对论的显著的偏转；或者也许是观测结果与两种引力理论都不相符，这将意味着牛顿和爱因斯坦都是错的。爱因斯坦预言的是，出现在太阳边缘的恒星应有1.74角秒（0.0005°）的偏转，这个量还在爱丁顿的观测设备的误差范围内，并且是牛顿理论预测值的两倍。这个角偏转相当于1千米外的一根蜡烛向左偏移了1厘米。

138

随着日食的日子的临近，不测的浓云也开始在索布拉尔和普林西比两地的上空聚集，接着是雷电交加的暴雨。在爱丁顿的观测点，就在月盘初次接触到太阳边缘之前一小时，暴风雨停歇了，但天空依然是阴沉沉的，观察条件仍然很不理想。任务的执行处在危急之中。爱丁顿在他的日志上记录下接下来所发生的事："大约是中午或是1:30左右，雨停了，情势有部分好转，我们开始向太阳投去一瞥。我们必须忠实履行我们的拍摄计划。我没有去看日食，一直在忙着换底版，只是在开始时瞄上一眼，确定日食已经开始。中途看了一眼云层有多厚……"

观测小组以军人的准确性操作着。装版，曝光，然后瞬间定时移去。爱丁顿是这么记录的："我们的意识里只有怪异的半光景观与自然的静谧，这种氛围不时被观测员的招呼声打破，节拍器的滴答声总共持续了302秒。"

在普林西比取得的16张照片中，大部分照片的恒星图像被云层给模糊了。事实上，在极其珍贵的短暂晴空时刻，可能仅需取得一张有科学意义的照片即可。在他的《空间、时间与引力》一书中，爱丁顿描述了这张珍贵的照片上所发生的现象： 139

> 这张是……日食后的几天里用微米级测量仪测得的。问题是如何通过与没有太阳遮挡的情形下拍摄的正常位置比较，来确定恒星的视位置是怎样受到太阳引力场的偏转的。用于比较的普通照片是同一架望远镜于一月份在英国拍摄的。日食照片和对比用照片被成对地置于测量机器下进行比对，以便使相应的图像紧靠在一起，在两个垂直方向上的很小的距离都能够被测定。通过这些照片的比对，恒星的相对位移即可确定……这张照片的结果给出了明确的位移，它与爱因斯坦理论的预言符合得很好，与牛顿理论的预言不相符。

那些紧靠日食光环的恒星被湮没在日冕中。当太阳本体被月球完全遮盖时，日冕就变成一个耀眼的光环。但那些离太阳远一点的恒星是可见的，它们被从平时的位置上偏移了大约1角秒。然后爱丁顿外推了那些处于太阳边缘不易觉察的恒星的移位大小，估计其最大偏转应有1.61角秒。考虑了允许偏差和其他可能的误差后，爱丁顿算得最大偏转时的误差为0.3角秒，因此他最终给出的结果是:太阳引力造成的偏转为1.61 ± 0.3角秒。爱因斯坦的预言值为1.74角秒。这意味着，爱因斯坦的预言与实际测量的结果是相符的，而牛顿理论的预言值只有0.87角秒，就太小了。爱丁顿给国内的同事发了一份谨慎乐观的电报："穿过云层，有希望。爱丁顿。"

在爱丁顿回英国的当儿，在巴西的探险队也收拾东西准备打道回府。在

140 索布拉尔，暴雨在日食来临前几小时就消退了，空气中的灰尘被清除干净，观测员庆幸有了理想的观测条件。但巴西拍摄的底版无法及时检查，只有等到回到欧洲才可分析，因为这些底版无法在亚马孙湿热的气候条件下显影。巴西的结果——经过对几颗恒星的位置比对测量后——表明，最大的偏转达1.98角秒，这比爱因斯坦的预言值还大，但仍是相符的，只是已处在测量误差的边缘。这一结果证实了普林西比探险队的结论。

甚至在这些结果被正式公布之前，爱丁顿的结果就已作为传言的主题迅速传遍整个欧洲。荷兰物理学家亨德里克·洛伦兹在得知这一消息后，转眼就告诉爱因斯坦，说爱丁顿已经发现了广义相对论和他的引力公式的有力证据。爱因斯坦转身给他母亲发了一张简短的明信片："今天的喜讯。洛伦兹给我发来电报说英国探险队已经证实了星光受到太阳的偏转。"

1919年11月6日，爱丁顿的结果在英国皇家天文学会和皇家学会的联合会议上正式发表。数学家和哲学家阿尔弗雷德·诺斯·怀特海见证了这次活动："整个会场上紧张专注的气氛犹如在上演希腊戏剧：我们像是合唱团，评说着由一个至高无上的事件的发展而公开的天条律令。这样的一幕实在是富有戏剧性——传统的礼仪，背景中的牛顿肖像让我们想起，两个多世纪后，这一最伟大的科学体系现在第一次得到修正。"

爱丁顿走上讲台，用清晰的语调带着激情描述了他所进行的观测，在结论中解释了它们惊人的含义。这是一场由一个人进行的炫耀的表演，他确信，141 在普林西比和巴西拍摄的底片无可争辩地证明了爱因斯坦的宇宙观是正确的。塞西莉亚·佩恩，一位在日后将成为著名的天文学家的听众，当时还只是一个19岁的学生，她听了爱丁顿的演讲后写到："这个结果完全颠覆了我的世界观。我的世界被摇晃得如此厉害，我就像经历了一场精神崩溃。"

然而，也有异议的声音，最突出的是来自无线电先驱奥利弗·洛奇。洛奇出生于1851年，是一位非常典型的维多利亚时代的科学家，在牛顿理论的教导下长大。事实上，他仍然笃信存在以太，一直支持其存在的争论："认识以太的首要问题是它的绝对连续性。深海里的鱼可能无法理解水的存在，因为它沉浸在太过平稳的水里。而这恰是我们在考虑以太时所处的条件。"他和他的同时代人前仆后继地挽救着他们的充满以太的牛顿宇宙的世界观，但这种尝试在现有的证据面前完全是徒劳的。 142

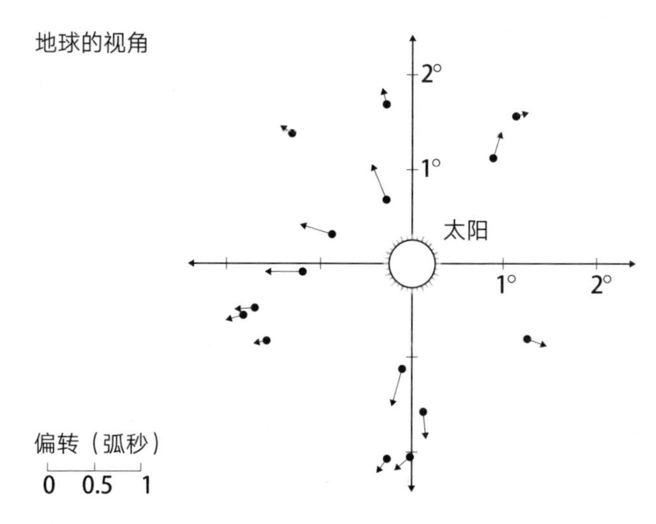

图27　爱丁顿1919年的日食观测结果在1922年得到了天文学家在澳大利亚对日食观测结果的证实。本图显示了太阳附近的15颗恒星（圆点）的实际位置，箭头所指的是被观测到的位置，它们都显示出向外偏移。图26解释了为什么弯向太阳的星光会使得恒星看上去似乎离开太阳。

从专业角度上说，天文学家如果要将观测结果与牛顿或爱因斯坦理论所预言的结果进行比较，他们常常需要对观测数据进行外推，并对紧靠太阳圆盘边缘的假想恒星的偏移量进行估计。此外，图中恒星相对于太阳的实际位置是以"度"为单位标注的，但偏移量则是以与坐标刻度无关的"弧秒"单位来指示的，否则它们太小在图上无法看到。

J. J. 汤姆孙，英国皇家学会会长，对本次会议做了这样的总结："如果爱因斯坦的推理的正确性是经得起检验的——它已经经受了水星近日点和目前日食观测这两次非常严峻的考验——那么这将是人类思想的最高成就之一。"

第二天，伦敦《泰晤士报》以通栏标题“科学的革命——新的宇宙理论——牛顿的想法被推翻”报道了整个故事。几天后，《纽约时报》宣布：“天上所有的光都是歪斜的，爱因斯坦的理论赢得胜利”。突然之间，阿尔伯特·爱因斯坦成为世界上首屈一指的科学巨星。他不仅展示了对支配宇宙运行的力有着无可匹敌的理解，同时又富有魅力、机智和哲学底蕴。他是记者梦寐以求的采访对象。虽然爱因斯坦起初很享受这种关注，但不久就对媒体的轮番炒作感到厌烦。他在给物理学家马克斯·玻恩的信中表达了他的这种忧虑：“你在《法兰克福日报》上发表的优秀文章给了我很多快乐。但是现在，你，还有我，简直就是受到新闻媒体和其他乌合之众的迫害，虽然你的程度较轻。它是如此糟糕，让我几乎喘不过气来，更别说正常工作了。”

1921年，爱因斯坦开始了他的第一次美国之旅。在每一个场合，他都被人山人海地包围着，演讲大厅作报告更是听众爆满。在爱因斯坦之前或之后的物理学家中，没有人取得过这样的世界性声誉，受到如此钦佩和欢迎。爱因斯坦对公众的影响力从下面这位记者的描述可见一斑。这位有点歇斯底里的记者是这样来描述爱因斯坦到纽约美国自然历史博物馆做讲座时的情形的：

143

> 聚集在大陨石展馆中间礼堂里等候的人群对穿制服的服务员试图不让那些没票的进去感到不满。由于担心无法一起听讲座，一群年轻人突然冲向四五个守在通向北美印第安人展馆大门的服务员……在服务员被冲撞到一边去之后，陨石馆里等候的男人、妇女和儿童突然涌入。手脚不灵便的被撞倒，被踩过去，女人们尖叫着。被挤得动弹不得的服务员只要稍有空挡便跑过去帮忙。门卫给警察打电话，几分钟内穿制服的人便涌入这个宏大的科学机构。他们的使命在警方的历史上都可谓是全新的——平息科学骚乱。

虽然广义相对论完全是爱因斯坦的杰作，但他清楚地知道，爱丁顿的观测结果对这场物理学革命的认可至关重要。爱因斯坦做了理论上的发展，爱丁顿针对现实对它进行了检验。观察和实验是检验真理的最终裁决，广义相对论通过了这一检验。

然而，爱因斯坦也曾做过违心之论。那是一个学生问他，如果上帝的宇宙已被证明其运行不同于广义相对论所预言的方式，他将如何应对。爱因斯坦假装以一种傲慢的表情回答说："那我就觉得对不起上帝他老人家了。这个理论怎么说都是正确的。"

144

图 28 阿尔伯特·爱因斯坦和亚瑟·爱丁顿爵士，前者发展了广义相对论的理论体系，后者通过对1919年日食的观测证明了这一点。这张照片拍摄于1930年，当时爱因斯坦应邀访问剑桥，接受荣誉学位。

爱因斯坦的宇宙

牛顿的引力理论今天仍广泛用于各种计算，从网球的飞行到吊桥的支撑力，从钟摆的摆动到导弹的轨迹，不一而足。在将牛顿理论应用于像地球这样的引力较弱的环境下的现象时，牛顿公式仍然是非常准确的。但爱因斯坦的引力理论当然更好，因为它不仅可同样适用于地球这样的弱引力环境，而且可适用于恒星那样的强引力环境。虽然爱因斯坦的理论优于牛顿理论，但广义相对论的创造者很爽快地承认自己是站在17世纪巨人的肩膀上：“你会 145 发现，在你这个年龄，对于一个拥有最深邃思想和创造力的人来说，任何可能性都是存在的。”

本章到此我们经历了一次颇为曲折的旅程，领略了爱因斯坦的引力理论，其中包括光速的测量、以太的否定、伽利略的相对性原理、狭义相对论，最后是广义相对论。尽管故事曲折有趣，但请记住，唯一真正重要的一点是，天文学家们现在有了一个新的和改进了的引力理论，它精确可靠。

理解引力是天文学和宇宙学的关键，因为引力是支配所有天体的运动和相互作用的力。引力决定了小行星是与地球相撞，还是无害地从其边上飘过。它决定了构成双星系统的两颗恒星是如何彼此互绕旋绕的，它解释了为什么质量特别大的恒星最终会因其自身的重量而坍缩成黑洞。

爱因斯坦急着想看到他的新引力理论是如何影响我们对宇宙的理解的，为此在1917年2月，他写了一篇题为“广义相对论的宇宙学考察”的论文。标题中的关键词是“宇宙学”。爱因斯坦不再对诸如水星近日点进动或太阳扯弯星光的方式这样的问题感兴趣，而是专注于引力对宏大的宇宙尺度的作用。

爱因斯坦想了解整个宇宙的特性和相互作用。当哥白尼、开普勒和伽利略在构建他们的宇宙图景时，他们有效地将注意力集中在太阳系上，但爱因斯坦真正感兴趣的是整个宇宙，远到望远镜能看到甚至看不到的无尽苍穹。

文章发表后不久，爱因斯坦说：“能使一个人做这种工作的心态……类似于宗教的崇拜者或情人的心态，每天的工作绝不是出于故意或程序，而是直接 146 由心而发。”

运用引力公式来预言水星轨道的行为只需要在公式里填上质量和距离然后直接计算即可。而要对整个宇宙进行这样的计算，就需要将所有已知的和未知的恒星和行星都考虑进来。这野心似乎大得荒谬——那难道这样的计算就肯定是不可能的了？为此，爱因斯坦通过一项关于宇宙的简化了的假设，来使任务的难度降低到可控的水平。

爱因斯坦的这一假设就是著名的*宇宙学原理*，它指出，宇宙在各处或多或少地是一样的。更专业点说，这一原理假定宇宙是*各向同性的*，这意味着它从每个方向看上去都是相同的——当天文学家观测深空时得到的印象差不多就是如此。宇宙学原理还假设，宇宙是*同质的*，这意味着宇宙在大尺度上各处看起来完全一样，无论你从哪个地方看。这句话也可以理解为地球在宇宙中并不占据某个特殊位置的另一种说法。

当爱因斯坦将广义相对论和他的引力公式应用到整个宇宙后，他对理论给出的宇宙如何运作的预言略感惊讶和失望。他发现，这个结果意味着宇宙是不稳定的。爱因斯坦的引力公式表明，宇宙中的每个天体都在宇宙尺度上被拉向其他天体。这将导致每一个天体都向其他天体靠拢。这种吸引力开始时可能只是一种稳定的蠕变，但它会逐渐变成雪崩，这种雪崩将以全方位的坍缩结束——宇宙似乎注定要自我毁灭。回到我们用蹦床比喻的时空结构，我们可以想象一个巨大的弹簧垫上躺着几个保龄球，开始时每一个球都创立有自己的空洞。但迟早，两个球会滚到一块儿，形成一个更深的凹陷，而这 147 个深坑又将吸引其他的球，直到它们全部坠落在一个坑内，形成一个非常深的深井。

这是一个荒谬的结果。正如第1章所讨论的，科学界在20世纪初确信，宇宙是静态的，永恒的，而不是收缩和暂态的。因此爱因斯坦不喜欢一个坍缩的宇宙的概念就不足为奇了：“认可这种可能性似乎毫无意义。”

虽然艾萨克·牛顿的引力理论是不同的理论，但它也带给人们一个崩溃的宇宙。对此牛顿也一直为他的这一理论暗示所困扰。他的一个解决办法是设想一个无限大的、对称的宇宙，其中的每个对象因此将在所有方向上受到同样的拉伸，这样就没有整体移动，也没有塌陷。不幸的是，他很快意识到，这种精细平衡的宇宙将是不稳定的。一个无限大的宇宙理论上可以处于一种平衡状态，但在实践中，在这种引力平衡下哪怕存在最微弱的扰动，都会破坏这种平衡，并最终导致灾难。例如，一颗彗星穿过太阳系，就会使它路过的空间的每个部分的质量密度暂时性增大，而这种增大又会吸引更多的物质向这些区域聚集，从而引发总崩溃。即使翻动一页书都将改变整个宇宙的平衡，只要时间足够长，从而也将引发灾难性的崩溃。为了解决这个问题，牛顿认为，上帝会不时进行干预，以便使恒星和其他天体保持分开。

爱因斯坦不准备认可上帝在保持宇宙分离上所起的作用，但同时他又急于找到一种方法来维持一个永恒的和静态的宇宙以符合科学界的共识。在重新审视了他的广义相对论之后，他发现了一个数学技巧，可将宇宙从崩溃 148 的边缘拯救回来。他看到，在他的引力公式中添加一个被称为*宇宙学常数*的因子，整个公式同样管用。这个因子使虚空空间充满了一种内在的压力，它将宇宙向四处推开。换句话说，宇宙学常数使整个宇宙空间有了一种新的排斥力，它可以行之有效地抵御所有恒星的引力。这是一种反引力，其强度取决于给出的常数的恒定值（理论上该常数可以取任意值）。爱因斯坦意识到，通过仔细选择宇宙学常数的值，他可以完全抵消传统的引力吸引，阻止宇宙坍缩。

关键是，这种反引力在巨大的宇宙距离上变得显著，而在较短的距离上可以忽略不计。因此它并没有破坏广义相对论在相对较近的距离上或在恒星尺度上已被证明了的成功的模拟引力的能力。总之，爱因斯坦的修订后的广义相对论公式在描述引力方面可说是取得了以下三个明显的成功：

1.解释一个静态的、永恒的宇宙；
2.在弱引力（如地球）条件下可以取得牛顿理论能够取得的所有成就；
3.在牛顿理论失效的地方（如水星近日点处的强引力环境）取得了成功。

许多宇宙学家对爱因斯坦的宇宙学常数持欢迎态度，因为它似乎起到了让广义相对论兼容静态永恒宇宙的作用。但是，没有人太在意宇宙学常数实际上代表着什么。从某些方面看，它可以与托勒密的本轮相提并论，因为它是一个临时性的调整，目的只是使爱因斯坦获得他想要的结果。即使爱因斯坦羞于承认这一点，但这是事实，他承认，宇宙学常数“仅对于造成物质的准静态分布这一目的才是必要的”。换句话说，这是一个忽悠，目的只是爱因斯坦用以得到预期的结果，即一个稳恒的宇宙。 149

爱因斯坦还承认，他发现了宇宙学常数很别扭。谈到其在广义相对论中的作用时，他曾说它“严重有损于理论的形式美”。这是个问题，因为物理学家钻研理论的动机常常是出于审美上的追求。学界有一个共识，即物理定律应该是优美、简单而和谐的。这些因素往往像绝佳的指南指引着物理学家去看待哪些定律可能是有效的，哪些被斥之为虚假的。美在任何情况下都很难界定，但当我们看到它时我们都知道。当爱因斯坦看着他的宇宙学常数时，他不得不承认，这个不是很漂亮。尽管如此，他还是准备在他的公式上牺牲一定程度的美，因为它使广义相对论能够相容于稳恒态宇宙，这是科学的正统要求。

与此同时，另一位科学家采取了相反的观点，并以一种根本不同的宇宙观将美置于正统之上。亚历山大·弗里德曼，在津津有味地读过爱因斯坦的宇宙学论文后，对宇宙学常数提出质疑，并向科学界提出挑战。

弗里德曼于1888年出生于圣彼得堡，成长之际历经巨大的政治动荡，并从小就学会了挑战权威。他在十几岁时，就组织学生罢课以响应全国的反对沙皇政府镇压群众的抗议活动。1905年，随抗议活动而起的革命导致宪法改

150

图 29　亚历山大·弗里德曼，俄罗斯数学家，他的宇宙学模型显示了一个不断发展和膨胀的宇宙。

革和一个相对平静的时期，尽管沙皇尼古拉二世继续掌权。

1906年，弗里德曼进入圣彼得堡大学学习数学，并成为弗拉基米尔·斯捷克洛夫教授的门生。斯捷克洛夫自己就反对沙皇，但在学术上他鼓励弗里德曼来解决那些让其他学生望而却步的问题。斯捷克洛夫是个非常挑剔的人，他记录了当他让弗里德曼去解一个与拉普拉斯方程有关的高难度数学问题时所发生的事情："我在我的博士论文里提到了这个问题，但并没有具体地去解它。我认为弗里德曼先生应能够设法解决这个问题，鉴于他较之其他同龄人所具有的出色的工作能力和知识。今年1月，弗里德曼先生递交给我一份大约有130页的研究报告，他给出了这个问题的一个比较满意的解。"

弗里德曼不仅对数学这一高度抽象的学科充满激情和才华，而且对科学和技术也非常热心，在第一次世界大战期间他准备从事军事研究。他甚至主动要求去执行驾机轰炸任务，并运用他的数学技能较好地解决了弹着点的精度问题。他写信给斯捷克洛夫："我最近有机会在轰炸普热梅希尔的飞行中来验证我的想法；炸弹被证明是按理论预言的方式下落的。为了掌握这一理论结果的确凿证据，我会在这几天再飞。" 151

正如积极投身一战，弗里德曼也经受了1917年的革命和随后的内战。当他最终回归到他的学术生涯时，他碰上了姗姗来迟的爱因斯坦的广义相对论。在俄罗斯学术界注意到这一理论时，广义相对论已在西欧经历了几年的成熟期。事实上，也许正是俄罗斯与西方科学界的隔绝，才使得弗里德曼能够忽视爱因斯坦的宇宙学方法，建立其他自己的宇宙模型。

与爱因斯坦开始就设定一个永恒宇宙的假设，然后通过添加宇宙学常数来使他的理论符合预期的做法不同，弗里德曼采取的是相反的立场。他从形式上最简单、最美观的广义相对论公式——不含宇宙学常数——出发，这使他能够自由地看到在理论上宇宙的逻辑演化结果应该是什么样子的。这是一种典型的数学处理方法，因为弗里德曼本质上就是一位数学家。显然，他希望他的这种更纯粹的做法能给出对宇宙的准确描述，但对于弗里德曼来说，正是方程的美和理论的威严使他将这二者作为超越实在——或者更确切地说，超过预期——的优先考虑。

弗里德曼的研究在1922年达到高潮，这一年，他在德文版的《物理学杂志》（*Zeitschrift für Physik*）上发表了一篇文章。我们知道，爱因斯坦主张通过对宇宙学常数的微调来使宇宙达到微妙的平衡，而弗里德曼现在描述的是，如果采用不同的宇宙学常数的值，可产生的宇宙模型到底有多大不同。最重要的是，他在文中概述了一种将宇宙学常数设置为零的宇宙模型。这种模型实质上就是爱因斯坦原先的无任何宇宙学常数的引力场方程。由于没有宇宙学常数来抵消引力，弗里德曼的模型很容易遭受引力的无情拉拽。这使得该宇宙模型成为一个动态的和演化的模型。

152

在爱因斯坦及其同事看来，这种动力学模型注定导致宇宙灾难性坍缩。因此，大多数宇宙学家认为它是不可想象的。但对于弗里德曼来说，这种动力学与宇宙相关联，可能导致宇宙初始时的膨胀，因此它具有一种反抗引力的动力性质。这是一幅全新的宇宙图景。

弗里德曼解释了他的宇宙模型如何能以三种可能的方式对引力做出反应，到底是哪一种方式，取决于宇宙开始时膨胀得有多快以及它所包含的物质有多少。第一种可能性是假设宇宙的平均密度很高，在给定的体积里有很多恒星。恒星多就意味着有强大的引力，最终将所有的星星拉回来，膨胀停止，并逐步使宇宙转为收缩，直至彻底崩溃。弗里德曼模型的第二种变体是假定恒星的平均密度过低，在这种情况下，引力的作用将无法克服宇宙的膨胀，因此宇宙将继续膨胀直至永远。第三种变体是取两个极端之间的密度，这导致宇宙中的引力会减弱，但无法完全遏制膨胀。因此，宇宙既不坍缩到一个点，也不会膨胀到无穷大。

一个有用的类比是考虑以固定的发射速度发射炮弹到空中。想象这一过程是发生在三个不同大小的行星上，如图30所示。如果行星的质量巨大，那么炮弹会飞到几百米高的空中，再高引力就会使其回落到地面。这种情况类[153]似于弗里德曼的第一种质量密度非常高的宇宙模型，先膨胀然后坍缩。如果行星的质量非常小，那么它的引力将非常弱，炮弹打出去就再也不会回到地面，这类似于弗里德曼的第二种宇宙永远膨胀的模型。然而，如果行星的质量中等，其引力也是中等强弱，则炮弹向上飞行到一定高度后，将减速并进入轨道运行，其运动状态既不远离也不靠近行星，这类似于弗里德曼的第三种场景。

弗里德曼所有三个宇宙观的一个共同点是变动宇宙的概念。他认为，今天的宇宙既不同于昨天的也不同于明天的宇宙。这是弗里德曼对宇宙学的革命性贡献：宇宙是一个在宇宙尺度上不断演化的过程，而不是整体上保持静止直到永远。

由于这一假设衍生的内容丰富，也许现在我们来清理一下思路正是时候。爱因斯坦提供了两种广义相对论版本，其中一个带宇宙学常数，一个不带。随后，他基于他的带宇宙学常数的理论创建了静态宇宙模型，而弗里德曼则在不带宇宙学常数的理论的基础上创建了一种（有三种变化的）模型。当然，模型可以有许多个，但现实只有一个。现在的问题是——到底哪一种模型切合实际？

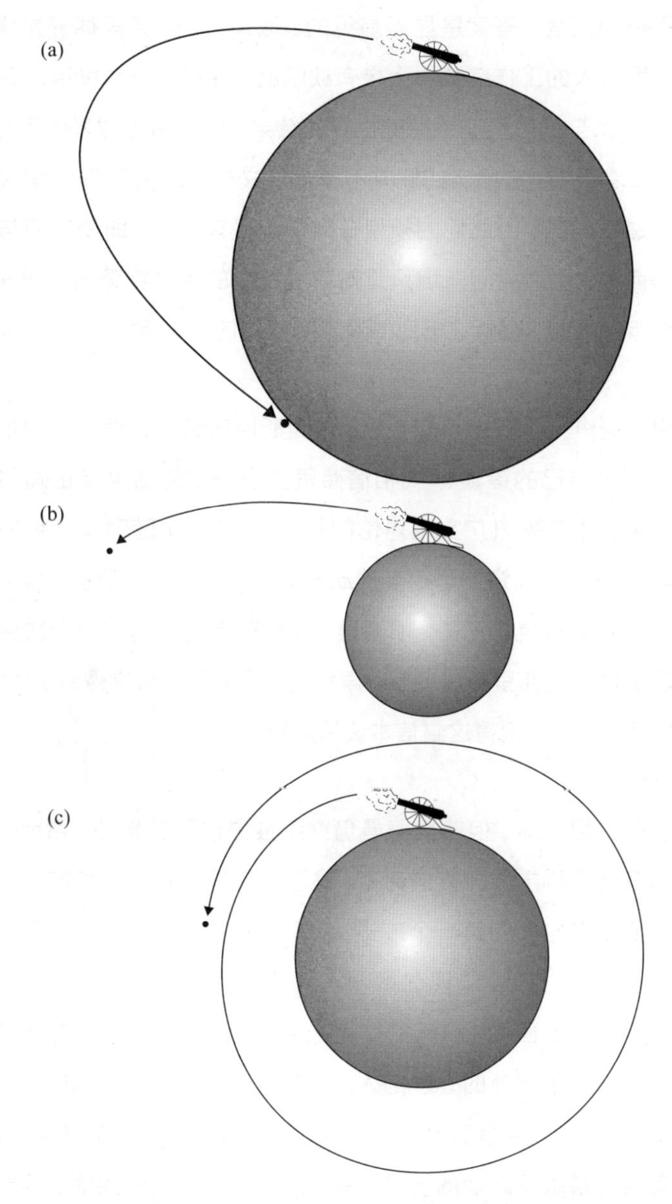

图 30　在三个不同大小的行星上，大炮以相同的速度发射炮弹。行星（a）的质量非常大，其引力很强，炮弹落最终落回到地面。行星（b）质量很小，其引力太弱，炮弹飞入外空间。行星（c）具有完美的质量，使得炮弹进入轨道运行。

对爱因斯坦而言，答案是显而易见的：他是对的，弗里德曼是错的。他甚至认为俄罗斯人的工作在数学上是有缺陷的，并写了一封投诉信到弗里德曼发表论文的杂志："关于非平稳的世界的结果，对于弗里德曼的工作，在我看来可疑。在现实中，它给出的解并不符合广义相对论的方程。"其实，弗里德曼的计算是正确的，因此他的模型在数学上是有效的，即使它们与现实的相似性值得商榷。也许爱因斯坦只是对弗里德曼的论文粗略看了一眼，就认为它必然是有缺陷的，因为这与他的静态宇宙的信念不相符。[155]

在弗里德曼进行了有力反驳之后，爱因斯坦在给杂志编辑部的更正通信中爽快地承认了自己的错误："我相信弗里德曼先生的结果是正确和清楚的。它们表明，除了静态解，[广义相对论的]方程还有一个随时间变化的空间结构对称的解。"虽然他同意弗里德曼的动态解在数学上是正确的，但爱因斯坦仍然坚持认为它们与科学无关。很明显，爱因斯坦的这篇收回上次评论的更正信的原意仍是轻视弗里德曼的解，声称它"很难有什么物理意义"，但随后他删去了批评，也许他记得这封信本该是道歉。

尽管爱因斯坦反对，但弗里德曼仍继续推进自己的想法。然而，他的工作还没来得及得到科学界严格的评审，命运就出面干预了。1925年，弗里德曼的妻子正要生下他们的第一个孩子，他不得不忙于养家糊口。在外工作期间，他给妻子写了一封信："现在每个人都离开了天文台，我一个人伴着四周的雕像和我前任的画像，一天的喧嚣之后，我的心变得越来越平静，让我欣喜地想着远在千里之外的心爱的人的生活，温柔的灵魂是活的，新的生活变得越来越近……一种有着谜一样未来的生活，其中没有过去。"但是，弗里德曼没有活到亲眼见到他的孩子出生。他染上了严重的疾病，可能是伤寒，并在精神错乱的状态中死去。列宁格勒的一家报纸报道说，他曾试图进行计算，在临终前，对着假想的观众喃喃自语，就像在给他的学生上课。

156 弗里德曼发展出一种宇宙的新视野，但他的去世几乎无人知晓。他的思想已经发表，但在他的一生中，它们基本上没人去读，被完全忽视。部分原因在于弗里德曼过于激进。在这一点上，弗里德曼与哥白尼有很多共同之处。

更糟糕的是，弗里德曼曾受到爱因斯坦这位世界上最杰出的宇宙学家的谴责。虽然爱因斯坦发表了一份勉强道歉的信，但事实上它并没有广泛流传，这意味着弗里德曼的声誉仍然失去光泽。此外，弗里德曼有的只是数学背景而不是天文学背景，因此他被宇宙学界认为是一个局外人。最主要的是，弗里德曼直接超越了他的时代。天文学家当时还没有能力实现对那些可能支持膨胀宇宙模型的天文现象进行详细的观察。弗里德曼曾公开承认，尚没有有利于他的模型的证据："在目前，这一切都被认为是一个无法得到哪怕是不充分的天文学观测资料可靠支持的奇特事实。"

幸运的是，膨胀和演化的宇宙的概念并没有完全消失。在弗里德曼去世后仅过了短短几年，这一思想便再次呈现，但俄国人还是没能从中获得任何赞扬。这是因为这次的膨胀宇宙模型是由比利时神职人员暨宇宙学家乔治·勒迈特独立地重新发现的。勒迈特接受教育时也受到第一次世界大战的严重干扰。

勒迈特于1894年出生在比利时的沙勒罗瓦，他在鲁汶大学获得了工程学学位。但随着德国军队入侵比利时，他不得不放弃学业投笔从戎。他在军队待了四年，目睹了德国人第一次使用毒气攻击。战争结束，他因战时作战英勇而荣获铁十字勋章。157 战后，他回到鲁汶继续他的研究，但是这一次，他从工程学转向了理论物理学。1920年，他还在马里纳（Maline）上了一所神学院。1923年，他被任命为天主教牧师。从此，他一生中始终是物理学研究和牧师传教并重。"达到真理有两种途径，"他说，"我决定二者兼顾同时并举。"

被授予神职后，勒迈特花了一年时间在剑桥与亚瑟·爱丁顿在一起，爱丁顿称他是“一个非常优秀的学生，对问题非常敏锐，事情看得非常透彻，并具有很强的数学能力”。次年，他去了美国，花时间在哈佛天文台做天文测量，同时开始在麻省理工学院攻读博士学位。勒迈特投身于宇宙学家和天文学家的行列，让自己熟悉对天体的观察，以补足自己对理论的偏爱。

1925年，他回到鲁汶大学，得到一个学术职位，并开始基于爱因斯坦的广义相对论方程来发展他自己的宇宙学模型，但在很大程度上忽略了宇宙学常数的作用。在接下来的两年里，他重新发现了膨胀宇宙模型，根本不知道其实早在10年前弗里德曼就以同样的思路提出了这一模型。

图 31　乔治·勒迈特，比利时神父和宇宙学家，他无意中复活了弗里德曼的不断演化和膨胀的宇宙模型。他的理论认为，宇宙开始于一个原始原子的爆炸。他是大爆炸模型的先驱。

但勒迈特通过坚持不懈地追问膨胀宇宙的后果，超越了他的俄罗斯前辈。[158]与弗里德曼是一位数学家不同，勒迈特是宇宙学家，而且是一位想要了解公式背后的物理实在的宇宙学家。具体地说，勒迈特感兴趣的是宇宙的物理演化史。如果宇宙的确在膨胀，那么昨天的宇宙就一定比今天的宇宙小。同样，去年的宇宙肯定比当前的宇宙小。从逻辑上讲，如果我们回到足够远的过去，那么空间中的一切必将被压缩在一个很小的区域内。换句话说，勒迈特准备倒拨时钟直到宇宙的一个明显的开始。

勒迈特给出的一个很大的启示是，广义相对论暗示着存在创生的那一刻。虽然他对科学真理的追求不受他寻找神学真理的影响，但这样一种认识肯定会在这位年轻牧师的心中产生共鸣。他的结论是，宇宙始于一个很小的致密区域，它由此向外爆炸，并随时间演化成我们今天所处的宇宙。事实上，他认为宇宙会继续演化到未来。

发展出这一宇宙模型后，勒迈特转向物理学，开始寻找可以证实或解释他的宇宙创生和演化理论的物理。他很偶然地注意到，天文学家对有一个领域越来越感兴趣，那就是宇宙线物理学。早在1912年，奥地利科学家维克托·赫斯曾将气球放到近六千米的高度，来检测收集来自外太空的高能粒子的证据。勒迈特对*放射性衰变*过程也很熟悉，就是像铀这样的大的原子裂解成较小的原子，同时发射出粒子、辐射和能量。勒迈特开始猜测，宇宙就是由类似的过程诞生的，只不过尺度要大得多。通过时间上倒推，勒迈特预计，当初所有的恒星都挤在一个超小型的宇宙里，他称这个宇宙为*原始原子*。然后，他认为存在这么一个创生时刻，在这一瞬间，这个无所不包的原子突然衰变，产生出当今宇宙中的所有物质。

159

勒迈特推测，今天可观测到的宇宙线可能就是这种初始衰变的残余物质，而且大部分的喷射物质会凝结，久而久之就形成了我们今天的恒星和行星。后来，他是这样总结他的理论的：“原始原子假说是一种宇宙成因假说，它将现在的宇宙描绘成一个原子的放射性分裂的结果。”此外，这个所有放射性衰变之母所释放的能量可以为宇宙膨胀提供动力，而膨胀正是他的宇宙模型的核心。

总之，勒迈特是第一位对我们现在所说的宇宙大爆炸模型给出了相当可信和详细说明的科学家。事实上，他坚持认为这不只是宇宙的一个模型，而是宇宙就这模型。他从爱因斯坦的广义相对论出发，发展了一个宇宙创生和膨胀的理论模型，然后将已知的观测到的现象，如宇宙线和放射性衰变等概念综合进来。

创生的那一刻是勒迈特模型的核心，但他对无形的爆炸如何转变成我们今天看到的恒星和行星的过程也很感兴趣。他要发展一种涵盖宇宙的创生、演化和历史的理论。虽然他的研究是理性的和逻辑的，但却用诗性的语言来描述这一切："宇宙的演化可以比喻为烟花的燃放：几缕轻烟、几许灰烬。站在完全冷却的煤渣上，我们看到日薄西山，让人不由得想起世界起源那一刻消失的光彩。" 160

通过将理论与观察相结合，并在物理学和天文学观测的框架内提出了大爆炸假说，勒迈特的贡献远远超出了弗里德曼的早期工作。然而，当这位比利时神父在1927年公布他的这个创生理论时，他遇到了与弗里德曼模型提出时同样沉默的回应。造成这种局面的一个原因是，勒迈特在发表他的这一工作时选择的是一本缺少知名度的比利时期刊《布鲁塞尔社会科学年鉴》。

在勒迈特发表了《原始原子假说》后不久，他遇到了爱因斯坦。而这次相遇使情况变得更糟。勒迈特出席了1927年在布鲁塞尔举行的索尔维会议，这是一次世界上最伟大物理学家汇聚的盛会。在会上，他迅速确立了他的存在，这要归功于他那抢眼的牧师服饰白色硬立领。他设法留住爱因斯坦，向他解释了他所创立的创生和膨胀的宇宙模型。爱因斯坦回应道，他已经听说过弗里德曼的这一思想，这才使这位比利时人第一次得知了他的已故的俄国同行的工作。随后爱因斯坦回绝了勒迈特："你的计算是正确的，但你的物理是可憎的。"

爱因斯坦曾有两次机会来接受或至少是考虑膨胀的大爆炸的图像，但他两次都回绝了这个想法。被爱因斯坦排斥就意味着被学界排斥。在没有确凿证据的年代里，爱因斯坦的祝福或批评具有催生或断送一个新理论的力量。爱因斯坦，这位曾经的反叛权威的标志性人物，如今已成为一个无心的独裁者。他后来终于品尝到他处在这个位置的讽刺性，他曾感叹道："为了惩罚我对权威的蔑视，命运让我自己成了权威。"

勒迈特被索尔维会议上的遭遇弄得有些绝望，决定不再进一步推进他[161]的想法。虽然他仍然相信自己的膨胀宇宙模型，但他在科学界没有影响，一点也看不到提倡大爆炸模型的希望，在其他人看来这个理论是愚蠢的。与此同时，世界专注的是爱因斯坦的静态宇宙——它也是一个完全合法的模型，虽然细微调整后的宇宙学常数显得有点做作。从任何方面考虑，静态宇宙都是与人们普遍相信的永恒宇宙的信念一致的，所以任何科学上的瑕疵都被忽视了。

事后，我们可以看到，这两种模型有着类似的优势和不足，实在是难分伯仲。毕竟，这两种模型在数学上都是自洽的，在科学上是有效的：它们都源自广义相对论公式，也都不与任何已知的物理定律相冲突。然而，二者也都缺乏观测和实验数据的支持。正是这种证据的缺乏，使得科学界被偏见所左右，偏爱爱因斯坦的永恒静态模型而贬抑弗里德曼和勒迈特的膨胀的大爆炸模型。

事实上，宇宙学家们仍处在神话与科学之间的那种令人不舒服的无人境地。如果他们要取得进展，就必须找到一些具体的证据。于是理论家转向观测天文学家寻求帮助，希望他们能将观察延伸到深空，对这些竞争性模型做出区分，证实一个证伪另一个。天文学家也确实在20世纪的余后时间里建设了更大、更好、更强有力的望远镜，并最终做出了改变我们的宇宙观的关键性观察。

CHAPTER 2 - THEORIES OF THE UNIVERSE SUMMARY NOTES

① 1670s CASSINI PROVED THAT LIGHT HAS A FINITE SPEED BY OBSERVING ONE OF JUPITER'S MOONS.

THE SPEED OF LIGHT TURNED OUT TO BE 300,000 KM/S

② THE VICTORIANS BELIEVED THAT THE UNIVERSE IS FILLED WITH ETHER: A MEDIUM WHICH CARRIES LIGHT.
THE MEASURED SPEED OF LIGHT WAS THOUGHT TO BE ITS SPEED RELATIVE TO THE ETHER

THEREFORE, AS THE EARTH MOVED THROUGH SPACE, IT SHOULD MOVE THROUGH THE ETHER, GIVING RISE TO AN 'ETHER WIND.'
SO THE SPEED OF LIGHT AGAINST THE ETHER WIND SHOULD BE DIFFERENT FROM ITS SPEED ACROSS THE ETHER WIND.

1880s - MICHELSON AND MORLEY TESTED THIS - THEY FOUND NO EVIDENCE OF A DIFFERENCE IN SPEED. THUS THEY DISPROVED THE EXISTENCE OF THE ETHER.

③ IF LIGHT DOES NOT TRAVEL RELATIVE TO THE NON-EXISTENT ETHER, THEN ALBERT EINSTEIN ARGUED THAT:

THE SPEED OF LIGHT IS CONSTANT RELATIVE TO THE OBSERVER.

- WHICH CONTRADICTED OUR EXPERIENCE WITH ALL OTHER FORMS OF MOVEMENT.

HE WAS RIGHT.

FROM THIS ASSUMPTION (+ GALILEAN RELATIVITY) EINSTEIN DEVELOPED HIS:
SPECIAL THEORY OF RELATIVITY (1905)
THIS SAID THAT BOTH SPACE AND TIME ARE FLEXIBLE.
THEY FORM A SINGLE UNIFIED ENTITY - SPACETIME.

1915 - EINSTEIN DEVELOPED HIS GENERAL THEORY OF RELATIVITY
THIS GAVE A NEW THEORY OF GRAVITY WHICH WAS BETTER THAN NEWTON'S THEORY OF GRAVITY BECAUSE IT ALSO WORKED IN HIGH-GRAVITY ENVIRONMENTS (eg STARS)

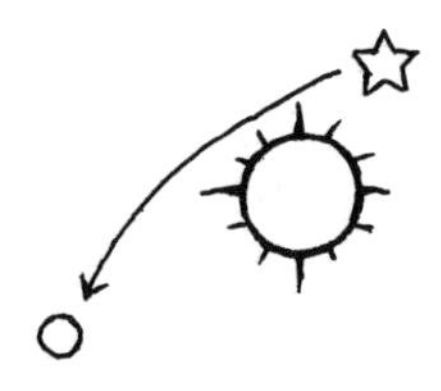

④ EINSTEIN'S AND NEWTON'S THEORIES OF GRAVITY WERE TESTED BY STUDYING THE ORBIT OF MERCURY AND THE BENDING OF LIGHT AROUND THE SUN (1919). IN BOTH CASES EINSTEIN WAS RIGHT, AND NEWTON WAS WRONG.

⑤ WITH HIS NEW THEORY OF GRAVITY, EINSTEIN STUDIED THE ENTIRE UNIVERSE:

PROBLEM - GRAVITATIONAL ATTRACTION WOULD CAUSE THE UNIVERSE TO COLLAPSE.

SOLUTION - EINSTEIN ADDED THE COSMOLOGICAL CONSTANT TO GENERAL RELATIVITY.

- THIS GAVE RISE TO AN ANTI-GRAVITATIONAL EFFECT
- THIS WOULD STOP THE UNIVERSE COLLAPSING
- WHICH FITS WITH THE GENERAL VIEW OF A STATIC AND ETERNAL UNIVERSE

BANG!

⑥ MEANWHILE: FRIEDMANN AND LEMAÎTRE DITCHED THE COSMOLOGICAL CONSTANT AND PROPOSED THAT THE UNIVERSE MIGHT BE DYNAMIC.

THEY PICTURED AN EXPANDING UNIVERSE.
LEMAÎTRE DESCRIBED AN ALMIGHTY, COMPACT, PRIMEVAL ATOM, WHICH EXPLODED, EXPANDED AND EVOLVED INTO TODAY'S UNIVERSE.

⇨ WE WOULD NOW CALL THIS A BIG BANG MODEL OF THE UNIVERSE.

BIG BANG UNIVERSE ?
V.
STATIC, ETERNAL UNIVERSE ?

FRIEDMANN AND LEMAÎTRE AND THEIR EXPANDING UNIVERSE ARE IGNORED. WITHOUT ANY OBSERVATIONAL EVIDENCE TO SUPPORT IT, THE BIG BANG MODEL WAS IN THE DOLDRUMS.

THE MAJORITY OF SCIENTISTS CONTINUED TO BELIEVE IN AN ETERNAL, STATIC UNIVERSE.

165

第3章：大辩论

已知的总是有限的，未知的则是无限的；从知识上说，我们像是处在一个令人费解的无边海洋中的小岛。我们每一代人的任务就是多回收一点土地。

——T. H. 赫胥黎

了解宇宙的人越少，对它的解释就越容易。

——莱昂·布伦士维格

使用不充分的数据所造成的错误要比根本不使用数据所造成的错误少得多。

——查尔斯·巴贝奇

理论会崩溃，但好的观察永不褪色。

——哈罗·沙普利

首先，获取事实，然后你才能随心所欲地曲解它们。

——马克·吐温

天堂的轮子在你上方，向你展示她永恒的荣耀，但你的眼睛仍然只盯在地上。

——但丁

科学包含两个互补的链条——理论和实验。理论家考虑的是这个世界是如何运作的，并建立起描述实在的模型，而实验家则是通过将这些模型的结果与实际进行比较来检验这些模型。在宇宙学领域，爱因斯坦、弗里德曼和勒迈特等理论家已经发展出相互竞争的宇宙模型，但如何来检验它们是个很大的问题：你如何拿整个宇宙来做实验？ 167

谈到做实验，天文学和宇宙学便被其他学科撇到一边去了。生物学家可以通过触摸、闻味、刺、捅，甚至品尝来感知他们研究的生物对象。化学家可以通过煮、烧和在试管中混合化学物质来更多地了解它们的特性。物理学家可以轻松地增加摆的质量和改变摆的长度来研究摆动为什么呈现这样一种方式。但是，天文学家只能冷眼旁观，绝大多数天体是那么遥远，他们只能通过检测这些星体发出并到达地球的光来进行研究。与主动深入各种各样的实验不同，天文学家只能被动地观察宇宙。换句话说，天文学家只可以看，但无法碰触。

尽管存在这样严重的限制，天文学家还是能够发现关于宇宙及其中天体的诸多信息。例如，1967年，英国天文学家乔瑟琳·贝尔就发现了一种被称为脉冲星的新型恒星。当她第一次在记录仪上看见规则的光脉冲信号时，她将其标记为“LGM”，即“小绿人”，因为它看上去就像智慧生物播出的一条信息。今天，当她站在讲台上讲授脉冲星时，贝尔·伯内尔教授（她现在被这么称呼）会让听众传阅一条折叠的小纸带。它上面说的是：“在拿起这条纸带的时候，你已经用了数千倍于世界上所有望远镜从所有已知的脉冲星那里收到的能量。”换句话说，像其他恒星一样，这些脉冲星辐射能量，但它们是那么遥远，天文学家经过几十年的密集观察，也才收集到来自它们的这么一点点能量。不过，尽管能量如此微弱，但天文学家已经能够从中推断出有关脉冲星的几个事实。例如，它们表明，脉冲星是恒星生命的最后阶段，是由称 168

为中子的亚原子粒子构成的，其直径一般为 10 千米，它是如此致密，以至于一小匙脉冲星物质竟重达10亿吨。

只有通过观察收集到尽可能多的信息天文学家才有可能开始检查理论提出的模型，并检验它们是否正确。而为了检验所有模型中最大的模型 —— 竞争性的大爆炸模型和稳恒态宇宙模型 —— 天文学家将不得不将自己的观察技术推向极限。他们必须建造巨型望远镜，它包含硕大无比的镜面，由几个天文台共同安装调试，设备需要建造巨大的仓室来容纳，选址在深山山顶上。在我们考察 20 世纪大望远镜做出的新发现之前，我们首先需要了解一下截至 1900 年的望远镜发展的历史，看看这些早期设备是如何对改变我们的宇宙观做出贡献的。

169

凝望深空

伽利略之后，在设计和使用望远镜方面的下一个伟大先驱是弗里德里希 · 威廉 · 赫歇尔。赫歇尔于1738年出生在汉诺威，他最初是作为一个音乐家开始他的职业生涯的，跟着他父亲到汉诺威守备营作一名乐手。但在1757年的哈斯登柏克战役（七年战争的高潮）之中，他考虑要改变职业生涯。他遭到猛烈的炮火袭击，决定放弃他的工作和国家，到国外去过一种较为安静的音乐家生活。他选择了定居英国，因为此前汉诺威的乔治 · 路易斯已于1714年作为乔治一世登上英国王位，从而建立了汉诺威王朝。赫歇尔认为他去那儿应能获得表示同情的欢迎。他为自己取了个英国化的名字，叫威廉 · 赫歇尔，并在巴斯买了一套房子，由此作为一个优秀的双簧管演奏家、作曲家、指挥家和音乐老师过上了舒适的生活。然而，随着岁月的流逝，赫歇尔逐步对天文学感兴趣起来。这种兴趣从最初的业余爱好慢慢变成一种全身心的投入。最终他成为了一名全职的专业天文学家，并被他的同行们认为是

图32 威廉·赫歇尔，18世纪最著名的天文学家。为在夜晚观星，他穿着大衣戴着围巾。

18世纪最伟大的天文学家。

赫歇尔在1781年做出了他最有名的发现。他白手起家建造了一个望远镜，并在家里的花园里进行观察。他经过几个晚上的观察，辩认出天空中有一个新的天体在缓慢地移动。他开始以为这是一颗以前未曾发现的彗星，直到它变得清晰他才看清楚，这个天体没有尾巴，实际上是一颗新的行星，太阳系增加了一个大的成员。千百年来，天文学家只知道，除了地球外，还有其他5颗肉眼可见的行星（水星、金星、火星、木星和土星），但现在赫歇尔确定了一个全新的世界。他将它命名为 Georgium Sidus（乔治之星），以纪念他的君主英王乔治三世，一位汉诺威老乡。但法国天文学家主张称这颗新的行星为[170]"赫歇尔"，以纪念其发现者。最后这颗行星被命名为 Uranus（天王星）——罗马神话中 Saturn（土星）之父，Jupiter（木星）之祖父。

在后花园工作的威廉·赫歇尔，在欧洲奢华的宫廷天文台失败的地方获得了成功。他的妹妹卡罗琳一直担任他的助手，在助他成功上起到了至关重要的作用。虽然她自己就是一位杰出的天文学家，在她的职业生涯中曾发现了8 颗彗星，但她却全身心地投入到支持威廉的工作中。在建造新望远镜的那段艰苦日子里，她和他并肩奋斗；在漫长寒冷的夜晚，她协助他观察夜空。[171]她曾写道："每个片刻闲暇都被抓来用于恢复一些进行中的工作，没时间考虑是否要换件外套，天长日久，衣服上一道道褶子被磨破，前后都沾满了溅上去的树脂…… 我甚至不得不把食物弄碎了喂到他嘴里。"

卡罗琳·赫歇尔提到的树脂是她哥哥用来作为抛光镜面的材料的。事实上，威廉对建造自己的望远镜感到非常自豪。作为一个望远镜制造者，他完全是自学成才，但他硬是凭借过硬的本领建造了当时世界上最好的望远镜。他的一架望远镜放大倍数可以达到2010倍，而皇家天文学家的最佳望远镜还只能达到270倍。

对任何望远镜，倍数当然是越高越好，但更重要的是它的集光能力，这可完全依赖于它的*孔径*，即主反射镜面或透镜的直径。肉眼可以看到的只有几千颗星星，而带大孔径的望远镜则展开一幅全新的前景。像伽利略用的那种非常小的望远镜可以将肉眼看不清的恒星展示在眼前，但对于更暗的星星就没有办法了。具有较宽口径的望远镜则能够捕捉、聚焦星光并将其放大到更高的倍数，这样较暗的、更加遥远的不可见的恒星就变得可见了。

1789年，赫歇尔建造了一架镜面直径达1.2 米的望远镜，它具有当时世界上最大的望远镜的孔径。不幸的是，它有 12 米长，这使它变得如此笨重，以至于在望远镜被调到正确指向之前，宝贵的观测时间已经错过了。另一个问题是，镜面必须用铜质基架来支撑重量，而这带来的是它很快遭到锈蚀，抵消掉了它出色的聚光能力。1815 年，赫歇尔不得不放弃这个怪物，改用小一点的望远镜（孔径0.475米、长6米）进行他此后的大部分观测。这架望远镜在灵敏性和实用性之间取得了平衡。

图 33　在发现了天王星之后，赫歇尔搬到了斯劳，这地方的气候比巴斯更温和，也让他更接近他的赞助人，英王乔治三世。后者授予他每年200英镑的津贴，并资助他建造了创纪录的直径1.2米，长12米的望远镜。

赫歇尔的一个主要研究项目是利用他的超级望远镜测量数百颗恒星的 172
距离。他采用的粗略假设是，所有恒星发出同等亮度的光，而且观测到的亮度随距离平方的增大而降低。例如，如果一个恒星的距离是另一颗同等亮度恒星的距离的 3 倍，那么它在望远镜上显示的亮度就只有后者的 $1/3^2$（或 1/9）。反过来也一样，赫歇尔假定，一颗恒星探测到的亮度如果只有另一颗的 1/9，那么前者的距离就是后者的3倍。以夜空中最亮的恒星天狼星为参考星，他根据到天狼星的距离——他定义的*恒星距离单位*，称为秒差距（siriometer）——的倍数，确定了他所测得的所有恒星的距离。因此，一颗恒星，如果其亮度只有天狼星的 1/49（或 $1/7^2$），那么它的距离就是天狼星的7倍，即7个秒差距。虽然赫歇尔知道不可能所有的恒星都一样亮，因此他的方法不是很准确，但他仍然相信，他是在构建一个基本有效的三维天图。

173

虽然我们可以合理地认为，恒星在各个方向，在所有距离上应该是均匀分布的，但赫歇尔的数据却强烈暗示，恒星事实上聚集在一个扁平的圆盘上，很像一个圆煎饼。这个巨大的煎饼的直径有1000 个秒差距，厚度约100 个秒差距。赫歇尔宇宙中的恒星不是延伸到无穷远，而是都包含在一个联系紧密的群落内。想象这种恒星分布的一个方法是将它设想为一个散布着葡萄干的煎饼，每一颗葡萄干代表一颗恒星。

这种宇宙观与我们看到的夜空的最著名的特征完全契合。如果你想象一下，我们处在煎饼内的某颗恒星上，那么我们将看到，在我们的前后左右都有很多恒星，但在我们的上方和下方，恒星却较少，因为煎饼很薄。因此，鉴于我们在宇宙中的有利位置，我们预料会看到星光都集中在我们周边——事实上从夜空中我们能看到这样的星带（只要你远离城市夜晚明亮的灯光）。古代天文学家非常了解夜空的这一特征。在拉丁语中这条星带叫作银河，意思是“牛奶路”，因为它有一种朦胧的、乳白色的质感。虽然古人看得不是很清楚，但使用望远镜的第一代天文学家则可以看到，这条乳白色的带实际上是由一个个的恒星汇集起来形成的，有些恒星太遥远很难被肉眼看清楚。这些恒星都位于我们周围的煎饼样的平面内。一旦宇宙的煎饼模型被接受，我们很快就知道这个星饼就是我们生活在其中的银河系。

由于银河系理应包含宇宙中所有的星星，因此银河系的大小实际上就是[174]宇宙的大小。虽然赫歇尔已估计出银河系的直径和厚度分别为1000和100个秒差距，但直到他于1822年去世，他并不知道1个秒差距相当于多少千米。因此他无从知道银河系在绝对意义上的大小。要将秒差距转换成千米数，就需要有人来测量天狼星的距离。实现这一目标的重要一步发生在1838年，这一年德国天文学家弗里德里希·威廉·贝塞尔成为第一个测量一颗恒星的距离的人。

恒星距离之谜已困扰了几代天文学家，这个未解决的问题一直是哥白尼日心说的软肋之一。在第1章里我们了解到，如果地球绕太阳运动，那么当我们相隔6个月从太阳的两侧来看同一颗恒星时，显然它的位置会发生改变，这种现象被称为*视差*。回想一下，如果你竖起手指，用一只眼睛来看它，然后切换到另一只眼睛改变视角来看它，你会感觉到手指在背景下挪了位置。就是说，当观察点移动了位置，那么被观察对象似乎也移动了位置。然而，恒星似乎是固定不动的，这个事实让地球中心说的信徒拿来用以支撑其地球位置不变的信念。而持太阳中心说的人士则指出，恒星视差效应随着距离的增大而减小，因此恒星位置的不易察觉的变化可能只是意味着恒星距离地球一定是遥远得令人难以置信。

从1810年开始，通过弗里德里希·贝塞尔的努力，这句语义模糊的“遥远得令人难以置信”逐步被证实。当时，普鲁士国王腓特烈·威廉三世邀请贝塞尔在柯尼斯堡建造一座新的天文台。它将装备全欧洲最好的天文仪器，部分原因是英国首相威廉·皮特用他的惩罚性的窗口税毁掉了本国的玻璃制造[175]

业，从而使德国成为欧洲领头的望远镜制造商。德国人对镜片制作非常精心，他们发明了新的三透镜目镜，从而减小了*色差*带来的问题。所谓色差是指，各色光（白光是由各种单色光混合而成的）在通过镜片时由于折射率不同因而有不同的偏折所造成的聚焦上的困难。

贝塞尔在柯尼斯堡经过 28 年的磨炼和完善，他的观察最终取得了关键性突破。在考虑了各种可能的误差后，并通过相隔6个月的细致观察，他能够断言一颗叫天鹅座61的恒星位置移动了 0.6272 角秒，即大约 0.0001742°。贝塞尔测得的这个视差非常之小——相当于你轮换两只眼睛来观察一臂之遥处竖起的食指所感觉到的移动……但这里的一臂之遥可是有30千米长！

图34 显示了贝塞尔的测量原理。当地球处于位置 A 时，他观测天鹅座 61 时视线方向与日地连线方向呈某个角度。半年后，当地球处于位置 B，他再次观测这颗恒星时，他注意到他的视线方向有轻微的移动。通过太阳、天鹅座61和地球三者之间形成的直角三角形，他可以利用三角法来估算这颗恒星的距离，因为他已经知道了日地之间的距离，现在他又知道了这个三角形的一个角。由此贝塞尔的测量表明，天鹅座 61的距离为 10^{14} 千米（100万亿千米）。现在我们知道，他的测量结果大约短了10%，因为现代估计，到天鹅座 61的距离为 1.08×10^{14} 千米，或日地距离的 72 万倍。正如图34的文字说明中给出的，这个距离相当于11.4 光年。

177 哥白尼是正确的。星星确实在移动，恒星的“跳跃”之所以迄今为止一直难以察觉，是因为恒星的距离实在遥远得令人难以置信。尽管天文学家以前就知道，恒星肯定非常遥远，但当他们得知天鹅座61的绝对距离后，还是 177 被吓着了。要知道，这还是到地球最近的一颗恒星。为了更清楚地理解这一点，我们不妨将宇宙缩微到我们的太阳系大小，这样，从太阳到冥王星轨道

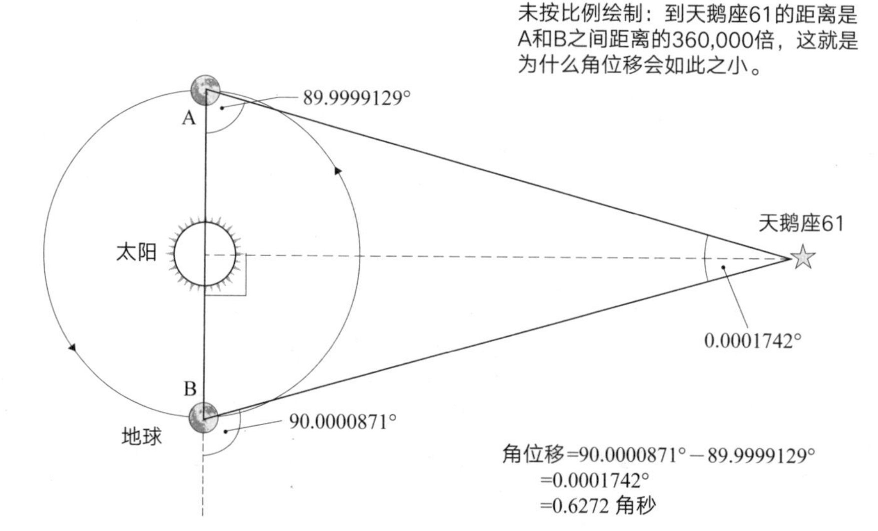

图34 1838年，弗里德里希·贝塞尔第一次对恒星视差进行了测量。当地球绕太阳从A点移动到B点，近邻恒星（例如天鹅座61）分别从A点和B点观察时出现些许移动。到天鹅座61的距离可以通过简单的三角关系来测量。直角三角形中的锐角=（0.0001742°/2）或0.0000871°，三角形的短边是地球到太阳的距离。

因此贝塞尔估计，到天鹅座61的距离约为100 000 000 000 000千米，现在我们知道，这个距离实际上是108 000 000 000 000千米。

千米作为是恒星距离的测量单位显得太小了，所以天文学家更喜欢用光年作为长度单位，1光年定义为光在一年里走过的距离。1年有31 557 600秒，光速为299 792千米/秒，因此

1光年=31 557 600秒 × 299 792千米/秒 = 9 460 000 000 000千米

这意味着天鹅座61距离地球是11.4光年。光年的概念提醒我们，望远镜起着时间机器的作用。因为光走过任何距离都需要一定的时间，所以我们看到的只是天体的过去。阳光需要8分钟才能照射到我们，所以我们看到的太阳只是它8分钟前的样子。如果太阳突然发生爆炸，我们将在8分钟后才知道这件事。更遥远的恒星天鹅座61有11.4光年远，所以我们看到的只是它11.4光年前的样子。我们通过望远镜看得越远，我们所看到的就越是时间上的过去。

外缘的整个空间就相当于一间房子的大小，而我们到周边恒星的距离仍有几十千米远。很明显，我们银河系的恒星的聚集程度是非常稀松的。

贝塞尔的同时代人对他的测量结果大加称赞。德国医生兼天文学家威

廉·奥伯斯说，这一成果“将我们对宇宙的想法第一次置于一个坚实的基础之上”。同样，约翰·赫歇尔——威廉·赫歇尔的儿子，也是一位著名的天文学家——称这一结果是“实用天文学迄今见过的最伟大、最光荣的胜利”。

现在，天文学家不仅知道了天鹅座 61 的距离，而且他们也可以估算出银河系的大小。通过将天鹅座 61的亮度与天狼星的亮度进行比较，就能够大概地将威廉·赫歇尔的秒差距单位转换成光年，由此天文学家估计，银河系的跨度有10 000光年，厚度有1 000光年。事实上，他们将银河系的大小低估了10倍。现在我们知道，银河系的跨度约为10万光年，厚度约10 000光年。

埃拉托色尼曾对他测得的到太阳的距离感到震惊，贝塞尔也对到最近的恒星的距离感到难以置信，但银河系的大小那才叫是真正的压倒性的大。与此同时，天文学家意识到，与假定的宇宙无限大相比，银河系的这种浩瀚还是微不足道的。一点不奇怪，一些科学家已开始琢磨银河系之外的空间是怎么回事。是完全空的吗，还是居住着其他天体呢？

178

注意力转向*星云*，夜空中那些奇妙的光的暗斑。它们看起来与星光的夺目的璀璨有很大的不同。一些天文学家认为，这些神秘天体可能洒满整个宇宙。但大多数人认为它们是我们银河系自身的更现实的实体。毕竟威廉·赫歇尔已经指明，一切都在我们这个薄饼状的银河系之内。

星云的研究可以追溯到古代天文学家，他们曾仅凭肉眼就发现了一些星云，但随着望远镜的发明，人们发现星云的数量多得令人惊讶。第一个编制详细的星云目录的人是法国天文学家查尔斯·梅西耶。他从1764年开始这项工作，在这之前，他曾成功地追踪过彗星，为此国王路易十五戏称他为彗星鼬。但梅西耶曾历经多次挫折，因为乍一看，很容易将彗星与星云这两种出现在天空的不同类型的微小暗斑混淆起来。缓慢移动的彗星划过天空，因此它们最终会显露出它们的真面目，但梅西耶要编制星云表，因此他没有大把的时间浪费在错误地盯着一个静态的对象徒劳地等着它移动。1781年，他发表了一份有103个星云的星表，直到今天，这些天体仍然以梅西耶的编号命名。例如，蟹状星云是M1，仙女座大星云是M31。梅西耶绘制的仙女座大星云的简图（如图35所示）。

当威廉·赫歇尔收到梅西耶星表的副本后，他把目光转向星云，用他的巨型望远镜对天空进行了地毯式搜索。赫歇尔的结果远远超过梅西耶，共记录下2500个星云。在调查过程中，他开始猜测其性质。由于它们看起来像云[179]（“nebula”一词在拉丁语里的意思是“云”），因此他认为它们确实是大团的气体和尘埃。更具体地说，赫歇尔可以辨别出一些星云里的单星，所以他认为星云是由碎片包围着的年轻恒星，这些碎片想必正处于聚集形成行星的过程中。总而言之，在赫歇尔看来，这些星云似乎是正处在其寿命的早期阶段的恒星，像所有其他恒星一样，他们存在于银河系的范围内。

与赫歇尔认为的银河系是整个宇宙中唯一的恒星集群不同，18世纪的德[180]国哲学家康德则持相反意见，他认为至少有一些星云是独立的恒星组群，其规模类似于银河系，但其周长则远远超出后者的周长。按照康德的观点，为[180]什么星云看起来像云，是因为它们含有数以百万计的恒星，它们是如此遥远，以至于这些恒星都合并成一团光晕。为了支持他的假说，他指出，大多数星云都有一个椭圆形的外观，这恰恰是你所期望的，如果它们有如同我们银河系一样的圆煎饼结构的话。虽然银河从上方看起来像圆盘，从侧面观察时像一根细线，但如果从一个中间的角度去观察时，它将呈现为椭圆形。康德将星云称为“世界岛”，因为他将宇宙描绘成一个空间的海洋，其中零星分布着恒星构成的岛屿。我们的银河系就是这样的一个星岛。今天，我们将任何一

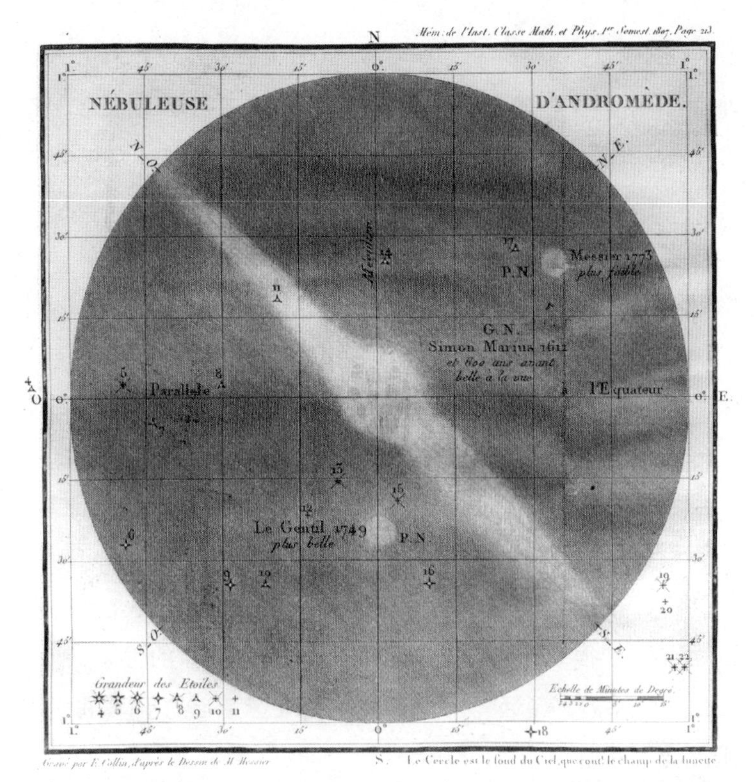

图35　经过20年的观察，查尔斯·梅西耶于1781年发表了一个有103个星云的星表。他详细绘制了他的星表上第31号星云——仙女座大星云。该图展示了星云与恒星之间的差异：前者有明确扩展的可见结构，后者则表现为一个光点。

个这样的孤立的恒星系统称为*星系*。

虽然康德偏好将星云看成是在银河系之外的星系的想法具有观察上的基础，但也有他信仰上的神学基础。他认为，上帝是万能的，因此宇宙应该是既永恒又是在内容上无限丰富的。在康德看来，上帝的创造仅限于银河系似乎是荒唐的：

如果我们将上帝的启示封闭在一个银河系半径所描述的球内，那么这并不比我们将其限定在一个直径1英寸的球内更接近上帝的

> 无限的创造力。所有那些有限之物，无论是有极限还是与统一性有明确关联，都一样远离无限……正因此，具有神圣属性的启示涉及的领域必然像这些属性本身一样是无限的。永恒不足以囊括上帝的表现，如果它不与空间的无限性结合起来的话。

战线已经拉起来了。赫歇尔的支持者争辩说，星云是由碎片云环绕着的年轻恒星，它处于银河系之内；而康德的追随者则认为它们是星系，是远在银河系之外的独立的恒星系统。解决争论的关键是要拿到更好的观测证据，这项工作开始出现在19世纪中叶，是由非凡的威廉·帕森斯——第三代罗斯伯爵——做出的。[181]

娶了个有钱的女继承人，并继承了比尔城堡——一座坐落在爱尔兰的大庄园，罗斯爵士很幸运，能够去追求一种绅士科学家的生活。他决心要建造世界上最大、最好的望远镜，而且不怕脏不怕累亲自动手。《布里斯托尔时报》的记者这样写道：

> 我看到了伯爵，那个亲自制造望远镜的人。他不是头戴礼帽，身着貂皮长袍，而是挽着衬衫袖子，露出他那粗壮的双臂。他刚刚离开他操作的台虎钳，身上还粘着铁屑粉末。他走到放在铁砧上的粗瓷面盆前洗手洗脸，两个铁匠则正挥动铁锤轮番锤击烧得发亮的铁棒，飞溅的火星向他们的贵族老爷扑来，但他们几乎不在意，就好像他是个火神。

仅仅铸造巨型望远镜的镜面本身就是一项重大的工程壮举。它需要用80立方米的泥炭来熔化3吨重的反射镜铸造材料，整个镜面直径达1.8米。阿马天文台台长托马斯·罗姆尼·罗宾逊博士见证了这一铸造过程：

崇高的美永远不会被那些亲眼目睹的幸运者遗忘。上方，是天空，缀满了星星并被最辉煌的月亮照耀着，就像是以吉祥的目光注视着他们的工作。下方，是熔炉——倾泻出带着近乎单色的黄色火焰的巨大的铁水，和点燃的坩埚——在铁水流过的地方，空气犹如红色的喷泉。

182

1845年，经过3年的建造，并自掏腰包花费了相当于100万英镑的开支，罗斯爵士终于制成了他的巨型16.5米长的望远镜（如图36所示），并开始用于观测。这期间正好赶上爱尔兰闹马铃薯饥荒。这是一场罗斯预计到并力图避免的灾难，早前他就曾主张采用新的种植技术，以减少马铃薯疫病带来的风险。他迅速停下他的天空调查，将时间和金钱都转移到支持当地社区的救灾工作上。他还免收他的房客的租金，赢得了作为一位真诚的政治家的声誉，在爱尔兰历史上的这段黑暗时期，他代表农村居民站出来竞选。

图36 罗斯爵士的“帕森斯镇的巨兽”，它有1.8米的强大口径，当它建成时，是当时世界上最大的望远镜。“帕森斯镇”是望远镜选址所在地的旧称，现在这个镇叫比尔。

几年后，罗斯爵士最终又回归到对恒星的测量。每当他要进行观察时，都得爬上围绕他的巨型望远镜搭起来的脚手架，晃晃悠悠地蹲在那里观测。与此同时，当5名工人摇动曲柄，操纵平衡块和滑轮，以使望远镜被抬高到正确的高度时，他还得保持自身的平衡。夜复一夜，罗斯爵士和他的团队就这样与这个怪物搏斗，这也就是为什么它被戏称为“帕森斯镇的巨兽”。

罗斯观测夜空壮观景象的努力得到了回报。罗斯的助手，约翰斯通·斯托尼，将望远镜对准那些非常微弱的恒星进行观测后，这样评估了望远镜的质量：“这些恒星在大望远镜下非常明亮。它们通常看上去就像光球，像小豆豆，在大气扰动的背景下猛烈沸腾……测试表明望远镜确实非常接近理论上的完美。”

唯一的问题是，这架“巨兽”坐落在爱尔兰中部，这里不具备清澈无云的良好天气条件。除了“浓浓的雾”外，据说这里就只有两种类型的天气：“下雨之前”和“下雨之中”。有一次，这位极富耐心的爵士写信给他的妻子，解释说：“这里的天气依然混沌不清。但不是绝对不可救药。”

183

不知怎的，就是在这样的多云天气之间，罗斯居然能够对星云做非常详细的观察。星云在他的望远镜下不是表现为无形的一团污迹，而是开始展示自身独特的内部结构。屈从于“巨兽”的第一个星云是梅西耶星云表上的M51，罗斯为这个星云画出了惊人的详细结构图（如图37所示）。他可以轻易地辨别出M51具有螺旋结构。他特别注意到了在旋臂之一的尾端有一个小的漩涡，这就是为什么M51有时被称为罗斯爵士的问号星云。罗斯的草图很快传遍整个欧洲，人们甚至认为正是这幅画激发了文森特·梵高创作出画《星夜》，这幅画明显展示了一个螺旋星云和一个伴随的漩涡。

184 这种与漩涡的相似性使 M51 获得了另一个绰号：旋涡星云。它还导致罗斯得出一个显而易见的结论："这种系统的存在，如果没有内部运动，似乎是根本不可能的。"此外他还认为，旋臂的质量可能不仅仅是气态云："因此我们认为，随着光学器件水平的连续不断地提高，结构会变得更复杂……但星云本身，无疑点缀着众多的星星。"

图 37 罗斯爵士画的旋涡星云（M51）的结构，右边用作对比的是拉帕尔马天文台拍摄的现代图像。由此可见罗斯的望远镜的水平和他观察的准确性。

事情变得越来越清楚：至少有一些星云是恒星的集合，但这并不能证明康德的理论，即星云是等同且独立于我们银河系的星系。这些星云必定巨大、独特且相距遥远，但旋涡星云或许是处于我们银河系内或边缘的一个相对较小的恒星子群。关键的问题是距离。如果有人能以某种方式测得星云的距离，那么它们是处在银河系内，还是处在银河系附近，或远远超出银河系的范围，将很容易决定。但是视差方法——这种用于测量恒星距离的最佳技术——却不能用到星云上。如果说，这种测量方法用来测量最靠近的恒星的角位移还算勉强可行的话，那么要用来识别银河系边缘的——抑或更遥远的——

模糊星云的角位移就根本无从谈起了。这样，星云的身份只有留在被忘却的场所了。

随着每个10年的过去，天文学家在建造日益强大的望远镜方面投入了更多的资金。这些望远镜基本上都建在晴空无云的高海拔地区（不像爱尔兰）。虽然在他们的案头还有其他问题，但天文学家们特别迫切地想要搞清楚星云的真实身份，如果不能通过测量它们的距离来判断，那就得想办法寻找其他重要线索来揭示其性质。

建造望远镜的下一位大师是古怪的百万富翁乔治·埃勒里·海耳。事实表明他比罗斯爵士更沉迷。海耳出生于1868年，当时家住芝加哥北拉萨尔街236号。1870年，全家搬到了海德公园的郊区，有幸避开了1871年的芝加哥大火。那场大火烧毁了18 000座建筑物，包括他的老家。这座城市由此变成了建筑师手中的白板，接着，九层高的家庭保险大楼不仅成为当时世界上的第一高楼，而且在建筑设计上为芝加哥和美国其他许多城市的建筑开创了新趋势。海耳的父亲，威廉，早先是一位苦苦挣扎的推销员，但他足够聪明，搞到了贷款，并成立了一家为芝加哥摩天大楼提供必需的电梯的公司。最终，他甚至为艾菲尔铁塔修建了电梯。 185

家庭变得富裕后，就有能力让小乔治在显微镜和望远镜的兴趣方面放纵一把了。他们不知道，他童年的迷恋会演变成成年后的痴迷。事实上，海耳长大后就成为一连串世界级望远镜的制造者。他的第一个大项目开始，他便从西海岸的天文学家那里翻捡拾取一些已不用的镜头，他们刚刚放弃了自己建造望远镜的计划。海耳的雄心是要把这些镜头组合成一架40英寸（1米）口径的折射望远镜，他还想围绕这架望远镜建立一座完整的多功能天文台。 186

海耳为他的新望远镜和天文台向查尔斯 · 泰森 · 叶凯士寻求资金支持。叶凯士是一位交通领域的大亨，他通过建造芝加哥高架轨道交通系统挣了些钱，这套系统直到今天仍在服务于这座城市。叶凯士曾是个被定罪的骗子，所以海耳试图说服他，赞助天文台建设将有助于他洗刷污点并获得芝加哥上流社会的接纳。海耳还利用叶凯士嗜好胜人一筹的心理，向他指出富裕的土地投资家詹姆斯 · 利克已资助加州设立了利克天文台。他开始用口号“击败利克（Lick the Lick）”来游说叶凯士，因为他的新望远镜将让利克天文台相形见绌。

图 38　1910年，安德鲁 · 卡内基和乔治 · 埃勒里 · 海耳在威尔逊山上，圆顶房屋的外面是60英寸的望远镜。百万富翁卡内基（左）站在斜坡上端，看上去显得高一些——这是他与其他人一起照相时经常采用的一种策略。

为海耳的不懈努力所折服，不久叶凯士便决定拿出50万美元赞助天文事业，从而使叶凯士天文台成为芝加哥大学的一部分。捐献仪式结束后，一家报纸发了一篇大标题为“叶凯士闯入社会”的文章来突出这个骗子的新建立的地位。但对叶凯士不幸的是，这个标题过于乐观了。他仍未能被芝加哥精英阶层所接受，于是他移居伦敦，致力于发展那里的地铁系统，尤其是皮卡迪利线。

叶凯士天文台位于芝加哥北部120千米外的威廉姆斯湾社区附近。这个镇仍然依靠蜡烛和煤油灯照明，因此天文学家知道，天体微弱的光不会被明亮的电灯所污染。甚至离得最近的使用电灯的社区——度假胜地日内瓦湖——也在10千米外。这架望远镜，长20米，重6吨，于1897年完成。它由一台20吨重的机器导向，这台机器专门设计用来操纵望远镜的指向，并能够保持与地球自转同步。通过这种方式，被检查的恒星或星云就能够始终留在仪器的视场内。它曾是，现在仍然是，世界上同类望远镜中最大的望远镜。

187

不过，海耳还是不满足。10年后，他从卡内基研究所筹集到资金，决心将望远镜建造工程的极限推向更远——他要在加州帕萨迪纳附近的威尔逊山上建立一台口径60英寸（1.5米）的望远镜。这一次他用一面镜子而不是一个透镜，因为一个60英寸的透镜因自身的重量而下垂。他将他对更宽、更长、更灵敏的望远镜的追求描述为“美国人”的症状，即贪得无厌的野心被看作是最好的。不幸的是，海耳渴求完美的强迫症和管理重大项目的责任心变成了自我毁灭。由于过度的紧张，他患上了间歇性抑郁症，这个病症最终迫使他去缅因州的一个疗养院待了几个月。

在他开始实施他的第三个项目——威尔逊山的100英寸（2.5米）的望远镜——后，他的精神健康进一步恶化。作为他的反射镜的基础，海耳从法国定购了一件5吨重的玻璃盘，当时的报纸称其为横渡大西洋的一件最有价值的商品。但是，当它到达后，海耳团队最关心的是这件玻璃制品的强度和光学质量，结果他们发现，玻璃竟然含有微小的气泡。埃维莉娜·海耳目睹了这个最新项目给她丈夫带来的痛苦，并开始讨厌给他带来困扰的这个巨型镜头："我真希望这块玻璃葬身海底。"

[188] 这个项目似乎注定要失败。在精神极度紧张期间，海耳曾出现幻觉，受到一个绿色小精灵的造访，而这个小精灵很快便成为他倾诉他的望远镜计划的唯一的人。小精灵通常是报以同情，但偶尔也会嘲笑他。海耳对一位朋友感叹道："如何逃离这种新的持续不断的折磨形式，我真的不知道。"

在洛杉矶五金件巨头约翰·胡克的资助下，100英寸的胡克望远镜最终在1917年完工。11月1日那天晚上，海耳有幸成为通过目镜观测天空的第一人。他被所看到的景象惊呆了——木星上重叠有6个幽灵般的行星。人们立即想到的是这可能是玻璃中的气泡这一光学缺陷在捣鬼。[189] 但冷静下来后他们很快想出了一种替代的解释：完成全部安装那天，工人们一直让观测台的屋顶敞着，因此阳光一直在加热镜子，从而有可能使镜面变得扭曲。于是天文学家们停了下来，一直等到凌晨3点，他们希望这么长的冷却时间应该已经解决了这个问题。在夜晚的寒意中，海耳的第二次观天看到的要比历史上任何一次观察都更清晰。胡克望远镜能够展示出以前因为光线太微弱在任何其他望远镜上根本无法看清的星云。它是如此灵敏，甚至能检测到15 000千米外的一支蜡烛。

海耳仍不满足。他在"更高的集光本领"的指导思想的驱动下，又开始了建造200英寸（5米）的望远镜的工作。他的执着可谓众所皆知，后来这段故事被电视制作者拿来作为《X档案》里的一段情节——穆德对斯库利解释道，这其实是小精灵就筹款事宜给海耳的一个建议："实际上，这个点子是一天晚上海耳在玩台球时小精灵向他提出的。小精灵爬上他家的窗口，告诉他可以找洛克菲勒基金会去要建造望远镜的钱。”斯库利评论说，穆德想必肯定知道，他不是看到绿色精灵的唯一的人，但是穆德回答道：“在我看来，有一群小绿人。”

遗憾的是，海耳没能活着看到自己的200英寸的望远镜工程的竣工。但他能够亲眼看到他的40英寸、60英寸和100英寸的望远镜带来的影响，它们每一个都进一步揭示了，星云不仅数量众多而且种类纷繁。然而，这些天体的确切位置仍然是一个谜。它们到底是我们银河系的一部分，还是远离我们的自成一体的遥远星系？

对这个问题的争论在1920年4月达到白热化。当时美国国家科学院计划在华盛顿举办一场被后世称为“大辩论”的讨论会。科学院决定，会议应当将关于星云本质的两个对立阵营汇集到一块儿，在当时最杰出的科学家面前就相关问题展开争论。一种观点认为，银河系包含整个宇宙，当然也包括星云，威尔逊山天文台的天文学家就强烈坚持这种观点，他们选派了一位雄心勃勃的年轻天文学家哈洛·沙普利，来代表他们出战这场论战。相反的观点则认为，星云都是自成一体的星系，持这种观点的代表是利克天文台，他们推荐希伯·柯蒂斯来捍卫自己的立场。 190

说来也巧，两位敌对的天文学家乘坐同一趟列车从加利福尼亚州来华盛顿。这是一趟尴尬、令人难受的旅程——两位天文学家在奔驰4000千米的火车上就直接面对面地干起来，每一方都注意避免过早地卷入以后的辩论。而且这种情形因为各自的性格反差而变得更加严重。

柯蒂斯顶着一副杰出天文学家的优越光环和声誉，一向以说话权威和信心十足而著称，谈起即将到来的论战可说是津津乐道。与此相反，沙普利很紧张，被震摄住了。这个从密苏里州来的贫穷农民的儿子，迷迷糊糊地闯进天文学领域，更多的是靠运气而不是判断。十几岁上大学时，他原本想学新闻学，但这门课被取消了，于是他必须找一门新课来替代："我打开课表，能选的第一门课是 a-r-c-h-a-e-o-l-o-g-y（考古学），我都发不好这个词的音！……于是我又翻过一页，看到 a-s-t-r-o-n-o-m-y，这个词我念得出来——就它了！"

到了大辩论这年，沙普利已经确立了自己作为新一代有前途的天文学家的地位，但他还是感到柯蒂斯浓重的阴影笼罩着自己，因此，当他们乘坐的南太平洋列车在亚拉巴马州抛锚时，他高兴地感到终于有机会摆脱对手的恐吓性做派了。沙普利把时间花在了寻找车厢周围的蚂蚁上，这方面他已经研究并收集了许多年。

图 39　大论战的两个主角：年轻的哈罗 · 沙普利（左），他相信星云位于银河系之内；资深的希伯 · 柯蒂斯，他认为星云是独立的星系，远在银河系之外。

当大辩论的夜幕终于降临时，沙普利的神经已被会议议程的主要事项——长篇大论的颁奖仪式——弄得极度疲劳。对获奖者的表彰和获奖者的演讲似乎没完没了。当时没有一滴酒可以帮助提振精神，因为禁酒令在那年的早些时候开始生效。在台下，爱因斯坦低声对他的邻座说道：“我刚刚得到了一个关于永恒的新理论。”[191]

最后，大辩论终于占据了舞台中心，当晚的主项正式拉开序幕。沙普利率先开始发言，他给出了星云在银河系内的理由。在演讲中，他依靠两个证据来支持他的观点。首先，他讨论了星云的分布，它们一般都处于银河系扁平平面的上方或下方，极少在银盘平面本身之内，这个带状区域就是后来众所周知的隐带。沙普利这样来解释这种情形，他声称星云是一团孕育新生恒星和行星的气体云。他认为，这样的云团只存在于银河系的上方和下方可触及的地方，并随着恒星和行星的逐渐成熟而飘向平面的中心。因此，他可以根据银河系是唯一的星系这一点来解释隐带。然后，他转向他的对手，声称隐带与他们的宇宙模型不兼容：如果星云代表的是穿插在整个宇宙中的星系，那么它们应该出现在银河系周围的各个地方。[192]

沙普利的第二个证据是1885年曾出现在仙女座星云的一颗新星。顾名思义，新星不是新的恒星，而是一颗原先非常暗淡的恒星在亮度上突然增强的结果，其能源得自对其伴星的盗取。1885年的这颗新星的亮度只有整个仙女座大星云的亮度的十分之一，如果仙女座只是由位于我们银河系边缘上的少量恒星构成的话，这一点就非常好理解。但如果仙女座，像他的反对者所声称的那样，是一个自成一体的星系，那么它就将由上千亿颗恒星组成，而新星（其亮度是仙女座的十分之一）就会像亿万颗恒星加起来一样亮！沙普利认为这是荒谬的，因此唯一合理的结论就是，仙女座星云不是一个独立的星系，而只是我们银河系的一部分。

对于一些人来说，这种水平的证据是绰绰有余了。天文学史专家艾格尼丝·克拉克事先已了解沙普利的证据，并在此之前曾写道："现在我们可以信心十足地说，没有一个称职的思想家，面对所有这些可获得的证据，仍坚持认为单个星云是一个与银河系等级相同的恒星系统。"

193 然而对柯蒂斯来说，事情还远远没有解决。在他看来，沙普利列举的情形有弱点，他攻击他的两个主要论点。两人都有35分钟的时间陈述各自的理由，但是他们的风格迥异。沙普利给出的是一个基本上非专业性演讲，旨在让来自不同学科的科学家都能听懂。而柯蒂斯则从细节上提出了无情的反击。

关于隐带，柯蒂斯认为，这是一种错觉。他认为，星云，作为星系，是对称地点缀在空间各处的，并且远远超出了银河系范围。依据柯蒂斯的理解，天文学家无法看到银河系平面内的很多星云的唯一原因，是因为它们的光被占据银道面的所有恒星和星际尘埃阻断了。

接下来是对沙普利的另一个支柱——1885年的新星——的攻击。柯蒂斯不认为这里有什么异常。在星云的旋臂里人们已经观察到许多其他新星，而且它们全都比著名的仙女座新星要微弱得多。事实上，观测到的大多数星云新星都是这样极其微弱的，柯蒂斯辩称道，这证明星云一定是遥远得令人难以置信，远远超出了银河系的范围。总之，柯蒂斯不准备仅仅因为一颗35年前的明亮的新星就放弃自己珍爱的模型。柯蒂斯再次重申了他的未经证实的多星系模型：

在思想家心目中所形成的概念中很少有比这个想法更重要的了。这就是说，我们，在数以百万计的恒星所构成的银河系中的一个恒星的小卫星中的微不足道的居民，可以超越其界限而看得更远，并

> 看到其他类似的星系，它们的直径有数万光年，每一个都像我们银河系这样，由上十亿颗太阳组成，而且，在我们这样做的时候，我们正渗透到更大的宇宙中，其距离从五十万光年至一亿光年不等。

194

柯蒂斯在他的演讲中还提出了各种其他证据，有些用于支持他自己的理论，有些用于攻击沙普利。他相信他已经提出了一个令人信服的理由，并在不久之后写信给他的家人道：“华盛顿的辩论圆满收场，我一直认为我的表现相当出色。”但事实是这场辩论没有明确的胜利者，如果说有那么一点偏向于柯蒂斯的观点，沙普利也是将其归因于风格而非实质内容：“我记得，我宣读我的论文，柯蒂斯介绍了他的论文，可能他不用介绍得很充分，因为他是一个善于表达的人，不怯场。”

大辩论对于将注意力集中到一个远未解决的问题上的成效并不大。但它敏锐地反映了引导科学前沿研究的性质，在科学前沿，相互竞争的理论彼此相互校正，所依据的却只有最薄弱的硬数据。每一方用来支撑自己观点的意见都缺乏严谨、细节和体量，因此太容易被反对者贴上数据有缺陷、不准确或随意解释的标签。除非有人能够确立一些具体的观察手段来可靠地给出星云的距离，否则这些竞争性理论都不过是猜测。理论的可接受性似乎取决于其支持者的个性，而不是任何真实的证据。

大辩论涉及人类在宇宙中的位置，解决这个问题需要在天文学上有重大突破。一些科学家，如大众天文学作家罗伯特·鲍尔，认为这样的突破是不可能的。在《天堂的故事》一书中，他的观点是天文学家有知识上的局限性：“我们已经到达这样一个点，人的智力开始无法让他看清前途，他的想象力已被其试图实现其已有知识的努力所压垮。”

195 一些古希腊人在驳斥测量地球的大小或到太阳的距离等可能性时也有过类似的表述。然而，第一代科学家，包括埃拉托色尼和阿那克萨哥拉，发明了一系列能让他们量度地球和太阳系的技术。随后，赫歇尔和贝塞尔采用亮度和视差的方法来测量银河系的大小和恒星的距离。现在，是到了该有人站出来发明一种可以跨越宇宙的衡量标准，一种可以解决星云的真正本质的方法的时候了。

现在你看它，但你看到的不是现在的它

纳撒尼尔·皮戈特来自一个富裕且人缘广泛的约克郡的家庭，是第一等的绅士天文学家。作为威廉·赫歇尔的密友，皮戈特曾对日食做过两次仔细的观察，并对1769年的金星凌日现象做过观测。他还建造了18世纪末英国的三大私人观象台中的一座。因此，他的儿子爱德华从小就是在望远镜等天文仪器的环境中长大的。爱德华养成了迷恋夜空的习惯，显然，假以时日，他一定会在对天文学的热情和专业知识两方面超越他的父亲。

爱德华·皮戈特的主要兴趣是变星。新星被认为就是一类变星，因为它们发出的光经过很长一段时间的相对微弱后突然爆发，随后又逐渐变回到它们以前的昏暗状态。其他变星的亮度变化则要规则得多，例如英仙座的大陵五，外号“眨眼的恶魔”。这些变星在天文学上之所以很突出，是因为它们直接与古人认为的恒星不变的观点相矛盾，并引起整个学界共同努力来理解是什么导致它们的亮度出现波动。

196 在20多岁时，爱德华·皮戈特结识了少年约翰·古德利克。后者是个聋哑人，但对科学产生了浓厚兴趣。在他成长期间，教育工作者首次对聋哑孩子的学校教育问题开展讨论。这使他有幸入学英国第一所为聋哑孩子设立的

学校。这所由托马斯·布雷德伍德资助的学校于1760年在爱丁堡开办。学校的良好声誉引得作家兼词典编纂家萨缪尔·约翰逊在1773年前往拜访，在学校他可能遇见过古德利克，当时后者还只是个9岁的小学生。约翰逊对教育聋哑儿童特别感兴趣，因为他在婴儿期曾从他的乳母那里染上肺结核，后来又患上猩红热，两次疾病让他的一只耳朵永远失去了听觉，并伴有弱视。约翰逊对布雷德伍德聋哑学校的深刻印象在他的《西苏格兰岛旅行记》一书中有清晰的反映：

> 我走访了这所学校，发现一些学生在等待他们的校长，据说在他进校门时，他们会面带微笑、两眼放光地迎接他，满怀着对新的想法的渴望。一名年轻女子拿着一块石板过来，我在上面写了一个三位数与两位数相乘的问题。她看了看，然后以一种我觉得很漂亮的方式活动着她的手指，但我知道不论这种姿势是艺术还是娱乐，乘出来的结果在相加时一般要分两行写，并要使数位对齐。

然后，到14岁时，古德利克从布雷德伍德聋哑学校转到沃灵顿学院，在这里他能够与听力正常的学生一起学习。他的老师将他描述为“一个非常宽容的传统的人，一个优秀的数学家”。回到家乡纽约后，他在爱德华·皮戈特的指导下继续他的研究，皮戈特教授他天文学，特别是变星的意义。

古德利克被证明是一位非凡的天文学家。他天生一副无与伦比的视力和[197]对明暗的灵敏度，能以极高的准确度给出变星逐夜的亮度变化。这是一种了不起的本领，因为他要考虑到大气条件和不同水平的月光的影响，以便获得足够精确的数据。为了有助于衡量变星的亮度，古德利克将变星的亮度与周围非变星的固定亮度做比对。他的第一项研究是观察大陵五从1782年11月至1783年5月之间亮度的微妙变化。他将结果精心绘制成一幅亮度随时间变化的曲线图，图中显示，每过68小时50分钟，该星的亮度达到最低点。大陵五的亮度变化如图40所示。

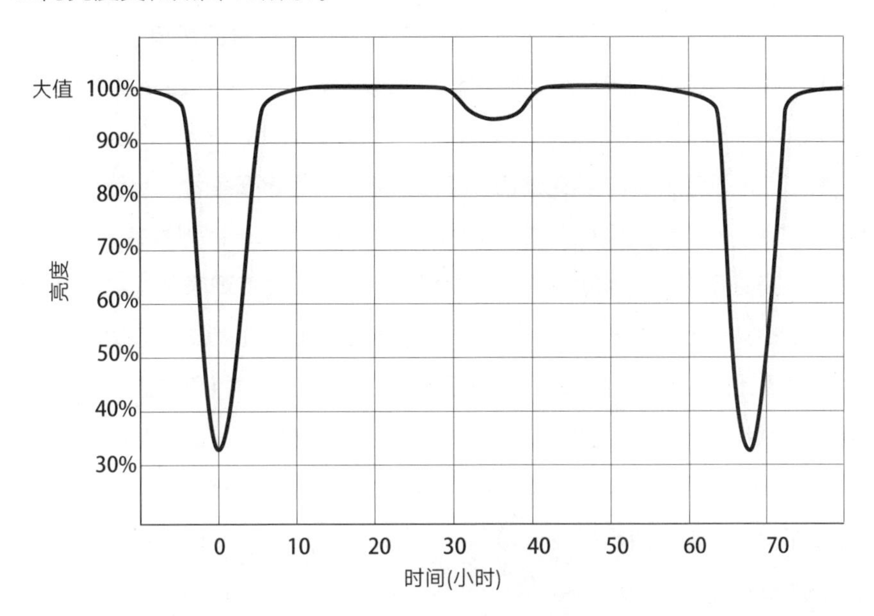

图40 变星大陵五的亮度变化是对称的和周期性的，每隔68小时50分钟达到其最小亮度。

古德利克的大脑和他的视力一样敏锐。通过研究大陵五的亮度的变化规律，他推断，这不是一颗孤独的恒星，而是一个双星——一对相互绕行的恒星，现在我们知道这是恒星的一种比较常见的情形。就大陵五的情形，古德利克提出，其中一颗恒星要比另一颗暗很多，总体亮度的变化是暗星转到了亮星前面，阻挡了后者的光所致，换言之，所述的亮度变化是一种食效应。

当时古德利克刚满18岁，他关于大陵五的分析——亮度变化模式是对称的，交食是一个对称过程，这个恒星系统通常是明亮的，但有一个相对短暂的昏暗阶段，而这种模式又是食系统的典型行为——完全正确。实际上，大多数变星都可以用这种方式来予以说明。他的工作得到了英国皇家学会的认可。皇家学会向他颁发了久负盛名的科普利奖章，以表彰他做出的当年度最重要的科学发现。三年前，这一荣誉被授予威廉·赫歇尔，而在以后的岁月里，获得此项殊荣的还有门捷列夫（提出元素周期表）、爱因斯坦（在相对论方面的工作），以及弗朗西斯·克里克和詹姆斯·沃森（因解开DNA的秘密）。[198]

食双星的现象是天文学史上的一个重大发现，但它在星云这出戏剧里不起任何作用。可就是古德利克和皮戈特在1784年进行的一组观察结果，最终解决了大辩论所提出的问题。9月10日那天晚上，皮戈特观察到恒星天鹰座η（天桴四）亮度有变化。一个月后的10月10日，古德利克发现造父一的亮度也在变；此前没有人曾注意到这些恒星的变异，但皮戈特和古德利克有一个用于检测亮度微妙变化的诀窍。古德利克绘制了两颗恒星的亮度随时间的变化图，表明天桴四的重复周期是7天，而造父一的周期是5天，所以二者与大陵五相比，变化周期明显要长得多。让天桴四和造父一变得更显著的是它们在亮度变化上的整体形态。

图41显示了造父一的亮度变化图。最显著的特征是缺少对称性。与大陵[199]

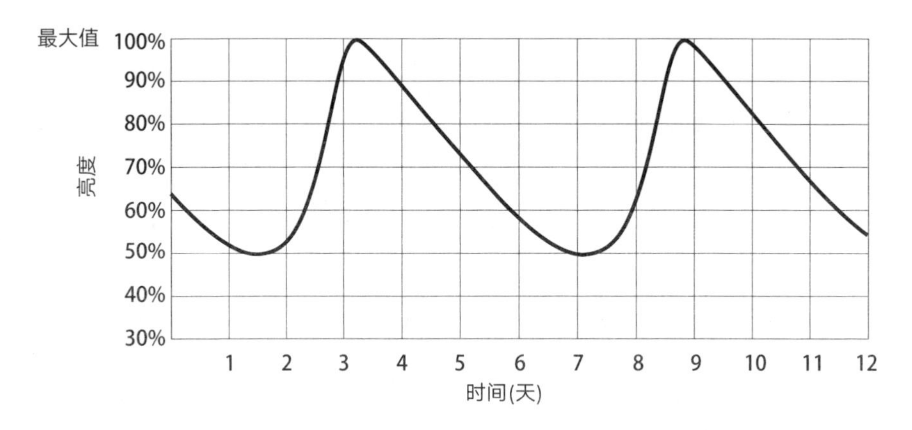

图41　造父一的亮度变化规律。这种变化是不对称的，变亮时亮度上升迅速，变暗时亮度下降较慢。

五的图（图40）显示出一系列的深窄、对称的波谷不同，造父一在短短一天内就爬到峰值亮度，然后在超过四天的时间里逐渐变暗到最低限度。天桴四的亮度变化显示的也是类似的锯齿状或鲨鱼鳍状。这种模式不能由任何类型的食效应来解释，因此两位年轻人认为，必定是这两颗恒星内在的某种东西造成了这种变化。他们决定，天桴四和造父一属于一类新的变星，就是我们现在所称的*造父变星*。某些造父变星是非常微妙的，如北极星，即北方之星。这是离我们最近的一颗造父变星。威廉·莎士比亚完全不懂这颗恒星的可变性质，他在《凯撒大帝》一剧中让凯撒大声宣布："但我像北方之星那样是永远不变的。"尽管这颗恒星表示北方这一点是永远不变的，但它的光度在变化，它明暗变化大约每四个晚上为一个周期。

200

今天我们知道了造父变星内部所发生的变化，知道了是什么原因导致了其不对称的光变规律以及是什么使得它区别于其他恒星。大多数恒星都处于一种稳定的平衡状态，就是说，恒星巨大的质量总是倾向于在自身引力的作用下向内坍缩，但这种向内的力被恒星内部物质的巨大的热能引起的向外的膨胀压力抵消了。这有点像气球。气球就是处于一种外面的橡胶皮向内收缩与里面的空气压力向外推的平衡状态。将气球在冰箱中过一夜，气球里的空气冷却下来，球内的气压减小，气球收缩，从而达到一个新的平衡状态。

然而，造父变星不是处在一种稳定的平衡态下，而是处于涨落状态。当造父变星的温度相对较低时，其膨胀力无法抵消引力，从而导致恒星收缩。这种收缩使得处于恒星核心区的燃料被压缩，从而有更多的能量被产生出来加热恒星，恒星受热后又开始膨胀。在膨胀期间及膨胀之后，能量被释放掉，于是恒星又开始冷却和收缩，这个过程就这样不断地循环往复。关键是，收缩阶段压缩了恒星的外层，这导致它变得更加不透明，从而导致造父变星处于昏暗阶段。

虽然古德利克不清楚造父变星的光变背后的解释，但这种新类型恒星的发现本身就是一项伟大的成就。才21岁，一项新的荣誉就降临到他头上：他被任命为皇家科学院院士。但仅仅过了14天，这位才华横溢的年轻的天文学家便撒手人寰。古德利克死于肺炎，起因是在漫长的寒冷夜晚凝望天空的星星。他的朋友和合作者皮戈特感叹道："这位非常宝贵的年轻人不在了，他不仅让很多朋友感到遗憾，更将被证明是天文学的重大损失，因为他如此迅速地做出了这些发现就是明示。"职业生涯只持续了几年，古德利克就为天文学做出了杰出贡献。虽然他并没有意识到这一点，但他对造父变星的发现将被证明是终止大辩论和宇宙学的发展关键。 201

在接下来的一个世纪里，造父变星的星探们又发现了33颗具有不同的鲨鱼鳍的变星。每一颗的亮度都有增减变化，有时周期不到一个星期，有时会长达一个多月。但是，有一个问题一直困扰着造父变星的研究，即主观性。事实上，这个重要问题在整个天文学领域都普遍存在。如果观察者在天空中看到某个东西，他们不可避免地会带着一定程度的偏见来解释它，特别是如果这种现象很短暂，对它的解释还有赖于记忆。此外，观察只能以文字或草图的形式记录下来，这两者都不可能达到完美的精确度。

这以后，在1839年，路易斯·达盖尔发明了银版照相技术——一种用化学方法将影像印制在金属板的方法。一时间，盖达尔银版法便风靡世界，人们排着队前来拍照。伴随每一项新的技术，都会有一些批评，正像《莱比锡城广告商》对此归结的那样："想捕捉短暂影像的愿望不仅是不可能的……而且这一愿望本身就是一种亵渎。上帝按照自己的形象造出了人，绝没有人造的机器可以固定上帝的形象。难道上帝应该放弃他永恒的原则，并允许一个法国人给世界一项恶魔的发明吗？"

约翰·赫歇尔，威廉的儿子，皇家天文学会的现任会长，是最早采用这项新技术的人之一。在达盖尔公布这项发明后的几个星期内，他便能够复制整202个过程，并在玻璃上拍得第一张照片（图42），照片取材于他父亲最大的望远镜，不久之后它便被拆除。他还对改善摄影工序做出过巨大贡献，并创造了诸如“照片”“快照”，以及其他一些像“正片”和“负片”等摄影术语。事实上，赫歇尔只是将拍摄运用到极限，并在努力捕捉极其微弱的天体的过程中开发出新的摄影技术的众多天文学家中的一位。

图42　约翰·赫歇尔爵士，威廉·赫歇尔的儿子，由著名的人像摄影师朱莉娅·玛格丽特·卡梅伦拍摄。右边是由约翰·赫歇尔本人于1839年拍摄在玻璃上的第一张照片，取景于他父亲的望远镜，图33的铜版画也取材于同一图像。

摄影为天文学家提供了他们一直寻找的客观性。当赫歇尔试图描述一颗恒星的亮度时，以前他不得不这样写：“长蛇座阿尔法远不如狮子座伽马，也比金牛白塔弱。”这种模糊的随笔现在可以由更加客观和准确的照片来取代了。

203　尽管摄影有优势，但传统的保守主义者对这一新技术的影响却持有一定程度的怀疑。素描天文学家就对新技术持谨慎态度，他们担心这项技术会将纯属化学过程的人为痕迹作为新的属性被引入到太空。例如，某些化学残留物会不会有可能被误认为是星云？从今以后，任何报告的观察结果都得被标记上是“肉眼看见的”或“拍摄的”，这样其出处才是明确的。

一旦技术成熟，自然的保守主义论调便会平息下来。人们普遍认为，照片是记录观测的最佳方法。1900年，普林斯顿天文台的天文学家认为，照片提供了“一种永久性的、真实可靠且不带个人的想象和假设上的偏见的记录，它严重破坏了许多肉眼观察记录的权威性”。

照相术不仅对于准确、客观地记录观察被证明是一项非常宝贵的技术，而且对于探测以前看不见的物体同样显示出其强大的力量。如果一架望远镜指向一个非常遥远的对象，但到达人眼的光可能太微弱以至于无法被感知到，即使望远镜具有较宽的孔径。然而，如果将眼睛替换为照相底板，那么它可以曝光几分钟甚至几个小时，这样，随着时间的推移，就能捕集到越来越多的光。人眼对光的吸收、处理和处置都是瞬间的事儿，然后它又从头开始再来一遍，而照相底片可以持续累积光，经长时间积累建立起明暗对比度较强的图像。

总之，眼睛具有有限的灵敏度，具有较宽孔径的望远镜能够提高其灵敏度，而同样的望远镜如果加载一个照相底片则更加灵敏。例如，昴星团（或七姐妹星团）包含了七颗肉眼可见的恒星，但伽利略用他的望远镜在这一区域能看到47颗星，而在19世纪80年代末，法国的保罗·亨利和普罗斯珀·亨利兄弟俩对这部分天区进行了长时间的底片曝光，共计录下2326颗恒星。

204

处于天文学照相术革命的中心的是哈佛大学天文台。这部分原因是得益于它的第一任主任威廉·克兰奇·邦德，早在1850年，他就拍摄了第一张夜空中织女星的银版照片。此外，业余天文学家亨利·德雷伯——他的父亲约翰·德雷伯曾拍得第一张月球照片——将他个人的财富全数留给了哈佛，以资助对所有可观察到的恒星进行拍摄和编目。

这促使爱德华·皮克林——1877年成为哈佛天文台主任——开始实施一项百折不挠的天体拍摄计划。在随后的几十年里，该天文台拍摄了50余万幅照相底版，以至于皮克林面临的最大挑战之一是如何建立起一个工业规模的照片分析系统。每块底板都含有数百颗恒星，并且每个斑点都需要对其亮度予以评价，并测定其位置。皮克林招募了一批年轻人来从事这项“计算机”性质的工作，computer 这个词最初就是用来形容整理数据并进行计算的人的。

不幸的是，他很快就变得非常沮丧，因为他的团队缺乏凝聚力，对细节的注意力不集中。一天，当他失去耐心后，他脱口而出：他的苏格兰女仆可以做得更好。为了证明自己的观点，他解雇了所有的男性团队成员，聘请了一批女性“计算程序员”来替代他们，并让他的女佣威廉米娜·弗莱明来负责管理这个团队。弗莱明在移民美国前曾是一名苏格兰的教师，当她怀孕后被丈夫抛弃了，这迫使她不得不找了份女佣的工作。现在，她正带领着一个绰号“皮克林的娘子军”的团队对世界上最大的天文图片集进行审读。

皮克林对他的自由招聘政策是有过仔细考虑的，在某种程度上说，他是出于现实的动机。妇女通常比她们所替换下的男性更准确和细致，她们还能容忍 25 ~ 30 美分每小时的报酬标准，而男人们则要求50美分。此外，妇女
205
被限定仅从事计算员的工作，没有机会亲自进行观察。这部分是由于望远镜都安置在寒冷黑暗的天文台，这里被认为是不适合女性的工作场所；部分是因为在维多利亚时期，人们对男人和女人深夜里一起工作，盯着浪漫的恒星

图43 哈佛的“计算员”在工作，忙于检查照相底版，爱德华·皮克林和威廉米娜·弗莱明在一旁监督。背景墙上挂着两幅图，它们显示出恒星的振荡光变。

阵列，有一种易于犯罪的敏感。但至少现在妇女可以检查夜间观测的拍摄结果，对天文学这一在过去很大程度上将她们排除在外的一门学科做出了自己的贡献。

206

虽然威廉米娜·弗莱明的女性计算员团队只是从事从照片中采集数据的苦差事，使男性天文学家得以进行研究，但不久她们就得出了她们自己的科学结论。日复一日地盯着底片让她们对这些天体有一种亲切的熟悉感。例如，安妮·坎农在1911年到1915年期间大约每个月要编目5000颗恒星，对每一颗星计算其位置、亮度和颜色。她凭借她的实践经验为恒星的系统分类做出了重大贡献，她将星级划分为七个等级（O，B，A，F，G，K，M）。今天的天文学系的本科生仍然要学习这一恒星分类谱系，为了便于记忆，人们将这几个字母编成顺口溜："Oh，Be A Fine Guy – Kiss Me!（哦，是一个不错的家伙 - 吻我！）"1925年，坎农成为了获得英国牛津大学荣誉博士学位的第一位女性，以示对她做出的这一有见地和艰苦的工作的认可。1931年，她还被选为12位美国最伟大的女性之一，并于同年成为获得美国国家科学院颁发的著名的德雷伯金质奖章的第一位女性。

坎农在童年时曾遭受猩红热的打击，这让她几乎完全失聪，这一点上很像造父变星的先驱约翰·古德利克。很可能正是听力的丧失让他俩都有一副敏锐的视力来得到弥补，从而使他们能够挑出其他人错过的细节。皮克林团队的最著名的成员，亨丽埃塔·莱维特，也是一位严重耳聋患者。可正是莱维特从底片上看出的特征一劳永逸地解决了大辩论这场争论。她使得天文学家能够测量到星云的距离，她的发现将对未来几十年的宇宙学的发展产生重大影响。

莱维特于1868年出生在马萨诸塞州的兰开斯特，是一位公理会牧师的女儿。索伦·贝利教授在哈佛大学天文台工作时就认识她，他在谈到她的宗教成长氛围的背景如何塑造了她的性格时这样回忆道：

207

> 她是这个亲密大家庭里的忠实成员，她那无私的友谊、坚定忠实于原则、做事认真、为人真诚的品格，都深受她对宗教和教会的依恋的影响。她有一种能力，能够欣赏别人身上一切有价值的、可爱的地方，她有一种非常阳光的特质——在她看来，所有的生命都如此美丽而富有内涵。

1892年，莱维特毕业于哈佛大学的拉德克利夫学院，当时，这所学院以传授女子高等教育而著称。在接下来的两年里，她只能呆在家里恢复健康，她得了严重的疾病，可能是脑膜炎，这导致她丧失了听力。健康恢复之后，她成为哈佛大学天文台的一名志愿者，任务是筛选底版和寻找变星，她被指定编制这方面的星表。照相术此时已被用于变星的研究，由于在不同夜晚拍摄的两块感光玻璃底版可以叠起来直接进行比较，因此恒星亮度上的差异更容易被发现。莱维特运用这种新兴技术分析了大部分底版，发现了2400多颗变星，其中大约有一半在她那个年代是已知的。普林斯顿大学的教授查尔斯·杨对此留下了深刻印象，他叫她“变星的恶魔”。

在各类变星中，莱维特对造父变星情有独钟。在花了几个月对造父变星进行测量和编目之后，她很想知道是什么决定了它们的明暗起伏的节律。为

图44 亨丽埃塔·莱维特，她以哈佛大学天文台志愿者的身份取得了20世纪天文学中最重要的一项突破。

了解开这个谜，她将注意力集中到任何造父变星都具有的两种信息上：它的208变化周期和亮度。她的理想目标是，想看看变化周期与亮度之间是否存在什么关系——也许较亮的恒星可能被证明比较暗的恒星有较长的周期，反之亦然。但不幸的是，对亮度数据进行整理似乎没有任何实际意义。例如，表观明亮的造父变星实际上可能是颗暗星，只是因为离得近所以显得亮，而一颗表观上暗的造父变星实际上可能是一颗离得很远的明亮恒星。

天文学家很早以前就意识到，他们可以察觉的只有恒星的视亮度，而不是它的实际亮度。这种情况似乎令人绝望，大多数天文学家都放弃了，但莱209维特的耐心、献身精神和专注力使她有了相当机智和漂亮的高招。她将注意力集中在被称为小麦哲伦星云的恒星形成问题上并取得了突破。这个星云是以16世纪探险家麦哲伦的名字命名的，当时他的环球远航正航行到南半球的海洋上，他记录下这个星云。由于小麦哲伦星云只有从南半球才可见，因此莱维特不得不依靠哈佛设在秘鲁南部的阿雷基帕观测站拍摄的照片。莱维特设法识别出位于小麦哲伦星云中的25颗造父变星。她不知道从地球到小麦哲伦星云的距离，但她估计这应该比较远，而且这个星云中的造父变星彼此间相对较为接近。换言之，所有这25颗造父变星到地球的距离大致相同。而这正是莱维特所需要的：如果小麦哲伦星云的造父变星都处于大致相同的距离上，那么如果一颗造父变星比另一颗更明亮，那一定是因为它内在地就更明亮而不仅仅是表观上更亮。

小麦哲伦星云的恒星到地球的距离大致相等这一假设虽然是一种信念上的飞跃，但却是一个非常合理的假设。莱维特的思路类似于一个观察者在看天空中的25只鸟，假定鸟与鸟之间的距离相比于到观察者的距离非常小。因此，如果有只鸟看上去要比其他鸟小，那么它可能是真正的小。但是，如果这25只鸟是散布在天空，那么一只看上去比另一只小，并不能让你确信到底是它真的小，还是因为它飞得较远之故。

莱维特现在已经做好探索造父变星的亮度与周期关系的准备。她建立了这样一个假设：小麦哲伦星云的每颗造父变星的表观亮度，在与星云中其他造父变星的亮度比较时，都可以作为其实际亮度的真实指示。莱维特画出了这25颗造父变星的视在亮度对光变周期的变化曲线图。其结果是惊人的。图45（a）显示，光变周期较长的造父变星通常更亮，而更重要的是，这些数据 210

211

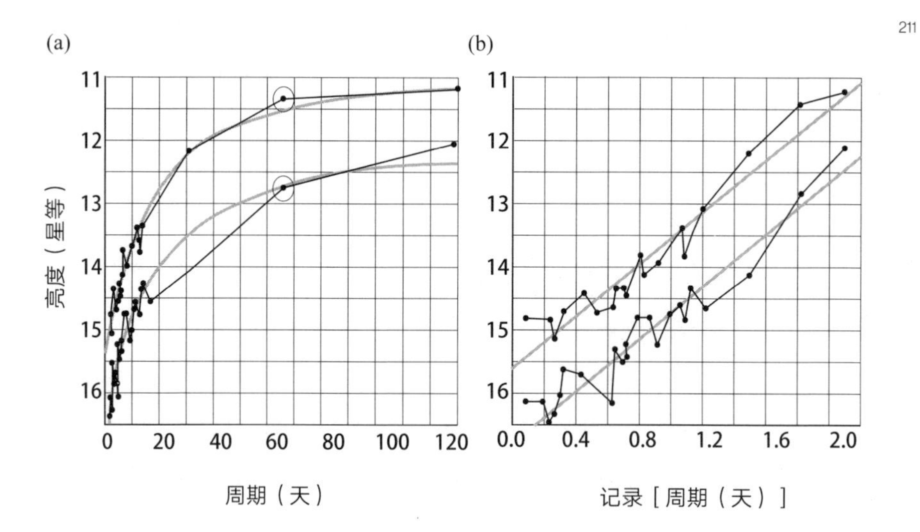

图45 这两幅图显示的是亨丽埃塔·莱维特对小麦哲伦星云的造父变星的观察结果。图（a）是亮度（垂直轴）对周期（水平轴）的曲线图，测量的时间单位是天，每个数据点代表一颗造父变星。图中有两条线：一条表示的是每颗变星的最大亮度，另一条表示每颗变星的最小亮度。

为了有助于理解这幅图，被圈起来的点代表一颗周期大约为65天的造父变星，其亮度在11.4到12.8之间的变化。经过数据点可做出一对平滑的拟合曲线。不是每一个点都位于这两条曲线上，但如果我们给出误差范围，就可知这些曲线似乎对所有数据都是有效的。

恒星的亮度是根据星等来测量的，这是一种不寻常的测量单位，因为星越亮，星等越低，这就是为什么在垂直标尺上星等会从16变化到11的缘故。另外，星等往往用对数标度来表示。就我们的目的而言没必要定义这样一个对数标度。我们需要知道的是，如果周期也用对数标度来绘制的话，那么亮度与光变周期之间的关系将变得更清晰，如图（b）所示。在图（b）中，所有数据点现在都合理地位于一对直线上，它们表明，造父变星的光变周期与其亮度之间存在简单的数学关系。

点似乎都遵循平滑曲线。图45（b）显示的是同一组数据，但光变周期的标尺做了改变，这样更清楚地揭示了亮度与光变周期之间的关系。1912年，莱维特公布了她的结论："对于对应于最大值和最小值的两组数据的每一组，都可以画出一条直线，这表明，变星亮度与其周期之间存在简单关系。"

莱维特发现，一颗造父变星的真正亮度与其视亮度的变化周期之间有严格的数学关系：造父变星的亮度越高，亮度峰值之间的周期就越长。莱维特相信，这个规律可以适用于宇宙中的任何造父变星，她的曲线图可以扩展到包括具有非常长周期的造父变星。这是一个惊人的结果，孕育着宇宙级的重大成果，但它发表时却用了一个过于低调的标题："小麦哲伦星云的 25 颗变星的周期"。

莱维特的发现的力量在于，现在我们可以通过比较天空中任意两颗造父变星来求得它们到地球的相对距离。例如，如果她能在天空的不同部分找到两颗造父变星，它们具有非常相似的周期，那么她就会知道，它们很可能一样亮——图45的预言，特定的周期意味着某种特定的固有亮度。因此，如果这些变星中的一颗比其他变星暗9倍，那么它必然更遥远。的确，如果它暗9倍，那么它的距离必然远3倍，因为亮度随距离的平方而变弱，故有$3^2=9$。或者如果一颗造父变星比另一颗暗144倍，而它们的周期非常类似，那么前者必定比后者远12倍，因为$12^2=144$。

但是，尽管天文学家可以利用莱维特的图来校准造父变星的亮度，并建立任何两颗造父变星之间的相对距离，但他们还是不知道它们的绝对距离。他们可以证明，一颗造父变星比如说比另一颗远12倍，但也仅此而已。只有知道了一颗造父变星的实际距离，我们才可能利用莱维特的测量尺来衡量每一个造父变星的距离。

使得这种可能性得以实现，从而校正造父变星的距离标尺的决定性的观察是由包括哈洛·沙普利和丹麦的埃纳尔·赫茨普龙等天文学家在内的集体努力取得的。他们采用综合技术，包括视差，来测量一颗造父变星的距离，然后将莱维特的研究推广到关于宇宙的最终距离上。造父变星可以用作为宇宙的衡量标准。

总之，天文学家现在可以通过简单的三个步骤来测量任何造父变星的距离。首先，看它变得有多快，这反映出它实际有多亮；其次，看它表观上有多亮；第三，搞清楚什么距离下会使实际亮度变成这样的视亮度。

作为一个简单的类比，我们将脉动的造父恒星比作闪烁的灯塔。想象一下，该灯塔闪烁的速度取决于它的亮度（就像一颗造父变星），因此一个3000瓦的灯塔每分钟闪烁3次，而5000瓦的灯塔则每分钟闪烁5次。如果在漆黑的夜晚一个水手在海上看到远处闪烁的灯塔，他就可以通过上述三个步骤来测量它的距离。首先，他计数闪烁的频率，从而他立即获知灯塔的真实亮度。其次，他看看它看上去有多亮。最后，他搞清楚了是多远的距离会使实际亮度变成这样的视亮度。

213

另外，水手还可以估计他的船到海边渔村的距离，只要这个渔村是在沿灯塔的视线方向上，因为他可以假设到村子的距离与到灯塔的距离相当。当然实际情形可能是这个村庄坐落在离海岸很远的地方，自然离灯塔也很远，或者灯塔位于突出海岸的礁石上，距离村庄有一段距离，但一般来说，灯塔会靠近村庄，并且估计是相当准确的。同样，一个测定造父变距离的天文学家也可以通过这种方法知道在其附近的其他恒星的粗略距离。这个方法不是万无一失，但它在大多数情况下确实是有效的。

瑞典科学院的约斯塔 · 米塔格-莱弗勒教授对莱维特及其造父变星标尺的这种功能印象非常深刻，1924年，他开始以书面方式呼吁，应提名她获颁诺贝尔奖。然而，当他开始研究莱维特目前的科学趣向时，他震惊地发现她已于3年前的1921年12月12日 —— 刚满53岁 —— 死于癌症。莱维特不是那种高调地在世界各地周游出席研讨会的天文学家，而是那种静悄悄地在一边认真研究她的底片的不起眼的研究人员，因此她的过世几乎没有被欧洲注意到。她不仅没能活到看到自己的工作得到认可，而且也从不曾见证自己的工作对星云性质的大辩论所具有的决定性影响。

214

泰斗级天文学家

对莱维特的发现的潜在意义充分加以利用的天文学家是埃德温 · 鲍威尔 · 哈勃。哈勃可以说是他那一代人中最著名的天文学家。他于1889年出生在密苏里州，是约翰和珍妮 · 哈勃的第二个儿子。约翰在农场的一场事故中身受重伤，珍妮 —— 当地医生的女儿 —— 为他进行护理以恢复健康，就这样认识了他。他伤得是如此严重，以至于她刚接手时抱怨说，她“再也不想见到约翰 · 哈勃了”。但当他痊愈后，她却爱上了他，他们于1884年结婚。

哈勃的童年大体上是快乐的，只是在他7岁那年出过一次使他身心受到严重创伤的事件。他和他的兄弟比尔一直很不喜欢他们的14个月大的妹妹 —— 喜欢惹人注意的弗吉尼娅，他们决定故意踩她的手指让她哭叫来泄愤。几天后，她患上了严重的无法确诊的疾病，并被病魔夺去了生命。埃德温陷入了困惑和烦乱，深深地责备自己，尽管弗吉尼娅的病与他先前的行为无关。据他的一位姐妹回忆说：“哈勃的心理变得不健康，好在他聪明的父母非常体谅他，才使这种偏执没有成为家里的另一场悲剧。”哈勃特别接近他的母亲，正是她帮助他平稳度过了童年的这场令人不安的事件。

哈勃与他的祖父——马丁·哈勃——的关系非常亲近。在他8岁生日的那天，马丁送给他一副自己亲手制作的望远镜，从而将他领入到天文学上来。马丁说服了这孩子的父母，让哈勃熬到深夜一起观看密苏里漆黑的夜空中点缀的无数的星星。从此他变得对恒星和行星非常着迷，并灵感突现，写了一篇关于火星的文章发表在当地的报纸上，当时他还只是一个中学生。他的老师哈里特·格罗特小姐充分肯定了哈勃在天文学方面飙升的热情："埃德温·哈勃将是他那一代人中最有才华的人之一。"大概每一位老师说到自己的得意门生时都会溢美之词不绝于口，但哈勃的情形还真让老师说着了，他切切实实兑现了格罗特小姐的预言。

215

哈勃在惠顿学院继续学习，希望能赚取奖学金去一所重点大学。在奖学金即将揭晓的毕业典礼上，督导的宣布让哈勃很震惊："埃德温·哈勃，4年来我一直在关注你，我从来没有见过你学习10分钟。"在这出堪称最大悲剧的一阵戏剧性沉默之后，他继续道："这是给你的芝加哥大学的奖学金。"

哈勃原本计划在芝加哥研究天文学，但他强势的父亲逼着他去攻读法学学位，因为这样稳定的收入才有保证。从年轻时开始，约翰·哈勃就一直在努力获得一份体面的工资，在他成为一名保险业经纪人后，他才有了财政上的安全感。他对能使哈勃家族过上体面的中产阶级家庭生活的这个职业感到非常自豪："我们发现，文明的最好的定义，就是一个文明人做什么都是出于对所有人最有好处，而野蛮人做什么都是对自己最有好处。文明不过就是一个对付人的自私的巨大的互助保险公司。"

哈勃很好地解决了他的梦想与他父亲的实用主义要求之间的冲突。他的做法是明面上学习法律，让父亲安心，同时也完成足够的物理学课程，让自己的成为天文学家的梦想保持鲜活。芝加哥物理系的系主任是阿尔伯特·迈

图 46　埃德温 · 鲍威尔 · 哈勃，他那个时代最伟大的观测天文学家，叼着石楠木烟斗是他的标志性形象。

克耳孙，就是那位摒弃了以太概念，并于1907年成为第一位荣获诺贝尔物理学奖的美国科学家的主儿。芝加哥大学也是罗伯特 · 密立根的家园，密立根则在日后成为第二位获得诺贝尔物理学奖的美国科学家。在哈勃还是一名本216科生时，密立根就让哈勃承担了兼职实验室助理的工作。这是一段短暂但却非常关键的交往，因为密立根帮助哈勃去实现他的下一个目标——获得罗兹奖学金去牛津大学学习。

罗兹奖学金设立于1903年，是由维多利亚帝国的缔造者塞西尔 · 罗兹资助设立的。当时他已在一年前去世。这项奖学金被授予在性格力量和智慧两方面俱佳的美国年轻人。曾协助管理该计划的乔治·帕克曾表示，这32位奖学金获得者将“有可能成为美国总统、最高法院大法官，或美国驻大不列颠全权大使”。密立根在为哈勃写的一流人才的推荐信中这么写道：“我觉得哈勃有着魁梧的身材、令人钦佩的学者风度，以及堪称可爱的性格……我不知道还有什么人能比哈勃先生更有资格合乎罗兹奖学金的创始人所提出的条件。”由于这封推荐信出自美国最著名的科学家之手，因此哈勃实现了他的获取罗兹奖学金的目标。1910年9月，他前往英格兰。唯一让哈勃感到失望的是，由于父亲的强烈要求，他在牛津学的主科仍然是法律。 217

在牛津的两年，哈勃变成为一个极端的亲英派，从衣着品味到贵族口音，一切无不英国绅士化。罗兹学者沃伦·奥尔特在英国遇到了即将期满回国的哈勃，对他的形象流露出满是鄙夷的惊讶：“他穿着高尔夫球手才穿的灯笼裤，上身是带皮纽扣的诺福克夹克，戴着一顶硕大的礼帽。他还手持一根拐杖，操着一口我几乎听不懂的英国口音……这两年让他明显变成了一个冒牌的英国人，就像他那一口冒牌的英国口音一个样。”与哈勃同在女王学院的来自艾奥瓦州的雅各布·拉森，也有着同样的负面印象：“当我们其他人都试图保持我们各自的家乡口音时，他却竭力想学会正统到极致的英语口音。我们都嘲笑他的这种努力。我们总是声称他不可能总这么端着，他不过是在一个澡盆里洗了个澡而已。”

哈勃在英国的时间因父亲的病重并于1913年1月19日去世戛然而止。他被迫返回家乡，但仍穿着他牛津短披风，操着一口冒牌的英国口音。他得承担起供养母亲和四个兄弟姐妹的责任，他们的苦难因家庭财务投资的失败而变得雪上加霜。在接下来的18个月里，哈勃在一所中学里找了份教师的工作，并兼职一些律师业务，从而使家里的财务状况得到足够的改善，重新站稳了脚跟。在完成了自己对家庭的职责，而且摆脱了他的误导、霸气的父亲的束 218

缚后，哈勃突然可以自由地追求自己儿时成为一名天文学家的梦想了。“天文学就像一个政府部门，”他曾经说，“没有人可以没接到召唤就闯进去。我接到了这个明确无误的召唤，而且我知道，尽管我只是个二流或三流人员，但要紧的是这是天文学的召唤。”他在谈话中重申了这样一点，而这似乎正冲着他已故父亲的愿望对着干：“我宁愿当一个二流的天文学家也不做一个一流的律师。”

哈勃开始弥补他在攻读法律时所耽误的时间，他走上了一条成为职业天文学家的漫长道路。由于他与芝加哥大学保持着科学上的联系，因此获得了在附近的叶凯士天文台——海耳的第一架大望远镜所在地——攻读研究生的机会。他继续完成他的博士论文——对星云（有时他用它的德文名字来称呼它）的调查。哈勃知道，他的这篇论文将是一项坚实的工作，但却不是一项富有启发的工作：“它无法明显地为人类的知识总和添砖加瓦。总有一天，我希望通过研究这些星云的本质而达到某种目的。”

为了实现这一特定目标，哈勃意识到他必须在天文台得到一个研究职位，这样才能接触到这里最好的望远镜。他曾说道：“人有五官，所以他能探索他周围的宇宙，并称为探险科学。”对于天文学家来说，最重要的感官是视力，谁接触到最好的望远镜，谁就会看得最远最清晰。因此，威尔逊山就是这样一个地方：它已经有了一架大的60英寸的望远镜，而且更大的100英寸的望远镜也将很快完成。在此期间，加州天文台已经了解到哈勃的潜力，并热衷 219 于挖他过来，因此，当他于1916年11月接到威尔逊山提供的入职邀请函时高兴得不得了。但这项任命被推迟了，因为这个时候美国已投入第一次世界大战。哈勃觉得自己有义务协助英国——他爱得这么深的国家。但他到达欧洲时已来不及参与作战，只好在战后作为驻德占领军的一员待了四个月。他推迟返回美国以便能好好游历一下他心爱的英格兰。1919年秋天，他终于来到了威尔逊山天文台报到。

虽然他只是一个经验相对较少的初出道的天文学家，但哈勃很快就成为天文台的显耀人物。他的一个助手在他站在60英寸的望远镜前拍摄照片时对他有一段生动的描述：

> 他高大矫健的身影，嘴里叼着烟斗，在天空的映衬下显得十分清晰。身上裹着的军用风衣在轻风的吹拂下掀起又合上，烟斗偶尔喷出的火花升向黑暗的穹顶。那天晚上的“视宁度”按我们威尔逊山的评级标准看属于极差，但当哈勃从暗室洗完底片回来时却显得十分欢快。“如果这是很差的视宁度条件下的样本，”他说，“那么用威尔逊山的仪器我永远都能得到有用的照片。”那个晚上他表现出来的信心和热情非常具有典型性，这是他处理问题的典型方式。他对于要做什么，如何去做，有着很强的自信。

对于大辩论的议题，哈勃倾向于认为星云是独立的星系。这有点儿尴尬，因为威尔逊山的大部分天文学家认为银河系是唯一的星系，星云都在它之内。特别是哈罗·沙普利，就是在华盛顿捍卫单一星系理论的那个人，将这个新来的男孩看成是一个在看法和举止上都与自己相左的大大的另类。沙普利自己谦卑的态度与一个迷恋英国贵族言行方式的男人显然格格不入，后者喜欢身着牛津的斜纹软呢外套，动辄就叫道：“哦天哪！”或者“这什么呀！”,[220] 而且一天好几次。哈勃喜欢成为人们关注的焦点。他特得意的是能够划着一根火柴，让它在空中翻转360°，然后接住并点燃他的石楠木烟斗。他是个精湛的表演者，而沙普利则完全相反，很不屑这样出风头。最糟糕的是，沙普利曾极力反对美国卷入战争，但哈勃却坚持每天穿着他的军用风衣来天文台上班。

这种常年的个性冲突在1921年结束了，这一年沙普利离开威尔逊山出任哈佛大学天文台主任一职。这显然是对沙普利的提升，部分原因是为了表彰他在尚未解决的大辩论中的主导作用，但移师东海岸后来被证明竟然是一场221 灾难。虽然他躲开了哈勃，并得到了久负盛名的主管职位，但沙普利也脱离了在未来四十年里将主宰天文学的天文台主战场。威尔逊山拥有世界上最强大的望远镜，注定将成为孕育天文学下一个伟大突破的天文台。

哈勃补缺自然地升了一级，逐渐获得了更多的使用望远镜的时间，并表态要拍出最佳的星云照片。每当他的名字出现在观测日程表上时，他都会风尘仆仆地沿着陡峭崎岖的山路登上1740米高的威尔逊山主峰，并在那里度过几天的修道院般的生活，在这个只有男人待的地方放弃与外界的联系，潜心注目于太空。

图47　埃德温·哈勃（左）与同事在操纵威尔逊山天文台的100英寸胡克望远镜。图48显示了整个望远镜。

这可能会给人一种天文学家是那种整夜陷入沉思和古怪的冥想方士的印象，但实际上天文观测是一项很艰苦的工作。它要求观察者在几小时的时间里精力高度集中，要克服整晚上睡眠被剥夺的痛苦。更糟糕的是，威尔逊山上的温度经常处于冰点以下，这意味着必须用冻得发僵疼痛的手指去进行望远镜方向的精细调节，而睫毛可能因泪水成冰而与目镜冻结在一起。天文台的日志上有这么几句提供警示的话："当你疲倦、寒冷和犯困的时候，千万不要不停歇不加思考地挪动望远镜或穹顶。"只有最勤奋和最坚定的观察者才能取得成功。最顽强的天文学家们在至高无上的精神品质和身体素质要求方面都堪称楷模，他们能够抑制自己的颤抖，以免引起拍摄仪器的晃动，因为它抓取的是无价的宇宙图像。

图 48 位于威尔逊山天文台的圆顶内的100英寸（2.5米）胡克望远镜。这是当时世界上最强大的望远镜，1923年，哈勃正是利用它进行了历史性的观察。

1923年10月4日这天的晚上，算来他来到威尔逊山已经4年过去了，哈勃用100英寸望远镜进行观测。观测条件被评为1级，就是说虽然视宁度较差，但在穹顶被关闭前还允许观测。他设法对准仙女座星云M31曝光了40分钟。经显影并在白天对照片研究之后，他发现了一个新的斑点，他认为这既可能是照相底片的污迹也可能是一颗新星。第二天晚上，他当班的最后一个观测日，天气比上一晚清晰得多，他对M31进行了重复曝光，并延时5分钟，希望这次能够确认这是颗新星。斑点再次出现在那里，而且这次有另外两个可能的新星加入到底片里。他在底版上在每个候选新星的旁边用“N”将其标示出来。使用望远镜的时间结束后，他立即回到了自己在帕萨迪纳圣巴巴拉大街的办公室和感光板库。

哈勃急于将他的新版与以前拍摄的同一个星云的底版进行比较，看看是否真的是新星。天文台的所有照相底片都被存储在一个抗震的地下室内，经过精心编目和分类，因此找到合适的底版并检查候选新星是一件简单的事情。好消息是，这两个斑点确实是新的新星，而更令人振奋的是，第三个斑点不是一颗新星，而是造父变星。这第三颗星在一些早期的底版上曾有记录，但在其他底版上却没有，这说明它是可变的。哈勃取得了他职业生涯中最伟大的发现。他很快叉掉了“N”并得意洋洋地注上“VAR！”，如图49所示。

这是在星云中发现的第一颗造父变星。让这一发现变得如此重要的是造父变星可以用来测量距离，所以哈勃现在可以测量到仙女座星云的距离，并由此得出一举解决大辩论的问题：到底星云实体是在我们银河系内，还是它们本身就是像我们一样的星系，而且离我们很远？这颗新发现的造父变星的明暗周期超过31.415天，所以哈勃可以用莱维特的方法来计算这颗恒星的绝对亮度。结果证明，这颗造父变星的亮度是太阳的7000倍。通过比较其绝对亮度和视亮度，哈勃推算出它的距离。

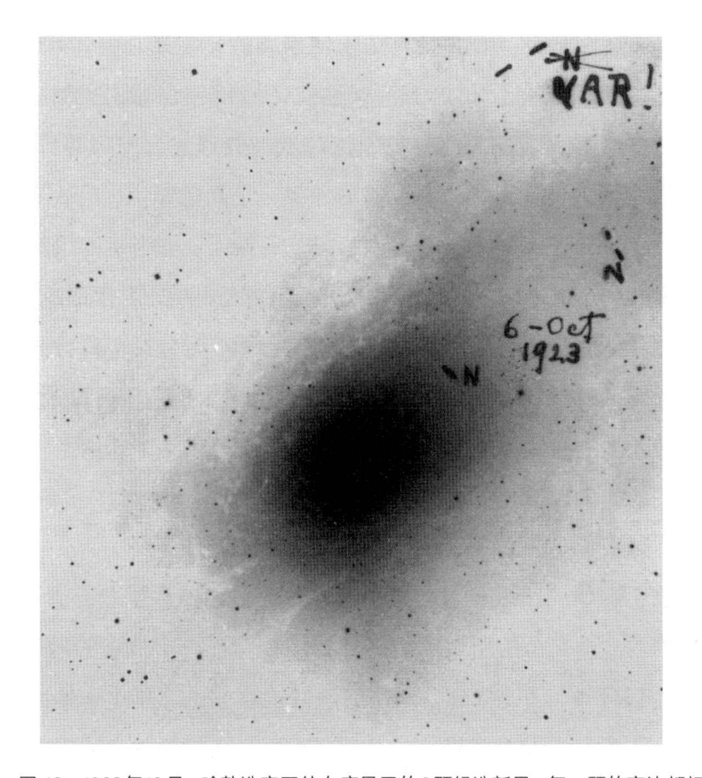

图 49 1923年10月，哈勃选定了仙女座星云的3颗候选新星，每一颗的旁边都标有“N”。这些新星中有一颗被证明是一个造父变星，即一颗亮度会发生预期变化的恒星，因此它旁边的“N”被划掉并重新标注为“VAR！”。造父变星可以用来测量距离，所以哈勃现在可以测量到仙女座星云的距离，由此解决了大辩论。

推得的结果是惊人的。这颗造父变星，以及它所在的仙女座大星云，似乎距离地球有大约90万光年。

银河系的直径大约是10万光年，因此仙女座显然不是我们银河系的一部分。如果仙女座星系真的是如此遥远，那它一定明亮得难以置信，因为它用肉眼就可以看见。这样的亮度意味着它是一个包含数以亿计的恒星的系统。仙女座星云显然是一个独立的星系。大辩论就此告终。

224 仙女座星云就是现在的仙女座星系，因为它和其他大多数星云相比确实是独立的星系，并且像我们银河系威武壮观，其位置远远超出了银河系的范围。哈勃已经证明，柯蒂斯是正确的，沙普利是错误的。

仙女座的巨大距离是如此令人震惊，使得哈勃决定暂不发表这一结果，直到他有更多的证据为止。在威尔逊山，他被一帮单星系理论的信徒包围着，所以他得谨慎以免使自己出丑。他怀着巨大的克制力和耐心，又拍摄了更多的仙女座星系照片，并发现了第二颗较昏暗的造父变星，这证实了他的初步结果。

最后，在1924年2月，他打破沉默，将这些结果用信件形式发给了沙普

225

图50 星系不再被列为星云，所以仙女座星云在今天被称为仙女座星系。这张照片是拉帕尔马天文台于2000年拍摄的。它表明，仙女座星系由数以百万计的恒星组成，是一个独立的星系。

利——单星系理论的发言人。沙普利曾帮助校准莱维特的造父变星的距离标尺，而现在它却将他在大辩论中表明的立足点给摧毁了。当沙普利阅读了哈勃的笔记后，他说道："就是这封信捣毁了我的宇宙。"

沙普利试图通过暗示光变周期超过20天的造父变星不可靠来攻击哈勃[226]的数据，因为得到研究的长周期的造父变星寥寥无几。他还认为，哈勃的仙女座恒星的所谓的变异性可能不外乎照片显影过程中或是曝光时间上带来的瑕疵。哈勃知道他的观测结果并不完美，但其误差不可能大到足以将仙女座拉回到银河系；所以哈勃相信，仙女座星系距离地球大约是90万光年，并且在未来几年这个问题将变得十分清晰，绝大多数的其他星系甚至更远。唯一的例外是少数矮星系，如亨利埃塔·莱维特研究过的小麦哲伦星云。这是目前已知的因引力而附着在我们银河系边缘的小卫星星系。

术语"星云"最初用于描述呈云状外观的任何天体，但现在这些星云中的大部分被重新标记为星系。然而，有些星云只不过是银河系内单纯的气体和尘埃的云罢了，因此术语"星云"适时地开始专指这样的云。尽管存在这些相对来说较小的、局部的气体和尘埃星云，但这并不能改变这样一个事实：许多原始星云，如仙女座，实际上确实是独立的星系，并远在银河系之外。大辩论的核心问题是，宇宙中是否充满了这样的星系，而哈勃的回答是确实如此。

那么对于1885年爆发的仙女座星系的新星又作何解释？沙普利曾认为，它的亮度证明，仙女座不可能是一个遥远的、独立的星系，因为新星这么亮是不可能的。事实上，我们现在知道，1885年爆发的不是一颗新星，而是*超*[227]*新星*，它确实是一个"不可能的"超高亮度事件。超新星是一种与普通新星完全不在同一个数量级上的灾难性现象，它是某个恒星在毫无预兆的情形下突然爆炸时所呈现的情形，其亮度在短时间内甚至盖过数10亿颗恒星的总亮度。当柯蒂斯和沙普利在1920年谈到超新星这一罕见事件时，他们还不能正确评价这种现象的意义。

沙普利的反驳的另一个支柱是什么呢？如果宇宙充满了星系，那么它们就应该在各个方向上都可见。然而，在银河系平面的上方和下方可观察大量的星云，但在银河系平面内却很少有星云被观察到，从而银河系平面被戏称为“隐带”。事实证明柯蒂斯是对的，他声称隐带是扁平状的银河平面内的星际尘埃模糊了我们对银河系之外的星系观察的结果。从那时以来，现代望远镜技术已经能够穿透尘埃，因此现在我们知道，在这个“空”区有着与其他方向上看见的同样多的星系。

随着哈勃的发现消息的传出，他的同龄人开始为他成功解决了天文学史上最旷日持久的这场争论而鼓掌。普林斯顿大学天文台主任亨利·诺里斯·罗素写信给哈勃：“这是一项完美的工作，你值得拥有它带给你的所有荣誉，这些荣誉无疑是巨大的。你打算什么时候公布这些成果的具体细节？”

哈勃的正式结果是在1924年在华盛顿召开的美国科学进步协会的会议上公布的。在会上，他因这篇最杰出的论文与另一位获奖者雷米尔·克利夫兰共同分享了1000美元的奖金。克利夫兰的获奖是表彰他在白蚁体内发现肠道原虫这一开创性的工作。由美国天文学会起草的一封信强调哈勃的工作的意义：“它开辟了以前无法进入进行调查的深度空间，为不久的将来取得更大的进展提供了前景。同时，它将已知的物质宇宙的范围扩大了100倍，并明确解决了长期以来一直无法确定的［螺旋星云］的性质问题，表明它们在某种程度上是与我们这个星系一样的有着巨大数量的恒星的系统。”

228

通过一次观察，通过一张照相底片的捕捉，哈勃便改变了我们对宇宙的看法，并迫使我们重新评估我们在其中的位置。我们这颗小小的地球上现在似乎比以往任何时候更微不足道——只是在众多星系的一个星系中围绕着众多恒星之一的众多行星中的一颗。事实上，后来这一事实变得更加清晰：我们的银河系只是数10亿个星系中的一个，而每个星系又都包含有数10亿颗恒星。宇宙的尺度远远超出了我们以前的想象。沙普利曾认为，宇宙中的所有物质都装在跨度10万光年量级的银盘内，但哈勃已经证明，在银河系外超过100万光年的地方还存在其他星系。今天我们知道的星系甚至有数10亿光年之遥。

天文学家很早就知道行星与我们的太阳之间存在巨大的距离，他们也熟悉恒星之间的更大的距离，但现在他们不得不考虑星系之间的巨大的虚空。哈勃的观察表明，若在恒星之间和行星之间的所有物质均是均匀地分布在空间里，那么宇宙的平均密度将是1000个地球大小的体积里有1克物质。这个密度——与我们当今的估计相去不远——表明，我们所居住的空间是在一个非常空虚的宇宙内的一个非常密实的空间。“没有行星或恒星或星系会是如此独特，因为宇宙大部分是空的，”天文学家卡尔·萨根写道，“这个唯一的独特的地方处在巨大的、寒冷的宇宙真空中，处在星系际空间的永恒的黑夜之中，星系际空间是如此奇怪而荒凉，以至于相比之下，行星、恒星和星系似乎都显得珍稀和可爱。”

哈勃测量的影响确实是惊人，哈勃自己很快就成为大众争论和报纸报道的主题。一篇文章称他为“泰斗级天文学家”。他还获得了来自他自己的国家和海外的无数的奖项和奖励，他的同事们很快就开始称赞他。赫伯特·特纳——牛津大学的天文学萨维里讲座教授——认为：“可能要过上几年哈勃才能够意识到他所做的工作的意义。对于大多数人来说，这样的事情一生 229

中只能有一次，如果他们幸运的话。”

但是哈勃注定要在未来几年内再次动摇天文学，而且这一次的观察更具革命性，它将迫使宇宙学家重新评估永恒静态宇宙的假设。为了实现这接下来的突破，他需要利用一项相对较新的技术，一项充分利用了望远镜的威力和照相术的敏感性的技术。这件被称为分光镜的装备将允许天文学家从到达他们的巨型天文望远镜的微薄的光中提取出每一点信息。这一工具的起源可追溯到19世纪的科学的希望和抱负。

变动的世界

1842年，法国哲学家奥古斯特·孔德试图找出这样一种知识领域，这个领域的知识将永远超出科学事业的范围。例如，他认为恒星的某些特质就永远无法确定：“我们看到，我们是如何能够确定它们的形状、它们的距离、它们的体量和它们的运动的，但我们永远无法知道它们的化学结构或矿物结构。”

事实上，孔德的这一说法在他死后两年就被证明是错误的，因为科学家们开始发现离我们最近的恒星——太阳——上存在哪些类型的原子。为了了解天文学家是如何揭开恒星的化学成分这个秘密的，我们首先要在一个基本水平上了解光的本质。具体而言，这里有3个关键点。

首先，物理学家认为，光是电场和磁场的振动，这就是为什么光及相关的辐射形式被称为*电磁辐射*的原因。其次，更简单地说，我们可以把电磁辐射或光看成是波。第三个关键点是，光波的相邻两个波峰（或连续两个波谷）之间的距离——*波长*——告诉我们几乎所有我们需要了解的有关光波的知识。波长的例子见图51。

例如，光是一种能量形式。特定波长的光波所携带的能量的量与其波长成反比。换言之，波长越长，光波的能量越低。对人而言，我们很少关心光波的能量，而是用颜色作为区分不同光波的基本特征。蓝色、青色和紫色对应于较短的波长和较高的能量，而橙色和红色则分别对应于波长较长、能量较低的光波。绿色和黄色对应于中等波长和能量的光波。

具体来说，紫光的波长大约为0.0004毫米，红光的波长大约为0.0007毫米。还有波长更短和更长的波，但我们的眼睛对这些波不敏感。大多数人用“光”这个词来描述那些我们可以看到的波，但物理学家对这个词的使用要宽泛得多，他们用它来描述人眼可见的或不可见的任何形式的电磁辐射。比紫光的波长更短、能量更高的光包括紫外线和X射线，而比红光波长更长、能量更低的光则包括红外辐射和微波。

232

对于天文学家来说至关重要的一点是恒星发出的光波。他们希望星光的波长可以告诉他们一些关于发出这些光的恒星的某些信息，比如它的温度。例如，当一个物体达到500℃时，它有足够的能量来发出红色可见光，所以红光是热的。随着温度的升高，该物体具有更多的能量，并发射出能量更高、波长更短的偏蓝的光，并且物体从赤热向白热化转变，因为现在它发射的是从红到蓝的多种波长的光。标准灯泡的灯丝工作在大约3000℃温度下，这无疑使得它白热化。通过评估星光的颜色以及该恒星发射出的不同波长的比例，天文学家意识到他们就能估算出它的温度。图52显示了在不同的表面温度下恒星发出的波长的分布。

除了测量恒星的温度，天文学家还搞清楚了如何通过分析星光来确定恒星的成分。他们所采用的这项技术其源头可追溯到1752年，当时苏格兰物理学家托马斯·梅尔维尔做了一项神奇的观察。他将不同的物质添加到火里，注

231

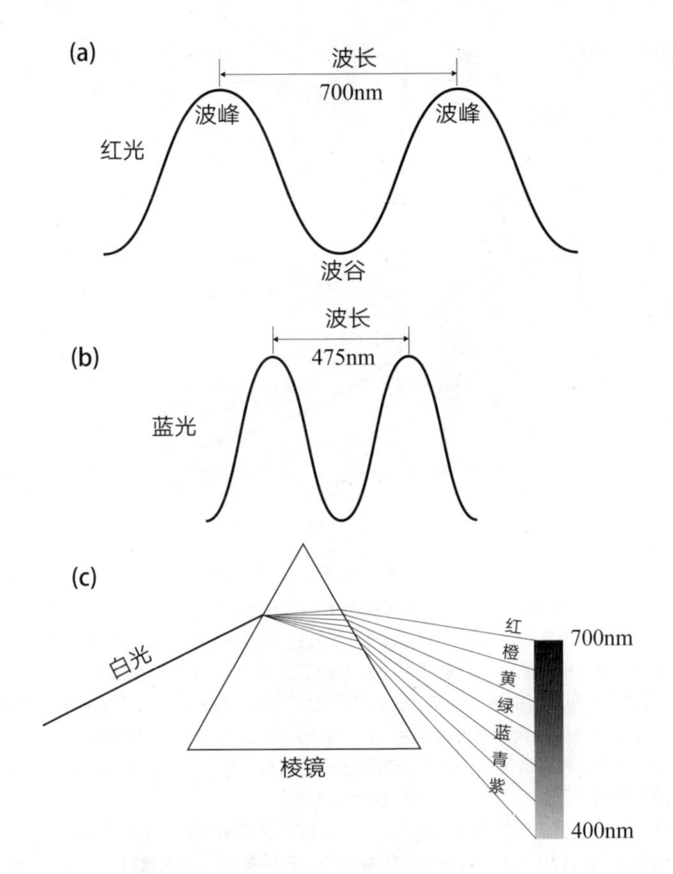

图 51 光可以描绘成波。光波的波长是两个连续波峰（或波谷）之间的距离，它告诉我们几乎所有我们需要了解的关于光波的知识。特别是，波长与光波的颜色和能量有关。

图（a）显示的是波长较长、能量较低的红光的光波。

图（b）显示的是波长较短、能量较高的蓝色光波。可见光的波长都不到千分之一毫米，从紫光的大约0.0004毫米到红光的0.0007毫米。通常波长用纳米（nm）来量度；1纳米是十亿分之一米。因此，红光具有大约700 纳米的波长。

存在比蓝光的波长更短的光波（例如紫外线辐射和X射线），也有比红光波长更长的光波（例如，红外辐射、微波），但这些都是人的眼睛不可见的。

白光光束是各种颜色和波长的光的混合。当白光通过玻璃棱镜后这一点可以看得很清楚，因为光束分裂成彩虹状，如图（c）所示。这是因为不同波长的波具有不同的行为。具体来说就是，不同波长的光波在它们进入和离开玻璃棱镜的过程中以不同的角度偏折。

意到每一种物质都会产生各自不同的特征色。例如，食盐发出的是鲜橙色的火光。只要在燃气灶具的火焰上洒上少量的食盐，你很容易观察到这种橙黄色。

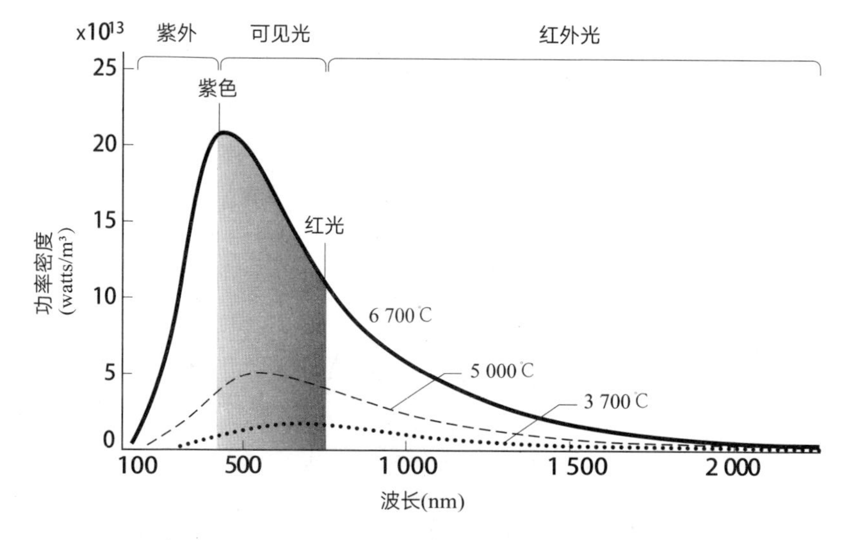

图52　本图显示了由三个具有不同表面温度的恒星所发射的光波波长的范围。主曲线显示的是表面温度6700℃的恒星所发射的波长的分布。分布的峰值位置在蓝色和紫色波长波段，但它也发出可见光谱中其他颜色的光。这颗星还辐射出少量的红外线和大量的紫外线，相应的波长分别比可见光波长更长和更短。中间曲线表示的是表面温度5000℃的恒星所发射的波长分布。它在可见光波段的中间波长较长的地方达到峰值，因此该星发射的光的颜色有良好的混合。最下面的曲线表示由更冷的恒星（3700℃）所发射的波长分布。其峰值位置在波长分布的更长波长处，发出的是大量的红光和大量的不可见的红外辐射。这颗星看上去显黄-红色的外观。

通过观测恒星发射的波长的范围，地球上的天文学家就可以推断出恒星的温度。波长分布起着温度标签的作用。总之，恒星越冷，它所发射的波长就越长，看上去就越红。相反，恒星越热，它所发出的波长就越短，看上去就更蓝。

与食盐相关联的独特颜色可以追溯到其原子水平的结构。食盐就是氯化钠，橙色光就是由氯化钠晶体里的钠原子产生的。这也可以解释为什么街头的钠灯呈橙黄色。让钠发出的光通过一个棱镜，我们就可以精确分析其所辐射的波长，所辐射的两个主要波段都在光谱的橙色区域，如图53所示。

每种类型的原子都具有发出特定波长（或颜色）的光的能力。这种能力取决于其具体的原子结构。图53也给出了除钠之外其他元素所发出的波长，234 氖发出的波长处于频谱的红端。这也是你看氖灯所看到的颜色。另一方面，汞发出的是一些较蓝的波长，这也解释了为什么水银灯呈蓝色。除了照明设计师，烟花生产商也对不同的物质所发射的波长有兴趣，用它们可以营造出他们所需要的效果。例如，含有钡的烟花发绿光，而那些含有锶的烟花则发出红光。

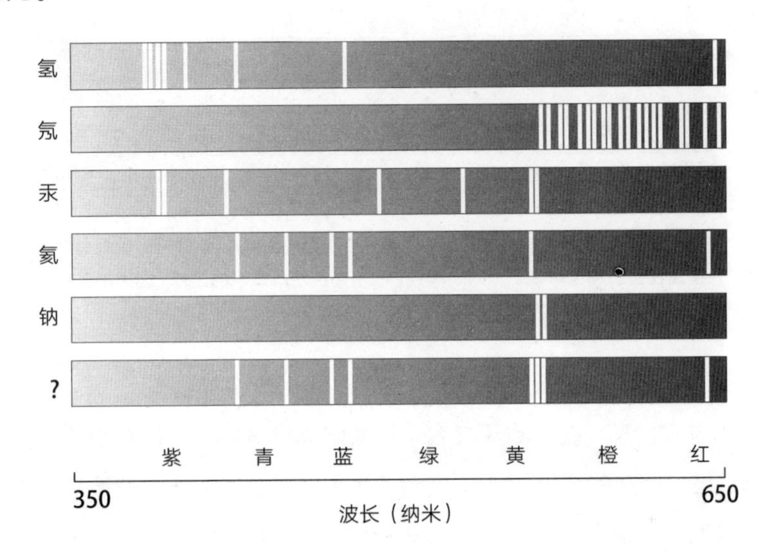

图53 钠发出的主要可见光如第五行光谱图所示。在大致0.000589毫米（589纳米）处有两条谱线，它们对应于橙色。这张图代表了钠的指纹。事实上，每个原了有它自己的指纹，这从不同波长的图谱上看得很明显。原子根据其所在环境可以表现出稍许不同的指纹，例如当原子处于高压下便是如此。最下面的谱是未知气体的谱，通过与其他谱的比对，可以明显看出，气体中含有氦和钠。

235 每种原子所发出的精确波长可起着指纹的作用。因此通过研究被加热物质所发射的波长，就能够识别该物质原子。图53的最下面的光谱是一种未知热气体所发出的波谱，通过与其他光谱的发射波长的比对，我们可以看出，这种气体里含有氦和钠。

这门关于原子、光、波长和颜色的科学被称为*光谱学*。物质发光的过程被称为*谱发射*。相反的过程——*谱吸收*——也存在，这时特定波长的光被原子吸收。因此，如果整个波长范围的光通过盐的蒸汽，那么大部分的光将不受影响地穿过，但有一些关键的波长将被盐中的钠原子吸收，如图54所示。被钠吸收的波长完全等同于钠所发射的光的波长，而且这种吸收与发射之间的对称性对所有的原子均适用。

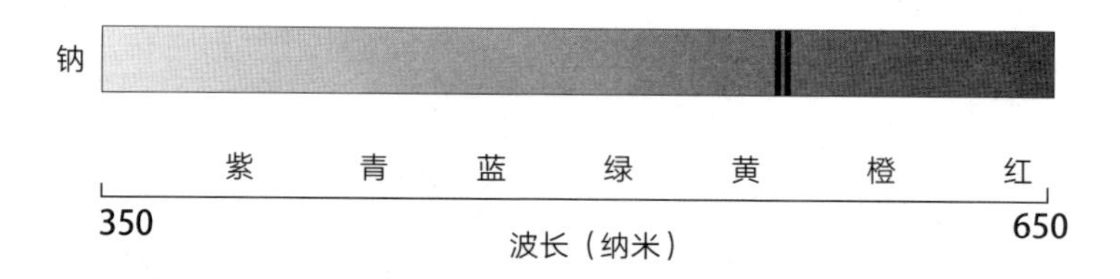

图54 谱吸收是谱发射的反过程。钠的这个吸收谱与图53中所示的发射谱是等同的，只是现在是在灰色背景下呈两条黑线，而不是灰色背景下的白线，因为除了这两条被钠吸收的波长外，我们能看到所有的波长。

事实上，正是吸收谱，而不是发射谱，引起天文学家的注意。于是光谱学走出化学实验室，进入到天文台。从太阳光谱开始，他们意识到，吸收谱可以提供恒星组成的线索。图55显示了太阳光谱是如何通过棱镜从而使得整个波长范围的谱都可以研究的。太阳热到足以发射出整个可见光波长范围的光。但从19世纪开始，物理学家注意到，一些特定波长在谱图上失踪了。在太阳光谱的这些波长位置上呈黑色细线。不久就有人意识到，缺失的波长被太阳大气中的原子吸收了。这样，缺失的波长就可用于识别构成太阳大气的原子成分。 236

虽然很多基础性工作是由德国的光学研究先驱约瑟夫·冯·弗劳恩霍夫做出的，但关键性的突破是由罗伯特·本生和古斯塔夫·基尔霍夫在1859年前后取得的。他们共同建立了一座分光镜，一个专门设计用来精确测量发光物体发出的波长的仪器。他们用它来分析太阳光，并能识别出两条失踪波长与钠相关，从而得出结论，钠必定存在于太阳大气中。 237

236

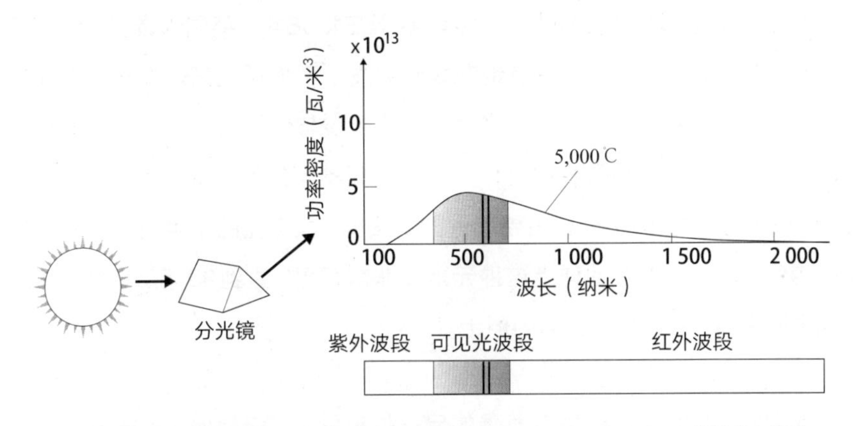

图 55　太阳的热足以发出从红到紫的所有可见光波长范围的光，以及紫外线和红外线。我们可以让太阳光通过分光镜来对其进行分析。分光镜包括一个玻璃棱镜和其他一些使白光得以色散（这样所有波长的光就都可得到识别）的仪器。这幅图显示了我们希望看到的由一个像太阳那么热的物体所发出的光的波长分布，所不同的是有两条特征波长缺失。它们对应于钠的吸收。图形下方的波长谱是天文学家的照相底版上经常出现的吸收线，只是真正的测量可能没这么清晰。在现实中，对太阳光的详细研究表明，太阳光谱有数以百计的缺失波长。这些波长都被太阳大气中的各种原子吸收了。因此，通过测量这些暗吸收线的波长，我们就有可能识别构成太阳大气的原子。

237　“目前，基尔霍夫和我所从事的一项共同的工作让我们夜不能寐，”本生写道，“基尔霍夫在寻找太阳光谱的暗线的原因方面已经做出了一项精彩的、完全出乎意料的发现……因此，一种确定太阳和恒星的组成的方法已经被发现。这种方法的精度与我们用化学试剂来确定硫酸、氯等的精度相当。”孔德的人类永远无法识别恒星的成分的断言被证明是错误的。

基尔霍夫继续寻找太阳大气中其他物质（如重金属等）的证据。他的银行经理感到非常不理解，问他：“如果我不能将它带回到地球上，太阳上就是有黄金又有什么用？”许多年后，当基尔霍夫因他的研究获得了一枚金质奖章后，他对这位狭隘的银行家进行了一次凯旋般的造访，并对他说：“这就是来自太阳的黄金。”

恒星光谱这项技术是如此强大，以至于在1868年，英国人诺曼·洛克耶和法国人朱尔斯·詹森各自独立地在太阳上发现了地球上尚未发现的新元素。他们从太阳光谱中确认了一条吸收线，而这条线与任何已知的原子光谱线都不匹配，因此洛克耶和詹森将此作为一种全新类型的原子的证据。它被命名为氦，以纪念俄里奥斯——古希腊人的太阳神。虽然氦的丰度占到太阳全部质量的四分之一，但在地球上这种元素却非常罕见。直到25年后，在地球上发现了氦之后，洛克耶才被封为爵士。[238]

威廉·哈金斯是深知光谱力量的另一位科学家。年轻时，他被迫接下父亲的布店营生，但后来他决定卖掉家族企业，去追求他的科学梦想。他用这笔钱在伦敦郊区的上塔尔斯山上建立了天文台。当他听说了本生和基尔霍夫的光谱发现后，哈金斯大喜："这个消息对我来说，就像春季里干涸的土地逢甘霖。"

在19世纪60年代里，他将光谱学运用到太阳以外的恒星上，并证实它们也含有地球上存在的相同元素。例如，他看到，出现在参宿四的光谱里的暗线就包含了由钠、镁、钙、铁和铋等原子所吸收的波长。古代哲学家曾表示，[239] 恒星是由*第五元素*组成的，这种第五元素超越了地面上世俗的气、土、火、水四元素，但哈金斯已成功地证明，参宿四，想必整个宇宙，都是由与地球上发现的相同材料构成的。哈金斯总结道："对恒星和其他天体的光所进行的这种原始光谱学研究的一个重要目的，即发现在整个宇宙中是否存在与我们地球上相同的化学元素，已经得到最为满意的肯定回答；研究表明，普通元素存在于整个宇宙。"

哈金斯在他的余生里继续研究恒星。做伴的是他的妻子玛格丽特和他的爱犬开普勒。玛格丽特·哈金斯本人就是一位有成就的天文学家，她比她丈夫要小 24 岁。因此，当威廉年届 84 岁高龄，并且作为天文学家渐渐走向其职业生涯的终结时，他是依靠他的这位活泼的 60 岁的妻子来爬上望远镜，并进行必要的调整的。“天文学家需要万能关节和印度橡胶做的椎骨，”她抱怨道。总之，哈金斯夫妇将光谱学推广到一个全新的应用领域，一个改变了我们对宇宙的看法的领域。除了评估恒星的成分，他们还展示了如何利用光谱学来测量恒星的速度。

图 56　哈金斯夫妇，他们开创性地在天文学领域利用光谱测量了恒星的速度。

继伽利略之后，天文学家一直认为恒星是静止的。虽然每天晚上恒星都会划过天空，但天文学家意识到，这种视运动是由地球的自转造成的。特别是，他们认为恒星彼此间的相对位置是保持不变的。事实上，这是错的，正如英国天文学家埃德蒙 · 哈雷在1718年所指出的那样。他意识到，即使考虑到地球的运动，通过将恒星天狼星、大角星和南河三的相对位置与若干世纪前托勒密的测量结果进行比较就可以看出，这之间仍有细微的差异。哈雷意识到，这些差异并不是因为测量的不准确，而是由于这些恒星的位置随时间有真实位移的结果。

随着无限精确的测量工具和无限强大的望远镜的出现，天文学家已经能够检测出每颗恒星的所谓*自行*，但在现实中，恒星位置的变动是如此之缓慢，以至于即便是现代天文学家也几乎很难探测到恒星的这种位置偏移。一般来说，检测自行需要对最接近的几颗恒星进行连续多年的仔细观察，如图57所示。换句话说，即使是测量我们最邻近的恒星的自行，那也是一场经年累月的斗争。研究自行的另一个限制是它只能检测横跨天空的运动，对靠近或远离地球的所谓*径向速度*并没有太好的办法。总之，对自行的检测只能给出有限的恒星速度。

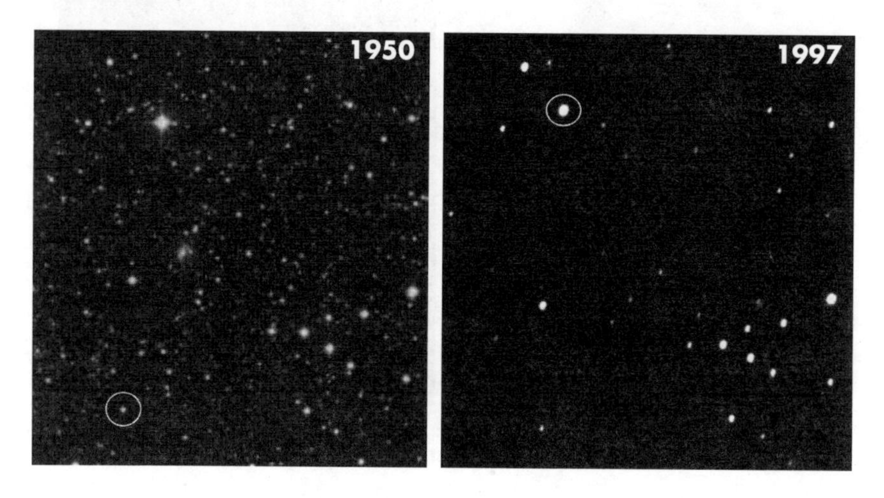

图57　巴纳德星（圈中所指者）是离我们太阳系最近的第二颗恒星，并且是一颗自行最大的恒星。它每年在天空移动10角秒。这两张照片的拍摄前后相隔近半个世纪，可以看出，这颗星相对于其他所有恒星有显著的移动。为了帮助看清这种位移，右下角构成“<”状的几颗星星提供了一个有用的参照物。

241

然而，威廉·哈金斯意识到，他能够利用光谱学来弥补自行测量上的这种双重不足。他的新光谱技术可用于精确测量任何恒星的径向速度，并且可以被应用于最遥远的恒星。他的想法是基于将光谱仪与奥地利科学家克里斯蒂安·多普勒所发现的一种物理现象的结合。

1842年，多普勒宣布，物体的运动将影响到它所发出的波，不论这种波是水波、声波还是光波。作为这种*多普勒效应*的一个简单例子，我们来考察图58所示的图像。图中的青蛙蹲在荷叶上休息，并以每秒一次的节律用它的蹼脚拍水，从而产生一系列的以1米/秒的速度荡开的波。如果我们从上方看，如果荷叶不动，那么我们会看到，波峰形成一系列对称的同心环，如图58的左列（a）所示。两岸的观察者看到的都将是波以相隔1米的间距到达岸边。

242

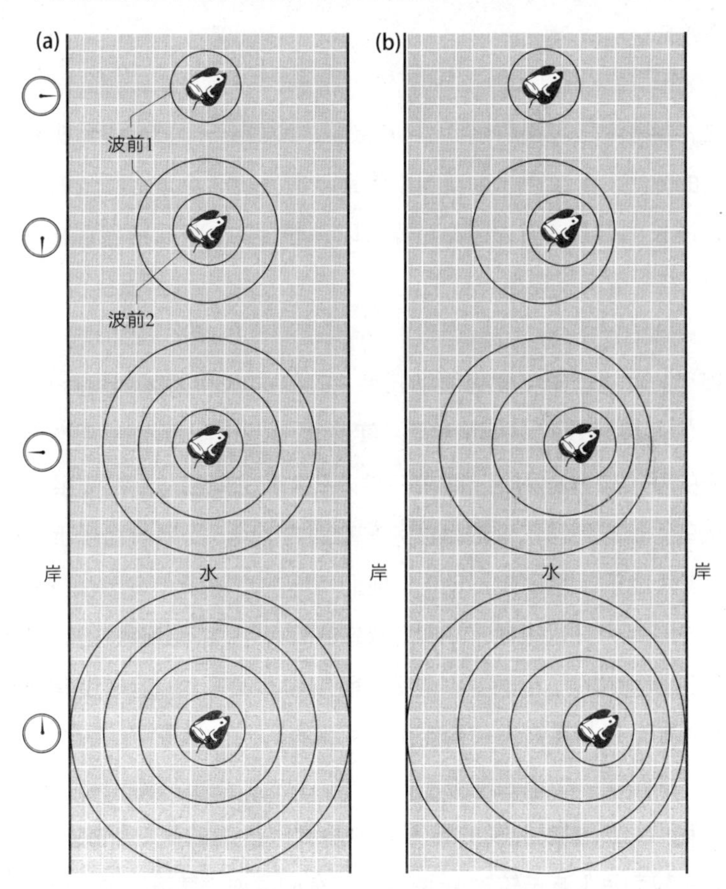

图58　呆在荷叶上的一只青蛙以每秒1次的节律发出水波，水波的波长是1米。当青蛙在水面的位置没有移动时，如图（a）所示，两岸的观察者看到水波的间距是1米。然而当青蛙以0.5m/s的恒定速度向右漂移时，如图（b）所示，那么两岸的观察者看到的是两种不同的效果。在青蛙趋近的一侧，波出现堆积，而在相反的方向上，波变得更稀疏。这是青蛙的移动造成在发射下一个波的过程中波前的不同部分被挤压和疏离的结果，它是水波的多普勒效应的一个例子。

但如果青蛙在移动，那么情况就变了，如图58（b）所示。想象一下，荷叶和青蛙在以0.5米/秒的速度向右岸漂移，同时青蛙仍继续每秒钟产生一个波，且波划过水面的速度仍是1米/秒。这时的结果是，在青蛙移动的方向上，波会堆积，而在相反方向上波的间距将增大。因此右岸的观察者看到的是波以0.5米的间距到达岸边，而对岸的观察者看到的是波以1.5米的间距到达。一位观察者看到的是一个缩短的波长，而另一位看到的是增加的波长。这就是多普勒效应。

总之，当物体在向着观察者运动的过程中发出一个波，那么观察者将感觉到波长的缩短；而当物体远离观察者运动时发出一个波，那么观察者感觉到的将是波长的增加。反之，发射器可以是静止的，而观察者在移动，在这种情况下，结果显而易见是一样的。 243

1845年，荷兰气象学家克里斯托弗·白贝罗（Christoph Buys-Ballot）最先对声波的多普勒效应进行了检测。实际上他是试图否定这种效应的存在。吹奏小号的号手被分成两组，要求演奏降E大调的音符。一组号手乘坐在新开行的从乌得勒支到马尔森的敞篷列车车厢内演奏，而另一组号手则在月台上演奏。当两组乐手均固定不动时，他们演奏的音符听上去是一样的。但当列车车厢向着月台开过来时，对乐音敏感的耳朵可以听出演奏的音符变高了，而且车行的速度越快，音调变得越高。而当列车离开时，音符变得低沉。音高上的这种变化是与声波波长的变化相关联的。

今天我们可以从救护车的警笛声中听到同样的效果。当救护车开来时，警笛声似乎较刺耳（波长较短），而当救护车驶离时，其声调则较低沉（波长较长）。当救护车经过我们面前时，警笛声的这种从高到低的变化是相当明显的。F1赛车，由于其较高的速度，当它经过时多普勒效应则表现得更加清晰——发动机的声音明显有一个“eeeeeeeyoooooow”的从高到低的转变过程。

借助于多普勒提出的方程，波长和音高的这种变化是高度可预测的。接收到的波长（λ_r）取决于初始的发射波长（λ）和波发生器的运动速度（v_e）与波速（v_w）之间的比值。如果波发生器是朝向观察者运动，则v_e取为正，如果远离观察者行进，则其速度取为负：

$$\lambda_r = \lambda \times \left(1 - \frac{v_e}{v_w}\right)$$

244 现在，我们可以对救护车呼啸而过时警笛声的波长变化做一个粗略的计算。空气中声波的速度（v_w）大约是1000千米/时，救护车的速度（v_e）可计为100千米/时，因此波长增加或减少10%，具体取决于救护车的运动方向。

类似地，我们可以对救护车上闪烁的蓝光波长的变化进行计算。这里，波以光速传播，因此v_w大约为30万千米/秒，即10亿千米/时，而救护车的速度（v_e）仍然维持在100千米/时。因此，波长的变化只有0.00001%。人的眼睛是觉察不到波长和颜色的这种差异的。事实上，在日常生活中，我们从来感觉不到与光有关的任何多普勒频移效应，因为与光速相比，我们开的最快的车也是非常非常缓慢的。然而，多普勒预言，光的多普勒频移是一个真实存在的效应，可以被检测到，只要光发射器移动得足够快，且检测设备足够灵敏的话。

果然，1868年，威廉和玛格丽特·哈金斯夫妇成功地从天狼星的频谱中检测出多普勒频移。天狼星的吸收线几乎与太阳光谱中的那些吸收线相同，区别仅在于每条线的波长增加了0.015%。这可能是因为天狼星正远离地球行进。

记住，光发生器远离观察者的运动使得它发出的光看上去具有更长的波长。这种波长的增加通常称为*红移*，因为红色处在可见光谱的长波长一端。同样，光发生器趋近造成的波长的变短称为*蓝移*。这两种类型的频移见图59所示。

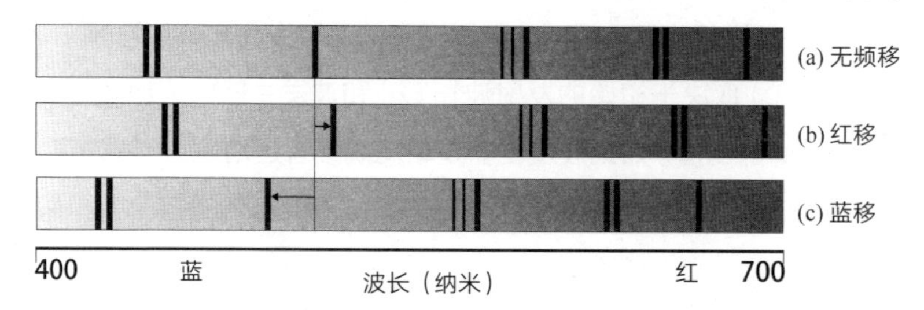

图59　3个谱显示出恒星发射的光的视波长是如何依赖于其径向运动的。光谱（a）表示某个既不移近也不远离地球的恒星（例如太阳）的吸收线波长。谱（b）表示一个离地球远去的恒星所发出的吸收线波长具有红移——各线均相同，只是全部向右移。谱（c）表示一个趋近地球的恒星所发出的具有蓝移的吸收线——各线均相同，只是全部向左移。蓝移星趋近我们的速度比红移星退行的速度大，因为蓝移比红移大。

虽然考虑到爱因斯坦理论，多普勒方程需要修改，但就哈金斯的目标而言，19世纪的版本已足以令人满意。他可以计算出天狼星相对于地球的退行速度。他测得的天狼星发出的光的波长增加了0.015%，因此接收到的波长与标准波长之间的关系是：$\lambda_r = \lambda \times 1.00015$。他知道，这里的波速就是光速，因此$v_w$是30万千米/秒。通过重组方程并插入所需数字，他可以证明天狼星的退行速度为45千米/秒： 245

$$我们知道，\lambda_r = \lambda \times \left(1 - \frac{v_e}{v_w}\right) 和 \lambda_r = \lambda \times 1.00015$$

$$故 1.00015 = \left(1 - \frac{v_e}{v_w}\right)$$

$$v_e = -\ 0.00015 \times v_w$$

$$= -\ 0.00015 \times 300000\ \text{km/s}$$

$$= -\ 45\ \text{km/s}$$

威廉·哈金斯，这位一心追求实践天文学的前布店老板，已经证明他可 246

以测量恒星的速度。每颗恒星含有的都是地球上找得到的普通元素（例如钠），它们发射特定的标准波长，但这些波长将因为恒星的径向速度而存在多普勒频移，通过测量这些频移，我们就可以计算出该恒星的速度。他的方法有巨大的潜力，因为任何可见的恒星，或星云，都可以用分光镜来分析，从而测得它的多普勒频移和由此所确定的速度。除了恒星在天空中的自行，现在我们还可以测量其朝向或远离地球的径向速度。

对于大多数人来说，利用多普勒频移来测量速度是一项陌生的技术，但它确实有效。事实上，它是如此可靠，使得现今警察都采用多普勒频移来确定行车是否超速。警察向接近的汽车发射一束无线电波（光谱中的一种不可见的部分）脉冲，然后检测汽车对它的反射波。返回脉冲被移动物体（例如汽车）有效地反射回来，因此其波长对汽车的速度有一定量的频移。车的速度越快，频移就越大，超速罚款就越高。

一个高大上的故事诠释了一位天文学家在开车去天文台的路上如何试图利用多普勒效应来瞒过警察。在闯红灯被抓后，这位天文学家争辩道，他看到的交通信号灯是绿色的，因为他向它开过来时出现了蓝移。警官原谅了他闯红灯，但给了他一张超速罚单对他加倍罚款。要实现这样一种夸张的波长偏移，这位天文学家的车速得开到大约2亿千米/时才行。

到20世纪初，分光仪器已经成为一项成熟的技术，并能够与新建的巨型望远镜和最新的高灵敏度的感光材料实现良好的结合。这种三位一体技术为天文学家提供了一个无与伦比的探索恒星组分及其速度的机会。通过确定特定恒星的大量缺失的波长，天文学家能够确定它的成分，结果发现这些成分竟然主要是氢和氦。接着，通过测量这些谱线的移动，天文学家能够看出，某些恒星正朝着地球运动，而另一些则背离地球远去。它们最慢的以每秒几千米的速度在磨蹭，最快的速度则达到50千米/秒。为了对这个速度有一个直观的认识，我们想象一架飞机能以最快的恒星的速度飞行，那么它跨越大西洋只需几分钟。

1912年，一名前外交官转行的天文学家将速度测量拓展到未知领域。维斯托·斯里弗成为第一个成功测量星云的多普勒频移的天文学家。他用的是克拉克望远镜，就是那台位于亚利桑那州弗拉格斯塔夫的洛厄尔天文台的24英寸口径的折射望远镜。该望远镜是由帕西瓦尔·洛厄尔资助建造的。洛厄尔是波士顿的一个富裕的贵族，他执着于这样一个信念：火星是智慧生命的家园，因此他急于找到火星文明的证据。斯里弗的兴趣比起洛厄尔要合主流一些，只要可能，他总是将望远镜指向星云。

斯里弗连续好几个夜晚都对仙女座星云（后来被证实为一个星系）微弱的星光进行拍摄，曝光时间长达40小时，测得的多普勒蓝移相当于300千米/秒，比任何恒星快6倍。1912年，大多数人的意见是仙女座位于我们自己的银河系内，因此天文学家无法相信这样一个局地对象会有这么高的速度。甚至连斯里弗自己都怀疑测量是不是有什么问题，他反复检查，没发现犯什么错误。于是他又将他的望远镜对准了现称为草帽星系的星云。这时他发现，这个星云表现出红移，而不是蓝移，而且多普勒效应甚至更加极端。草帽星系的红移量大到这样一个程度，由此推算出的它飞离地球的速度达到1000千米/秒。这个速度几乎接近光速的1%。如果飞机能飞得这么快，那它从伦敦飞往纽约只需6秒。 248

在接下来的几年中，斯里弗测得了越来越多的星系的速度，而且很显然，它们都以惊人的高速度飞行。然而，一个新的难题开始显现。前两次测量的数据表明，一个星系正在趋近（蓝移），而另一个星系则在退行（红移），而且前十几次测量的结果表明，退行的星系要比趋近的星系多得多。到1917年，斯里弗已经测得了25个星系，其中有21个退行，只有4个是正在趋近。在接下来的10年里，又有20多个星系被添加到列表中，每个星系里的单个恒星都在后退。几乎所有的星系似乎是比着远离银河系，仿佛我们银河系有宇宙狐臭似的不招人待见。

一些天文学家曾预计，星系大致是静止的，实际上它们是漂浮在虚空中。但现在来看显然不是这样。另一些人则认为，它们的速度分布总体上是平衡的，有些趋近，另一些退行。但实际情形似乎并非如此。星系都有一个明显的退行而不是趋近的倾向这一点与所有的预期相冲突。斯里弗和其他人试图对正在显现的这一图像做出说明。各种怪异和奇妙的解释纷纷出笼，但没有一个能达成共识。

星系退行的谜团直到埃德温·哈勃运用他的头脑和望远镜到这个问题上后才有了起色。当他进入这场争论时，他并不看好各种理论，特别是当强大的威尔逊山的100英寸望远镜的威力使新数据的可信性得到保证后就更是如此。他的口头禅很简单："除非实证结果已经穷尽，否则我们不需要借助于思辨的梦幻般玄想。"

不久哈勃就做出了一项重要观察。这项观察结果让天文学家心悦诚服地将斯里弗的测量结果嵌入到新的宇宙统一模式中。哈勃不知不觉地为支持勒迈特和弗里德曼的宇宙创生模型提供了第一个重大证据。

249

哈勃定律

在测量了星云的距离并证明其中许多是独立星系多年后，埃德温·哈勃在天文学世界里再次展现了自己的权威。与此同时，他的个人生活也发生了重大变化——他见到并爱上了格蕾丝·伯克，一位当地百万富翁银行家的女儿。据格蕾丝所言，她是在参观了威尔逊山时迷恋上哈勃的。当时她看见他正目不转睛地盯着一张显示恒星星场的底片看。后来，她还记得当时的情形，他看起来就像“一个奥运选手，高大、强壮、英俊，有着一副普拉克西特列斯[1]的赫尔墨斯的肩膀……感觉有一股力量，一种在历险途中寻找出路和方向的力量，而且这种历险与个人的抱负和它带来的焦虑以及内心缺乏平静都没有关系。我竭力集中注意力，但还是会走神，这种力量总算得到了控制。”

当格蕾丝第一次见到哈勃时她已经结婚，但自1921年她丈夫厄尔·莱布去世后就一直寡居。莱布是一位地质学家，在一次收集矿物样品时不慎从竖井摔了下去，失去了生命。经过一段时间的交往和热恋，哈勃与格蕾丝于1924年2月26日结婚。

由于哈勃终结了大辩论以及随后的宣传，哈勃和格蕾丝发现他们依然名列名人榜。威尔逊山距离洛杉矶仅25千米，于是他们成为好莱坞社交圈的常客。哈勃与许多大牌明星一起吃过饭，例如像道格拉斯·费尔班克斯，并与伊戈尔·斯特拉文斯基之辈有过交往。而一些著名的艺人，如莱斯利·霍华德和科尔·波特等，则到访过威尔逊山，使天文台增添了一份迷人的魅力。 250

哈勃沉迷于他的作为世界上最著名的天文学家的偶像地位，他喜欢对来宾、学生和记者侃侃而谈，叙述他过去的多姿多彩的故事。由于年轻时在他父亲的支配下压抑太久，哈勃现在变得喜欢向崇拜的公众炫耀。比如，他经常会诉说他在欧洲时是如何用剑决斗的故事。他的朋友们喜欢听这个故事，

1. Praxiteles（公元前370—前330年），古希腊雕刻家，《赫尔墨斯》是其主要作品之一。——译注

但是当他父亲听到他决斗的战功后，却一味地责备他，并提醒哈勃“那道决斗留下的疤痕绝不是什么荣誉徽章”。

尽管他有名气，享受着名人的生活方式，但哈勃从来没有忘记自己首先是一个开创性的天文学家。他认为自己是一个站在巨人肩膀上的巨人，是哥白尼、伽利略和赫歇尔曾拥有的王位的自然继承者。在意大利度蜜月时，他甚至带着格蕾丝去凭吊了伽利略的墓。他深知是伽利略的工作为他自己的伟大发现提供了基础。

自然，当哈勃听说了斯里弗在测量红移星系方面的优势后，他觉得有必要半路杀入来解决其中的奥秘。他认为搞清楚星系退行的原因是他作为当代最伟大的天文学家的职责。他在威尔逊山上开展了这项工作，那里有100英寸的望远镜，集光能力是斯里弗的洛厄尔天文台的望远镜的17倍。他夜复一夜地几乎连续不断地在黑暗中工作，这让他的眼睛对夜空的黑暗变得敏感。唯一被允许打破这硕大的天文台圆顶内单调的黑暗的光亮，就是他的石楠木烟斗偶尔闪现的温柔的光芒。

哈勃的助理是米尔顿·赫马森，这位出身卑微的天文学家已经跃升成为251世界上最好的天文摄影师。赫马森14岁时辍学，随后便在威尔逊山酒店担任服务员。这家酒店为来访的天文学家提供食宿。随后，他被任命为天文台驴队的赶脚，帮助将食品饮料和装备运送到山顶。接下来他在天文台获得了作为看门人的工作，每天晚上他没事就去学习天文学家是怎样使用照相技术的。日积月累，他便掌握了越来越多的关于天文摄影的技巧。他甚至说服一个学生给他辅导数学。这样，经过口口相传，大家都知道威尔逊山上有一个神奇的看门人。他的天文知识增长得非常快，在加入天文台的3年内，他便被任命为照相师。两年后，他成为了一名完全成熟的助理天文学家。

哈勃看上了赫马森，两个人结成了一种在外界看来不太可能的合作伙伴关系。哈勃仍是一副杰出的英国绅士的派头，而赫马森在阴天的晚上便去打牌喝酒，喝的是那种非法酒精兑的称为黑豹汁的烈性酒。他们的关系全赖于哈勃的信念："天文学的历史上就是一部后退的视野的历史"，赫马森能够提供让哈勃比世界上其他任何人都更能看透宇宙的图像。赫马森在拍摄星系时，他的手指始终控制着望远镜的按钮，以保持星系固定在视场内，并随时补偿跟踪机构带来的任何误差。哈勃非常钦佩赫马森的耐心和细致周到。

为了探索斯里弗的红移之谜，两人对工作做了分工。赫马森测量众多星系的多普勒频移，哈勃着手测量它们的距离。该望远镜已配上新的照相机和分光仪，使得以前需要曝光几个晚上的照片现在可以在短短几个小时内完成。他们开始确认斯里弗最先观测过的星系红移。到1929年，哈勃和赫马森已经测量了46个星系的红移和距离。不幸的是，这些测量结果中有一半的误差边际显得太大。为谨慎起见，哈勃只用那些他有信心的星系测量结果。他将每个星系的速度与距离关系绘制在一张图上，如图60所示。 252

几乎在所有情况下，星系都显示出红移，这意味着它们在退行。另外，图上的点似乎表明，星系的速度强烈依赖于它到地球的距离。哈勃画了一条通过数据的直线，它表明一个给定的星系的速度正比于它到地球的距离。换句话说，如果一个星系比另一个星系远两倍，那么它退行的速度大致也是两倍。如果一个星系与我们的距离有3倍远，那么它飞离我们的速度也要快3倍。

如果哈勃是正确的，那么这个结果的影响就太大了。星系不是随意地在宇宙中奔驰，而是其速度与其距离有严格的数学关系。当科学家们看到这一关系后，他们将寻找更深层次的意义。在眼下的这种情形下，其意义无非是认识到宇宙中所有星系在历史的某个点上是被压缩到一个很小的区域内的。

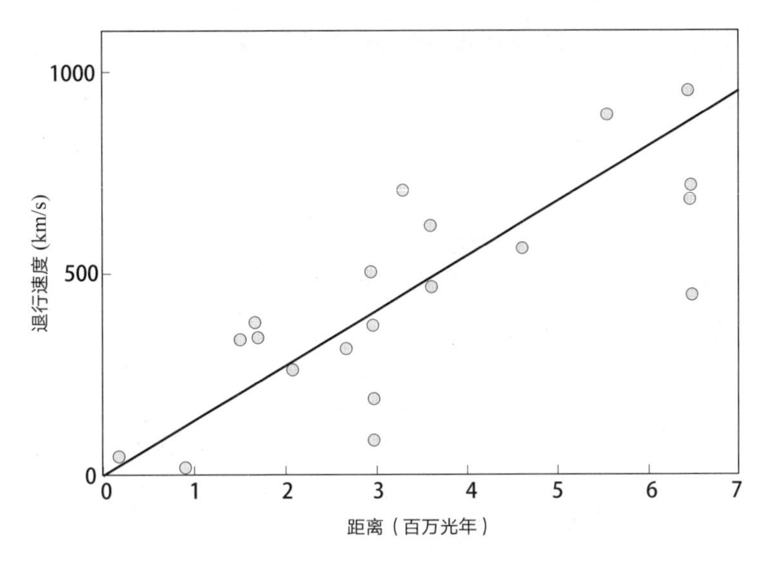

图 60　本图给出了哈勃的第一组显示星系的多普勒频移的数据（1929年）。横轴表示距离，纵轴表示退行速度，每个点代表一个星系的测量结果。虽然不是所有的点都落在一条直线上，但有一种普遍的趋势。这表明，星系的速度正比于它的距离。

这是关于我们现在所称的大爆炸的第一个观测证据。是曾经可能存在过创生那一瞬间的第一条线索。

哈勃的数据与宇宙创生时刻之间的联系是简单的。取定当今以某个速度飞离银河系星系的某个星系，让我们看看如果我们将时钟倒拨回去会发生什么。昨天的这个星系肯定比现在要接近银河系，上周它更接近，等等。事实上，用其速度除以到银河系的当前距离，我们就可以推断出该星系何时位于我们的银河系的上方（假设它的速度保持不变）。接下来，我们选择一个其距离是前一个星系距离的两倍远的星系，经过同样的处理，便可知它在什么时间处在我们的银河系的上方。由哈勃的上述图表可知，一个两倍远的星系其速度也是前一个星系的速度的两倍。所以，如果我们将时钟倒拨回去，将发现第二个星系恰在与第一个星系相同的时刻返回到银河系。事实上，如果每一个星系都有一个正比于其到我们银河系的距离的速度，那么在过去的某一时刻，它们都会同时被定位在我们银河系的上方，如图61所示。

255

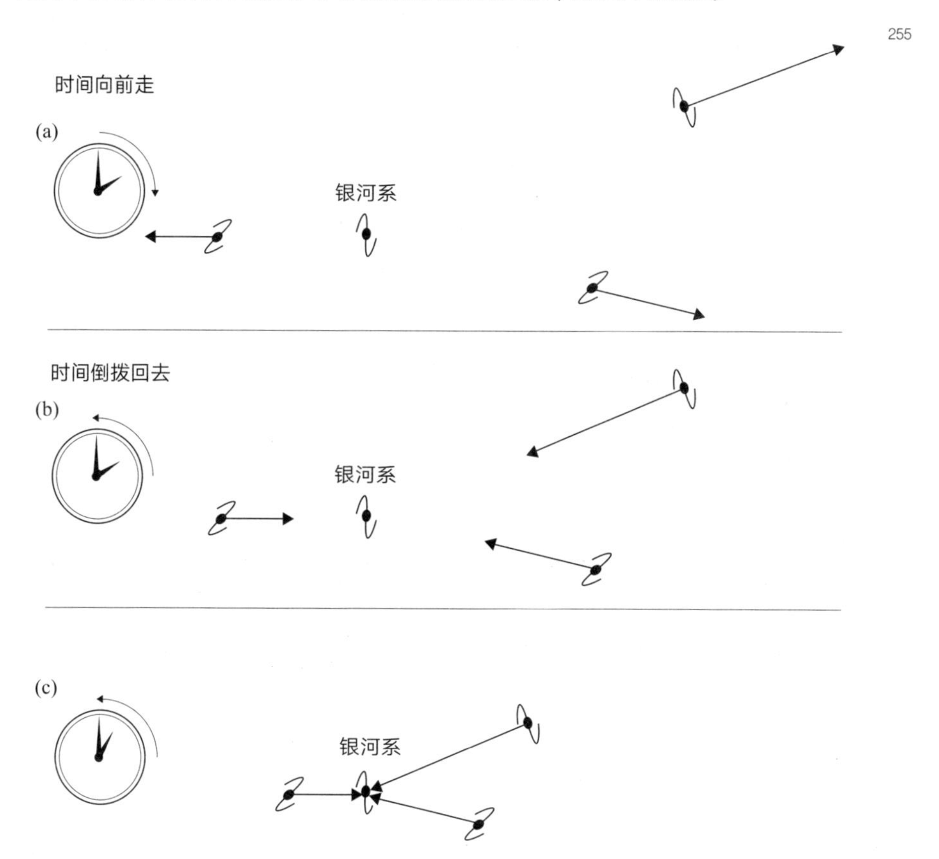

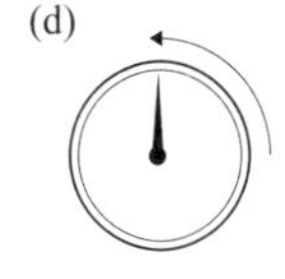

图61　哈勃的观测意味着宇宙存在创生的那一刻。图（a）代表宇宙的今天，指向2点钟，为简单起见，图中只画了3个其他星系。星系越远，其退行速度（由箭头的长度表示）越快。但是，如果我们将时钟往回拨，如图（b）所示，那么星系似乎在相互趋近。在1点钟（图（c）），这些星系离我们更近。午夜时分（图（d）），它们都处在我们的上方。这便是大爆炸的开始。

因此，宇宙中的一切在创生的那一刻显然都是从一个单一的致密区域出[254]来的。如果让时钟从零时向前跑，那么结果便是一个不断演化不断膨胀的宇宙。这正是勒迈特和弗里德曼理论所给出的结果。这就是宇宙大爆炸。

尽管哈勃收集了这些数据，但他并没有亲自煽动、提倡或鼓励人们去接受大爆炸的含义。哈勃在一篇题为“河外星云的距离与其径向速度之间关系”的6页纸的论文里发表了他的图。头脑顽固的哈勃对宇宙的起源这类猜测和探讨宇宙学的重大哲学问题没有兴趣。他只是想好好观察，并得到准确的数据。这是一样的，在他做出前一次的突破时他也是这么想的。他证实了某些星云的存在远远超出了银河系范围，但这些星云是独立的星系这个结论他留给别人去得出。哈勃似乎因病而无法去发掘他的数据的更深层的意义，这样他的同事便成为解释他的速度与距离的曲线图的人选。

但不管是谁，在认真揣测哈勃的观察数据之前，他们首先要相信哈勃的测量结果是准确的。这是一个主要障碍，因为哈勃的许多天文学家同行并不信服他给出的图。毕竟，图中的许多点离他的拟合直线很远。或许这些点并不真正位于直线上，而是位于某条曲线上？或是根本就不存在这样的直线或曲线，这些点实际上都是随机的？证据必须是具体的，因为其影响可能十分重大。哈勃需要更好的测量和更多的数据。

两年来，哈勃和赫马森在艰苦的夜晚继续埋头于望远镜下，他们将这项技术发挥到极致。他们的努力得到了回报，他们设法测量了那些其距离是他[256]们1929年的论文中所测星系距离的20倍的星系。1931年，哈勃发表了另一篇包含一个新的数据图（图62）的论文。这一次，数据点都乖乖地位于哈勃直线上。数据的意义已无可辩驳。宇宙真的是在不断扩张，而且呈系统性方式进行。星系的速度和距离之间的比例关系被称为*哈勃定律*。它不是一条像万有引力定律那样的严格定律。万有引力定律给出的是两个物体之间相互吸引的引力的精确值，相反，哈勃定律是一条宽泛的描述性法则，它通常是正确的，但也允许有例外。

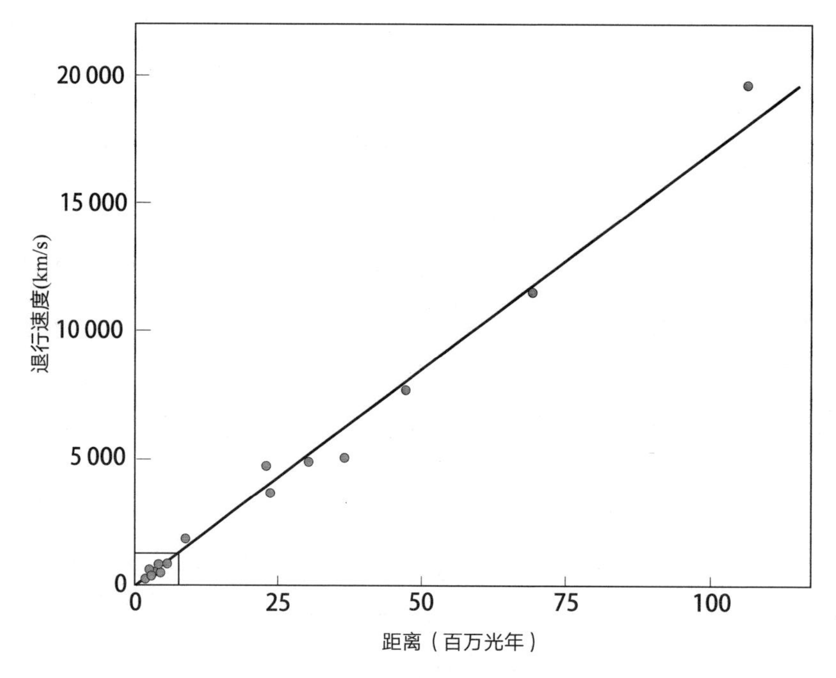

图 62 如同他的1929年论文中的图（图60）一样，1931年的文章中的图中的每个点代表一个星系的测量数据。比起1929年的数据，这次测量的精度大为改善。特别是，哈勃能够测量距离更远的星系，以至于1929年的论文中的所有数据点都包含在左下角的小方框内。这次很明显，数据点都位于直线上。

例如，在早期，维斯托·斯里弗就已确定了几个蓝移的星系，这完全违背了哈勃定律。这些星系正接近我们银河系，如果一个星系的速度正比于它的距离，那么它们就应该有一个比较小的退行速度。然而，如果它们的预期速度足够小，那么它们就可能被我们银河系或我们周围的其他星系的引力拉过来。简言之，稍有蓝移的星系可以作为不符合哈勃定律的局部异常被忽略。因此一般而言，我们确实可以说，宇宙中的星系在以与其距离成正比的速度远离我们。哈勃定律可以一个简单的公式给出：

$$v = H_0 \times d$$

它说的是：任何星系的速度（v）通常等于其离地球的距离（d）乘以一固定常数（H_0），这个常数称为哈勃常数。哈勃常数的值取决于距离和速度所采用的单位。通常速度的单位是千米每秒，但出于专业原因，天文学家常常喜欢用百万秒差距（megaparsecs，Mpc）来衡量距离，1 Mpc等于326万光年，或30 900 000 000 000 000 000千米。在采用百万秒差距单位的情形下，哈勃计算出他的常数为558千米每秒/Mpc。

257 哈勃常数的值有两重含义。首先，如果一个星系距离地球是1 Mpc，那么它的行进速度应该大致为558千米/秒；如果一个星系距离地球是10 Mpc，那么它的行进速度应该是大致为5580千米/秒，等等。事实上，如果哈勃定律是正确的话，那么我们只需通过测量它的距离就可以推断出任何星系的速度，或者反过来，我们可以通过其速度计算出其距离。

哈勃常数的第二个含义是，它告诉我们宇宙的年龄——宇宙中的所有258 物质是多久以前从单一的致密状态演化来的。如果哈勃常数为558千米每秒/Mpc，那么处在1 Mpc的星系的速度为558千米/秒，所以我们可以计算出要多久星系才会以（假定的）558千米/秒的恒定速度达到1 Mpc的距离。如果我们将距离转换成千米，计算是比较容易的，这一点我们可以做到，因为我们知道，1百万秒差距＝30 900 000 000 000 000 000千米。

时间＝距离/速度

时间＝30 900 000 000 000 000 000千米/558千米每秒＝18亿年

因此，根据哈勃和赫马森的观察，宇宙中的所有物质在大致18亿年前被集中在一个相对较小的区域，然后一直向外膨胀至今。这一图像完全与既定的宇宙永恒不变的观点相矛盾。它强化了勒迈特和弗里德曼提出的宇宙始于大爆炸的概念。

259

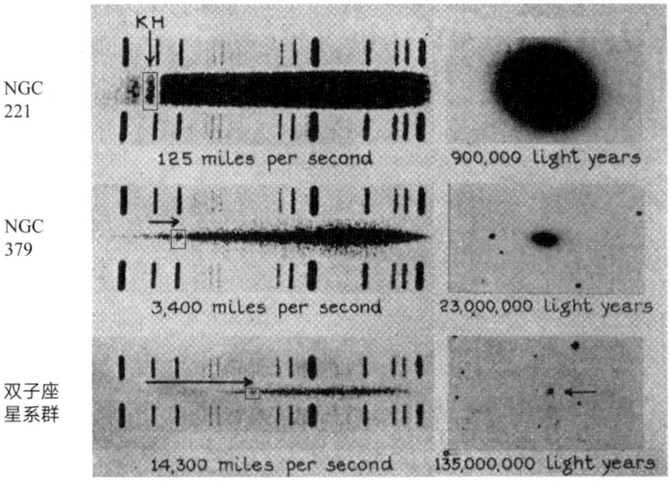

NGC 221
K H
125 miles per second
900,000 light years
NGC 379
3,400 miles per second
23,000,000 light years
双子座星系群
14,300 miles per second
135,000,000 light years

图63　与理想化的吸收光谱（图54）不同，这些光谱是哈勃和赫马森真实测量所得到的谱。虽然很难解释，但每一行显示的是一个星系的吸收波长，右侧是该星系的图像。

第一个星系NGC 221，距离90万光年。赫马森的光谱测量提供了星系的速度。中央横条状显示了星系的光，方框内的竖直线代表该星系被钙吸收的光的波长。这条竖线的实际位置比它应该所处的正确位置偏右很多，代表了红移（见图59），它意味着星系存在125英里/秒（200千米/秒）的退行速度。位移的程度是相对于NGC 221上方和下方的校准数据测量的。

第二组测量数据是关于星系NGC 379的，该星系距离2300万光年，这就是为什么它在照片上的影像会比NGC 221小。关键是，钙的吸收线（方框内）向右偏移得更远，这意味着更大的红移——确实，它的退行速度为1400英里/秒（2250千米/秒）。NGC 379要比NGC 221远26倍，速度快27倍。因此，速度的增加大致与距离的增加成正比。

第三组测量是关于双子座星系群的。其距离有135亿光年。钙线（方框内）甚至右移得更远，这表明它有更大的红移，推得的速度为14 300英里/秒（23 000千米/秒）。它要比NGC 221远大约100倍，速度快约100倍。

天文学家曾经不得不认可宇宙在最低水平上的演化，因为他们亲眼目睹了这一变化，如新星和超新星的出现。但是天文学家一直认为，垂死的恒星是对在其他地方出现的新生的恒星的补偿，从而维护了宇宙的整体稳定和平衡。换句话说，偶尔出现的新星不会改变宇宙的整体性质。然而，这最新数据却暗 260 示了一种宇宙在整体尺度上的不断演化。哈勃的观测和他的膨胀定律意味着宇宙在整体上是动态的和不断演化的，随着距离增加，并且随着时间的推移，宇宙的总体密度呈下降趋势。

很自然，天生的保守性意味着大多数宇宙学家拒绝接受宇宙膨胀和创生于某一时刻的想法，正如当年有人反对星云是遥远的星系，或反对光速有限，或反对地球围绕太阳旋转时一样。

260 至于对前赶驴的脚夫而言，这种冠冕堂皇的讨论并没有打扰他。当赫马森测得红移后，他的工作已经完成，他们的解释不是他所关心的："我一直都相当高兴，因为我的这部分工作，你可以说，是基础性的，它永远不会被改变——无论什么样的决定认为它有什么意义。这些线条总是在那里，无论我怎么测量。它们的速度，不论你称它为这个也好，或叫红移也好，或是它们最终被称为什么东西也罢，总是一直保持不变的。"

值得再次强调的是，哈勃也绕开了任何猜测。他可以提供测量结果，但他没有参与宇宙学的辩论。哈勃和赫马森的科学论文中包含了以下声明："本文作者仅限于描述'视速度-位移'，不冒险涉及对其解释及其宇宙学意义。"

因此，哈勃没有卷入下一场大辩论，而是尽情享受着他不断提高的名声。1937年，他在美国电影学院奖的颁奖典礼上成为弗兰克·卡普拉的座上宾。电影学院院长卡普拉通过向来宾介绍世界上最伟大的天文学家来为奥斯卡颁奖晚会揭幕。好莱坞的名流都成了哈勃的配角，他站起来接受对他的掌声，三柱辉煌的聚光灯齐刷刷地投射到他身上。他一生都在以惊异的眼光盯着星星，而现在，巨星们怀着同样敬畏的心情在盯着他。

观众席上的每个人都在品味哈勃所取得的成就的分量。这里站着的是这样一个人，他的距离测量将我们对宇宙的看法从单一有限的银河系扩大到夹杂着其他星系的无限空间。正是这个人证明了宇宙在膨胀。并且不论哈勃本人是否承认，这都意味着宇宙有一个有限的历史，它曾经是一个有待于爆发和演化的致密的胚胎。埃德温·哈勃在不知不觉中发现了有利于宇宙创生的第一项真正的证据。最终，大爆炸模型已不仅仅是一个理论。 [261]

CHAPTER 3 · THE GREAT DEBATE
SUMMARY NOTES

① ASTRONOMERS BUILT BIGGER AND BETTER TELESCOPES – THEY EXPLORED THE SKY AND MEASURED THE DISTANCES TO THE STARS.

② 1700s HERSCHEL SHOWS THAT THE SUN IS EMBEDDED WITHIN A GROUPING OF STARS – THE MILKY WAY. THIS WAS OUR GALAXY – PERHAPS THE ONLY GALAXY?

③ 1781 MESSIER CATALOGUED THE NEBULAE (FAINT SMUDGES) THAT APPEAR NOT TO BE STARS (SHARP POINTS OF LIGHT).
THE GREAT DEBATE IS ABOUT THE NATURE OF THESE NEBULAE:
- ARE THEY OBJECTS WITHIN OUR MILKY WAY OR
- ARE THEY SEPARATE GALAXIES?

IS OUR MILKY WAY THE ONLY GALAXY?
OR
IS THE UNIVERSE PEPPERED WITH GALAXIES THROUGHOUT?

④ 1912 HENRIETTA LEAVITT STUDIED CEPHEID VARIABLE STARS AND SHOWED HOW THEIR PERIOD OF VARIABILITY CAN BE USED TO INDICATE THEIR ACTUAL BRIGHTNESS AND ESTIMATE THEIR DISTANCE.

ASTRONOMERS NOW HAD A RULER FOR MEASURING THE UNIVERSE.

⑤ 1923 EDWIN HUBBLE IDENTIFIED A CEPHEID VARIABLE STAR IN A NEBULA AND PROVED THAT IT WAS FAR BEYOND THE MILKY WAY!
THEREFORE (MOST) NEBULAE WERE SEPARATE GALAXIES, EACH COMPOSED OF BILLIONS OF STARS, JUST LIKE OUR MILKY WAY.

THE UNIVERSE WAS FULL OF GALAXIES.

⑥ SPECTROSCOPY - DIFFERENT ATOMS EMIT/ABSORB SPECIFIC WAVELENGTHS OF LIGHT
SO ASTRONOMERS STUDIED STARLIGHT TO SEE WHAT STARS ARE MADE OF:

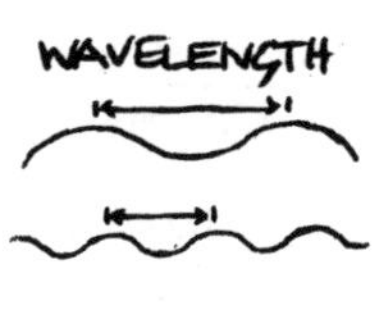

ASTRONOMERS NOTICED THAT THE WAVELENGTHS IN STARLIGHT WERE SLIGHTLY SHIFTED. THIS COULD BE EXPLAINED BY THE - DOPPLER EFFECT: - AN APPROACHING STAR HAS ITS LIGHT SHIFTED TO SHORTER WAVELENGTHS (BLUESHIFT) AND
- A RECEDING STAR HAS ITS LIGHT SHIFTED TO LONGER WAVELENGTHS (REDSHIFT).

THE MAJORITY OF GALAXIES SEEMED TO BE RACING AWAY (REDSHIFTED) FROM THE MILKY WAY!

⑦ 1929 HUBBLE SHOWED THAT THERE IS A DIRECT RELATION BETWEEN A GALAXY'S DISTANCE AND VELOCITY.
THIS IS KNOWN AS HUBBLE'S LAW:

IF THE GALAXIES ARE RECEDING THEN:
① TOMORROW THEY WILL BE FARTHER AWAY FROM US
② BUT YESTERDAY THEY WERE CLOSER TO US
③ AND LAST YEAR THEY WERE CLOSER STILL
④ AT SOME POINT IN THE PAST ALL GALAXIES MUST HAVE BEEN RIGHT ON TOP OF US.

HUBBLE'S MEASUREMENTS SEEMED TO IMPLY THAT THE UNIVERSE STARTED IN A SMALL CONDENSED STATE AND THEN EXPANDED OUTWARDS. IT IS STILL EXPANDING TODAY.

IS THIS EVIDENCE FOR A BIG BANG?

265

第 4 章：宇宙的异端

星系的超级系统散布就像一缕弥散开来的烟雾。有时候我在想是否还存在比这尺度更大的事物了，再大也不过一缕青烟罢了。

——亚瑟·爱丁顿

大自然展示给我们的只是狮子的尾巴。但我毫不怀疑这只狮子的存在，即使它因为庞大的身躯不可能一次性的完全展露自己。我们观察它的方式只能是像坐在它身上的虱子看它的方式那样。

——阿尔伯特·爱因斯坦

宇宙学家常常是错的，但他们从来不怀疑自己。

——列夫·朗道

1894年，阿尔伯特·迈克耳孙——几年前正是他推翻了以太学说——[267]在芝加哥大学做了一次演讲，他声称：“物理科学的最重要的基本定律和事实都已被发现了，这些定律和事实现在确立得是如此牢固，以至于通过新发现的结果予以补充的可能性极小……我们未来的发现只能是在小数点后第六位去寻找。”

对于物理学而言，19世纪下半叶的确是一段辉煌的时期，期间不仅解开了许多重大的奥秘，而且给人感觉到剩下的任务只是提高测量的精度。但这样一种认识被证明是荒谬的。迈克耳孙有幸活到了看到他的大胆断言被证伪。短短数十年间，量子物理学和核物理学的发展就动摇了科学的根基。不仅如此，宇宙学家也将不得不彻底重新评估他们对宇宙的认识。

19世纪后期，人们的认识仍然是：宇宙是永恒的、在很大程度上是不变的。但是，随着时髦女郎的招摇过市和股市的崩盘，20世纪20年代的科学家们也不得不考虑这样一种竞争性模型，它将宇宙描述为这样一幅图景：自一二十亿年前诞生以来宇宙就一直在膨胀。

这种科学认识上的颠覆可以认为是由两种途径触发的。一种源于理论家，他们通过应用新方向上的物理定律给出了令人吃惊的结论。另一种源于[268]实验者或观察者，他们测量了或是看到了某些东西，致使他们质疑以前的假说。发生在20世纪20年代的宇宙学的动荡之所以非比寻常，是因为公认的稳恒态宇宙模型在两个方面同时遭到攻击。如第2章所述，乔治·勒迈特和亚历山大·弗里德曼已经利用广义相对论发展出一个膨胀宇宙的概念，与此同时，埃德温·哈勃独立观测了星系的红移，这也意味着宇宙是膨胀的，这一点在第3章已有述及。

弗里德曼没能活到得知哈勃的观测结果，他去世时没有收到任何人对他的想法的认可。而勒迈特则要幸运得多。他在1927年发表的论文中提出了宇宙的大爆炸模型，他预言，星系逃逸的速度正比于其距离。最初，他的工作没人予以重视，因为没有任何证据来支持它，但两年后，哈勃发表了他对星系的观察结果，表明星系确实在退行，于是勒迈特的工作最终得到认可。

勒迈特曾写信给亚瑟·爱丁顿介绍他的大爆炸模型，但一直没有得到答复。当哈勃的发现登上报纸头条后，勒迈特再次写信给爱丁顿，希望这次这位杰出的天体物理学家会意识到他的理论与新兴的数据完全吻合。乔治·迈克维蒂当时是爱丁顿的学生，他回忆起自己的导师对这位坚持己见的牧师的反应："爱丁顿感到很惭愧，他给我看了勒迈特的信，信中提请爱丁顿注意勒迈特给出的对这个问题的解。爱丁顿承认，虽然他早在1927年就看过勒迈特的论文，但在此之前他已经完全忘记了它的内容。爱丁顿很快纠正了自己的过失，他在1930年6月给权威的《自然》杂志去了一封信，提到他在3年前就应注意到勒迈特的这一辉煌的工作。"

过去他忽略了勒迈特的研究，但现在爱丁顿似乎准备通过让更多的人注意到这一成果来给予他的祝福。除了去信《自然》外，爱丁顿还将勒迈特的论文翻译成英文并推荐发表在《皇家天文学会月刊》上。他称之为一个"绝妙的解"，"是对这个问题的完整的解答"，就是说，勒迈特的模型很好地解释了哈勃的测量数据。

这些评价逐渐在科学界传开，勒迈特的理论预言与哈勃的观测结果之间的完美匹配受到越来越多的人的钦佩。在此之前，所有的宇宙学家都把注意力集中在阿尔伯特·爱因斯坦的稳恒的静态宇宙模型上，但现在，极少数人开始认识到勒迈特的模型更强有力。

总之，勒迈特认为，广义相对论（按其最纯粹的形式）意味着宇宙正在膨胀。如果宇宙一直膨胀到今天，那么它在过去一定更致密。从逻辑上讲，宇宙必然是从一个高度致密的状态开始，即从一个很小但有有限尺寸的所谓原始原子发展而来。勒迈特认为，原始原子可能在"平衡破坏"之前就永恒地存在，在平衡被破坏时，原子衰变并放出其所有的碎片。他把这个衰变过程的开始定义为我们这个宇宙历史的开端。这是个创生的瞬间——按勒迈特的话说就是"一个没有昨天的一天"。

弗里德曼关于宇宙创生时刻的观点与勒迈特的观点略有不同。弗里德曼的大爆炸模型不是将宇宙想象成从原始原子诞生的，而是认为一切皆源自一个点。换句话说，整个宇宙原先是被挤压成虚无的。无论哪一种方式，原始原子也好还是单个几何点也好，关于创生的实际那一刹那显然都是高度思辨的，都只会存在一段时间。但对于大爆炸模型的其他方面，倡导者之间具有很大程度的信心和广泛的共识。 270

例如，哈勃已观测到，星系正在退行离地球远去，正如大爆炸模型所预言的那样，但是大爆炸理论家们却一致认为，星系实际上并不是在空间中移动，而是随着空间一起在移动。爱丁顿通过将空间比作气球的表面解释了这一微妙之处，并将宇宙的三个空间维度简化为一个二维封闭的橡胶片，如图64所示。气球表面所覆盖的点代表星系。如果气球膨胀到原来的直径的两倍，那么各点之间的距离也将翻倍，因此实际效果相当于各个点彼此分开。关键在于，这些点并不是在气球表面上移动，相反，表面本身就在扩展，从而增加了点与点之间的距离。类似地，星系不是在空间中移动，而是星系之间的空间在扩展。

虽然第3章根据星系的退行对星系的光的红移做出了简单解释，但现在

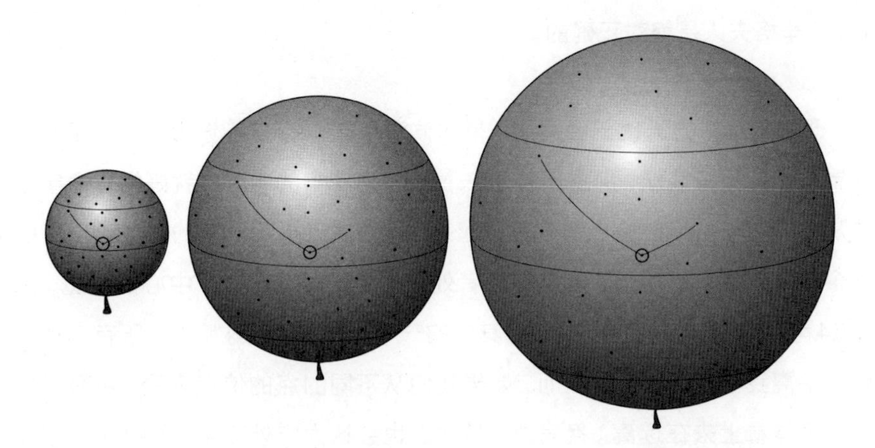

图64　宇宙在这里由一个气球的表面来表示。每个点代表一个星系，被圈起来的这个点代表我们自己的银河系。随着气球的膨胀（即宇宙膨胀），其他的点看起来正离我们远去，正如哈勃观察到的那样，所有的星系都正在远离我们而去。星系越遥远，在给定的时间间隔内退行的距离就越大，因此速度就越快——这就是哈勃定律。通过标记两个星系，一个靠得较近，另一个离得较远，这种效果会看得更清楚。

它变得清晰了，红移的真正原因是空间的延伸。当光波离开星系奔向地球时，它们被拉伸，因为它们所在的空间本身被拉伸，这就是为什么波长会变长，光显得较红的原因。虽然光的这种宇宙学红移比起通常的波的多普勒频移有着不同的起因，但第3章描述的多普勒效应仍是我们考虑星系红移的一种有用的方法。

271　如果所有空间都在膨胀，而星系又坐落在空间上，那么你可能会认为星系也在膨胀。从理论上说，这是可能的，但实际上因为星系内存在巨大的引力作用，因此这种影响是微不足道的。因此扩张是发生在宇宙星系际层面，而不是在某个局地的星系内部。在伍迪·艾伦的电影《安妮·霍尔》的开始的回闪镜头里，辛格太太带着她的儿子艾尔维去看医生，因为艾尔维神情沮丧。男孩向医生解释说，他看到宇宙正在膨胀，所以他认为他周围的一切都会被撕裂。他的母亲打断了他：“甭管宇宙怎么做，你在布鲁克林！布鲁克林不膨胀！”辛格夫人是绝对正确的。

现在，气球的类比已经有了，是时候澄清普遍存在的误解了。如果所有的星系都在远离地球，那是不是意味着地球是宇宙的中心？就好像整个宇宙是从我们现在生活的这个地方发展起来的。那岂不是我们真的占据着宇宙的一个特殊位置？事实上，无论观察者处于何处，都存在处于中心的错觉。由图64可以看出，我们银河系只是其中的一个点，随着气球膨胀，所有其他的点似乎离我们越来越远。然而，如果我们从不同的点的位置来看，所有其他的点同样看上去在远离。换言之，其他点也会认为它处在宇宙的中心。宇宙就没有中心——或者说，每一个星系都可以宣称自己处在宇宙的中心。[272]

在20世纪20年代中期，爱因斯坦曾一度对宇宙学失去了兴趣，但在哈勃的观测强化了大爆炸的思想后，他又重新回到了这个领域。1931年，趁着在加州理工学院休学术假，他和他的第二任妻子艾尔莎应邀作为哈勃的贵客对威尔逊山天文台进行了访问。他们参观了巨大的100英寸胡克望远镜，天文学家们向他们讲解了这台巨大的机器是怎么探索宇宙的。令人吃惊的是，艾尔莎对此印象不是特别深刻：“嗯，嗯，我丈夫确实显得孤陋寡闻。”

不过，爱因斯坦的努力仅限于理论，而理论可能是错误的。这就是为什么投资昂贵的实验设备和望远镜是值得的，因为只有它们有可能使我们对什么是好的理论和不好的理论做出区分。爱因斯坦早期笃信的是静态的宇宙，而那个理论与哈勃现在的观察似乎是矛盾的，由此可见观察能力对判断理论的重要作用。

在威尔逊山访问期间，爱因斯坦与哈勃的助手密尔顿·赫马森进行了交流。赫马森向爱因斯坦展示了各种照相底版，并指出他们所探索的星系。他[273]

还给爱因斯坦看了星系的光谱，上面显示出系统的红移。爱因斯坦已经读了哈勃和赫马森发表的论文，但现在他可以自己来看这些数据。得出的结论似乎是必然的。观测表明，星系正在退行，宇宙正在膨胀。

1931年2月3日，爱因斯坦向聚集在威尔逊山天文台图书馆的记者发布公告。他公开宣布放弃自己的静态宇宙学并支持大爆炸膨胀宇宙模型。总之，他发现哈勃的观测是有说服力的，并承认了勒迈特和弗里德曼的理论始终是对的。随着世界上最著名的天才改变观点，现在改为支持大爆炸理论，于是宇宙膨胀概念成为正式的观点，世界各大报纸纷纷予以关注。哈勃家乡的报纸《斯普林菲尔德日报》在头版头条以通栏标题《离开奥沙克山去研究星星的年轻人使爱因斯坦改变想法》刊载了哈勃的事迹。

爱因斯坦不仅放弃他的静态宇宙模型，而且重新考虑了他的广义相对论方程。我们知道，爱因斯坦的原始方程准确解释了熟悉的引力，但这种吸引力可能最终会导致整个宇宙的坍缩。而宇宙在他看来是永恒的、静态的，因此他在他的方程中加了一项宇宙学常数——纯属人为——以便引入一项在大尺度上起作用的斥力来防止坍缩。现在，既然宇宙已被证明不再是静态的了，于是爱因斯坦放弃了宇宙学常数，又回到他的广义相对论的原始方程。

爱因斯坦一直感到宇宙学常数不自然，将它插入到方程只是为了符合既成的静态和永恒的宇宙观。事实证明，这种约定俗成和合规的理念让他迷失了。在他作为一个物理学家的早期生活中，在他处于智力巅峰时，他总是遵从直觉，蔑视权威。就这么一次，他屈从了群体的压力，结果还被证明是错了。后来他称宇宙学常数是他一生中最大的错误。正像他写给勒迈特的信中所说的那样：“自从我引入这个词后，我一直觉得有昧于良心……我无法相信这样一个丑陋的东西应该在自然中得以实现。”

274

虽然爱因斯坦热衷于放弃他的宇宙修正因子，但信奉永恒的、静态的宇宙的宇宙学家们仍然相信宇宙学常数是广义相对论中一个重要的和有效的部分。甚至一些大爆炸宇宙学家也对它偏爱有加，不愿失去它。通过保留宇宙学常数但改变它的值，他们可以调整他们的大爆炸理论模型并修正宇宙的膨胀速率。宇宙学常数代表了一种反引力作用，它可以使宇宙膨胀得更快。

宇宙学常数的值和有效性在大爆炸理论的支持者之间产生了一些冲突，但在1933年1月——爱因斯坦第一次到访这座天文台的两年后——在帕萨迪纳威尔逊山的大本营研讨会上，勒迈特和爱因斯坦结成了统一战线。勒迈特向与会的杰出的天文学家和宇宙学家（听众中包括埃德温·哈勃）阐述了他的宇宙大爆炸模型。虽然这是一次学术聚会，但勒迈特在物理学中编织了一种诗的意境。特别是他又给出了他最喜欢的烟花的比喻："在万物开始的时候，有一束美不胜收的烟花。在一声爆炸之后，烟雾充满了苍穹。我辈来得太晚，无法见证造物主创生那一刻的辉煌！"

尽管爱因斯坦可能希望看到的是更多的数学细节和较少的粉饰，但他还是赞扬了勒迈特的开拓的努力："这是我听过的对创生的最优美、最满意的解释。"此言的确不虚，特别是从一个6年前还在将勒迈特的物理学斥为"可憎"的人的口中说出。 276

爱因斯坦的认可标志着勒迈特的生涯在科学界内外都开始步入名人的行列。毕竟，这里站着的是一位证明了爱因斯坦错了，一位在望远镜的水平尚无法检测出星系逃离的年代就高瞻远瞩地预言了宇宙在膨胀的人。勒迈特被邀请到世界各地去演讲，他获得了众多的国际奖项——他确实有资格享受宣称自己是一名著名的比利时人这一难得的荣誉。他的人气、魅力和标志性的地位部分来自于他作为一个牧师和一个物理学家的双重身份。全程参加了

275

图65　1933年，阿尔伯特·爱因斯坦和乔治·勒迈特在帕萨迪纳出席关于哈勃的观测结果和宇宙的大爆炸模型的研讨会。

1933年帕萨迪纳会议的《纽约时报》记者邓肯·艾克曼写道："他的观点有趣而重要，不是因为他是一名天主教神父，也不是因为他是我们这个时代的领军数学物理学家之一，而是因为他两者兼顾。"

像伽利略一样，勒迈特相信上帝保佑那些具有探索精神的人，他会珍爱地看待科学的宇宙观。与此同时，勒迈特对他的物理学研究和他的宗教信仰保持严格的区分，他宣称他的宗教信仰确实不是他研究宇宙学的动因。"数以百计的专业和业余科学家实际上相信圣经，却假装教授科学，"他说，"这是一个很好的协议，就像假设二项式定理必须是权威的宗教教条。"

然而，一些科学家仍然认为神学对这位神父的宇宙观有负面影响。这些反宗教人士抱怨道，他的万物创生于原始原子的理论不过是对存在伟大的造物主的一种伪科学证明，是现代版的《创世记》。为了削弱勒迈特的地位，这些批评者不断强调大爆炸假说的一个严重缺陷，即其对宇宙年龄的估计。根据哈勃的观测，距离和速度测量意味着宇宙不到20亿岁。鉴于现代地质研究已经估计出一些地球上的岩石的年龄为34亿年，因此两者之间至少有14亿年的尴尬的年龄差距。大爆炸模型似乎意味着地球比宇宙更古老。 277

在大爆炸的批评者们看来，勒迈特模型的根本问题在于认为宇宙有一个有限的年龄。而他们认为宇宙是永恒不变的，因此大爆炸模型是无稽之谈。这在当时仍然是权威的观点。

然而，权威也不能只坐在背后攻击大爆炸——他们也得依据他们偏爱的稳恒态宇宙模型来解释最新的观测结果。哈勃的观测清楚地表明，星系有红移，在退行，所以大爆炸的批评者必须证明这些事实并不一定意味着在过去存在创生的那一刻。

牛津大学的天体物理学家亚瑟·米尔恩是第一批想出另一种与稳恒态宇宙相容的方式来解释哈勃定律的人中的一位。在他的号称"运动相对论"的理论中，星系有着广泛的速度，有些在空间中移动缓慢，有些移动得很快。

米尔恩认为，越遥远的星系运动的越快这是很自然的，正如哈勃观察到的那样。因为正是由于它们有这么快的速度，它们才能飞出这么远。按照米尔恩的观点，星系以正比于其距离的速度退行并不是原始原子爆炸的结果，而是278 随机运动的实体无阻碍地自由运动的自然表现。这种解释无懈可击，而且它还鼓励其他天文学家们在稳恒态宇宙框架下去创造性地思考哈勃红移问题。

对大爆炸宇宙模型予以最猛烈批评的是保加利亚出生的弗里茨·兹威基。他以偏心和顽固而著称于宇宙学界。1925年，他应诺贝尔奖得主罗伯特·密立根的邀请到访加州理工学院和威尔逊山天文台。但兹威基日后却以怨报德，在某个场合下公然宣称密立根一生中就没出个什么好主意。他的同事个个都是他污蔑的目标，其中许多人成为他最喜欢用的侮辱性用词——

图66 弗里茨·兹威基，光疲劳的缺陷理论的发明者，这个理论试图解释哈勃观测到的星系红移。

“混球”—— 的指称对象。就是说你像一个球体一样从各个方向看上去都一样，一个混球就是一个混蛋，不管你怎么看。

兹威基研究了哈勃的数据，质疑是不是所有的星系都在移动。他对星系红移的解释是基于这样一个公认的概念：行星或恒星辐射出任何东西都会失去能量。举例来说，如果你把一块石头扔到空中，它带着能量和速度离开地球表面，但致密地球的引力会降低石头的动能，减缓其速度直到速度为零，于是石头落回地球。同样，逃出星系的光的能量也会受到星系引力的侵蚀。光不可能慢下来，因为光速是恒定的，所以能量损失表现为光的波长增加，使它显得更红了。换句话说，这便是对哈勃的红移观测的另一种可能的解释，它不涉及宇宙膨胀。 279

兹威基的星系红移是引力抽取掉光的能量的说法称为*光疲劳理论*。这一理论的主要问题是它得不到已知物理定律的支持。计算表明，引力是会对光产生一定影响，导致红移，但这种效应仅在很低水平，显然不足以解释哈勃的观测结果。兹威基则通过指责观察结果来反驳，声称这些结果可能被夸大了。事实上，他甚至怀疑哈勃和赫马森的诚信，暗示他们的团队可能滥用他们的特权控制了世界上最好的望远镜。兹威基声称：“他们的年轻助手中拍马屁者因此有机会修改他们的观测数据，来掩饰他们的缺点。”

虽然这种直言不讳的行为肯定会使许多科学家对兹威基感到反感，仍然有一些人加入了他的光疲劳兵团。甚至他的显然错误的物理都没使他们掉头，因为兹威基在研究上有一项无可挑剔的良好记录。事实上，在他的职业生涯中，他曾在超新星和中子星等领域做出过开创性的工作。他甚至预言了*暗物质*的存在。暗物质是一种神秘的不可见的实体，最初提出时受到嘲笑，但如今已被广泛接受为一种真实的存在。光疲劳理论似乎同样可笑，但也许它同 280

样会被证明是正确的。

然而，“大爆炸”的支持者完全拒绝“疲劳”的概念。他们认为，它充其量也只能说明观测到的一小部分红移。作为大爆炸阵营的代表，亚瑟·爱丁顿这样总结了他认为的兹威基理论的错处：“光很奇怪——甚至比我们20年前能想象的更奇怪——但如果奇怪得离谱我还是会感到惊讶。”换句话说，爱因斯坦的相对论已经改变了我们对光的理解，但在解释哈勃红移的问题上并没有为光疲劳理论留下空间。

虽然爱丁顿攻击兹威基的光疲劳理论，赞同勒迈特的原始论文，但他仍然对宇宙的起源问题保持了一种相对开放的心态。爱丁顿认为，勒迈特的思想很重要，值得更广泛的受众了解，这就是为什么他会向专业期刊推荐这一学说，并帮助翻译这位比利时人的工作，但他并不完全信服整个宇宙突然诞生于原始原子衰变的思想：“从哲学上说，我讨厌这种自然当前的秩序有一个开端的思想。我想找到问题真正的结症所在……作为一名科学家，我不可能就这么轻易相信宇宙始于一声巨响……它没法让我信服。”爱丁顿认为，勒迈特的创生模型是一种“太过缺乏美感的突变”。

最后，爱丁顿提出了他自己的勒迈特模型的变种。他认为当前的宇宙源于一个袖珍宇宙，而不是勒迈特的原始原子。然后，宇宙不是突然膨胀，而是非常缓慢地膨胀，最终加速到我们今天看到的膨胀水平。勒迈特的膨[281]胀就像一颗炸弹的突然猛烈爆炸；而爱丁顿的膨胀则更像是雪崩的逐渐累积过程。一座覆盖着积雪的山可能会稳定很多个月。然后一阵淡淡的轻风使得雪花变身为冰晶体，它倾覆在另一个冰晶体之上，这些冰晶体就这么在微风下滚动着先是形成雪团然后又慢慢变成了一个小雪球，它的重量越来越大，将更多的冰雪卷积进来形成斜坡面，直到雪片开始崩塌，于是一场雪崩便不可避免了。

爱丁顿解释了他为什么更倾向于自己的渐进模型而不是大爆炸:“将世界看成是由原始的不稳定平衡下的均匀分布缓慢地进化而来，这至少在哲学上是令人满意的。”

爱丁顿还声称，凭借某种值得商榷的逻辑，他的版本可以解释有生于无的某种东西。他的思路始于这样一个前提，宇宙永远是存在的，如果我们在时间上回到足够早，我们就会发现一个完全均匀、致密的宇宙，它本身作为一种存在是永恒的。其次，爱丁顿认为，这样的宇宙就相当于无:“在我看来，在哲学上*不可分辨的相同与虚无*之间是无法区分的。”宇宙中可以想象的最微小的波动——相当于雪崩所起始的雪花——将破坏宇宙的对称性并引发一系列导致我们今天所看到的充分膨胀的事件。

1933年，爱丁顿写了一篇科普读物《膨胀的宇宙》，它的目的是要在区区126页中解释宇宙学中的最新想法。他将广义相对论、哈勃的观测结果、勒迈特的原始原子和他自己的思想全都囊括在内，通篇充满创意。例如，鉴于所有星系都在逃离，爱丁顿敦促天文学家乘星系距离还不太远，还能看得到，赶紧加速建造更好的望远镜。在另一个戏谑之处，爱丁顿把对哈勃的观测结果的理解翻了个个儿:“所有的变化都是相对的。宇宙的膨胀是相对于我们共同的物质标准。反过来，我们的物质标准相对于宇宙的大小在缩小。因此'膨胀的宇宙'理论也可以称为'收缩的原子'理论……谁能说膨胀的宇宙就不是我们的以我为中心的世界观的另一个例子呢？宇宙应该是一种标准，我们应当用它来衡量自己的兴衰。” 282

以一种更为严肃的方式，爱丁顿给出了对大爆炸模型的诚实的总结。他指出，对于是否存在创生的时刻，确实有很多有利的重要理论解释和有说服力的观测证据，但在大爆炸模型能够被广泛接受之前仍有大量的工作要做。他称哈勃的红移“太过纤薄，还支撑不住深远的结论”。证明的责任显然落在大爆炸模型的支持者肩上，他鼓励他们寻求更多的证据来巩固他们的立场。

虽然科学界保守的权威们仍坚持其传统的永恒的、基本上是静态的宇宙观，但大爆炸的支持者们已准备好投入战斗，这种士气在某种程度上是源于现在他们在与保守派论战时处于一种成熟的位置。宇宙学不再由神话、宗教和教条所主导，也明显摆脱了个人偏好和个性力量的影响，因为20世纪的功能强大的望远镜所提供的观测结果已能够有力地支持一种理论并摧毁另一种理论。

爱丁顿本人对某种版本的大爆炸模型终将取得胜利这一点是乐观的。在他的书的结尾，他制作了一幅简明而引人注目的图像来说明20世纪30年代初大爆炸模型的状态：

283

我们在多大程度上相信这个故事？科学有其自己的展厅和车间。今天的公众，我确实认为，还不足以在这间陈列测试产品的展厅里徜徉；他们需要去车间看看那里正在加工什么。欢迎你进来，但请你不要按照你在陈列室所看到的物件的标准来判断。我们已经在科学大厦的地下室里转过了一个车间。那里光线很暗，有时我们会跌倒。关于我们的种种传闻令人糊涂且混乱，这种局面我们还没有时间去扫除。工人和机器都还笼罩在一片黑暗中。但我认为这里的有些东西已经成形——也许显得有点大。我不太清楚当它完成并打磨后在陈列室里会是什么样子。

从宇宙模型到原子模型

为了使大爆炸模型被接受，有一个看似无害的问题不能被忽视：为什么有些物质比其他物质更常见？如果我们看地球，我们发现地心是由铁组成的，地壳则主要由氧、硅、铝和铁占主导，海洋主要是由氢和氧（即水）构成，大气主要是氮和氧。如果我们跑得稍远一点，那么我们会发现，这种分布在宇宙的尺度上并不是典型性的。通过利用光谱学研究星光，天文学家们意识到，氢是宇宙中最丰富的元素。这个结论已被编成一首著名的摇篮曲：

一闪一闪小星星，究竟何物现奇景；
通过光谱显微镜，知原来你是氢；
一闪一闪小星星，究竟何物现奇景。

宇宙中下一个最丰富的元素是氦。氢和氦在宇宙中占到绝大多数。这两种元素也是最小和最轻的元素，因此天文学家们面临这样一个事实，即宇宙主要是由小的原子而不是由大的原子构成的。这种不平衡的程度在以下的元素在宇宙中的丰度按原子序数的列表可以看得更清楚。这些值是基于当前的测量值，它们与20世纪30年代的估计值相去不远： 284

元素	相对丰度
氢	10 000
氦	1000
氧	6
碳	1
所有其他元素	小于1

换句话说，氢和氦约占宇宙中所有原子的99.9%。这两种最轻的元素是极其丰富的，而接下来的轻的或中等重量的一批原子则不太常见，最后，像金和铂这样的重原子则更加罕见。

科学家们开始奇怪为什么轻元素和重元素的宇宙丰度之间会有这么大的差异。永恒宇宙模型的支持者无法给出一个明确的答案；他们的退路是宇宙一直就是这样包含着目前这种比例的元素，而且永远不变。丰度的范围简单来说就是宇宙的固有属性。这是一个令人非常不满意的答案，但它有一定的自洽性。

285

然而，丰度的神秘性对于大爆炸的支持者来说则带来了更多的问题。如果宇宙从创生的那一刻起就开始进化，那么为什么它会进化出这样一种氢和氦，而不是黄金和白金的方式？是什么机制造成创生过程优先创造轻元素而不是重元素？无论是什么解释，大爆炸的支持者都必须找出它，并表明它与大爆炸模型是兼容的。任何合理的宇宙理论都必须准确地解释宇宙是如何形成的，否则就将被认为是失败。

解决这个问题需要采用一种完全不同于先前的宇宙研究方法。在过去，宇宙学家都将注意力集中在尺度非常大的事物上。例如，他们用广义相对论来研究宇宙，这个理论描述的是巨大的天体之间的引力作用。他们用巨型望远镜去观测非常遥远的巨大星系。但是，要解决宇宙丰度的问题，科学家们需要新的理论和新的设备来描述和探测非常非常小的对象。

在开始讲述大爆炸的这部分故事之前，我们需要先对原子的现代研究历史做一个简短的回顾。本节的余下部分讲述那些为原子物理学奠定了基础的物理学家们的故事。他们的工作能使大爆炸的支持者们来探讨宇宙中充满氢和氦的原因。

当代对原子的理解始于化学家和物理学家们对放射性现象的浓厚兴趣。放射性这一现象是在1896年被发现的。很明显，一些最重的原子，如铀，是有放射性的，这意味着它们能够以辐射形式自发地放出大量的能量。有一段时间，没有人能理解这种辐射到底是什么或是由什么造成的。

玛丽和皮埃尔·居里夫妇当时站在了放射性研究的前沿。他们发现了新的放射性元素，包括镭，它比铀的放射性要强100万倍。镭的放射性排放最终[286]被它周围的物质所吸收，能量被转换成热能。事实上，1千克镭产生的能量足以在半小时内烧开1公升的水，更令人印象深刻的是，放射性的持续几乎有增无减——1千克镭每30分钟烧开1公升新鲜的水这种行为可以持续1000年。虽然比起炸药，镭释放能量的速度很慢，但它最终释放出的能量是同等重量的炸药的100万倍。

多年来，没有人完全理解放射性所带来的危险，大家以天真乐观的态度来看待像镭这样的物质。美国镭公司的萨宾·冯·佐赫茨基甚至预言，镭会被用作民用电源："在你自己的房子里完全用镭来照明的时代无疑即将到来。漆在墙壁和天花板上的镭所发出的光，在色调上就像柔和的月光。"

居里夫妇都遭受到辐射损伤，但他们仍不遗余力地进行这项研究。经过多年与镭的接触，他们的笔记本变得带有很强的放射性，以至于今天它们仍必须存储在一个铅盒内。玛丽的双手经常沾满镭的尘埃，以至于她的手指在笔记本的纸上留下了看不见的放射性痕迹，笔记本夹着的照相胶片可以真实记录下她的指纹。玛丽最终死于白血病。

居里夫妇在他们狭小的巴黎实验室里以巨大的牺牲为代价，在许多方面让我们看清了在理解原子内部构造方面的巨大欠缺。科学家们似乎感到他们的知识倒退回去了——仅仅在几十年前，他们就声称要充分利用元素周期[287]表来理解物质的这一建筑砖块。1869年，俄罗斯化学家德米特里·门捷列夫绘制了一张列出了从氢到铀的所有已知元素的图表。通过将周期表中不同元素的原子以不同的比例化合，就能够形成分子，并能够解释太阳之下、太阳

1 H																	2 He
3 Li	4 Be											5 B	6 C	7 N	8 O	9 F	10 Ne
11 Na	12 Mg											13 Al	14 Si	15 P	16 S	17 Cl	18 Ar
19 K	20 Ca	21 Sc	22 Ti	23 V	24 Cr	25 Mn	26 Fe	27 Co	28 Ni	29 Cu	30 Zn	31 Ga	32 Ge	33 As	34 Se	35 Br	36 Kr
37 Rb	38 Sr	39 Y	40 Zr	41 Nb	42 Mo	43 Tc	44 Ru	45 Rh	46 Pd	47 Ag	48 Cd	49 In	50 Sn	51 Sb	52 Te	53 I	54 Xe
55 Cs	56 Ba	57 La	72 Hf	73 Ta	74 W	75 Re	76 Os	77 Ir	78 Pt	79 Au	80 Hg	81 Tl	82 Pb	83 Bi	84 Po	85 At	86 Rn
87 Fr	88 Ra	89 Ac	104 Rf	105 Db	106 Sg	107 Bh	108 Hs	109 Mt	110 Uun								

58 Ce	59 Pr	60 Nd	61 Pm	62 Sm	63 Eu	64 Gd	65 Tb	66 Dy	67 Ho	68 Er	69 Tm	70 Yb	71 Lu
90 Th	91 Pa	92 U	93 Np	94 Pu	95 Am	96 Cm	97 Bk	98 Cf	99 Es	100 Fm	101 Md	102 No	103 Lr

图67　元素周期表显示了所有化学元素——物质的基本单元。它们原本可以从最轻的到最重的排列成一行（1氢，2氦，3锂，4铍，等等），但这种表格式排列则显示得更为清楚。元素周期表将具有公共属性的元素放在一组。例如，最靠右边的列包含了所谓的惰性气体（氦，氖等），这些元素的原子很少与其他原子反应形成分子。不论周期表在帮助我们理解元素间相互反应时起着什么作用，它确实没有提供了解放射性的原因的任何线索。

之内和太阳之外的每一种物质。例如，两个氢原子和一个氧原子结合成一个水分子H_2O，这仍是正确的，但居里夫妇表明，某些原子体内有强大的能量源，而元素周期表无法解释这一现象。没有人对原子深层次内到底发生了什么有可靠的线索。19世纪的科学家把原子想象为简单的球体，但要解释放射[288]性，原子就必须有更复杂的结构。

被吸引到这个问题上来的一位物理学家是新西兰人——欧内斯特·卢瑟福。他备受他的同事和学生们的喜爱，但他也以粗暴专制而著称。他很容易发脾气，而且表现傲慢。例如，根据卢瑟福的观点，物理学是唯一重要的科学。他相信这门学科能够提供对宇宙的深刻和有意义的理解，而所有其他科学的全副精力只是用于单纯的测量和编目。他曾说过："所有的科学要么是物理学要么就是集邮。"结果事与愿违，这种狭隘的评论使得诺贝尔奖委员会在1908年只是授予他化学奖。

图68　这是卢瑟福在三十出头时拍摄的肖像。他很瞧不起化学家，而这在物理学家中并不少见。例如，当诺贝尔奖获得者物理学家沃尔夫冈·泡利的妻子离开他嫁给一个化学家后他很生气："如果她找了一个斗牛士的话，我会理解，但一个普通的化学家……"

第二张照片显示的是一个更加成熟的卢瑟福与他的同事约翰·拉特克利夫在卡文迪什实验室。他们头上的标语"请小声说话"就是专门针对卢瑟福的，他喜欢可着嗓子唱"前进！基督徒的士兵们"这支歌，弄得实验室的敏感设备无法正常工作。

在20世纪初卢瑟福走上研究道路时，原子图像仅比19世纪人们想象的那种简单的、无结构的球稍许复杂一些。当时原子被认为含有两种成分：带正电荷的物质和带负电荷的物质。相反电荷的吸引就是为什么这些物质会被束缚在原子内的原因。后来，1904年，杰出剑桥物理学家J. J. 汤姆孙提出了 289

一种被称为葡萄干布丁的模型。在这个模型下，原子由一系列带负电的粒子镶嵌在一个带正电的生面团状的材料中组成，如图69所示。

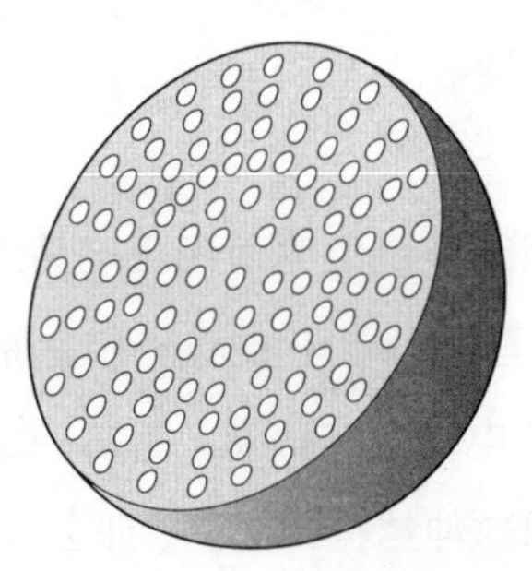

图69　这个截面展示了约瑟夫·汤姆孙的葡萄干布丁原子模型。其中每个原子都是由一系列带负电的粒子（葡萄干）镶嵌在一个带正电的生面团状的材料（布丁）中组成。轻的氢原子的一小团带正电的面团里只嵌有一个负电性的粒子，而重的金原子的带正电的面团较大，其中会嵌入许多带负电的粒子。

放射性的一种形式是α辐射。这种辐射似乎是由带正电荷的粒子组成，这种粒子被称为α粒子。人们推测，这种现象可以用原子吐出一块带正电荷的面团来解释。为了检验这一假设以及整个葡萄干布丁模型，卢瑟福决定用一组原子发射出的α粒子去打另一组原子，看看会发生什么。换句话说，他想用α粒子来探测原子。

290　1909年，卢瑟福让他的两位年轻的物理学家——汉斯·盖革和欧内斯特·马斯登——来进行这项实验。盖革后来因发明了辐射探测器——盖革计数器——而名满天下，但眼下，两人只好用最原始的设备凑合着做。检测α粒子是否存在的唯一方法是在α粒子可能的飞行路径上放置一块涂有硫化锌的屏幕。当α粒子打到硫化锌上时，屏幕会发出微弱的闪光。为了看清楚这种闪光，盖革和马斯登需要事先花30分钟时间进行暗适应。即使这样，他们仍然必须通过显微镜来观察硫化锌屏幕。

实验的关键部分是镭的样品，它向所有方向放射出α粒子。盖革和马斯登用开有狭缝的铅屏蔽材料来包裹镭，使之变成可控制的 α 粒子束。接下来，他们在 α 粒子出束的路径上放置一片金箔片，如图70所示，看看 α 粒子打在金原子上会发生什么事情。

α 粒子带正电荷，而原子是负电荷和正电荷的混合。同种电荷相斥，异种电荷相吸。因此盖革和马斯登希望 α 粒子和金原子之间的相互作用能够透露一些关于金原子内部的电荷分布信息。例如，如果金原子确实是由负电荷均匀散布在正电荷面团内这种结构构成的，那么 α 粒子就应仅有略微的偏转，因为它们遇到的是均匀分布的正负电荷的混合。果然，当盖革和马斯登在金箔的另一侧放置了硫化锌屏幕，让它正对着镭样品时，他们检测到的仅是对 α 粒子路径方向的最小的偏转。

随后卢瑟福要求将探测器移动到金箔和镭源的同一侧，这“纯粹是为了好玩而已”。当时的想法只是想看看 α 粒子是否有可能被金箔反弹。如果汤姆孙模型是正确的，那么应该什么都检测不到，因为他的葡萄干布丁模型将原子内的电荷混合在一起，应该对入射的 α 粒子没有如此剧烈的影响。然而，盖革和马斯登被他们所看到的结果惊呆了。他们确实检测到明显是被金原子弹回的 α 粒子。虽然每8000例中只有1例 α 粒子被弹回，但这已超出汤姆孙模型所预言的范围。实验结果似乎与葡萄干布丁模型相矛盾。 292

在门外汉看来，这似乎只是产生了意想不到的奇怪结果的一次实验。但对于对原子结构有深刻认识的卢瑟福来说，这个结果令人极度震惊：“这是我一生中从未遇到过的最不可思议的事件。这就像你向一块纸巾发射一颗15英寸的子弹，结果它折回头来打到你身上一样的不可思议。”

这个结果在葡萄干布丁原子的背景下似乎是不可能的。因此，这一实验

291

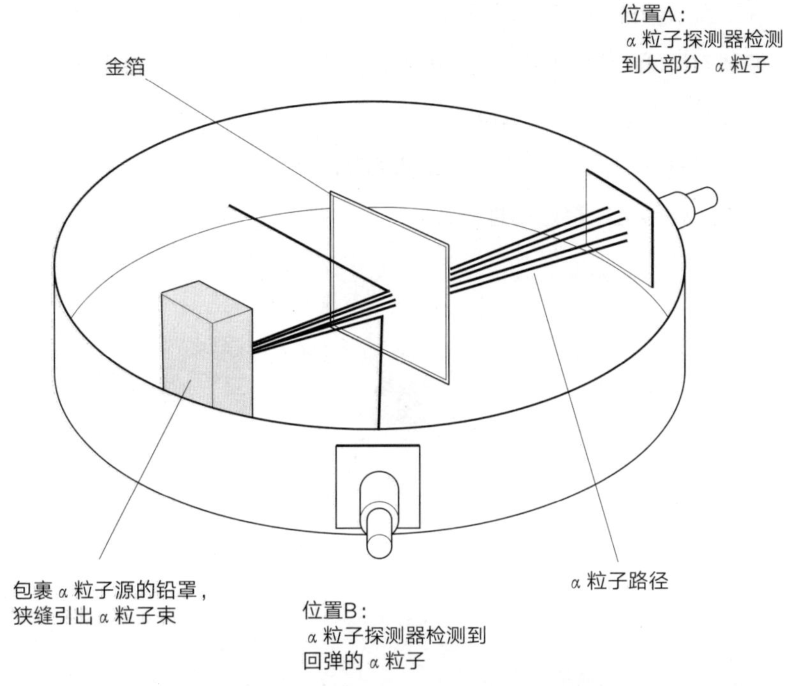

图70　欧内斯特·卢瑟福让他的两位同事，汉斯·盖革和欧内斯特·马斯登，用 α 粒子来研究原子结构。他们的实验用镭样品做 α 粒子源。包裹镭样品的铅屏蔽罩开有狭缝，使 α 粒子束出射打到金箔上，探测 α 粒子的探测器可在金箔周围移动以便检测 α 粒子的偏转方向。

大部分 α 粒子以很小的偏转甚至不偏转直接穿过金箔打在位置A的探测器上。如果汤姆孙的葡萄干布丁模型是正确的，那么这个结果是可以预料的，因为这个模型想象负电荷粒子是均匀镶嵌在正电荷的面团里的。

然而，在某些情形下，α 粒子以一种非常令人奇怪的方式弹回，并被位于位置B的探测器拾取。这些事实启发卢瑟福提出了新的原子模型。

迫使卢瑟福不得不放弃汤姆孙模型，并构建一种全新的原子模型，它应能够说明 α 粒子的回弹。他反复揣摩这个问题，最终想出了一种似乎说得通的原子结构。卢瑟福提供的这种原子表示的大部分内容即使到今天仍然有效。

卢瑟福模型将全部正电荷集中在称为*质子*的粒子上，它位于原子的中心，这个区域被称为*原子核*。带负电荷的粒子，所谓*电子*，围绕核做轨道运动，并因其所带的负电荷与原子核内的正电荷之间的吸引力而被束缚在原子上，如图71所示。这个模型有时被称为原子的行星模型，因为绕核做轨道运动的电子就如同绕太阳做轨道运动的行星一样。电子和质子具有相等且相反的电荷，并且每个原子都包含数目相同的电子和质子，所以卢瑟福原子的总电荷为零，就是说它是电中性的。 293

294

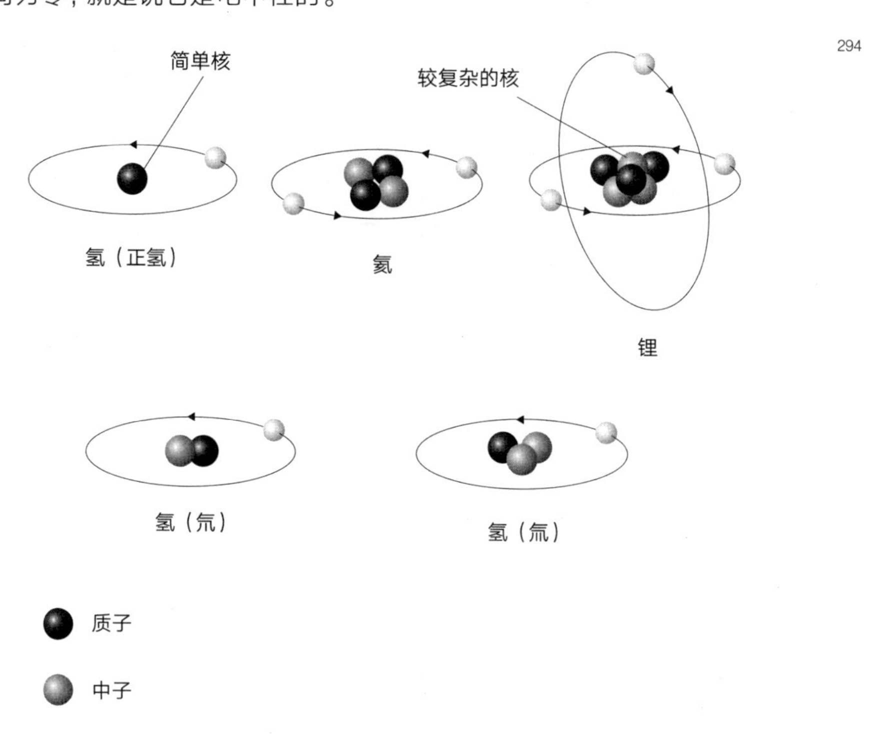

图71　卢瑟福的原子模型有一个位于中心的由带正电荷的质子构成的核，带负电荷的电子在核外作轨道运行。这些图未按比例绘制，因为核的直径大约是原子直径的十万分之一。质子数等于电子数，并且这个*原子序数*对于特定元素的所有原子都相同，它也确定该元素在周期表（图67）中的位置。氢原子具有1个电子和1个质子，氦原子具有2个电子和2个质子，锂原子有3个电子和3个质子，等等。

核内中子的数量可以不同，但只要质子的数量保持不变，它就仍然被认为是相同化学元素的原子。例如，大多数氢原子没有中子，但有一些氢原子有1个中子，被称为氘，而含有2个中子的被称为氚。正氢、氘和氚都是氢的同位素。

质子和电子的数目至关重要，因为它定义了原子的种类，在元素周期表中出现在每个原子旁边的也正是这个数字（图67，原书第287页）。氢的原子序数是1，因为它的原子有1个电子和1个质子；氦的原子序数是2，因为它的原子有2个电子和2个质子；等等。

卢瑟福怀疑核内还含有一种不带电的粒子，他的这一想法后来被证明是正确的：*中子*具有与质子几乎相同的质量，但它不带电荷。正如图71所说明的那样，核内的中子数量可以改变，但只要原子中的质子数目保持不变，那么它就仍然是同类元素的原子。例如，大多数的氢原子没有中子，但是有些氢原子有1个或2个中子，它们分别被称为氘和氚。普通氢、氘和氚都是氢的形式，因为它们都包含1个质子和1个电子，它们被称为氢的*同位素*。

虽然原子体积上的变化取决于它所具有的质子、中子和电子的数量，但它们的直径通常小于1米的10亿分之一。然而，卢瑟福的散射实验表明，原子核的直径还要将原子的直径除以10万。从体积上说，原子核只占整个原子的$(1/100\,000)^3$或0.0000000000001%。

这个图像具有非凡的意义：原子，这种构成我们周围世界实实在在可感知的万事万物的基本要素，是由几乎完全空的空间组成的。如果将单个氢原子扩大到一座音乐厅（例如伦敦的皇家阿尔伯特音乐厅）那么大，那么在金色大厅的广阔空虚之中，原子核的大小将只有跳蚤这么点大，而更小的电子则蜷缩在大厅某处的角落里。此外，质子和中子每一个的重量都几乎是电子的2000多倍，而质子和中子则是驻留在无穷小的核内，因此一个原子至少有99.95%的质量是被挤压在其体积的0.0000000000001%的空间里。

295

这个修改的原子模型为卢瑟福的实验结果提供了一个完美的解释。由于原子的大部分空间是空的，因此绝大多数 α 粒子会穿过金箔，只发生轻微的偏转。然而，一小部分带正电荷的 α 粒子会迎面碰撞上带正电荷的原子核，从而引起剧烈反弹。图72演示了这两种相互作用形式。最初，卢瑟福的实验结果让人感到是根本不可能的，但有了这个修改的模型后一切都显得十分显然。卢瑟福曾经说过："所有的物理学结果，要么是不可能的，要么是微不足道的。一切不可能的结果，一旦你理解它之后，就变成微不足道了。"

296

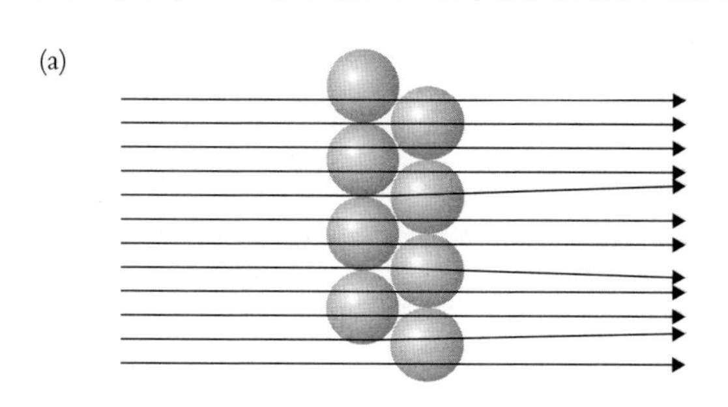

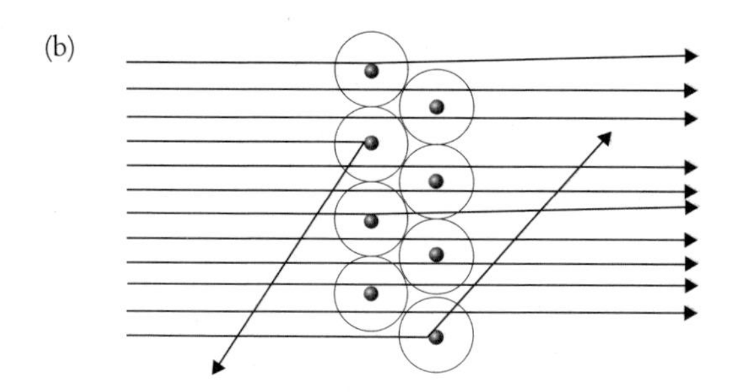

图72　盖革和马斯登的实验的结果表明，一小部分 α 粒子撞到金箔上后被反弹回来。这使得汤姆孙的葡萄干布丁模型失去意义。

图（a）表示金箔由葡萄干布丁模型原子构成。带正电的面团里均匀撒布着带负电的布丁粒子，这种非常均匀的电荷分布使入射的 α 粒子几乎不偏转。

图（b）所示的金箔由卢瑟福的原子构成，它能够解释 α 粒子的反弹。在这种模型下，正电荷被集中在位于中心的核上。大多数 α 粒子仍不偏转，因为原子中的大部分空间是空的。然而，如果 α 粒子撞击到浓缩着正电荷的原子核上，它就会被相当显著地偏转。

只有一个问题依然存在：卢瑟福的中子的存在性依然缺少证据，中子被认为与质子一样都位于原子核内。原子拼图中这一失踪的拼块很难探测，因为它是电中性的，不像带正电的质子和带负电的电子那么容易检测。詹姆斯·查德威克，卢瑟福的门徒之一，着手证明它的存在。他对于核物理学这门全新的学科是如此痴迷，以至于在第一次世界大战期间作为德国战俘的四年里依然在继续研究。他知道某种品牌的牙膏里含有放射性的钍——为的是让牙齿闪亮发光——他设法从看守那里弄来一些这种牌子的牙膏，以便用它进行实验。查德威克的牙膏实验并没有取得太大的进步，但在战后，他回到了他的实验室，又埋头苦干了10年，最终在1932年发现了原子的这种缺失的成分。事实上，查德威克就是在图68中开着的门的左边的那间实验室里发现中子的。

297　有了对原子结构及其成分的正确认识，物理学家们终于能够解释皮埃尔和玛丽·居里夫妇所研究的放射性的根本原因了。每个原子核都由一个个的质子和中子组成，并且这些成分可以发生交换，使一种核转变成另一种核，从而使一种原子转化成另一种原子。这正是放射性这种现象背后的机制。

例如，像镭这样的重原子的核是非常大的。事实上，居里夫妇研究的镭原子核包含88个质子和138个中子，这么大的核通常是不稳定的，因此很容易衰变成较小的核。就镭的情形而言，镭核以α粒子的形式（它恰好也是氦原子的核）吐出1对质子和1对中子，其本身因此转化成一个由86个质子和136个中子组成的氡核，如图73所示。这种大核分裂成较小的核的过程称为*核裂变*。

尽管我们通常谈到核反应总是联想到非常重的核，但核反应也可能是指非常轻的核，如氢核。氢核和中子可以通过一种被称为*核聚变*的过程合并在一起转化为氦核。氢是相当稳定的，所以这个过程不会自发地发生，但在适当的高温和压强条件下，氢将聚变成氦。氢之所以聚变成氦是因为氦比氢更

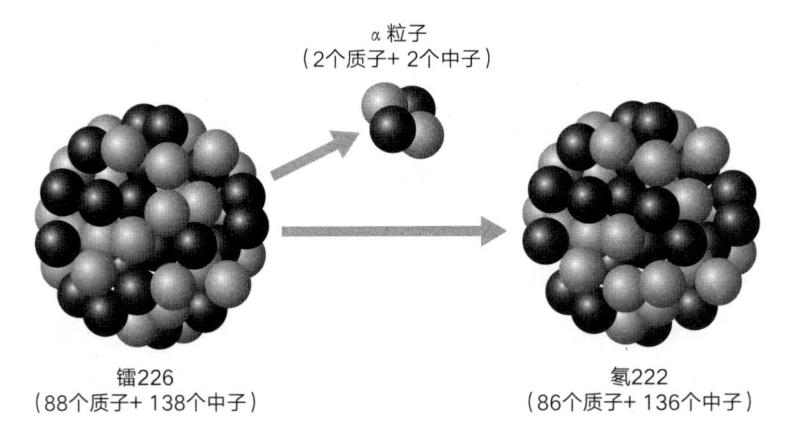

图73　镭有多种同位素，但最常见的是一种被称为镭226的特定的核，因为它有88个质子和138个中子，总共226个粒子。镭核大，因此非常不稳定，这使它通过裂变，以α粒子的形式放射出2个中子和2个质子，自身转化到较小的氡核，后者本身也相当不稳定。

稳定，原子核总有一种寻求最大可能的稳定性的趋势。

在一般情况下，最稳定的原子是处于周期表中间位置的那些原子，如铁。这些原子还有个特点，就是它们的原子核中质子和中子的数量也处于中等。因此，虽然质量非常大的原子核会发生裂变，质量最小的原子核会发生聚变，[298] 但绝大多数中等质量的核则几乎从不发生任何种类的核反应。

虽然这解释了核反应是如何进行的，以及为什么镭具有放射性（而铁不是），但它并没有解释为什么当镭发生裂变时居里夫妇会检测到如此巨大的能量。核反应因其释放能量而著称，但这些能量是从何而来的？

答案在于爱因斯坦的狭义相对论，这方面具体内容我们在第2章里没有涉及。爱因斯坦不仅分析了光速，认识到它对空间和时间的影响，而且还推导出物理学里最著名的方程，即$E=mc^2$。这个公式从本质上表明，能量（E）[299]

和质量（m）是等价的，并且可以相互转化，转换因子即c^2，其中c是光速。光速为3×10^8m/s，因此c^2为9×10^{16}（m/s）^{2}，这意味着一点点质量就可以转化成巨大的能量。

而且事实上，核反应所释放的能量直接来源于微量质量向能量的转换。当一个镭核转化为氡核和 α 粒子时，产物的总质量小于镭原子核的质量。质量损失仅为0.0023%，所以1千克的镭将被转换成0.999977千克氡和 α 粒子。虽然质量损失很微小，但转换因子（c^2）巨大，因此丢失的这0.000023千克质量被变换成多于2×10^{12}焦耳的能量，这个能量相当于超过400吨的TNT所释放的能量。聚变反应也以完全相同的方式释放能量，所不同的是所释放的能量的量通常要更大。氢聚变炸弹比钚裂变炸弹更具有毁灭性。

本章要讨论的天文学或宇宙学已经好久没提起了，但我们应理解，介绍原子物理和核物理领域的突破非常重要，因为它们注定要在大爆炸模型的检验中发挥至关重要的作用。卢瑟福的原子有核模型以及由此出现的对核反应（裂变和聚变）的理解，为天上的研究开辟了一种新的途径。在我们回到本章主题之前，我们先在这里给出对核物理的关键要点的概括：

1. 原子由电子、质子和中子组成。
2. 质子和中子占据原子的中心，即构成原子核。
3. 电子绕原子核做轨道运动。
4. 大质量原子核往往是不稳定的，会发生分裂（核裂变）。
5. 小的核较稳定，但可以发生合并（核聚变）。
6. 裂变/聚变后的核的质量要比最初的核的质量小。
7. 由$E = mc^2$知，这种质量的减少导致能量的释放。
8. 中等质量的核是最稳定的，很少发生核反应。

300

9. 即使是非常轻或非常重的原子核，要进行聚变或裂变反应，也需要高能量和高压强条件。

将核物理学的这些法则与天文学联系起来的首批科学家里，有一位叫弗里茨·豪特曼斯的有勇气且有原则的物理学家，向来以魅力和机智著称。他可能是唯一的一位其笑话被编纂成40页的小册子出版的物理学家。豪特曼斯的母亲有一半的犹太血统，他有时用这样的话来回敬反犹言论："当你的祖先还住在树上时，我的祖先已经会伪造支票了。"

豪特曼斯于1903年出生在佐波特（Zoppot），一个靠近当时德国丹泽（现今波兰的格但斯克）的波罗的海港口的地方。后来他的父母搬到维也纳，豪特曼斯在那里度过了童年。1920年，他从那里回到德国，在格丁根学习物理学，并在此获得了一个研究员的职位。通过与英国科学家罗伯特·德埃斯库特·阿特金森一起工作，他开始迷上了这样一个概念：核物理可以用来解释太阳和其他恒星是如何燃烧的。

众所周知，太阳主要是由氢和部分的氦组成的，因此人们很自然地假定，太阳产生的能量是氢聚变成氦的核反应的结果。当时还没有人在地球上观察到核聚变，因此对这种机制的细节并不清楚。但业已知晓，如果氢可以在某种程度上转化成氦，将有0.7%的质量损失：1千克的氢以某种方式被聚变成0.993千克氦时，将有0.007千克的质量损失。同样，看上去这个质量损失很小，但爱因斯坦的质能关系式$E = mc^2$告诉我们，这一看似微小的质量损失甚至能够产生数量巨大的能量： 301

$$能量 = mc^2 = 质量 \times (光速)^2 = 0.007 \times (3 \times 10^8)^2 = 6.3 \times 10^{14} 焦耳$$

所以，从理论上讲，1千克的氢可以聚变成0.993千克的氦并产生6.3×10^{14}焦耳的能量，它等于燃烧100 000吨煤所产生的能量。

困扰豪特曼斯的主要问题是，太阳上的条件是否足以引发聚变。前面我们提到，聚变反应不可能自发发生，需要高温和高压。这是因为它们需要输入初始能量来触发核反应。在两个氢核聚变的情形下，这种初始能量对于克服初始的静电斥力是必要的。氢核是带正电荷的质子，所以它会排斥另一个带正电荷的氢核，因为同种电荷相斥。但是，如果质子能得以足够接近对方，那么吸引性的所谓*强作用核力*就将起作用，它将压倒静电斥力，并使两个氢核安全地绑定在一起形成氦核。

豪特曼斯计算出这个临界距离为10^{-15}米，即1毫米的一万亿分之一。如果两个相互接近的氢核能够接近对方到这个距离，那么聚变就将发生。豪特曼斯和阿特金森都深信，太阳内部深处的压力和温度都大到足以迫使氢核接近到这个10^{-15}米的临界距离的范围内，这将导致聚变，而释放出的能量则用来维持温度，并促使进　步聚变。1929年，他们在德文期刊《物理学杂志》上发表了他们关于恒星上的聚变的这一想法。

302　豪特曼斯确信，他和阿特金森正行进在正确解释为什么星星会发光的道路上，他对他的这项研究感到非常自豪，以至于不禁向他约会的女孩夏洛特·里芬斯塔尔夸耀他的这项工作。后来他回忆起他完成了关于恒星聚变的研究论文后那个晚上所发生的交谈内容：

> 那天晚上，我们完成论文之后，我便去与一个漂亮的姑娘约会散步。天渐渐地黑了下来，星星出来了，一个接一个，个个都闪耀着光辉。“它们是不是闪得很漂亮？”我的同伴叫道。但我只是挺

了挺胸，自豪地说：“从昨天开始我已经知道它们为什么会闪光。”

夏洛特·里芬斯塔尔显然对此印象深刻。后来她嫁给了他。然而，豪特曼斯只发展了部分恒星聚变理论。即使在太阳上2个氢核可以聚变成1个氦核，它也只能是氦的一种很轻且不稳定的同位素——稳定的氦核还需要向核内添加2个中子。豪特曼斯相信存在中子，它也确实在太阳中存在，但在1929年他和阿特金森发表他们的论文时，它还没有被发现。因此豪特曼斯对中子的各种属性大体上是无知的，他无法完成他的计算。

当1932年中子最终被查德威克发现后，豪特曼斯正处在填补他的理论细节的理想状态，但政治干扰很快又起。他曾是一名共产党员，因此担心会成为纳粹迫害的受害者。1933年，他逃离德国到了英国，但在那里，不论是文化还是食物都不对他的胃口。他说他无法忍受永远存在的涮羊肉的气味，并称英格兰就是个“腌土豆的邦域”。1934年底，他离开英国前往苏联。据他的传记作者约瑟夫·赫里普罗维奇（Iosif Khriplovich）记载，他的移民主要是受到“理想主义和英式菜肴”的驱使。

303

在豪特曼斯于20世纪30年代末被拘留期间，其他物理学家拾起他的恒星聚变的思路，并计算了太阳上所发生过程的具体细节。其中对完成豪特曼斯研究贡献最大的当属汉斯·贝特。1933年，贝特因他母亲是犹太人而被他所在的图宾根大学解雇。他先是在英国，后来又去了美国寻找避难所，并最终成为洛斯·阿拉莫斯国家实验室（核弹项目研发基地）理论部门的负责人。

贝特为在太阳的温度和压力环境下可行的氢变氦过程确立了两条核反应路径。一条路径是，标准氢（1个质子）与氘（氢的较稀有、较重的同位素，由1个质子和1个中子组成）反应。这个反应形成的是氦的相对稳定的同位素（含2

304 个质子和1个中子）。接着，两个这样的轻氦核会进一步聚变，形成一个标准的、稳定的氦核，同时释放出2个氢核作为副产品。这一过程如图74所示。

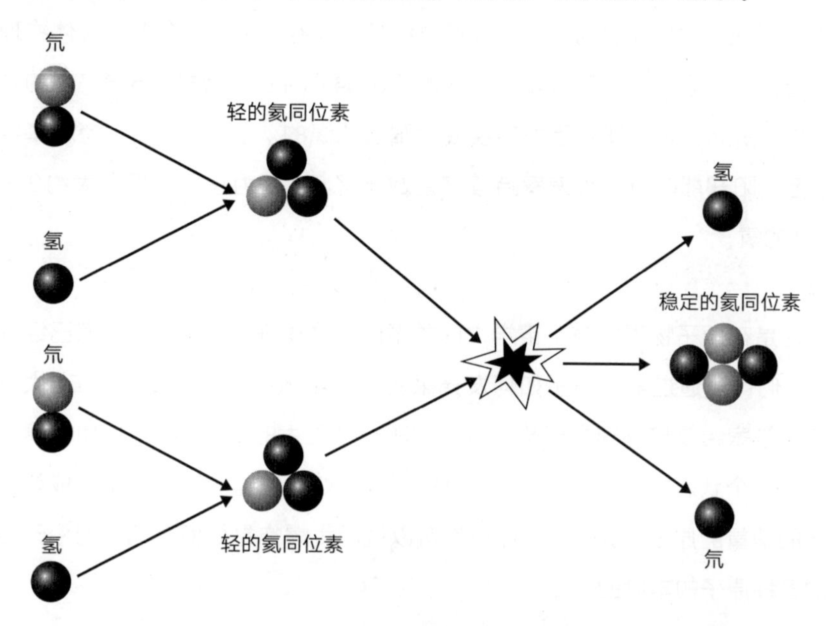

图74　本图显示的是太阳上氢变氦的一种方式。黑色球体表示质子，白色球体表示中子。在反应的第一阶段，标准氢和氘聚变成氦核。氦通常有2个质子和2个中子，但是这种氦同位素有2个质子但只有1个中子。在第二阶段，2个轻氦核再次聚变，形成稳定的氦同位素，同时释放出2个氢核（质子）。这些氢核可以再次形成氦核。理论上说，2个氘核（由1个质子和1个中子组成）可以直接聚变形成稳定的氦核（2个质子和2个中子）。但氘非常稀少，所以前一种较繁复的路径反倒更富有成效。

贝特建议的氢变氦的另一条路径要用到碳核作为捕集氢核的手段。如果太阳含有少量的碳，那么每个碳原子核一次可以捕捉和吞噬一个氢核，变身305 为更重的核。最终，转化后的碳核会变得不稳定，导致它吐出一个氦核并转回到其本身稳定的碳核，接着这一过程又重新开始。换句话说，碳核在这里充当加工厂，使用氢核为原料来大量生产出氦核。

这两条核反应路径最初都是推测性的，但是其他物理学家检查了方程并确认，反应是可行的。与此同时，天文学家们也更加确信，太阳的内部环境强到足以引发核反应。到20世纪40年代，人们已经很清楚，贝特提出的这两种核反应在太阳上都会发生，并提供维持太阳存在所需的能量。天体物理学家已能够设想太阳究竟是如何每秒钟将5.84亿吨的氢转换为5.8亿吨的氦的，并将由此引起的质量亏损转换成太阳的能源的。尽管这个质量消耗率巨大，但太阳却能够以这种速率持续产能数十亿年，因为它目前仍有大约2×10^{27}吨的氢。

这是在原子物理学与宇宙学之间关系的一个里程碑。核物理学家已经证明，他们可以通过解释恒星如何发光来对天文学做出具体贡献。现在，大爆炸宇宙学家希望核物理学能帮助他们解决一个更大的问题：宇宙是如何演变成目前这个状态的？现在很清楚，恒星可以将如氢这样的简单原子变成如氦这样的稍重的原子，所以核物理也许可以说明大爆炸是如何产生我们今天看到的各种原子的丰度的。

这个阶段为宇宙学新的先锋的到来进行了设定。他将是一位能够将核物理的严格规则运用到宇宙大爆炸这种纯理论领域的科学家。通过实现核物理和宇宙学之间的学科跨越，他将为宇宙的大爆炸模型建立起一套判决性检验。306

大爆炸后的前5分钟

乔治·伽莫夫是一个爱交际又特立独行的乌克兰裔科学家，喜欢喝烈性酒，玩纸牌游戏。他1904年出生于敖德萨，从小就表现出对科学的浓厚兴趣。他曾对他父亲送给他的显微镜着迷，并用它来分析圣餐变质[1] 的过程。在出席

---

1. Transubstantiation，指罗马天主教的一种信仰，即在圣餐进行时，会有神迹发生，这时食物和酒会真实地变为基督的身体和血，尽管物品的实际性质没变。—— 译注

了当地俄罗斯东正教教堂的圣餐仪式后，他拿着一块面包，脸颊上沾着几滴酒迅速跑回家。他将它们放在显微镜下观察，并与他日常享用的面包和酒进行比较。他没找到任何证据表明面包的结构已经转变为基督的身体，他后来写道："我认为这是一项让我成为科学家的实验。"

伽莫夫早年在敖德萨的新罗西亚大学学习时就以雄心勃勃的年轻物理学家而闻名，后来，1923年，他就读于列宁格勒大学，师从亚历山大·弗里德曼，后者当时正在发展他的新提出的大爆炸理论。但伽莫夫的兴趣与弗里德曼的这些研究大相径庭，他很快在核物理学领域做出了世界级的发现。他的研究促使国家级报纸《真理报》为他献上了一首诗，那时他只有27岁。另一份报章则宣告："一位苏维埃学者向西方表明，俄罗斯的土地上也能够产生自己的柏拉图和才思敏捷的牛顿。"

307 然而，伽莫夫却变得对苏联的学术生活感到不满。1932年，伽莫夫试图通过穿越黑海到土耳其来逃离苏联。结果这次行动变成了一场极其外行的逃跑——他和他的妻子柳波娃·沃明泽娃试图乘坐独木舟用划桨来跨越250千米的水域。他在自传中讲述了这个故事：

> 一个重要的事项是旅程中的食物供应。我们认为所带的食物应能维持五六天……我们煮了[鸡蛋]带上在路上吃。我们还设法弄到了几块硬巧克力，两瓶白兰地，当我们在海上又湿又冷的时候，它们派上大用场了……我们发现两个人轮流划桨而不是一起划较合理，因为一起划时船的速度并没有增加到两倍……第一天完全成功……我永远不会忘记看到的在西沉的夕阳下一个海豚追逐波浪的景象。

但36个小时后，他们的运气变了。天气变得对他们不利，他们被迫再划回苏联的怀抱。伽莫夫又做了另一次失败的尝试，这一次是打算从摩尔曼斯克横渡北极水域到挪威。

1933年，他采取了一个新策略——应邀出席物理学家在布鲁塞尔召开的索尔维会议。伽莫夫设法与苏共高级官员维亚切斯拉夫·莫洛托夫会面，希望得到让他妻子——也是一位物理学家——陪同他前往的特别许可。他获得了必要的文件，但经过了与官僚的漫长的斗争。这对夫妇终于能够出席这次会议了。他们这一去就没打算再返回苏联。通过适当渠道，他们从欧洲来到美国。1934年，伽莫夫入职乔治·华盛顿大学，并在那里度过了随后20年的探索、检验和捍卫大爆炸假说的学术生涯。

308

图75　乔治·伽莫夫和他的妻子柳波娃·沃明泽娃的照片。下面是伽莫夫夫妇正在为乘坐划皮艇横渡黑海逃出苏联作准备。

伽莫夫对大爆炸与核合成——原子核的形成过程——特别感兴趣。伽莫夫想看看核物理和大爆炸模型是否能解释观测到的原子丰度。正如我们前面看到的，宇宙中每10 000个氢原子就有大约1000个氦原子，6个氧原子和1个碳原子，所有其他元素的所有原子加在一起都要比碳原子少很多。伽莫夫想知道大爆炸的早期时刻是否可以解释我们的宇宙被氢和氦所主宰。他还想知道，大爆炸是否能解释较重原子的不同丰度，这些重原子虽较罕见，但对生命来说是非常重要的。

309

在了解伽莫夫的研究之前，我们先回顾一下勒迈特的核合成观点。他的宇宙始于一个单一的、质量巨大的原始原子——其他所有原子的母亲："原子世界分裂成碎片，每个碎片又碎成更小的碎片。为了简单起见，假设这种碎裂出现的概率是相同的，我们发现，要使目前的物质被粉碎成可怜的小原子，小到已无法再破碎为止，那么我们需要连续破碎260次。"根据既定的原理，大核是不稳定的，一个质量超重的原子更是极不稳定，会很快分裂成较轻的原子。然而，这些碎片残迹应当会位于周期表中间的某个地方，就是最稳定的元素所处的地方。这将导致一个以铁元素为主的宇宙。在勒迈特的模型里，似乎没有办法产生当今宇宙所表明的氢和氦的原子在宇宙中的丰度。在伽莫夫看来，勒迈特模型是完全错的。

摒弃了勒迈特的自上而下的方法后，伽莫夫转而采用一种自下而上的策略。如果宇宙始于一锅致密的、简单的、向外膨胀的氢原子汤，将会怎样？大爆炸是否能为氢聚变成氦和其他较重的原子创造合适的条件？这个想法似乎比勒迈特的想法更有可能，因为从100％的氢出发更容易解释为什么氢到今天仍占宇宙原子的90％。

但在开始推测大爆炸的核物理机制之前，伽莫夫研究了豪特曼斯和贝特的工作，试图找出究竟是什么样的恒星能够将氢聚变成较重的原子。他受到恒星聚变的两个关键限制的打击。首先，恒星里氦的产生速率非常慢。我们的太阳每秒钟产生5.8×10^8吨氦，这听起来好像很多，但要知道太阳目前含有5×10^{26}吨氦。按照恒星氦的产生速率，这么多的氦需要超过270亿年才能完成，而根据大爆炸模型，宇宙年龄应该在18亿年。因此伽莫夫得出结论：大多数的氦必定在太阳形成时就已经存在，所以它也许是在大爆炸时产生的。

310

图76 乔治·伽莫夫与约翰·科克罗夫特（左）讨论计算，后者后因对核物理学的贡献而赢得诺贝尔奖。照片捕捉到物理学家们工作时的紧张和喜悦。

311

恒星聚变的另一个限制是它明显不能创造比氦重的元素的原子。物理学家们没能成功找到任何可行的恒星核反应生成元素铁或金的路径。在创造了最轻的原子后，恒星似乎走到头了。

伽莫夫把这两种局限性看作大爆炸模型证明自己能弥补恒星的不足的机会。在恒星无法产生足够多的氦或较重元素的地方，大爆炸也许可以成功。特别是，他希望早期宇宙的条件足够极端，允许新型核反应的存在，并开辟出恒星上不可能存在的新途径。这种新途径将能够解释所有的元素的产生。如果伽莫夫能将重元素的核合成与大爆炸联系起来，那将为大爆炸模型提供强有力的证据支持。如果他做不到这一点，那么这个雄心勃勃的创生理论将面临重大的尴尬局面。

20世纪40年代初，伽莫夫开始了他的解释大爆炸后元素产生的研究项目。他很快就意识到，他是美国在探索大爆炸核合成问题方面的唯一的物理学家，从而也很快就明白了为什么他会有包揽整个领域的特权。从事原子核形成的研究需要有对核物理的深刻理解，而当时几乎每一个有这样背景的人都已被秘密招募到洛斯阿拉莫斯国家实验室去从事曼哈顿计划——第一颗原子弹的设计和建设——工作了。伽莫夫没有离开乔治·华盛顿大学的唯一原因是他未能获得最高级别的安全许可，因为他曾经是红军军官。那些负责签发许可证的人不能理解，既然伽莫夫已经被赋予军官的地位，因此他可以313 给士兵们教授科学课程呀。美国当局也没有去收集更多的说明伽莫夫真正忠诚的证据，比如苏联因他逃离苏联而缺席判处他死刑的事实。

伽莫夫探索大爆炸核合成的策略看似简单。他开始观察宇宙现在的样子。天文学家们研究了恒星和星系的分布，因此他们能估计出整个宇宙的密度，这大约是每1000个地球体积中含1克。下一步，伽莫夫利用哈勃对宇宙膨胀的测量结果，并倒拨时钟使宇宙收缩。伽莫夫的收缩的宇宙越接近创生时刻就变得越致密，因此他可以用比较简单的数学来得到以前任何时刻的平均密

图77　这是1933年在布鲁塞尔召开的索尔维会议的合影。照片中乔治·伽莫夫位于后排中间。本次会议的议题是讨论原子结构，因此照片中包含了其他许多位著名人物。厄内斯特·卢瑟福和詹姆斯·查德威克坐在前排，坐在前排的还有玛丽·居里和她的女儿艾琳·约里奥，她像她母亲一样获得了诺贝尔奖。

皮埃尔·居里已去世多年。1906年，他被一辆马车撞倒并夺去了生命。随后玛丽开始与保罗·朗之万（就是照片中她旁边的那位）有了关系。朗之万是一位已婚男人，这导致了一桩公开的丑闻。当居里夫人接到了她第二次获得诺贝尔奖的通知时，她被要求不要亲自来斯德哥尔摩领取奖金，因为这会让诺贝尔奖委员会感到尴尬。她没理睬这一要求，并解释说，这个奖是对她的科学成就的奖励，而不是对她个人生活的评价。

图中前排左起：E. 薛定谔、I. 约里奥、N. 玻尔、A. 约飞、M. 居里夫人、P. 郎之万、O. 理查德森、E. 卢瑟福、T. 德堂德、M. 德布罗意、L. 德布罗意、L. 迈特纳、J. 查德威克度。压缩物质通常会产生热量，这就是为什么自行车的打气筒向车胎内充了几下气后摸上去会感到热的原因。因此，伽莫夫也可以采用相对简单的物理来证明年轻的、压缩的宇宙会比今天的宇宙热得多。总之，伽莫夫发现，他可以很容易地得到宇宙从创生后不久（炽热致密状态下）直到今天（寒冷弥散状态下）任何时间点的温度和密度。

建立早期宇宙中普遍存在的条件是很重要的，因为任何核反应的结果几乎完全取决于密度和温度。密度决定了给定体积里的原子数。密度越高，两个原子发生碰撞并聚变的可能性就越大。随着温度的增加，有更多的能量可用，原子运动得也更快，这意味着它们的核更容易发生聚变。正是由于天体物理学家知道太阳内部的温度和密度，他们才能够算定恒星内部会发生哪一[314]种核反应。伽莫夫认为在早期宇宙中也有类似的信息，因此希望能知晓在大爆炸之后不久哪一种核反应能够发生。

伽莫夫研究大爆炸核合成模型的第一步是假定，极早期宇宙的极端高温会将所有物质都破碎成最基本的物质形式。因此他假设宇宙的初始成分被分离成质子、中子和电子——当时物理学家所知道的最基本的粒子。他称这种混合为“ylem”（发音为“eye-lem”）——他在韦氏词典中偶然查到的一个词。这个已废弃的中古英语单词的意思是“构成元素的原始物质”。它确切地描述了伽莫夫的滚热的中子、质子和电子汤。单个质子相当于1个氢原子核，加上1个电子，即构成一个完整的氢原子。然而，早期的宇宙是如此之热，能量是如此之多，使得电子快得根本就不从属于任何原子核。除了物质粒子，早期的宇宙还是汹涌的光的海洋。

从这锅热的、致密的汤出发，伽莫夫试图将时钟慢慢地向前拨，来搞清楚基本粒子是如何开始粘在一起形成我们今天所熟悉的原子核的。最终，他的雄心是要说明这些原子是如何凝聚成恒星和星系，并演变成我们看到的周围的宇宙的。总之，伽莫夫想证明，大爆炸模型可以解释我们是如何走到今天这个地方的。

不幸的是，当他开始计算可能发生的核反应后，伽莫夫被面前巨大的工作量阻遏住了。他是能应付一组特定条件下发生的核反应的计算，但问题是大爆炸的图景是不断变化的。在某一时刻，宇宙有一组确定的温度、密度和粒子组合，但一秒钟后宇宙已经膨胀了，导致温度变低，密度变小，粒子组合已稍有差别，具体变化由可能已经发生的核反应而定。伽莫夫努力进行着核反应的计算，但进展甚微。他是个伟大的物理学家，但数学计算却是他的弱项，核反应计算超出了他的能力。而且当时计算机还没有得到有效运用，他面临的是一种绝望的困境。[315]

最终，1945年，伽莫夫得到了他急需的支持——他将一个名叫拉尔夫·阿尔弗的年轻学生招至麾下。阿尔弗当时正努力要在科学界开出一片自己的天地，他的学术生涯始于1937年，当时这位16岁的神童获得了麻省理工学院的奖学金。但不幸的是，在与该学院的校友聊天时，他漫不经心地道出他来自犹太人的家庭，于是奖学金被迅速取消了。这对一个有抱负的少年来说可谓是一个可怕的打击："我哥告诉我不要将希望看得太高，他是对的。这是一个惨痛的教训。他说认为一个犹太人可以去任何地方是不现实的。"

阿尔弗能够回到学术轨道的唯一办法就是白天工作，晚上去上乔治·华盛顿大学的夜校。最终他通过这种方式完成了他的学士学位。正是在这期间，伽莫夫遇到了阿尔弗，让他眼前一亮。一种可能是因为阿尔弗的父亲也来自敖德萨——他自己的出生地。伽莫夫承认，阿尔弗是数学天才，对细节看得很准。相比之下，他自己的数学可谓蹩脚而且处理得草率。他立即将阿尔弗[316]

招收为他的博士生。

伽莫夫让阿尔弗去着手解决早期宇宙中的核合成的问题。他给这位学生提供一个起点和关键问题的大致轮廓，这些都是基于他到目前为止所收集到的信息。例如，伽莫夫指出，大爆炸核合成可以限定在一个相对较短的时间和温度窗口内。极早期宇宙是如此之热，能量如此之高，使得质子和中子的运动快到根本无法束缚在一起。不久之后，宇宙开始冷却，核合成开始启动。然而，时间稍稍过去一点点，宇宙的温度便下降到质子和中子不再有足够的能量或速度来启动核反应的地步。总之，核合成只能发生在宇宙温度比万亿度低但高于百万度的区间内。

核合成窗口的另一个限制是，中子是不稳定的，会衰变为质子，除非它们被束缚在如氦核这样的核内。因此，早期宇宙中的自由中子在消失之前必须先形成原子核。自由中子的半衰期大约为10分钟，这意味着有一半的中子在10分钟内就消失了，剩下的中子在另一个10分钟内又消失一半，等等。因此，原始中子在创生后的1小时后其数量将少于2%，除非中子已与质子反应形成稳定的核。另一方面，存在一种依赖温度的核反应，它们可以生成中子，这个过程将使情形进一步复杂化。由于中子是核合成过程中的重要因素，因此无论是中子的半衰期还是中子的产生率，都是确定大爆炸后核合成持续时间的关键因素。

317　注意力集中到核合成这个复杂的时间窗口上之后，伽莫夫和阿尔弗开始估算质子和中子相互作用的可能性。他们的计算中需要输入的另一个复杂因子是中子和质子反应的*反应截面*。一个粒子的反应截面是指它与其他粒子相互作用的概率有多大。如果两个人站在房间的相对两侧，然后彼此向对方扔小玻璃球，那么两个玻璃球在半空中发生碰撞的可能性非常小。相反，如果他们彼此向对方扔足球，那么两个足球在半道上发生碰撞的可能性就大多了，或至少彼此掠过。因此我们说足球有比玻璃球更大的碰撞截面。在核合成问题上关键的一点是：中子和质子呈现给对方的截面或标靶有多大？

核粒子的反应截面用“靶恩（barn）”单位来衡量。1靶恩等于10^{-28}平方米。这个词源自于这样一句具有讽刺意味的话：“连谷仓的门都没碰着”。一些词源学家认为这个词最早见于参与曼哈顿计划的物理学家的工作守则[1]，这样即使间谍无意中听到“谷仓”一词也无法知道说的是什么意思。了解截面大小对原子弹制造者来说至关重要，他们当时一直试图搞清楚要形成核爆炸至少需要多少铀。铀的反应截面越大，核相互作用的可能性就越大，保证核爆炸所需的铀燃料就越少。

对阿尔弗来说重要的是，围绕原子弹项目的秘密在战争后很快得到公开。这意味着正当阿尔弗着手进行他的大爆炸核合成过程的研究时珍贵的截面测量数据被解密。另一个刺激来自美国阿贡国家实验室的科学家，他们一直在探索建设核电站的可能性。他们也发布了关于核反应截面的最新数据，这让阿尔弗很兴奋。 318

伽莫夫和阿尔弗花了3年时间来进行计算，对他们的假设进行打磨，他们更新了截面数据，完善了他们的估计。他们的一些最深入的交谈是在一家坐落在宾夕法尼亚大道上的名为“小维也纳”的小酒吧里进行的。在这里喝上一两瓶饮料有时真有助于他们对早期宇宙的理解。这是一段非同寻常的经历。他们将具体的物理应用到以前十分模糊的大爆炸理论上，试图用数学模型来刻画早期宇宙的条件和事件。他们估计了初始条件，并通过运用核物理

1. 根据约翰·惠勒的说法，这个词最早是由恩里科·费米引入的。见《约翰·惠勒自传》——译注

定律来观察宇宙是如何随时间演化的，以及核合成的过程是如何取得进展的。

随着逐月过去，阿尔弗越来越确信他可以精确模拟大爆炸之后最初几分钟时氦的形成过程。当他发现他的计算与实际紧密一致时，他的信心得到了增强。阿尔弗估计，在大爆炸核合成阶段的末期，差不多每10个氢核可生成1个氦核，这与天文学家对当今宇宙的观测结果十分吻合。换句话说，大爆炸可以解释我们今天看到的氢氦比。阿尔弗没有认真尝试对其他元素建立模型，但即使是预言的氢和氦的形成与观察到的比例一致这一点本身就已是具有重大意义的成就了。毕竟，这两种元素占了宇宙中所有原子的99.99%。

几年前，天体物理学家已经能够说明氢变氦是恒星的能源，但是恒星核反应的速度太缓慢，使得恒星核合成过程只可解释已知的氦的一小部分。而阿尔弗通过假设存在大爆炸过程可以解释氦的丰度。这一结果是自哈勃观察和测量星系的红移以来大爆炸模型的第一次重大胜利。[319]

为了宣布这一突破，伽莫夫和阿尔弗将他们的计算结果和结论写成一篇题为“化学元素的起源”的正式论文提交给《物理评论》杂志。文章定于1948年4月1日出版，也许正是这个日子促使伽莫夫做了一件他已经独自考虑了好几个月的事情——将汉斯·贝特的名字加入到作者名单里。伽莫夫和汉斯·贝特是亲密朋友，贝特以其在恒星核反应领域的工作而闻名，因此伽莫夫想在文章的作者中加入贝特的名字，尽管他并没在这个特殊的研究报告中做出什么贡献。伽莫夫添加这个名字的动机是，读者可以从文章的作者列表上得到一种视觉享受——阿尔弗、贝特和伽莫夫，各人姓氏的首字母按希腊字母排列恰好是alpha（α），beta（β）和gamma（γ）。

毫不奇怪，阿尔弗对此不以为然。他担心，列入贝特会削弱国际科学界对他在这项研究中的贡献的认可。阿尔弗的名字已经被伽莫夫这位合作者遮盖得黯然失色，因为阿尔弗只是年轻的博士生而伽莫夫是著名的物理学家，再加上贝特这个更杰出的名字恐怕只会使事情变得于他更为不利。阿尔弗做的工作要比他在这篇作品中分享到的成果多得多，而现在事情看起来他能得到认可的部分还得打折扣。在伽莫夫和阿尔弗就署名权发生不愉快的整个过程中，贝特始终没有意识到阿尔弗的感觉，他也不知道这将是宇宙学历史上最重要的科学论文之一。他只是很高兴能成为伽莫夫的这个小玩笑的一部分。

直到论文送出发表，贝特的名字依然在列。伽莫夫试图通过安排一个小型庆祝活动庆祝他们的伟大成就来弥补他与他的这位学生之间的嫌隙。伽莫夫带了一瓶君度甜酒走进办公室，酒的标签已改为“Ylem”——他为宇宙最初所充斥的原始粒子汤所取的名字。橙色的液体从酒瓶倾入两只酒杯，研究大爆炸的两人一释前嫌。

320

虽然伽莫夫现在可以放松一点，但阿尔弗仍有很多工作要做。这项研究是阿尔弗的博士论文项目，因此他必须独立地写出来，给出详细的解释来证明他确实值得这个博士学位。不幸的是，在他开始写作论文不久，他得了严重的流行性腮腺炎。忍受着疼痛和肿胀，阿尔弗只能在床上扶病完成他的论文，他将论文内容口述给他的妻子路易丝。这对夫妇是在乔治·华盛顿大学的夜校认识的，但路易丝学的是心理学而不是物理学，所以她对阿尔弗的研究根本不懂。然而她忠实准确地打出了构成论文核心的深奥的方程。

阿尔弗的工作还没有完成。接下来，他还得经受一次论文答辩——获得博士学位的最后一道关卡。他必须独自坐在答辩小组的专家们前面，并让他们信服，在大爆炸后的瞬间，氢和氦可能按正确的比例产生。他还想说，可以合理地认为，在这个阶段，其他原子也有机会被创造出来。从本质上讲，他捍卫的是他与伽莫夫合作的结果，但此时他必须完全依靠自己的智慧，无法向他的导师寻求建议。如果他成功了，那么他将被授予博士学位；如果他失败了，那么他这三年算是浪费了。他的论文答辩计划于1948年春季举行。

这种论文答辩通常是公开进行的，但它通常不像一场体育活动那样对公众那么有吸引力，所以观众往往是朋友、家属和一些对此特别感兴趣的学者。322 然而这一次，"一位27岁的新手取得了一项重大突破"的消息已经传遍了整个华盛顿，阿尔弗发现自己是要在300多人（包括记者）的听众面前进行答辩。他们聚精会神地听着一系列莫名其妙的问题和阿尔弗给出的更加神秘的回答。在答辩行将结束时，评审专家们充分相信阿尔弗应当被授予博士学位。

与此同时，记者们特别注意到阿尔弗的一个评论——氢和氦的原初核合成只发生在最初300秒时间内。于是这句话就成了未来几天美国报纸上的头条新闻。1948年4月14日，《华盛顿邮报》宣布，"世界始于最初5分钟"，两天后这家报纸又刊登了一幅漫画，如图78所示。《新闻周刊》则在4月26日发表了同一个故事，但将时间尺度拉长到其他种类原子的创生："根据这一理论，所有元素都是在一个小时之内创生于一锅原始流体，然后组成我们今天所见的恒星、行星和生命的物质。"事实上，阿尔弗对重于氢和氦的元素谈得很少。

在接下来的几周，阿尔弗享有了很高的知名度。学术界显示出对他的工作的兴趣，好奇的公众给他发邮件，宗教原教旨主义者为他的灵魂祈祷。然而，聚光灯很快暗了下去，正如他所预料的，他消失在他的杰出的合作作者——伽莫夫和贝特——的阴影里。当物理学家们读了他们的文章后，认为伽莫夫和贝特对这一突破的贡献最大，阿尔弗的名字被忽视。阿尔弗在发展大爆炸模型过程中的至关重要的作用应得到恰当的认可这一点，因出于喜

321

"Five Minutes, Eh?"

图78　著名漫画家赫伯特·L.布洛克显示出对阿尔弗的研究感兴趣。这幅出现在1948年4月16日《华盛顿邮报》上的漫画显示了一颗原子弹在思考这个世界在创生最初5分钟的消息。炸弹似乎代表了这样一种恶作剧的想法，它可以在短短5分钟内摧毁这个世界。

剧效果而添加的贝特的名字而被彻底掐灭了。

323 ## 神圣的创生曲线

α-β-γ 的文章，随着变得众所周知，成为大爆炸宇宙观与永恒宇宙观之争历史上的一个里程碑。它表明，对假设性的大爆炸后的核过程进行实际计算，并以此来检验这一创生理论，是可能的。大爆炸的支持者们现在有了两项观测证据——宇宙膨胀和氢与氦的丰度，并表明它们与宇宙大爆炸模型完全一致。

大爆炸理论的批评者则试图通过破坏大爆炸核合成的成功的基础来进行反击。他们的第一个反应是诋毁伽莫夫和阿尔弗的计算结果与观测到的氦丰度之间的一致性。第二个，也是更实质性的批评，是针对伽莫夫和阿尔弗未能解释重于氢和氦的核的创生问题。

伽莫夫和阿尔弗在他们发表论文时，在很大程度上将这个问题放在了一边，打算以后来解决它。但事实上他们很快就意识到，他们的研究已经进入了一个死胡同：试图用大爆炸的热来合成比氦重的任何核似乎是不可能的。

他们最大的困难是所谓的5核子鸿沟。“核子”是对原子核中任何组成部分的总称，它包含质子和中子。因此：

常见的氢包含1个质子+0个中子=1个核子
同位素氘包含1个质子+1个中子=2个核子
同位素氚包含1个质子+2个中子=3个核子
常见的氦包含2个质子+2个中子=4个核子

324 因此下一个重核将包含5个核子，但这种核不存在，因为它本质上是不稳定的，这是复杂的核相互作用力的结果。然而，在不稳定的5核子核之外还有一系列稳定的核，如碳（通常有12个核子）、氧（通常有16个核子）和钾（39个核子）。

为了对为什么核子数决定着某个核的稳定性和存在性（以及其他核的不稳定性和不存在性）这一点有所认识，我们来考虑车辆的稳定性与它们有多少只轮子之间关系的情况。我们见过独轮车，也见过两轮的自行车、三轮车和四个轮子的汽车。但五个轮子的车辆实际上是不存在的，因为第五个轮子没什么用处，如果有的话，它只会不利于车辆的稳定性和性能。然而，再增加一个轮子则将提高平衡性并有利于均衡车辆的荷载，许多载重卡车确实有六个甚至更多的轮子。同样，但出于不同的原因，1核子、2核子、3核子、4核子和6核子的核都是稳定的，但5核子的核实际不存在。

但是，为什么缺乏5核子核对伽莫夫和阿尔弗就是灾难性的呢？原来在构成如碳以上的较重原子核的核合成道路上，这种缺乏明显是一道不可逾越的裂隙。从轻核变换到重核的路径包含一个或多个中间步骤，如果其中某一步不被允许，那么整个路径都将被阻塞。取得较重的原子核的明显路径是向氦核（4个核子）中添加1个质子或中子生成5核子核，但这是完全不允许的核的类型。因此，实现较重的原子核的道路被封堵。

一种解决方案是让一个氦核同时吸收1个中子和1个质子，从而跳过不稳定5核子核，直接生成稳定的6核子锂核（3个质子和3个中子）。然而，1个质子和1个中子同时以完全正确的方式击中氦核的机会微乎其微。这种核反应很难触发，因此想让两个碰撞正好同时发生的愿望太过牵强。

325

另一种跳过5核子步骤的方法是让两个4核子的氦核合并生成一个8核

子核，但出于与5核子核不稳定的同样理由，这种核也是内在地就是不稳定性的。大自然令人气恼地将两条最明显的轻核变重核的路径都堵死了。

图79 匈牙利出生的物理学家尤金·魏格纳试图找到一条从氦核越过5核子鸿沟到碳核以及更重的核的途径，但未能成功。乔治·伽莫夫画了一幅漫画来说明维格纳的失败途径之一。伽莫夫的标题解释道：“E. 维格纳提出了另一条跨越质量5的鸿沟的巧妙方法。这就是著名的核铁索桥方法。”

328

伽莫夫和阿尔弗没有退却。他们用最新的中子寿命和反应截面数据更新了他们的计算。此外，原论文的计算一直依靠的是电驱动的Marchant & Friden台式计算器，现在他们利用计算领域最新发展起来的技术手段来处理问题。他们获得了里夫斯模拟计算机，随后他们又升级到磁鼓存储式计算机。后来，他们又投资购买了IBM的可编程读孔式计算机，最后是SEAC，早期的数字计算机。

好消息是，他们对氢和氦的丰度的估计仍然是准确的。甚至由学术对手的独立计算（如图80）也证实早期宇宙创生的氢和氦的相对丰度与观察到的当前宇宙中的比率基本一致。坏消息是，精确的计算还是没有显示出创造比氦更重的核的机制。

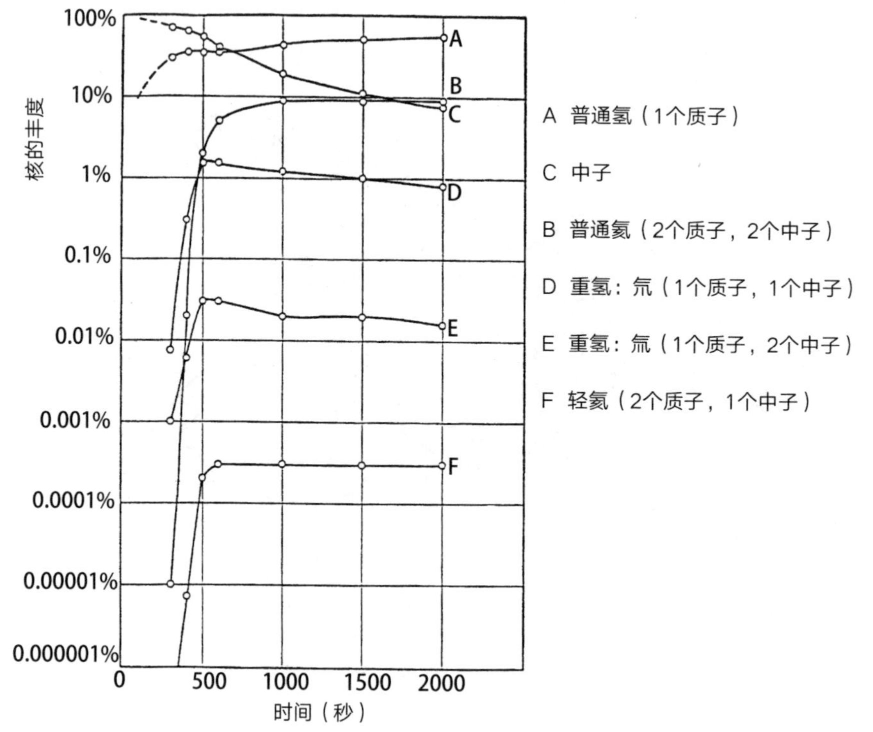

图80 核物理学家恩里科·费米和安东尼·托克维奇也计算了早期宇宙中元素的丰度。他们的结果（如本图所示）与伽莫夫和阿尔弗的结果是一致的。这说明宇宙的化学演化发生在最初的2000秒。

随着中子衰变为质子，中子的数量在不断下降，这就是为什么质子（氢核）的数量在增加的原因。中子数下降的另一个原因是被结合进氦核，氦的丰度也在不断增加，使得它成为宇宙中第二种最丰富的核。图中给出的其他核是氢和氦的同位素，是由普通氢到普通氦的衰变过程中生成的。

天文学家测量了氘和氚（重氢同位素）的现今的丰度，这些测量结果与伽莫夫、阿尔弗以及费米和托克维奇所做出的预测是一致的。这使得大爆炸模型得到进一步认可，现在它可以将宇宙中最轻的原子核的丰度解释成大爆炸后炽热的、致密的环境下的核反应的结果。伽莫夫称之为神圣的“创生”曲线。

虽然重原子的核合成遇到了问题，但阿尔弗开始跟一位名叫罗伯特·赫尔曼的同事合作开展了大爆炸理论另一方面的研究工作。阿尔弗和赫尔曼有很多共同之处。两人都是定居在纽约的俄罗斯犹太流亡者的儿子，都是试图名扬天下的年轻的研究人员。当赫尔曼听到伽莫夫和阿尔弗关于宇宙的讨论后，他克制不住要参与他们的研究。有关宇宙极早时期的计算的想法简直太有诱惑力了。

阿尔弗和赫尔曼根据大爆炸模型重温了宇宙的早期历史，由此开始了他328们的新的合作。宇宙极早期阶段纯粹是混沌状态，能量太大使得物质的任何显著变化都无法实现。接下来的几分钟非常关键，可称为黄金时代——不太热，也不太冷，恰到好处的温度形成了氦等轻核。这是 α-β-γ 论文里所研究的时代。此后，宇宙变得太冷阻止了进一步聚变，但不管怎样，不稳定的5核子核似乎都是生成较重原子核道路上绕不过去的障碍。

328 虽然对于聚变反应温度已过低，但宇宙的温度仍然有大约100万度，这导致所有的物质以一种称为“等离子体”的状态存在。第一种也是最冷的物质状态是固态，其中的原子和分子被紧密地束缚在一起，例如在冰中。第二种温度稍高点的状态是液态，其中的原子或分子之间的连接较为松弛，允许它们流动，如水分子。第三种温度更高的状态是气态，在气态下原子或分子之间几乎没有任何约束，它们可以独立地移动，如蒸汽分子。物质的第四态——等离子体态，温度是如此之高，以至于原子核已无法管束住自己的电子，所以这种态是一种原子核和电子各自独立的混合态，如图81所示。大多数人都不了解等离子态状态，尽管我们中的许多人每天都会点亮一根荧光灯管，使得里面的气体被电离成等离子体。

因此，在宇宙创生的一小时后，它仍然是一锅简单的原子核和自由电子混成的等离子体汤。带负电荷的电子会因为异号电荷之间的相互吸引而试图将自己锁定在带正电荷的原子核上，但它们运动得太快根本无法束缚在围绕核的轨道上。原子核和电子之间发生一次又一次碰撞反弹，等离子体的状态

329

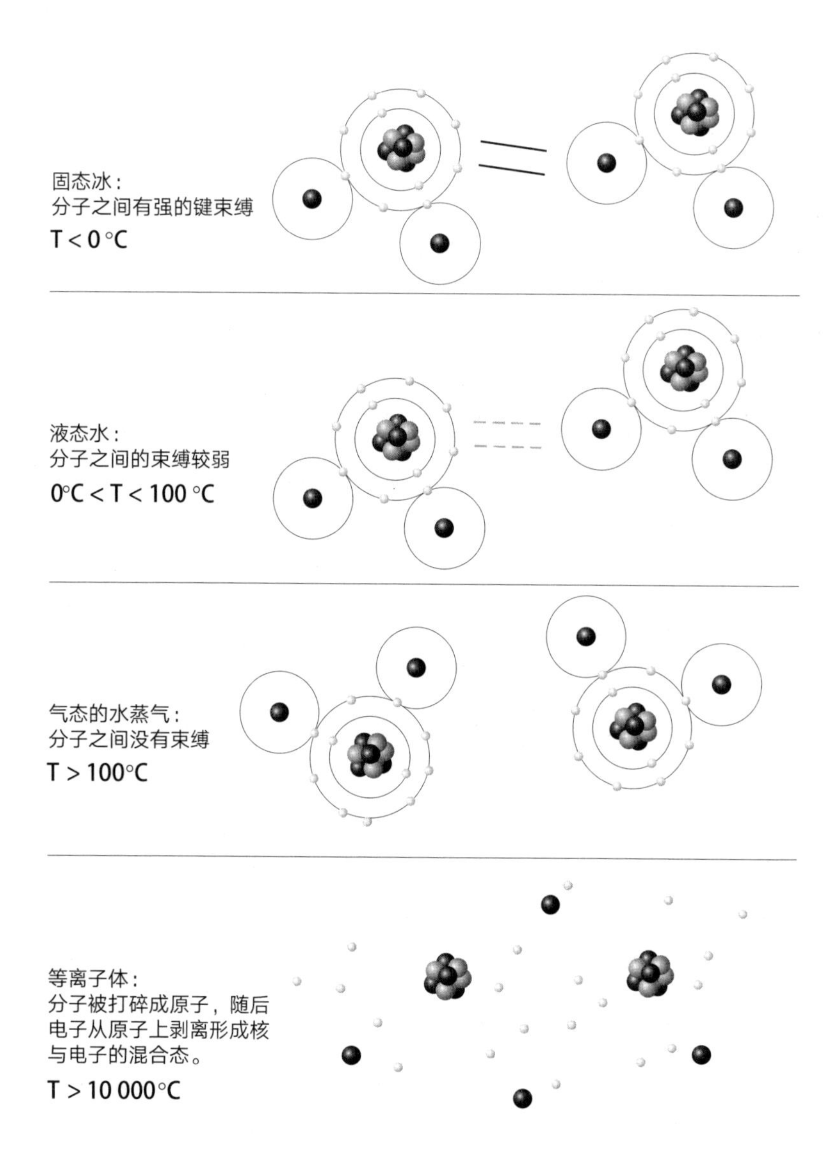

图81　这4幅图以水为例代表着4种物质状态。水的分子式是H_2O，每个分子由两个氢原子结合到一个氧原子上组成。这些分子可以相互绑定形成固体，但热能会削弱这些分子键，形成液体，甚至能够使它们断开形成气体。热能的进一步提高则可以让电子剥离原子核，形成等离子体。

持续存在。

宇宙中还包含一种成分，即占压倒性的光的海洋。然而令人惊讶的是，对这种在宇宙诞生之初就存在的东西，我们没有任何富于启发的经验，因为这时不可能看到任何东西。光很容易与带电粒子（如电子）相互作用，所以 330 光会不断地散射等离子体中的粒子，导致一个不透明的宇宙。由于这种多重散射，等离子体会表现得像一团雾。在雾气中你不可能看到前方的汽车，因为它发出的光在到达你这里之前已经被精细的水滴散射了无数次。因此，能到达你眼睛的光都是经过了很多次的转向。

阿尔弗和赫尔曼继续发展他们的早期宇宙的历史，他们不知道宇宙初期的这种光海与等离子体之间的相互作用随着宇宙在时间推移中膨胀还会发生什么事情。他们意识到，随着宇宙的膨胀，它的能量会散布在更大的体积里，所以宇宙和它里面的等离子会平稳地冷却下来。这两个年轻的物理学家推测，当温度逐渐降低到等离子体无法继续存在时会有这样一个关键时刻，在这一点上，电子会被束缚在原子核上，形成稳定的、中性的氢原子和氦原子。对于氢和氦，从等离子体到原子的转变大约发生在3000 ℃的条件下，他们估计宇宙要冷却到这个温度大约需要30万年左右的时间。这个事件通常被称为*重组*（这个词容易引起误解，因为它给人感觉好像电子和原子核以前是结合着的，但实际不是这种情形）。

重组后，宇宙中充满了中性的气态粒子，因为带负电荷的电子都被结合到带正电荷的原子核上去了。这极大地改变了充盈着宇宙间的光的行为。光与等离子体中的带电粒子容易相互作用，但不与气体中的中性粒子作用，如图82所示。因此，根据大爆炸模型，在重组的时刻是宇宙历史上光线第一次可以顺畅地穿越空间的时刻。在此时刻，仿佛宇宙的雾突然消散了。

331

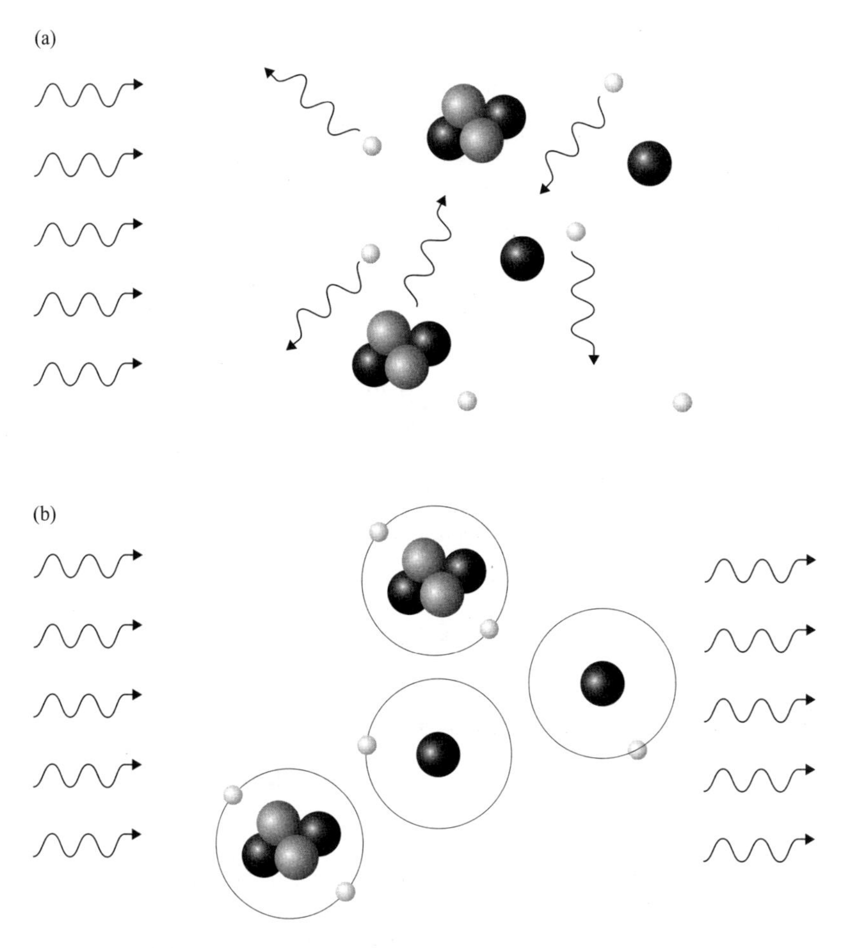

图82　根据大爆炸模型，重组的瞬间是早期宇宙历史上的一个重要的里程碑。

图(a)显示的是在大爆炸后的前30万年的宇宙环境，这期间一切都是等离子体。光线被它们遇到的粒子不断散射，因为许多粒子都是带电的，这使得散射过程频发。

图(b)显示的是重组后的宇宙环境。这时宇宙已冷却到足以使氢和氦原子核俘获电子，形成稳定的原子。由于原子是电中性的，因此这个阶段没有独立的电荷使光散射。因此宇宙对光是透明的，光线可以顺畅地穿越宇宙。

随着阿尔弗和赫尔曼对后重组宇宙的意义的深入理解，笼罩在他们心头332的浓雾也消散了。如果大爆炸模型是正确的，如果阿尔弗和赫尔曼掌握了物理真谛，那么在重组时刻就存在的光就可在今天的宇宙中被探测到，因为光不与弥漫在空间的中性原子相互作用。换句话说，在等离子体时代结束时所释放的光，现在应该作为一种“化石”存在。这种光将是大爆炸的遗产。

阿尔弗和赫尔曼的研究完成于 α-β-γ 论文面世后的短短几个月之内。应该说，这项研究比计算大爆炸后最初几分钟内的氢变氦过程更为重要。原创性的 α-β-γ 论文是辉煌的，但它很容易遭到持成见者的指责。当阿尔弗和伽莫夫进行早期的计算时，他们从一开始就知道他们试图寻找的答案，即观测到的氦丰度。所以，当理论计算与观察相匹配时，批评者试图通过声称伽莫夫和阿尔弗原本就在正确的方向上展开他们的计算来诋毁他们的成就。换句话说，反对大爆炸的攻击者不公平地指责他们是为了得到期望的结果来构建他们的理论的，这就像托勒密为了配合火星的逆行玩弄本轮的做法一样。

与此相反，来自创生后30万年的光的遗迹则绝不能被解释为事后诸葛亮。这里没有任何指责的余地。这种光的回声是唯一基于大爆炸模型的一个明确的预言，因此阿尔弗和赫尔曼提供的是一种判决性的检验。检测到这种光将为证明宇宙确实始于大爆炸提供有力的证据。相反，如果这种光不存在，那么大爆炸就不可能发生过，整个模型将崩溃。

333　阿尔弗和赫尔曼估计，重组时刻所释放的光海具有大致千分之一毫米的波长。这个波长是等离子体雾消散时宇宙温度（即3000 ℃）的直接结果。然而，所有这些光波会被拉长，因为宇宙自重组以来已经不断膨胀。这就像明显退行的星系所发出的光具有拉长和红移一样，这种效应已经被诸如哈勃等天文学家测得。阿尔弗和赫尔曼自信地预言，抻长了的大爆炸的光的波长现在应该有大约1毫米。这种波长对人眼是不可见的，它位于频谱的所谓微波波段。

阿尔弗和赫尔曼做出具体的预测。宇宙应该充满了波长1毫米的微弱的微波，它应该来自各个方向，因为它在宇宙的重组时刻无处不在。任何能够检测到这种所谓的*宇宙微波背景辐射*的人都将证明，宇宙大爆炸真的发生过。这一不朽的遗迹就等着人去进行测量了。

不幸的是，阿尔弗和赫尔曼的结论被完全忽略了。没有人做出任何认真的努力去寻找他们提出的宇宙微波背景辐射。

为什么学术界会回避宇宙微波背景辐射的预言，这有多种原因，但首要的是这种研究的跨学科性质。伽莫夫团队一直将理论核物理应用到宇宙学上来提供所需的微波检测，以图检验其预测。因此，检测宇宙微波背景辐射这一预言的理想人选应当是对天文学、核物理学和微波探测技术都感兴趣且有此专长的某个人，但极少有人能有这样宽广的知识面。

334

即使某个科学家确实具备进行这一探测所必需的技能，他也不会相信检测这种宇宙微波背景辐射在技术上是可行的，因为微波技术在当时还比较初级。即使碰巧他对这一技术的挑战持乐观态度，那么他也可能对该项目背后的目的持怀疑态度。大多数的天文学家当时还不能接受大爆炸模型，并抱定一个永恒宇宙的保守观念。因此，他们为什么要费心去寻找一种出自于很可能根本不存在的大爆炸的宇宙微波背景辐射呢？阿尔弗后来回忆到他、赫尔曼和伽莫夫是怎样花上5年时间来努力说服天文学家相信他们的工作是值得认真考虑的：“我们花了大量精力来讨论这项工作。没有人响应，没有人说这是可行的。”

为了解决他们的问题，阿尔弗、赫尔曼和伽莫夫不得不忍受着形象上的侮辱。他们常常被描绘成两个年轻的暴发户跟在一个小丑后面亦步亦趋。伽

图83　罗伯特·赫尔曼（左）和拉尔夫·阿尔弗（右）用伽莫夫和贴着“ylem”的酒瓶制造了他们自己的蒙太奇，来庆祝 α－β－γ 论文的发表。阿尔弗偷偷地做了一组幻灯片，当他1949年在洛斯阿拉莫斯国家实验室做报告时，这个画面突然出现在屏幕上，这让作为听众的伽莫夫十分惊喜。画面上伽莫夫像一个跟着原始粒子汤一起从瓶子里逃出来的精灵。

莫夫一向以他的打油诗和他时不时对物理学的另类应用而著称。有一次，他认为上帝住在离地球9.5光年远的地方。这个典故源自这样一个事实：1904年，日俄战争爆发后，俄罗斯各地的教会曾提出请求祈祷日本遭到破坏，但直到1923年日本才遭受关东大地震的破坏。想必祈祷者的祈祷和上帝的愤怒都受到光速的限制，这个延迟的时间表明了主的住所的距离。伽莫夫还因《仙境里的汤普金斯先生》一书而著称。在这本书里，他描述了一个光速仅为几千米每小时的世界，因此骑自行车的人看到了很多相对论的奇异效应，如335 时间膨胀和长度收缩。不幸的是，一些竞争对手认为这一做法是在推广幼稚和庸俗。阿尔弗总结了他们的困境："因为他用科普的语言来写物理学和宇宙学，因为他在演讲中注入了大量的幽默，因此有太多的同行科学家经常不拿他当回事儿。他的不被重视也让作为他的同事的我们两个被忽略，特别是因为我们从事的是这样一种猜测性的宇宙学领域的工作。"

鉴于对他们工作的那种压倒性的冷漠，3个人在1953年发表了对他们的工作的最后总结和新的计算方法后，不情愿地结束了他们的研究计划。伽莫夫转向其他研究领域，包括与DNA有关的化学研究。阿尔弗离开了学术界，成为通用电气的一名研究员，赫尔曼加入了通用汽车研究实验室。 336

伽莫夫、阿尔弗和赫尔曼的离去使得大爆炸宇宙学陷入一种困难境地。几年后，大爆炸模型面临着两个尴尬的问题。首先，基于星系的红移，大爆炸宇宙的年龄小于它所包含的恒星的年龄，这显然是荒谬的；其次，大爆炸生成原子的尝试在氦这个地方遇到阻碍，这让人十分尴尬，因为这意味着宇宙中不应含有氧、碳、氮或其他重元素。尽管前景黯淡，但大爆炸还没到山穷水尽的地步。如果有人能发现阿尔弗和赫尔曼所预言的宇宙微波背景辐射，这个模型是可以挽救和可信的。不幸的是，没有人愿意受累去寻找它。

同时，那些支持永恒宇宙想法的人的状况看起来要积极得多。他们正准备用修改了的模型进行反击。英国的一个宇宙学家小组正在发展一种不仅能给出永恒的宇宙，而且还能够解释哈勃的红移观测结果的理论。这种新的永恒宇宙模型将成为创生的大爆炸模型的最大竞争对手。

万变不离其宗

337

弗雷德·霍伊尔于1915年6月24日生于宾利。他是约克郡人，一位宇宙学家，一个性格叛逆者，也是一个富于创造性的天才。未来将证明，他是大爆炸模型遇到的最强劲和最具攻击性的批评家，并在我们对宇宙的理解方面做出巨大的贡献。

霍伊尔在早年就显示出过人的观察和演绎天赋。当他还只有4岁时，便独自想出一个告知时间的详细分析过程。霍伊尔注意到，当他的父母向对方询问时间时，对方会先看一下外祖父的钟。于是霍伊尔便开始一遍一遍地问时间，看看到底会发生什么事情。一天晚上，他在被送到床上去睡觉时被告知现在已经是“7点过20分”了，于是他在入睡前解开了这个谜：

> 我突然想到了一个主意。可能这就是“时间”，而不是一个我不知道的神秘数字——所谓“7点过20分”，真的是2个单独的数字20和7吗？……钟上有两个指针。也许一个数字属于一个指针，另一个数字属于另一个指针。第二天我又反复琢磨了“什么是时间”这个问题，好像确实是这样。因为钟面上的数字是大而清晰的，现在很容易看到有2套。一个指针对应着一套数字，另一个指针对应着另一套数字。我又有了新发现，懂得了什么是“过”和“到”，但实际上，这个问题解决了，我可以转向其他令人费解的事情上去了，像是什么让风吹拂起来。

霍伊尔喜欢独自了解世界，因此他经常逃学，几个星期里总要旷一次课。338 他在自传中回忆道，那时候老师试图教他罗马数字，而当时阿拉伯数字已经非常好懂而且无处不在，所以上这种课显得毫无意义：“这让我完全不能忍受，这种对智力的羞辱最终迫使我没上完那堂课。”在另一次课上，霍伊尔带着鲜花走进教室，以此证明它有比老师前一天讲述的更多的花瓣。老师对他的这种张狂报以掌掴。因此毫不奇怪，霍伊尔又走了出来，而且再也没有回去。

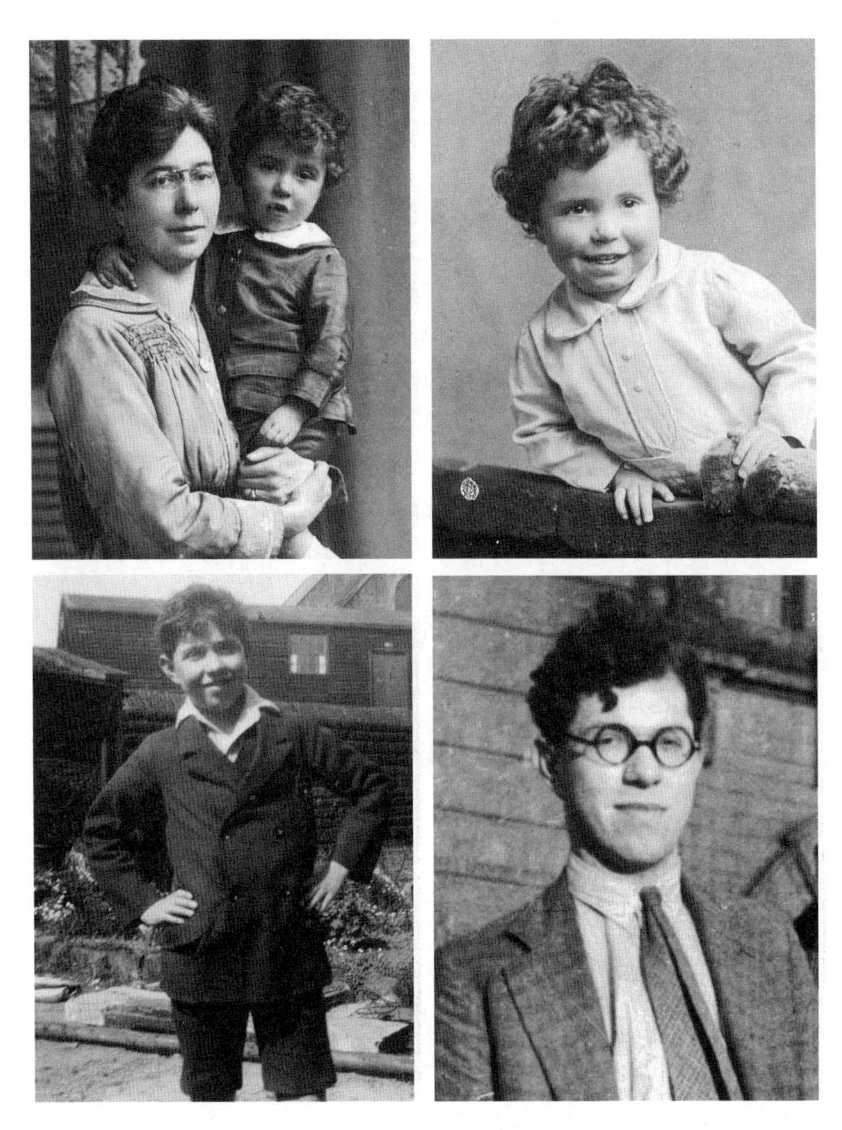

图84 （左上）母亲抱着还是婴儿的霍伊尔。他父亲即使在第一次世界大战的战壕里，也一直带着这张照片。右上照片背后的注记显示，这是蹒跚学步时的霍伊尔与他的玩具熊，霍伊尔后来把自己描述为“显然信服一种错误的观念，认为世界要比我后来发现它的样子更美好。”左下照片中的霍伊尔大约10岁的年龄，这正是他逃学的高峰期。最后这张照片显示他已是剑桥大学的年轻大学生。

年轻的霍伊尔似乎花在本地电影院里的时间要比在教室里的时间多得多。他通过研究无声电影的字幕来弥补课堂上没学到的东西："我的阅读是在瞅空钻进电影院看电影中学会的……电影院实在是卓越的教育机构……每场只要1个铜板，比上课合算多了。"

当他稍大几岁后，霍伊尔表现出对天文学的兴趣。他的父亲，一个没有受过教育的布料商人，常常陪他去邻镇看望一个有望远镜的朋友。他们在那里待到晚上来研究星星，第二天一大清早赶回家。霍伊尔早年对天文的迷恋在12岁时读了亚瑟·爱丁顿的《恒星和原子》一书而得到强化。

最终，霍伊尔被说服接受英国教育。他入读彬格莱文法学校，然后走上了传统的学术道路。1933年，他获得奖学金进入剑桥大学伊曼纽尔学院深造，在那里学习数学。他表现出色，赢得了梅休奖，这个奖颁给在应用数学方面最优秀的学生。毕业后，他取得了攻读剑桥博士学位的资格，跟随如鲁道夫·皮尔斯、保罗·狄拉克、马克斯·玻恩和他心目中的英雄亚瑟·爱丁顿一起工作。1939年获得博士学位后，他被推选为圣约翰学院的研究员，由此他的研究开始关注恒星的演化。

但霍伊尔的学术进展突然被打断了："战争改变了一切。它破坏了我相对富足的生活，也吞噬了我创造力最强盛的时期，当时我刚刚找到研究工作的立足点。"最初他被派往奇切斯特附近的海军雷达组工作，1942年，他被提拔为位于萨里郡的威特利海军信号基地的部门领导，在那里他继续从事雷达研究。也正是在这里，他遇到了托马斯·戈尔德和赫尔曼·邦迪，这两位与他一样对天文学很感兴趣。在未来的岁月里，霍伊尔、邦迪和戈尔德的合作将变得像他们的强大的美国对手伽莫夫、阿尔弗和赫尔曼小组一样的著名。

邦迪和戈尔德，都在维也纳长大，然后又一起到了剑桥学习，两人同住在靠近英国海军部研究实验室的一所房子里。霍伊尔往往一个星期会花好几个晚上与他们待在一起，因为他自己的家在80千米外，他不喜欢把时间抛洒在上下班的路上。在白天深入研究如何建造更好的雷达系统结束后，三个男人经常在家里通过对战前就感兴趣的主题举行小型研讨会来放松自己。

特别是，他们对哈勃的膨胀宇宙的观察结果及其影响变得非常着迷。每当他们要解决一个宇宙学问题时，每个人都能发挥各自特有的专长。邦迪是数学天才，提供讨论的逻辑基础，并将问题提升为公式。戈尔德更擅长揭示问题背后的科学意义，因此通常为邦迪的方程提供物理解释。霍伊尔学问最大，专门负责引导思路。据戈尔德所言：

> 弗雷德·霍伊尔一直催促我们——哈勃膨胀意味着什么？我们总是面临着霍伊尔提出的挑战。霍伊尔让邦迪盘腿坐在地板上，然后坐在他身后的一把扶手椅上，每隔5分钟就踢他一下，让他写快点，就像你策马扬鞭。他会坐在那儿说，“来吧，做这个，做那个”，邦迪以飞快的速度计算着，虽然他并不清楚所计算的东西——偶尔他会问霍伊尔，“现在我该是乘上还是除以10^{46}？”

341

战争结束后，霍伊尔、邦迪和戈尔德分别在天文学、数学和工程领域忙着各自的事业，但他们都住在剑桥，因此在业余得以继续他们的宇宙学头脑风暴。霍伊尔和戈尔德会定期在邦迪的家里聚会讨论两个竞争性宇宙学理论——大爆炸模型和永恒的静态模型——的正反方观点。他们的讨论对大爆炸模型存在很大程度的偏见，这部分是因为这个模型给出的宇宙年龄比其中的恒星还年轻，部分是因为没有人知道大爆炸之前是什么。同时，他们三个也都承认，哈勃的观测结果意味着一个不断膨胀的宇宙。

342

图85 弗雷德·霍伊尔对物理学和天文学的许多领域都做出过贡献，但他最有名的是他的稳恒态宇宙模型。

接着，到了1946年，剑桥三人组突然取得了突破。他们捣鼓出一个全新的宇宙模型。他们的模型之所以不凡，是因为它似乎达成一种不可能的妥协：

它描述了一个正在膨胀的宇宙，但它依然是真正永恒的，基本上不变。在此之前，宇宙膨胀一直是大爆炸创世时刻的代名词，但此刻新的模型表明，哈勃红移和退行的星系也可以成为业已存在的传统宇宙观的同盟军。

这一新模型的灵感似乎来自于1945年9月上映的一部叫作《深夜》的电影。虽然它是由伊灵工作室出品，但与它通常出品的英语上流社会的喜剧相[343]去甚远。事实上，这是在废除战时审查制度（禁止可能会破坏士气的任何形式的娱乐活动）之后由英国拍摄的第一部恐怖电影。

《深夜》，主演约翰·默文、米歇尔·雷德格雷夫和古奇·威瑟斯，讲的是一个叫沃尔特·克雷格的建筑师一天睡醒后来到乡村，到一户人家商讨一种新的设计方案时所发生的故事。当他到达后，他对屋里的各位客人说，他在[343]经常做的一个令人不安的梦里已经认识了他们。客人们的反应既有怀疑又充满好奇，于是他们一个接着一个地讲述了各自的奇特经历，克雷格由此听到了一连串的5个恐怖故事。这些故事既有兄弟间谋杀的故事，也有精神病医生对精神病腹语患者行为的解释。克雷格被每个故事弄得越来越激动，直到电影在一阵可怕的恐惧中进入高潮。突然他醒了过来，这才意识到这一连串的事件只是一场令人讨厌的梦。他爬下床，穿好衣服，来到乡村，走访农家商讨一种新的设计方案。当他到达后，他对屋里的各位客人说，他在经常做的一个令人不安的梦里已经认识了他们……

这部电影有一个奇怪的特性，因为故事随着时间，随着新的人物的出现和整个情节的发展而不断演化，但它结束的地方恰恰是它开始的地方。发生了很多事情，但在影片的结尾却什么都没有改变。因为这个循环结构，这部电影可以无限演绎下去。

三个人于1946年在吉尔福德电影院观看了这部电影，不久戈尔德就受此暗示提出了一个惊人的想法。霍伊尔后来描述了戈尔德对《深夜》的反应：

> 汤米·戈尔德被这部片子牢牢抓住了，那天晚上他说："如果宇宙的构造也像这样那会怎样？"人们往往将不变的情形看作必然是静态的。这部"鬼故事"电影给我们所有三个人的最大启示就是去除了这种错误观念。我们可以有一种动态的不变情形，例如一条平稳流动的河流。

344

这部电影启发戈尔德提出了一种全新的宇宙模型。在这个模型中，宇宙仍在膨胀，但它在所有其他方面都与大爆炸模型相左。请记住，大爆炸模型的支持者认为，膨胀的宇宙就意味着宇宙有一个体积很小、密度很高且炽热的过去，这在逻辑上必然推断出宇宙始于数十亿年前的一次创生。与此相反，戈尔德认为，膨胀的宇宙在很大程度上可以一种不变的状态永远存在下去。正如在《深夜》中的情形，戈尔德想象宇宙随着时间的推移演化，但大体上保持不变。

在详细解释戈尔德的看似矛盾的想法之前，我们不妨来看看我们身边的一些切合这种观念——不断变化但具有永恒特征——的事情。霍伊尔以一条河为例，河流在不断地流动，但其基本形状没有改变。再有，有一种云叫透镜状高积云。这种云通常出现在山顶，甚至出现在刮猛烈的风的期间。潮湿的空气被上升气流吹向云的一侧，在此冷却，凝结，形成新的液滴并添加到云中。同时，下沉气流形成的风又吹走了云的另一侧的水滴，此时液滴向山下流动，遇热蒸发。水滴不断地从一侧加入到云中，同时又在另一侧不断丢失，但总体而言，云的形状并没有什么改变。甚至我们的身体也表现出这种不断改变但总体和谐稳定的特性，因为我们的细胞在不断地死亡，并由新细胞替换掉，新细胞不久又死了，又由更新的细胞所取代，周而复始。事实上，几年过去，我们身上的几乎所有的细胞全都被替换了一遍，但我们仍然是同一个人。

那么，戈尔德是如何将这一原理——不断发展但总体不变——运用到 345 整个宇宙上的呢？持续发展是显而易见的，因为宇宙看上去在不断扩张。如果这种扩张不伴随其他过程，那么宇宙就将随时间发生变化，变得不那么致密，这正是大爆炸模型所显示的。然而，戈尔德向演化的宇宙中引入了第二个因素，一个抵消膨胀的稀释效果，从而不导致整体变化的因素。这就是宇宙通过不断产生新物质来填充星系退行留下的空隙，从而使宇宙的总体密度保持不变的想法。这种宇宙表观上在不断演化和膨胀，但它总体上不变，呈稳恒态。宇宙因膨胀引起的耗散将通过物质的不断产生得到补充。

演化而又不变的宇宙的概念被称为*稳恒态模型*。当戈尔德第一次推出这一概念时，霍伊尔和邦迪称之为疯狂的理论。那天傍晚他们正在邦迪家聚会，在晚餐前，霍伊尔还认为戈尔德的理论可能被撕去，他不认同。但随着他们变得越来越饿，事情变得越来越清晰：戈尔德的宇宙论是自洽的，与广泛的天文观测结果兼容。这是一个完全合理的宇宙理论。简言之，如果宇宙是无限的，那么它可以体积增大一倍而保持不变，只要在星系之间不断有物质产生即可，如图86所示。

此前所有的宇宙学思维均受到宇宙学原理的引导。这一原理指出，我们在宇宙中的位置——银河系及其周围——本质上与宇宙其他地方是一样的。换句话说，我们并不位于宇宙中某个特殊位置上。爱因斯坦在首次将广义相对论推广到整个宇宙上时就运用了这一原理。但戈尔德前进了一步，提出了 347 *理想宇宙学原理*：不仅我们的这块宇宙补丁与宇宙其他地方的一样，而且我

346

(a) 大爆炸宇宙

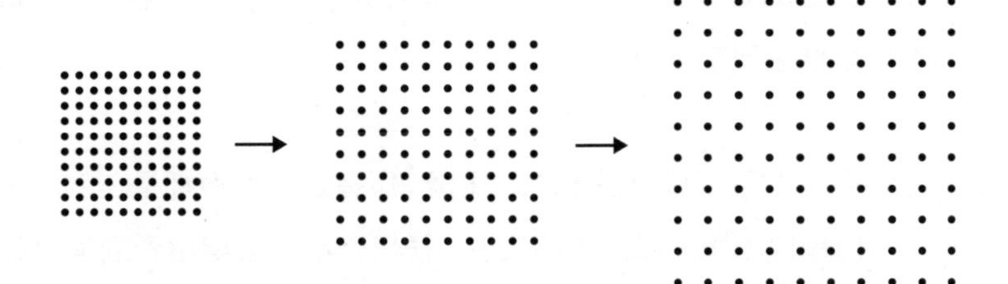

(b) 稳恒态宇宙

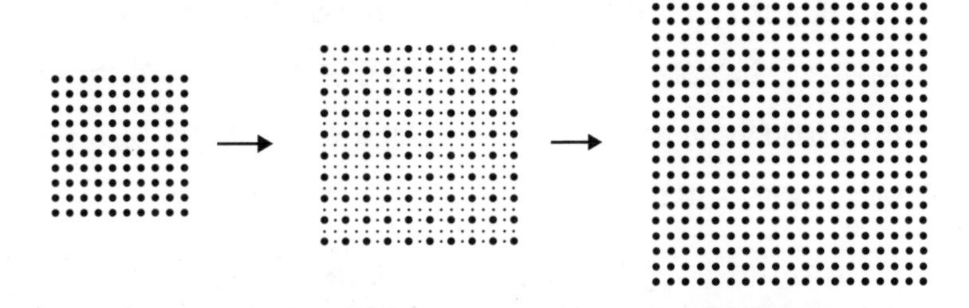

图86 图（a）显示大爆炸宇宙的膨胀。一个小的宇宙补丁面积增大1倍，随后再次倍增。于是代表星系的点变得稀疏，随着时间的推移，宇宙变得不那么稠密。

图（b）显示稳恒态宇宙的膨胀。宇宙的小补丁面积同样是两次加倍，但这次在旧的星系之间出现了新的星系，如演化的中间阶段所示。这些种子星系发展成完全成熟的星系，所以第三张图的宇宙看起来与第一张的相同。批评者可能会抱怨说，虽然宇宙密度相同，但宇宙已经改变了，因为它现在是以前的4倍。但是如果宇宙是无限的，那么4倍的无限仍然是无限的。因此，一个无限的宇宙确实可以不断膨胀但保持不变，只要由膨胀所产生的空白能被新的星系填满就行。

们在宇宙中所处的时间也与其他任何地方一样。换句话说，我们既不生活在宇宙的一个特殊的地方，也不是处在宇宙的某个特定时刻。宇宙不仅处处一样，而且时时一样。戈尔德认为，宇宙的稳态模型是他的理想宇宙学原理的自然结果。

347

剑桥三人组进一步发展了戈尔德的想法，最终在1949年发表了2篇论文。第一篇由戈尔德和邦迪撰写，从广泛的哲学角度描述了稳恒态模型。霍伊尔则想用更多的数学细节来表达这个模型，这就是为什么他的文章单独发表。这种风格上的分野只是表面的，霍伊尔、戈尔德和邦迪继续携手合作，将他们的稳恒态模型推进到宇宙的其他地方。

针对稳恒态模型可以直接提出两点质疑。所有这些物质都是在哪里被创造出来的，它们来自哪里？霍伊尔回应说，任何人都不应期望看到恒星和星系出现的地方。对宇宙膨胀的补偿需要物质的产生速度仅为“在体积等于帝国大厦的空间里每世纪产生一个原子”，因此地球上的观察者不可能检测到。为了解释这些原子的产生，霍伊尔提出了*产生场*（也称C场）的概念。这个完全假想的实体渗透到整个宇宙，自发地产生原子并维持现状。霍伊尔不得不承认，他不知道他的C场背后的物理，但在他看来，他的这种物质不断生成的模型要远比全能的大爆炸模型更明智。

现在宇宙学家有了一个明确的选择。他们可以选择大爆炸宇宙，它有一个创生的时刻，并具有非常不同于现在的有限的历史和未来。他们也可以选择稳恒态宇宙，它有连续的物质产生，具有很大程度上与当今相同的永恒的历史和未来。

348

霍伊尔急于证明稳恒态模型代表着真正的宇宙，他提出了一种明确的检验方法来证明他是正确的。根据稳恒态模型，新的物质处处被产生出来，而且这过程随着时间进程将处处产生新的星系。这些婴儿星系应该也存在于我们的周围，存在于宇宙的另一边，以及所有地方。如果稳恒态模型是正确的，那么天文学家就应该能够在整个宇宙中检测到这些婴儿星系。但是大爆炸模型预言了一种非常不同的情形。它声称整个宇宙是同时诞生的，所有的一切都应该以一种类似的方式演化，所以有一段时间所有的星系都是婴儿，此后它们大多是青少年，现在它们应该是相当成熟的。因此，现今要想看到婴儿星系的唯一方式是要有一架可以看到很远很远的宇宙的非常强大的望远镜。这是因为一个非常遥远的星系所发出的光需要有如此长的时间才能到达我们这里，我们看到它，就等于看到了遥远的过去，因此这个星系可认定是一个婴儿星系。

因此，稳恒态模型预言婴儿星系均匀分布在宇宙各处，而根据大爆炸模型，我们只能在非常遥远的距离之外才能看到婴儿星系。不幸的是，这场稳恒态模型与大爆炸模型之间的争论始于20世纪40年代末，当时即使是世界上最强大的望远镜也没有强大到足以让天文学家对婴儿星系和较成熟的星系做出区分。婴儿星系的分布不明确，大爆炸与稳恒态的争论仍没有解决。

图87　托马斯·戈尔德、赫尔曼·邦迪和弗雷德·霍伊尔，三人提出了宇宙的稳恒态模型。

349 由于缺少精确的观察或过硬的数据来对大爆炸和稳恒态模型做出区分，于是两个敌对阵营便使出冷嘲热讽来替代科学论证。例如乔治·伽莫夫指出，大部分的稳恒态模型的支持者来自英格兰，于是就用这一点来奚落他们：“稳恒态理论在英国是如此受欢迎并不奇怪，这不仅是因为它的3位提出者是英国（土生土长的和进口的）后代——H.邦迪、T.戈尔德和F.霍伊尔，而且还因为它曾是大不列颠维持欧洲现状的政策。"

霍伊尔和戈尔德，以及一定程度上的邦迪，都属地地道道的叛逆者，所以伽莫夫嘲弄称稳恒态模型源于典型的英国保守主义是相当不公正的笑话。事实上，霍伊尔在质疑正统观念方面可谓近乎偏执。有时他被证明是对的，[350]但很多时候他只是表现出作为一个科学家的思想深度。最著名的当属霍伊尔非难始祖鸟化石为伪造，而且他还表示过对达尔文的自然选择进化论的严重怀疑。他在写给《自然》杂志的文中称："从无生命的物质到形成生命的可能性只有1后面跟着40 000个零分之一的概率……这个分母大到足以埋葬达尔文和全部进化论。"

霍伊尔后来想出了一个说明复杂进化明显不可能的戏剧性比喻："想象一场龙卷风刮过一个杂乱的院子，大风过后，在它经过的道路上停着一架全新的波音747大型喷气式客机，显然，这架飞机就是由院子里垃圾随机组装起来的。"

像这样的评论不仅有损于霍伊尔的地位，并且通过学界，也多多少少有损于稳恒态模型在宇宙学家中的声誉。稳恒态模型三人组还被批评为与天文观测没有任何关系。加拿大天文学家拉尔夫·威廉姆森在谈到霍伊尔时说，"他对现代天文学赖以确立的大型望远镜没有真正的体验"。换句话说，威廉姆森声称，只有那些积极探索宇宙的人才有资格提出理论。

邦迪通过直接攻击威廉姆森的评论来捍卫霍伊尔："这种评论就像是说只有水管工和送牛奶的才有资格谈论流体力学问题一样的愚蠢。"

威廉姆森还攻击霍伊尔过于思辨，没有将他的宇宙学置于具体的天文观测结果——所谓铁的事实——的基础上。邦迪再次很快站出来为霍伊尔辩护："但什么是天文事实呢？顶多只是照相底片上的一块污迹！"辩论双方已经沦落到了无聊的扯皮和诽谤的水平。

351　受够了小人政治和人身攻击的霍伊尔选择向公众，而不是向学界同行，来解释他关于宇宙的想法。他写了好些篇文章，并出版了一系列畅销书，这些作品都具有活泼明晰的风格。他曾写道："太空并不遥远。只有1小时的车程，如果你的车可以直达的话。"他确实是一位多才多艺的语言大师，最后他给英国广播公司写了一部电视连续剧，取名《仙女座》，还为孩子们写了一出名为《火箭飞往大熊座》的戏剧在伦敦西区的剧院上演。他还写了一系列科幻小说，包括《黑云》。

在他的第一部科普作品《宇宙的性质》中，霍伊尔为稳恒态模型提出了详细的辩护："这似乎是一个奇怪的想法，我认为是这样，但在科学上，不论多么奇怪的想法，只要它有效，就都不是问题——也就是说，只要一个想法可以用精确的形式来表达，只要它的结果被发现与观察是吻合的，就能够被接受。"

有趣的是，乔治·伽莫夫——霍伊尔在大爆炸与稳恒态模型争论中的主要对手——也用科普的形式来阐述自己的理论。两个人在公众对科学的理解方面都具有巨大的影响力，这就是为什么他们俩都能够赢得联合国教科文组织为普及科学设立的卡林加奖，伽莫夫于1956年获奖，霍伊尔于1967年获奖。

寻求公众支持的这场比拼可从神剧《汤普金斯先生神游仙境》中怪诞的

一幕戏中得到很好的诠释。这个剧是伽莫夫写的一出科学幻想剧。伽莫夫将霍伊尔写入剧中，并让他唱了一首模仿自己的稳恒态理论的歌。为了证明他的观点，伽莫夫将霍伊尔引到故事中，让他“从璀璨星系之间的空间的无”产生出物质。

这场争夺传播宇宙知识控制权的科普战斗的最重要的事件发生在1950年的英国国家广播公司的节目上。BBC对潜在的约访嘉宾都有档案记录，在关于霍伊尔的记录文件上标有“不用这人”的断语，这可能是因为他被认为是个麻烦制造者，他不断地反对现有的知识体系。然而，节目制片人，也是剑桥学术圈的同行彼得·拉斯莱特却不顾警告，邀请霍伊尔在第三套节目中做了一档连续五讲的系列讲座。这个系列讲座定于每周六晚上8时播出，并在《听众》杂志上发表了讲座文稿。整个节目获得了巨大成功，霍伊尔成了名人。 352

因为最后一讲中的一个历史性时刻，这个广播系列讲座直到今天仍被人们所铭记。虽然在本书的前几章里就已经出现“大爆炸（Big Bang）”一词，但其使用实际上是一种时代错误，因为这个词最初就是霍伊尔在这个广播讲座中提出的。在霍伊尔创制出这个吸引人的标牌之前，这一理论一般被称为“动态演化模型”。

“大爆炸”一词是霍伊尔在解释有哪两种相互竞争的宇宙学理论时提出的。一个当然是他自己的稳恒态模型，而另一个模型涉及到创生的瞬间：

> 它们中的一个最突出的是提出了这样一个假设：宇宙始于有限时间之前的一次巨大的爆炸。按照这个假设，目前宇宙的膨胀是这种爆炸的遗迹，然而，这个Big Bang的想法在我看来并不令人满

> 意……从科学依据方面说，这个大爆炸假设有两点缺憾。因为这个不合理的过程无法用科学的术语来描述……从哲学方面看，我也看不出有什么好的理由来喜欢大爆炸的想法。

353 当霍伊尔使用“Big Bang”一词时，他的声音带着一种很轻蔑的口气，给人感觉他是故意用这个短语作为对竞争对手理论可笑的评论。尽管如此，大爆炸模型的拥趸和批评者都逐渐采用并接受了这个用语。大爆炸模型的最大的批评者无意中命名了它。

CHAPTER 4 - MAVERICKS OF THE COSMOS
SUMMARY NOTES

① LEMAÎTRE TOOK HUBBLE'S OBSERVATIONS OF AN EXPANDING UNIVERSE AS EVIDENCE THAT HIS BIG BANG MODEL OF THE UNIVERSE (CREATION AND EVOLUTION) WAS CORRECT.

② EINSTEIN CHANGED HIS VIEW AND SUPPORTED THE BIG BANG MODEL.
⇨ BUT THE MAJORITY OF SCIENTISTS CONTINUED TO BELIEVE THE TRADITIONAL MODEL OF AN ETERNAL STATIC UNIVERSE.
⇨ THEY CRITICISED THE BIG BANG MODEL BECAUSE IT IMPLIED A UNIVERSE THAT WAS YOUNGER THAN THE STARS IT CONTAINED.

BIG BANG UNIVERSE
v.
ETERNAL STATIC UNIVERSE

THE ONUS WAS ON THE BIG BANG SUPPORTERS TO FIND SOME EVIDENCE THAT THEIR THEORY WAS CORRECT. OTHERWISE THE ETERNAL STATIC UNIVERSE WOULD REMAIN THE DOMINANT THEORY.

ATOMIC PHYSICS WAS A VITAL TESTING GROUND: COULD THE BIG BANG MODEL EXPLAIN WHY LIGHT ATOMS (eg HYDROGEN AND HELIUM) ARE MORE COMMON THAN HEAVY ATOMS (eg IRON AND GOLD) IN TODAY'S UNIVERSE?

③ RUTHERFORD DEDUCED THE STRUCTURE OF THE ATOM. THE CENTRAL NUCLEUS CONTAINS PROTONS ⊕ AND NEUTRONS AND IT IS ORBITED BY ELECTRONS ⊖.

FUSION: TWO SMALL NUCLEI JOIN TO MAKE A BIGGER ONE AND RELEASE ENERGY.
THIS IS HOW THE SUN SHINES!

④ 1940S GAMOW, ALPHER AND HERMAN PICTURED THE EARLY UNIVERSE AS A SIMPLE, DENSE SOUP OF PROTONS, NEUTRONS AND ELECTRONS. THEY HOPED THEY COULD BUILD BIGGER AND BIGGER ATOMS BY FUSION IN THE HEAT OF A BIG BANG.

SUCCESS: THE BIG BANG WAS ABLE TO EXPLAIN WHY TODAY'S UNIVERSE IS COMPOSED OF 90% HYDROGEN ATOMS AND 9% HELIUM ATOMS.

FAILURE: THE BIG BANG COULD NOT EXPLAIN THE FORMATION OF ATOMS THAT WERE HEAVIER THAN HELIUM.

⑤ MEANWHILE, GAMOW, ALPHER AND HERMAN PREDICTED THAT A LUMINOUS ECHO OF THE BIG BANG WAS RELEASED 300,000 YEARS OR SO AFTER THE MOMENT OF CREATION AND MIGHT STILL BE DETECTABLE TODAY.

DISCOVERING THIS ECHO WOULD PROVE THAT THERE WAS A BIG BANG BUT NOBODY SEARCHED FOR THIS SO-CALLED COSMIC MICROWAVE BACKGROUND (CMB) RADIATION.

⑥ ALSO IN THE 1940S HOYLE, GOLD AND BONDI PROPOSED THE STEADY STATE MODEL OF THE UNIVERSE. THIS SAID THAT THE UNIVERSE WAS EXPANDING. BUT NEW MATTER WAS CREATED AND FORMED INTO NEW GALAXIES IN THE INCREASING GAPS BETWEEN OLD GALAXIES.

THEY ARGUED THAT THE UNIVERSE EVOLVES, BUT OVERALL REMAINS UNCHANGED, AND HAS LASTED FOR EVER.
THIS VIEW WAS COMPATIBLE WITH HUBBLE'S REDSHIFT OBSERVATIONS AND REPLACED THE TRADITIONAL ETERNAL STATIC MODEL OF THE UNIVERSE.

THE COSMOLOGICAL DEBATE NOW CENTRED ON THESE MODELS:

BIG BANG UNIVERSE
V.
STEADY STATE UNIVERSE

COSMOLOGISTS WERE DIVIDED OVER WHICH MODEL WAS CORRECT.

第 5 章：
模式的转变

357

你看，有线电报是一种非常非常长的猫。你在纽约拉它的尾巴，他的头在洛杉矶发出叫声。这个你明白吗？无线电的工作方式完全一样：你在这里发出信号，他们在那端收到信号。唯一的区别是没有猫。

——阿尔伯特·爱因斯坦

在科学上听到的最令人激动的一句话，预示着新的发现的那句话，不是“尤里卡！“（我找到了），而是“这很有趣……”。

——艾萨克·阿西莫夫

在一般情况下，我们通过以下过程来寻找一条新的定律。首先是猜测。不要笑，这是最重要的一步。然后你计算其结果。将此结果与经验进行比较。如果与经验不同，那说明你的猜测是错误的。在这看似简单的话里包含着科学的关键。无论你的猜测有多美，你有多聪明，你的名字是什么，如果不同于经验，那就错了。这就是所有的一切。

——理查德·费恩曼

359 现在主要有两种相互竞争的宇宙学理论。一边是大爆炸模型，它源自爱因斯坦的广义相对论，由勒迈特和弗里德曼提出。这种理论认为宇宙有一个独特的创生时刻，接着是快速膨胀，而哈勃的观察确实证明宇宙在膨胀，星系在后退。不仅如此，伽莫夫和阿尔弗表明，大爆炸模型可以解释氢和氦的丰度。另一边是稳恒态模型，由霍伊尔、戈尔德和邦迪提出，这个模型除了包含物质的连续产生和宇宙膨胀这一要素外，本质上回到了永恒宇宙的保守观点。这种物质产生和宇宙膨胀使得该模型与所有天文观测结果兼容，包括哈勃观测到的退行星系的红移。

竞争性理论之间的科学争论通常发生在大学的咖啡厅或是在学界大佬尽数出席的科学大会上。然而，对于宇宙是永恒的还是创生的这一宇宙学的终极问题的讨论则蔓延到公共领域。这部分原因是受到霍伊尔、伽莫夫和其他宇宙学家借助于各种科普书籍和广播宣传所致。

360 毫不奇怪，天主教会热衷于通过宇宙学的争论来宣扬它的观点。曾宣布进化生物学不与教会的教义相冲突的教皇庇护十二世，于1951年11月22日在教皇科学院发表一篇题为“鉴于现代自然科学的上帝存在的证明”的演说。特别是，教皇强烈赞同大爆炸模型，他将它看作是对“创世纪”的一个科学解释，是上帝存在的证据：

> 因此，所有的一切似乎表明，物质宇宙在时间上有一个强有力的开端，它被赋予了巨大的能量储备，凭借它，宇宙起先是迅速膨胀，然后变得越来越慢，最后演变成目前的状态……事实上，当代科学以一步跨越数百万年的步伐回溯既往，似乎已成功地见证了原始的菲亚特大力士在物质从一切皆无迸发出来时所发出的呼喊，先是光和辐射之海，然后是化学元素粒子的分离并形成数百万

> 个星系……因此，存在一个创造者。因此，上帝是存在的！虽然这个证据既不明确也不完整，但这是我们一直在等待的来自科学的回答，而当今人类还将继续等待从它那里得到进一步的答案。

教皇的演说中还具体提到哈勃和他的观察。他的演说成为世界各地的报纸的头条新闻。哈勃的一个朋友，埃尔默·戴维斯，读到这篇演说后，不禁给哈勃写了封信调侃道："我已经习惯于看到你赢得新的和更高的荣誉，但直到我读了今天上午的报纸，我做梦都没有想到，教皇会屈身向你寻求上帝存在的证明。这应该使你有资格在适当的时候成为圣徒。"

令人惊讶的是，无神论者乔治·伽莫夫则对教皇重视他的研究领域感到非常高兴。在这次演说之后，他给教皇庇护十二世写了封信，送给他一篇关于宇宙学的科普文章和他自己的一本书《宇宙的创生》。他甚至在1952年发表在著名期刊《物理学评论》的一篇文章里调皮地引用教皇的演说词，他明知道这么做会惹恼很多同事，他们急于撇清科学与宗教之间的任何交集。 361

绝大多数的科学家强烈认为，决定大爆炸模型的有效性与教皇无关，而他的代言不应该用于任何严肃的科学辩论中。事实上，没过多久，教皇的认可就让大爆炸理论的支持者感到难堪。对手稳恒态模型的支持者开始用教皇的演说来嘲弄大爆炸理论。例如，英国物理学家威廉·邦纳认为，大爆炸理论是旨在支持基督教的阴谋的一部分："（这一理论）背后的动机当然是要把上帝奉为造物主。这似乎是基督教神学自17世纪开始科学将宗教从理性的人们头脑中清除出去以来一直在等待的机会。"

当大爆炸开始与宗教挂上钩后，弗雷德·霍伊尔同样严厉地谴责它是一个建立在犹太-基督教基础上的模型。他的稳恒态模型的合作者托马斯·戈尔德持有与他一样的观点。当戈尔德听说庇护十二世支持大爆炸理论，他的反应简洁而又切中要害："嗯，教皇还赞同静止的地球呢。"

科学家们一直担心梵蒂冈试图影响科学的进程，历史上，1633年乌尔班八世就曾强迫伽利略放弃科学研究。然而，这种谨慎有时近乎偏执，正如英国诺贝尔奖得主乔治·汤姆孙所说："要不是很多年前圣经上说过关于上帝创世的事儿，并使它显得很不合时宜，大概每个物理学家都会相信创生说。"

362

关于宇宙学中神学作用的辩论中最重要的声音也许当属大爆炸模型的共同创立者、教皇科学院的成员乔治·勒迈特的观点。勒迈特的坚定信念是科学研究应当与宗教领域严格分离。具体到他的大爆炸理论，他说："在我看来，这一理论完全超越任何形而上的或宗教的问题。"勒迈特一直小心翼翼地保持着宇宙学和神学之间的分离。信仰上的坚守使他更清晰地理解这个物质世界，而科学研究则引导他对精神境界更深刻的领悟："对真理的透彻的追求包括灵魂的探索和光谱研究。"毫不奇怪，他对教皇故意混淆神学和宇宙论的界限感到非常沮丧和恼火。一个学生曾目睹了勒迈特在听了教皇的演讲后回到学院的表现：他"怒气冲冲地走进教室……完全失去了往日的幽默"。

勒迈特决心阻止教皇颁布关于宇宙学的敕令，这部分平息了由此引起的令大爆炸的支持者的尴尬，也避免了教会日后潜在的困境。如果教皇——抓住他对大爆炸模型的热情——打算支持大爆炸研究的科学方法并利用它来支撑天主教，那么如果新的科学发现与圣经的教导相抵触时，这项政策就可能会反弹，反而不利于教会。勒迈特与梵蒂冈天文台台长暨教皇的科学顾问丹尼尔·奥康纳取得了联系，建议他们一起去说服教皇对宇宙学保持安静。教皇出奇地顺从并同意了他的这项要求——大爆炸将不再是教皇宣讲的一个适合的主题。

在西方宇宙学家开始在脱离宗教的影响方面取得一定的成功的同时，东[363]方的那些宇宙论者则还不得不与那些试图影响科学争论的非科学家们进行斗争。

政治家和神学家都用宇宙学来支撑自己的信念，这让霍伊尔感到可笑。正如他在1956年所写的："这些人判断一种观点'正确'，是因为他们认为它基于'正确'的前提，而不是因为它导致了符合事实的结果。事实上，如果事实不符合这个教条，那么事情就更糟糕了。"

宇宙学家又是如何看待大爆炸与稳恒态的这场辩论的呢？在整个20世纪50年代，科学界因此被分裂。1959年，《科学新闻快报》进行了一项调查，要求33位杰出的天文学家公开他们的立场。结果显示，11位专家支持大爆炸[365]模型，8位支持稳恒态模型，其余14位要么不确定，要么认为这两个模型都是错误的。在代表宇宙的真相方面，两种模型都坚信自己是强有力的竞争者，但双方都没有得到大多数科学家的广泛支持。

缺乏共识的原因是，支持和反对这两种模型的证据都是不确定的，甚至是矛盾的。天文学家们是在技术条件和认识上的理解均非常有限的状况下进行观测的，因此，从这些观测中推断出的"事实"需要高度谨慎地处理。例如，对星系退行速度的每一次测量可以称为一个事实，但评论界对于这个事实难置一词，因为要想理解它牵扯到非常复杂的逻辑和观察链。首先，对退行速度的测量依赖于对星系微弱光线的探测，需要假设这些光线在通过干扰性的空间和地球大气时如何受到或不受影响；其次，必须测量光的波长，并确定发出这种光的星系原子；第三，必须确定谱线的频移，并通过宇宙的多普勒效应将这一频移与退行速度联系起来；最后，天文学家们还必须考虑所有设备及其使用过程——如望远镜、光谱仪、底片甚至显影过程——的固有误差。这是一套非常复杂的逻辑链，天文学家必须对每一个步骤都非常有信心。实际上，在宇宙学里，对星系的退行速度的测量已属于较为确定的事实。其他学科领域的逻辑链更复杂，更让评论界莫衷一是。

在支持或反对大爆炸或稳恒态模型都没有确凿证据的情况下，许多科学家将他们对宇宙模型的偏好建立在直觉或是对那些捍卫对手模型的人的人格尊重的基础上。这种情形在丹尼斯 · 席艾玛身上表现得尤为突出。他将成为20世纪的最重要的宇宙学家，正是在他的指导下有了斯蒂芬 · 霍金、罗杰 · 彭罗斯和马丁 · 里斯的工作。席艾玛自己曾受到霍伊尔、戈尔德和邦迪的启发，称他们对“像自己这样的年轻人具有令人振奋的影响力。”

366

席艾玛发现自己也受到各种理论的哲学方面的吸引：“稳恒态理论开创了这样一种令人兴奋的可能性：物理学定律可能确实通过要求宇宙的所有特征都是自我传播的 …… 决定了宇宙的内容。因此，自我传播的要求是一个强有力的新原则，借助于这一新原则，我们第一次看到了回答下述问题的可能性：为什么事情都不像它们被谈论的那么简单？因为它们是自在的。”

后来他发现他偏爱稳恒态胜于大爆炸的另一个原因是：“这似乎明显是唯一的允许生命延续的模式。生命总要在某处延续 …… 即使这个星系老了，死了，总会有新的年轻的星系诞生出来，在那里生命将继续演化。因此，薪火相传永世不绝。我想在我看来这可能是最重要的事情。”

席艾玛选择稳恒态模型的主观原因很大程度上是宇宙学的不确定性和混乱的症状。在20世纪肇始，宇宙学是一个令人满意的学科，一个永恒不变的静态宇宙已深入人心，但20世纪20年代的测量结果和新的理论表明，这一观点显然不能令人满意。不幸的是，两种新出现的替代品没有一个是完全令人信服的。稳恒态宇宙学属于原始的永恒静态的世界观的修订版，但支持它或反对它的观测证据非常少。大爆炸宇宙学是一种更激进和更具颠覆性的宇宙论观点，既有支持它的证据也有反对它的证据。总之，宇宙处在浴火重生的当间儿。或者更专业点说，宇宙学正处在范式转变的过程中。

367

科学史的传统观点认为，对科学的理解是通过一系列细微变化逐步发展来的，先是公认的理论在几十年间不断得到微调，然后是新理论从旧理论中脱胎而出。这是一种由达尔文的进化论和自然选择原理发展而来的科学发展观。理论发生变异，然后在适者生存的原则下，那些最符合观察结果的理论被采纳。

然而，科学哲学家托马斯·S.库恩认为，这只是故事的一部分。1962年，他写了一本书叫《科学革命的结构》，在其中他将科学进步描述为"平静期不断被智力暴力革命打断的一系列过程"。所谓平静期是指这么一段时期，在此期间理论处于前述的渐变演化阶段。但每隔一段时间，思维就会有重大转变，这种转变被称为范式的转变。

例如，天文学家在几个世纪里一直对宇宙的地球中心说范式修修补补，不断加入本轮和均轮，以使模型与太阳、恒星和行星的观测路径更切合。渐渐地，对行星轨道的预测出现一系列问题，在自然哲学上持保守主义的大多数天文学家选择忽略，坚持尊崇现有的范式。最后，当问题堆积到不能容忍的地步后，如哥白尼、开普勒和伽利略这样的挑战者就会站出来提出一种新的太阳中心说的范式。经过几代人的努力，整个天文学界抛弃了旧的范式，转移到新的范式。此后，一个新的稳定的科学时代开始了，研究模式建立在新的基础和新的范式上。地球中心说不是演变成太阳中心说，而是被后者所取代。

368

从原子的葡萄干布丁模型到卢瑟福的核模型的转换是这种范式转变的另一个例子。从充满以太的宇宙到没有以太的宇宙的转换也是如此。在每一种情况下，新的范式一旦适时闪现，而旧的范式已经完全不可信，那么从一种范式到另一种范式的转移就会发生。转移的速度取决于许多因素，包括支持新范式的证据分量以及旧范式抗拒改变的程度。年长的科学家，在旧范式下付出了太多的时间和精力，通常都是最后接受改变，而年轻的科学家们一般都更喜欢冒险并持开放的态度。只有当老一代人退出了科学生活，年轻一代已成为新的权威，范式的转变才可能完成。旧范式可能已经盛行了几个世纪，因此持续了几十年的转换期还是比较短的。

在宇宙学领域，情况有点不同寻常，作为旧范式的静态的、永恒的宇宙已经被抛弃（因为星系显然不是静态的），但却出现了两个互不相让的新范式：稳恒态模型和大爆炸模型。宇宙学家们希望，这一不确定时期和冲突能通过寻找到无可争议的证据予以结束。这些证据将证明这两种新模型中有一个是正确的。

为了解决我们到底是生活在大爆炸的余波之中还是处于稳恒态之中，天文学家必须将重点放在一系列关键性判据上，它们是确立两个竞争性模型哪一个能胜出的关键。这些判据总结在表4中，其中每一项判据都给出了简要评估，用以指示在1950年的可用数据基础上看哪个模型较为成功。

369 虽然这个表不包括区分两个模型优劣的每一项潜在准则，但它已将主要判据包含在内，如每个模型的解释各种元素的丰度的能力。就第二项判据来看，大爆炸模型能准确地解释宇宙中氢和氦的丰度，但对于更重原子的丰度则无能为力。大爆炸模型因为在这一点上只是部分成功，故吃了个问号。稳恒态模型在这里也有疑问，因为我们不清楚在退行星系之间产生的物质是如何发展形成我们所观察到的原子丰度的。

两个模型不仅必须解释各种原子的形成及其丰度，而且还得解释这些原子如何聚集在一起形成恒星和星系——表4中的第三个判据。这个问题在前面章节里没做细节上的讨论，它向大爆炸模型提出了一个大问题。宇宙在创生后迅速膨胀，这将使意欲形成的婴儿星系变得被拉散。同时，由于大爆炸宇宙只有有限的历史，因此星系演化只有10亿年左右——这是一个相对较短的时间尺度。换句话说，没有人能够解释星系是如何在大爆炸模型的背景下形成的。稳恒态理论在这个问题上较为自信，因为永恒宇宙间允许星系有更多的时间进行演化。

反映两个竞争性模型具体的成功和失败的两列里包含了"√"、"×"和"？"，因此无论哪一个理论都不能完全令人满意。因此我们可以想像，接受大爆炸模型的宇宙学家可以通过解释宇宙的某些方面来消除它们之间的分歧，同样，赞同稳恒态模型的宇宙学家也可以解释其他一些问题来做到这一点。然而，宇宙学不是可以共享荣耀的竞赛。大爆炸模型和稳恒态模型在最基本的层面上是矛盾的和不相容的。一种模型宣称宇宙是永恒的，而另一种则声称宇宙是创生的，它们不可能都正确。假设两种模型中只有一种是正确的，那么最终取得胜利的这个就必然粉碎其竞争对手。

370

表4

下表列出了可以判断大爆炸模型和稳恒态模型孰是孰非的不同判据。它显示的是在1950年所获数据的基础上这两个模型的表现。"√"和"×"给出每个模型在相关判据前的大致优劣，问号表示该项缺乏数据或赞同和不赞同的难辨胜负。判据4和5的问号是由于缺乏观测数据。

判据	大爆炸模型	成功与否
1.红移和膨胀宇宙	预料宇宙是从致密状态下创生的，然后膨胀。	√
2.原子丰度	伽莫夫及其同事证实了大爆炸模型预言的氢与氦之间的观测值的比率，但无法解释其他原子丰度。	?

续表

判据	大爆炸模型	成功与否
3.星系形成	大爆炸引起的膨胀或许会在婴儿星系形成之前就将其撕碎。尽管如此，星系还是在演化，但没人能够解释为什么。	×
4.星系分布	年轻星系存在于早期宇宙中，因此只能在很远的距离上被观察到，它提供了一个有效观察早期宇宙的窗口。	?
5.宇宙微波背景辐射	用足够灵敏的检测设备应能够检测到大爆炸的这种回声。	?
6.宇宙年龄	宇宙显然要比它所包含的恒星年轻。	×
7.创生	是什么导致了宇宙的创造还不能解释	?

判据	稳恒态模型	成功与否
1.红移和膨胀宇宙	从膨胀的永恒宇宙出发可预知存在红移，膨胀引起的间隙由不断产生的新物质填补。	√
2.原子丰度	物质在移开的星系之间产生，所以这种物质必通过某种方式转化为我们观察到的原子丰度。	?
3.星系形成	有更多的时间且没有初始的猛烈扩张，这使得星系可以演化和消亡，可以被产生物质形成的新的星系取代。	√
4.星系分布	年轻星系应显现为均匀分布，因为它们可以在任何地方和任何时刻由老星系之间产生的物质来形成。	?
5.宇宙微波背景辐射	不存在大爆炸，所以没有回声，这就是为什么我们检测不到它的原因。	?
6.宇宙年龄	宇宙是永恒的，所以解释恒星的年龄并不困难。	√
7.创生	无法解释宇宙中的物质为什么会持续不断地产生。	?

372

时标困难

大爆炸的支持者所面临的最紧迫的问题是表4中的第六项判据——宇宙年龄。打叉突显出大爆炸模型的荒谬：宇宙要比它所含的恒星年轻。这就像一位母亲比女儿年轻一样荒谬——恒星肯定不能比宇宙本身更年长吗？第3章描述了哈勃是如何测量到星系的距离以及它们的视速度的。随后大爆炸宇宙学家将这个距离除以速度推断出，大约在18亿年前宇宙的总质量集中于创生的一个点上。但对岩石的放射性测量表明，地球至少有30亿岁，于是逻辑上形成这样一个局面：恒星更古老。

甚至支持大爆炸学说的爱因斯坦也承认，这一问题可能会推翻模型，除非有人能找到断然的证据："宇宙的年龄……肯定大于由矿物质的放射性得出的地球地壳的年龄。由于通过这些矿物质确定的年龄从各方面看都是可靠的，因此如果发现存在违背这一结果的矛盾，那么[大爆炸模型]将被推翻。对此我看不出有什么合理的解决办法。"

这种年龄差异被称为**时标困难**，一个并未真实反映出它所引起的大爆炸模型的巨大尴尬的术语。解决年龄悖论的唯一途径是发现对远处星系距离的测量或是对其速度的测量上存在错误。例如，如果远处星系的距离比哈勃估计的大，那么到达那个星系所需的时间就要比按目前距离估计的时间长，这将意味着宇宙的年龄比现在估计的要大。或者，如果星系退行的速度比哈勃估计的要慢，那么就需要更长的时间才能到达该星系，这同样意味着一个更古老的宇宙。然而哈勃作为世界上最受尊敬的观测天文学家，向以精确和勤奋闻名，所以没有人真正怀疑他的观测的准确性。何况他的测量结果已得到其他人的独立检核。 373

当美国加入二战后，天文观测和主要观测站的活动在很大程度上陷于停顿。随着天文学家献身祖国，试图解决大爆炸与稳恒态模型之间争论的任何计划均被推迟。甚至连哈勃，当时已年届五十，也离开了威尔逊山，受命领导马里兰州的阿伯丁弹道试验场，成为华盛顿特区以外的最高文职官员。

留在威尔逊山的唯一高级人员是沃尔特·巴德，一位在1931年就加入了天文台工作人员队伍的德国流亡者。尽管已在美国生活工作了10年，但他仍然受到怀疑，被禁止参加任何军事研究项目。从巴德的角度来看，境况并不算太坏，因为他现在成了久负盛名的100英寸胡克望远镜的唯一使用者。此外，战时灯火管制消除了洛杉矶郊区恼人的光污染，将观测条件提高到1917年望远镜建成以来前所未有的水平。唯一的问题是，巴德的敌国侨民身份使得他被限于从日落到日出这段时间不得离开他的住所，这对一个天文学家来说很不好受。巴德向有关当局指出，他已经在办理申请入籍美国的手续，并最终让他们相信他不是一个安全隐患。经过短短的几个月，当局便取消了对他的宵禁，尽管他仍不能进行军事研究。巴德有了在理想的观测条件下自主使用世界上最好的望远镜的机会。他还设法配制出非常灵敏的底片，拍摄了无与伦比的清晰图像。

374

巴德在研究被称为天琴RR型星的过程中度过了战争年代。天琴RR型星是一种类似于造父变星的变星。在哈佛天文台与亨丽埃塔·莱维特一起工作的威廉米娜·弗莱明曾表明，天琴RR型星的光变特性可以像造父变星一样用于距离测量。但到那时为止，她的这项技术仅限于在银河系内被采用，因为天琴RR型星的发光不像造父变星那么亮。不过，巴德的雄心是想用理想的观测条件去发现仙女座星系里的天琴RR型星。仙女座是离我们最近的大星系。这样，他就可以利用天琴RR型星的光变特性来测量仙女座的距离，并与之前基于造父变星测得的距离进行交叉检验。

事实上，巴德很快就意识到，仙女座的天琴RR型星的距离超出了100英寸胡克望远镜所能够得着的范围。因此他只好用这架100英寸的仪器对银河系里的这些恒星进行观测，为日后采用200英寸的望远镜做准备，这架望远镜将很快在战后完成建造。他乐观地认为，新的巨型望远镜将使仙女座的天琴RR型星纳入视线范围。

200英寸的望远镜——乔治·海耳的最大的天文学工程——建在威尔逊山东南方200千米外的帕洛玛山上。在它开始建设的两年后，海耳就于1938年去世了。因此海耳没有机会看到有史以来获得的最壮观的宇宙景象。当这架仪器最终完成后，它被命名为海尔望远镜。 375

1948年6月3日，洛杉矶的各界名人出席了这架望远镜的落成典礼。面对坐落于1000吨旋转圆顶下的这架巨型仪器，宾客们惊叹不已。它的凹面镜抛光精度为1毫米的百万分之五十。当影片《赏金兵变》的主演巨星查尔斯·劳顿被问到海耳望远镜是否给人震撼时，他回答说："极其震撼，我的天！简直可怕极了。他们打算用它做什么？开始与火星打仗吗？"

到海耳望远镜完全就绪时，威尔逊山和帕洛玛山两大天文台的研究力量配备也已完全到位。尽管如此，巴德在寻找仙女座星系天琴RR型星方面还是要领先一步。这要归功于他在二战期间用100英寸望远镜打下的良好基础。他立刻将新的200英寸望远镜对准仙女座星系，搜寻其微弱的恒星亮度的快速变化，这是天琴RR型星的指征。

经过一个月的细致测量，巴德没有发现他希望看到的天琴RR型星的任何迹象。他继续坚持，但用这架强大的海耳望远镜还是没找到任何预料中的迹象。他百思不得其解。他知道，是否能看到仙女座星系的天琴RR型星只取决于3个因素——恒星的亮度、200英寸望远镜的能力和星系的距离。他的计算表明，这些恒星应该绝对是可见的。为了确定是什么使得他未能发现天琴RR型星，他重新检查了决定观测成败的3个因素。从战时的研究中他确信天琴RR型星的亮度测得没错，而且他也确信自己十分了解望远镜的能力……那么唯一的原因莫非是仙女座的距离远远大于人们以前的预期？ 376

巴德确信，唯一合乎逻辑的和可能的解释就是仙女座星系的公认距离存在误判。最初他的同事们对此持怀疑态度，但当他能够严谨地指出以前对仙女座星系的测量是如何以及为什么存在失误后，他们相信巴德是对的。

正如第3章解释的，最初对仙女座星系距离的测量一直用的都是造父变星，这已经成为测量星系距离的基本准则。亨丽埃塔·莱维特已表明，造父变星有一个有用的性质，就是两个亮度峰值之间的时间段是其固有光度的优越的指征，而后者可用于与其视亮度进行比较来确定它到地球的距离。哈勃曾第一个发现了银河系外的造父变星，从而测量了另一个星系（即仙女座星系）的距离。

然而到了1940年，事情变得很明显，大多数恒星可以分为两大类型，称为*星族*。较老的恒星属于星族Ⅱ，在这些恒星瓦解之后，其碎片变成新的、年轻恒星（即星族Ⅰ）的成分。这些新星通常要比星族Ⅱ的恒星热，也更明亮，光谱更偏蓝。巴德认为造父变星也可以分为这两类，并认为这正是仙女座星系距离背后的矛盾所在。

巴德认为仙女座更远的观点是基于简单的两步。首先，星族Ⅰ的造父变星要比有同样光变周期的星族Ⅱ的造父变星亮；其次，天文学家们往往只观测仙女座星系中较亮的星族Ⅰ的造父变星，但他们无意间用了银河系中较暗的星族Ⅱ的造父变星来建立仙女座星系的造父变星的距离尺度。

377

哈勃不知道造父变星有两种类型，因此犯了这样一个错误：用本地较暗的星族Ⅱ的造父变星与仙女座星系的相对明亮的星族Ⅱ的造父变星作比较，结果他错误地估计了仙女座星系的距离，即他估计的距离要比实际距离近。

为了直接解决这个问题，巴德着手根据两类造父变星来重新校准造父变星的标准尺度。通过这种方式，他可以正确估算出到仙女座星系的造父变星的距离，也就是到仙女座本身的距离。他指出，平均来看，星族Ⅰ造父变星的亮度是星族Ⅱ中具有相同光变周期的造父变星的4倍。简单来说就是，如果一颗恒星到观察者的距离远离到原先的两倍，那么它的光强将减弱为原先的四分之一。因此，仙女座星系必须挪远到原先的两倍距离上——大约为200万光年的距离——才能矫正这样一个事实：平均而言，仙女座星系中可见的星族Ⅰ的造父变星的亮度，是原先用来测定距离的星族Ⅱ的造父变星的亮度的4倍。现在，到仙女座星系的距离得到了纠正。因此毫不奇怪，在200万光年的距离上，天琴RR型星的亮度太微弱根本观察不到。

如果说调整仙女座星系的距离是巴德这项工作的唯一结果的话，那么它在天文学史上就似乎不值得大书特书了。然而实际上，到仙女座的距离已被用于估计我们到其他星系的距离，所以仙女座距离的加倍意味着到所有其他星系的距离都要加倍。

而且，估算给出的这些星系的退行速度保持不变，因为它们是从光谱的红移推算出来的，它们不受巴德的研究成果的影响。这对大爆炸模型有着巨大的积极影响。如果距离加倍，速度保持不变，那么从创生那一刻到所有星系当前距离的时间也必须加倍。换句话说，大爆炸模型下的宇宙年龄现在应当向上修正到36亿年，这个数字不再与地球的年龄相冲突。

378

大爆炸模型的批评者指出，恒星和星系比地球年长，因此很可能超过36亿年，这意味着宇宙似乎仍含有比宇宙本身年龄更大的天体。这样的话，这些批评者声称，所谓时标困难仍然是一个问题。但是，大爆炸模型的支持者没有被这一完全合理的论点扰乱，因为巴德的研究已经表明，就测量星系的距离和宇宙的年龄而言，仍有很多东西需要学习。他发现了一个错误，就使宇宙的年龄翻番，因此很可能日后人们发现另一个错误，宇宙年龄会再次翻番。

在修正大爆炸模型的重大缺陷问题上，巴德走过了很长的路才取得突破。这一突破的更重要的意义是强调了天文学中普遍存在的弱点——盲从的习惯。由于哈勃的声誉，天文学家很久以来一直毫不犹豫地接受了他公布的仙女座星系和其他星系的距离。不敢质疑和挑战这样的基本判断，即使这些判断是由著名权威刚做出的；这是不发达科学的主要特点之一。

许多年后，受到仙女座星系距离判断失误这一案例的启发，加拿大天文学家唐纳德·弗尼尖锐地指出了科学上盲从这一不良品质的危害性："对天文学家的群体本能的权威性的研究还有待进行，但有许多次，我们像羚羊一般聚在一起，低着头密集地排着队，以坚定的决心沿着特定方向如隆隆雷声滚379 过平原。只要领头的一声信号，我们便掉转头，以同样坚定的决心，向着一个完全不同的方向，仍然鱼贯有序地紧挨着前进。"

巴德在出席于1952年罗马召开的国际天文学联合会会议上正式宣布，宇宙的年龄是以前认为的两倍。会议室里那些支持大爆炸模型的同行一眼就看出了这个新的测量值支持他们所信仰的创生时刻——或至少是去除了绊脚石。要不怎么说历史常有巧合呢，当时这个专题讨论会的会议记录正是大爆炸模型的激烈的批评者——弗雷德·霍伊尔。他尽职尽责地记录下会议结果，但他对永恒宇宙的根深蒂固的信念迫使他选择了这样一种遣词造句的方式，就是小心翼翼地避免引向大爆炸模型或物质创生模型。他写道："哈勃的宇宙特征时间尺度现在必须从大约18亿年提高到大约36亿年。"

唯一对这个结果感到比霍伊尔更加失望的人是埃德温·哈勃。不论大爆炸模型正确与否，他都不会有一丝一毫的挫败感，因为他从来不会让宇宙学问题来打扰自己。哈勃只关心他的测量结果的准确性，而不是对它的解释并根据它们来确立理论的正确性。因此在这一刻，他彻底绝望了，因为巴德发现了他的距离测量中存在重大缺陷。

当哈勃认真考虑了巴德的新的测量结果的意义后，他感到一阵彻痛的辛酸。尽管他荣获了许多国家奖和国际奖项，但他始终感到遗憾的是，他从来没有被授予诺贝尔奖，这一直是他的终极目标。现在，巴德指出了他的工作中的一个错误，这似乎让荣获诺贝尔奖变得更加遥不可及。

380

事实上，诺贝尔物理学奖评审委员会毫不怀疑哈勃是他那个时代最伟大的天文学家。在他们眼中，巴德的研究几乎没有玷污这位伟人的声誉。毕竟，哈勃通过证明存在河外星系解决了1923年的大辩论问题，他还在1929年用他的星系红移定律奠定了大爆炸与稳恒态模型争论的基础。诺贝尔基金会忽略他的唯一原因是他们从未认为天文学是物理学的一部分。哈勃吃亏是吃在了专业方向上。

哈勃曾满足于媒体和公众对他的赞美。他们尊他为宇宙英雄，他们适时地赞颂了他的成就。正如一位记者所说的那样：“正如哥伦布航行3000英里，发现一个大陆和一些岛屿一样，哈勃在无限的空间中漂泊，发现了数百个巨大的新世界、星岛、次大陆和星座，这些星座可不是仅仅在数千里之外，而是在百万亿英里之外。”

1953年9月28日，哈勃死于脑血栓。可叹的是，他完全不知道，诺贝尔物理学奖评审委员会已秘密决定修改他们的规则，授予他诺贝尔奖来认可他的成就。事实上，该委员会正准备公布对他的提名时，哈勃去世了。

诺贝尔奖不能追授，而且协议规定该委员会的讨论内容不得外漏。要不是因为有两名委员——恩里科·费米和苏布拉马尼扬·钱德拉塞卡——决定与哈勃的遗孀格蕾丝·哈勃联系告知此事，哈勃被提名的事儿将一直是个秘密。他们急于让格蕾丝知道，她丈夫对理解宇宙所做出的无与伦比的贡献没有被忽视。

381 **越暗，越远，越古老**

通过挑战并纠正公认的仙女座星系的距离，沃尔特·巴德一直提醒他的同事们，过去的测量结果应当受到质疑和审查，如果发现不足就应丢弃。这是一个健康的科学氛围的基本要素。只有当测量结果经过检查、反复检查、再三检查、交叉检验，它才可以赢得“事实”的称号。即便如此，偶尔的推翻性质的重新评估永远不会是有害的。

怀疑和批评的传统甚至也被用到巴德的距离测量上。事实上，正是巴德自己的学生，阿伦·桑德奇，修正了他导师的测量结果，从而再次增加了宇宙的年龄。

桑德奇像他的若干同事一样，第一次透过望远镜的目镜张望星空就迷上了天文学。他从没忘记童年时“一场大爆炸出现在我的大脑里”的那一刻。他考取了威尔逊山天文台的博士生，师从巴德，后者要求他对他所观察到的最遥远的星系拍出新的图像。巴德只是想让桑德奇来检查他的距离估计是否正确。

天文学家不能用造父变星的尺子去测量到最远的星系的距离，因为在那么远的距离上已无法检测到造父变星。相反，他们必须采用一种完全不同的测量技术，它依赖于这样一个合理的假设：仙女座星系中最亮的恒星本质上与任何其他星系里最亮的恒星一样亮。因此，如果遥远星系的最亮的恒星的视亮度只有仙女座星系中最亮的星的1/100（$1/10^2$），那么该星系的距离被认为是仙女座星系的10倍，因为亮度与距离的平方成反比。

尽管恒星的亮度差别很大，但用这种方法来测量距离不是没有道理。例如人的身高差异也很大，但随机选取50个成年人组成一个样本，我们可以合理地假设其中最高的人的高度大致为190厘米。因此，如果将这样的两个组分开适当的距离，我们看到一个组里最高者的高度是另一个组最高者的三分之一，那么我们可以合理地猜测，前一组的距离是后一组的3倍远。这是因为两个组里最高的人的高度应大致相等，而表观高度与距离成反比。这种方法不尽完美，因为一个组拉来的人可能正要去参加篮球赛，而另一个组的人原本可能是要去参加赛马。但在大多数情况下，这种距离估计的误差应在百分之几以内。 382

如果用这种方法来评估人的平均身高或恒星的平均亮度，将更加准确。但天文学家们研究的天体是如此遥远，他们不得不将这种方法应用到每个星系的最亮的恒星上，这是他们能够看到的对象。自1940年以来，天文学家一直就用这一技术来测量遥远星系的距离，并自信这么做基本上是可靠的，尽管他们有思想准备，所测的距离可能需要进行调整。这就是为什么巴德要求桑德奇来检查他的估计值。事实上，桑德奇发现，最亮恒星方法有一个根本性的缺陷。

由于照相术的改进，桑德奇可以看出，以前一直被认定为遥远星系中最亮的恒星其实是聚在一起的别的东西。宇宙中大部分的氢已聚合成熟悉的致密星，但也有相当数量的氢是以巨大的云团的形式存在的，它们称为HⅡ区。[383] HⅡ区吸收周围恒星的光，并被这些光加热到超过10000℃。由于它的温度和大小，一个HⅡ区的光度可以盖过几乎所有的恒星。

在桑德奇之前，天文学家一直无意识地错将仙女座星系中可见的最亮恒星与更遥远的、新发现的星系里最亮的HⅡ区做比较。以为HⅡ区是恒星。天文学家认为这些新星系比较接近，因为它们的最亮“恒星”看起来相对较亮。当桑德奇得到了分辨率高到足以将这些HⅡ区与真正的恒星区分开来的图像后，他的结论是，遥远星系中最亮的恒星实际上要比误解的HⅡ区暗很多，因此这些星系必定比以前估计的远得多。

根据大爆炸模型，这些遥远星系的距离对于估算宇宙的年龄绝对关键。1952年，巴德将星系的距离翻了一番，同时也将宇宙的年龄翻了一番，达到36亿年。两年后，桑德奇将星系推得更远，宇宙的年龄也被增加到55亿年。

尽管有了这些增加，测量值还是低估了。在整个20世纪50年代，桑德奇一直在从事他的星系距离测量工作。不论是星系距离还是由此导致的宇宙年龄一直在持续拉长。事实上，桑德奇将成为测量星系距离和宇宙年龄的主要人物，并且很大程度上正是由于他的观察，在100亿岁到200亿岁之间的宇宙最终变得清晰。这个宽广的范围与宇宙中其他对象肯定是相容的。稳恒态理论不再嘲笑大爆炸理论说它解释不了为什么宇宙会比它所包含的恒星年轻了。

[385] 宇宙炼金术

尽管时标困难现在算解决了，但大爆炸模型还有来自其他问题的困扰。

（最后一排左起）F. 霍伊尔、H.C. 范德胡斯特、A.R. 桑德奇、J.A. 惠勒、H. 赞斯特拉、L. 勒杜

（中间一排左起）O.S. 克莱恩、W.W. 摩根、B.V. 库卡尔金、M. 菲尔兹、W. 巴德、H. 邦迪、T. 戈尔德、L. 罗森菲尔德、A.C.B. 洛弗尔、J. 热厄尼奥

（中间一排前站着的两人）V.A. 安巴尔楚米扬、E. 沙兹曼

（前排坐着的）W.H.麦克雷、J.H.奥尔特、G.勒迈特、C.J.高特、W.泡利、W.L.布拉格、J.R.奥本海默、C.穆勒、H.沙普利、O.赫克曼

图 88　这是出席1958年索尔维会议的一张集体照。照片显示阿伦·桑德奇和沃尔特·巴德参加了这次会议。他们修订的星系测量距离增加了大爆炸模型下的宇宙年龄。大爆炸模型和稳恒态模型之间争论的主要角色都在照片里，包括霍伊尔、戈尔德、邦迪和勒迈特。

尽管学术争论非常激烈，但不影响两个阵营之间的个人友谊。例如，霍伊尔非常喜欢勒迈特，形容他是一个“粗壮敦实的人，满嘴笑话，充满了笑声”。霍伊尔深情地回忆起在罗马的一次会议后他们驱车游览意大利的情形：“整个行程只有乔治出了点状况，那是在午餐后。我中午总是随便吃点，这样下午我可以继续开车，而乔治想来顿大餐，上瓶酒，这样他下午就可以在车上睡觉了。我们达成一致，下午让乔治在车后座睡觉。但不幸的是，严重的头痛几乎让他合不上眼。”

最重要的是有关核合成，特别是重元素形成的问题。乔治·伽莫夫曾夸口：“这些元素冷却的时间比做一盘烧鸭加烤土豆所花的时间还要短。”总之，他认为所有各种原子核都是在大爆炸后的1小时内产生的。然而，尽管伽莫夫、阿尔弗和赫尔曼尽了最大努力，但除了最轻的原子，如氢和氦，其他元素的原子的形成机制一直无法找到，即使在大爆炸后存在一个炽热期。如果重元素不是在大爆炸之后瞬间产生，那么问题很清楚：它们是何时何地被创造出来的？

亚瑟·爱丁顿曾提出一种可能的核合成理论：“我认为恒星就是较轻元素的原子复合成较重元素的坩埚。”然而，恒星的温度据估计在表面只有几千度，在核心也只有几百万度。这个温度当然足以使氢慢慢变成氦，但要将这些氦原子聚变成真正的重核，这个温度显然不够，这需要数十亿度的温度才行。

例如，要形成氖原子，需要30亿度的温度，要产生更重的硅原子将需要130亿度甚至更高的温度。这导致了另一个问题。即使存在创造氖的环境，也未必就能热到产生硅。反之，如果环境温度高到足以产生硅，那么所有的氖都将被转换成某种较重的元素。仿佛每一种元素的原子都需要各自的量身定做的坩埚，宇宙将不得不组建种类繁多的致密环境。可惜的是，即使这些坩埚存在的话，也没人能知道它们在哪里。

386

对解决这个问题做出主要贡献的当属霍伊尔。他不是将核合成看成是大爆炸与稳恒态模型孰胜孰败的问题，而是这两个理论都需要关注的共性问题。宇宙大爆炸模型在某种程度上需要解释宇宙开始时的基本粒子是如何转变成不同丰度的较重的原子的。同样，稳恒态模型也需要解释星系退行时不断生成的粒子是如何转换成较重的原子的。霍伊尔自打成为初级研究员开始便一直惦记着核合成问题，但直到20世纪40年代末他才迈出解决这个问题的试探性的第一步。当他猜测到恒星在其生命的不同阶段所发生的事情时，这个问题开始取得进展。

中年恒星通常是稳定的，它通过将氢聚变成氦来产生热能，通过辐射光能来耗散掉这些热量。同时，恒星的所有质量靠自身引力被拉向内，这种向内的拉力靠星核的高温引起的巨大的向外压力来抵消。如在第3章所讨论的，恒星的这种平衡类似于气球上的受力平衡，橡皮膜的应力总试图让气球向内收缩，而气球内的空气压强则使气球向外膨胀。这个比喻可用来解释为什么造父星的光度是可变的。

霍伊尔对于恒星理论和引力坍缩与指向外的热压强之间的平衡理论很熟悉，但他想知道当这种平衡被打破时会发生什么。具体来说就是，霍伊尔想了解，在恒星的晚年，当氢燃料行将耗尽时会发生什么。毫不奇怪，燃料短缺将导致恒星开始降温。温度的下降将导致向外压力的下降，引力作用会变得过强，恒星将开始收缩。关键是，霍伊尔意识到这种收缩不是故事的结束。 387

随着整个恒星向内收缩，压缩将导致恒星星核升温并使向外的压力增大，由此使得收缩停止。压缩带来的温度上升有几个原因，但其中的一个是压缩导致更多的核反应，从而产生更多的热量。

虽然这种额外的热量使得恒星重新建立起某种程度的稳定性，但它只是一种暂时的中止。恒星的死亡只是被推迟了。恒星继续消耗更多的燃料，并最终减少到燃料供应变得至关重要。缺乏燃料意味着缺乏产能，因此星核开始再次冷却，这导致了另一个压缩阶段。同样，这次压缩使得星核再次得到加热，坍缩再次停止，直到下一次燃料短缺。这种反复起-停的坍缩方式意味着很多恒星都将经历一个缓慢的、挥之不去的死亡过程。

霍伊尔着手分析了不同类型（如小型的、中型的、大型的、星族Ⅰ的，星族Ⅱ的）恒星的演化过程。经过几年的专门研究，他成功地完成了对不同的恒星在其接近寿命终点时所发生的所有温度和压力变化的计算。最重要的是，他还制定了每个恒星在濒临死亡时的核反应，关键是给出了极端温度和压力的不同组合是如何导致一系列中等质量和重原子核的产生的，其结果如表5所示。

表5

388

霍伊尔计算了不同的恒星在其寿命的不同阶段会发生何种核合成的条件。下表给出了大约25倍太阳质量的恒星上所发生的核合成反应类型。与典型星相比，这种大质量恒星的寿命非常短。最初，恒星花上几百万年的时间使氢聚变成氦。在其寿命的后期阶段，温度和压力增加，使得氧、镁、硅、铁和其他元素的核合成得以进行。而各种更重的原子则要在最终和最激烈的阶段才能产生。

阶段	温度（℃）	密度（g/cm^3）	持续时间
氢→氦	4×10^7	5	10^7年
氦→碳	2×10^8	7×10^2	10^6年
碳→氖+镁	6×10^8	2×10^5	600年
氖→氧+镁	1.2×10^9	5×10^5	1年
氧→硫+硅	1.5×10^9	1×10^7	6个月
硅→铁	2.7×10^9	3×10^7	1天
星核坍缩	5.4×10^9	3×10^{11}	0.25秒
星核膨胀	23×10^9	4×10^{14}	0.001秒
爆炸	约10^9	不等	10秒

很明显，每种类型的恒星都可以作为生成不同元素的坩埚，因为恒星在其寿命和死亡的过程中内部发生着巨大变化。霍伊尔的计算甚至可以说明今天我们所知道的几乎所有元素的准确丰度，可以解释为什么氧和铁是常见的，而金和铂金则是罕见的。

在例外的情况下，一个质量非常大的恒星的早期坍缩阶段变得不可停歇，恒星死亡得相当迅速。这便是超新星，恒星死亡最猛烈的例子，它以无与伦比的强度引起内爆。当超新星爆发时，一颗恒星所释放的能量大到超过100亿颗一般恒星亮度的总和（这就是为什么一颗超新星的爆发会让参与大辩论的天文学家感到困惑的原因，如前面第3章所讨论的那样）。霍伊尔表明，超新星打造出一种最极端的恒星环境，从而允许罕见的核反应发生，从而产生出最重和最奇特的原子核。 389

霍伊尔的研究的最重要的结论之一是恒星的死亡并不标志着核合成过程的结束。随着恒星向内爆缩，它发出巨大的冲击波，从而导致整个星体爆炸，使得原子飞向整个宇宙。重要的是，一些原子是恒星寿命最后阶段的核反应的产物。这颗恒星碎片与漂浮在宇宙中的其他碎片（包括来自其他死亡恒星的原子）混合在一起，最终凝聚成全新的恒星。这些第二代恒星一开始就能进行核合成，因为它们已经有了某些较重的原子。这意味着当它们濒临死亡和内爆时将会合成更重的原子。我们自己的太阳可能就是第三代恒星。

马库斯·乔恩——《魔法炉》的作者——描述了恒星炼金术的意义："为了我们能够活着，已经有数十亿、数百亿、甚至上千亿颗恒星死亡了。我们血液中的铁，我们骨骼中的钙，我们每一次呼吸而充满我们肺部的氧气——所有这些都是在地球诞生之前很久的星星炉里煮出来的。"浪漫主义者可以认为自己是由星尘构成的。愤世嫉俗者可以认为自己就是核废料。

霍伊尔解决了宇宙学中最大的困惑，并找到了一个几乎堪称完美的解决方案，但有一个突出问题尚待解决。表5显示了某种特定类型恒星上的核合成链：氢转化为氦，然后氦聚变成碳，碳变成更重的元素。虽然表中明确列出了氦到碳的阶段，但实际上霍伊尔并没有真正解决这一步是怎么发生的。据他所见，没有什么可行的核途径使氦转化成碳。这是一个主要问题，因为 390

除非他能解释碳的形成，否则他无法解释其他所有的核反应是怎么发生的，因为在生成它们的反应链的某个点上都需要有碳的参与。这对于所有类型的恒星都是个问题——根本没有办法把氦变成碳。

霍伊尔在此遇到了与当年阻止伽莫夫、阿尔弗和赫尔曼前进脚步完全相同的核砖墙。伽莫夫等人当时就试图解释在宇宙大爆炸早期时刻氦如何转换成更重的元素。如果你还记得的话，伽莫夫小组发现，涉及氦的核反应只能生成不稳定的原子核。氦核加氢核给出的是不稳定的锂5核；2个氦核合并给出的是不稳定的铍8核。仿佛大自然已经谋划好了要阻止氦核转成较重原子核（最主要的是碳）的唯一两条途径。除非这两个障碍可以被除去，否则构建较重原子核的问题将破坏霍伊尔有关恒星核合成理论的立论基础。他抱有的解释各种各样元素的希望将破灭。

伽莫夫团队在大爆炸核合成的框架下无法解决这一问题，而霍伊尔在恒星核合成的框架下也无法解决它。将氦转化为碳似乎是不可能的。但霍伊尔没有放弃寻找生成碳的某种可行途径的希望。他所预言的所有复杂的核反应全都有赖于碳的存在，因此他必须解开碳本身是如何形成的奥秘。

391

碳的最常见的形式是所谓的碳12，因为它的原子核包含12个粒子，即6个质子和6个中子。氦的最常见的形式是所谓的氦4，因为它的原子核包含4个粒子，即2个质子和2个中子。因此霍伊尔的问题可以归结为一个简单的问题：是否存在将3个氦核转变成1个碳核的可行机制？

一种可能是3个氦核同时碰撞在一起形成1个碳核。这是个好主意，可惜在实践中是不可能的。3个氦核恰好同时同地以相同的速度发生聚变的可能性实际为零。另一种途径是2个氦核聚变形成1个铍8核（4个质子加4个中子），然后这个铍8核再与另一个氦核聚变形成碳。这条途径和三氦核碰撞机制如图89所示。

392

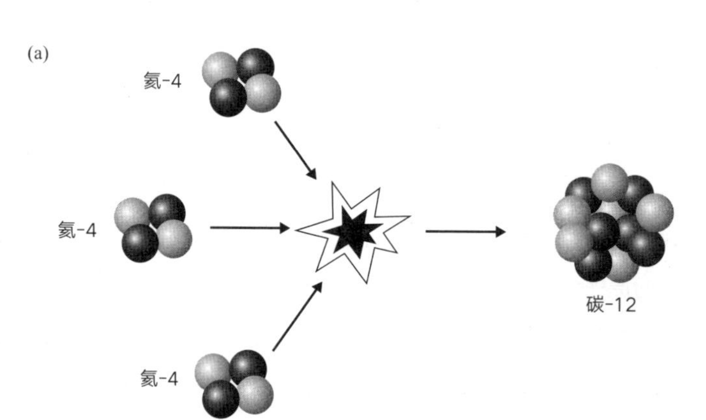

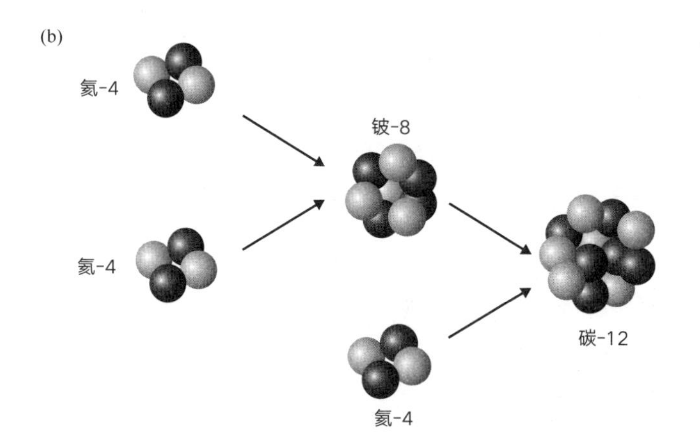

图89　图（a）显示了氦到碳的一条可能的核聚变路径，它需要3个氦核同时碰撞。这种可能性非常低。第二条路径如图（b）所示，需要先2个氦核碰撞形成铍，然后铍核再与另一个氦核碰撞聚变成碳。

然而，铍8很不稳定，这就是为什么它被伽莫夫称为生成氦之后的核的道路上的绊脚石的原因。事实上，铍8核是如此不稳定（罕见形式），以至于通常在自发衰变前只能维持不到10^{-15}秒。我们只能想象一个氦核在其飞行路径上恰巧遇到一个短暂存在的铍8核并合并成碳12。但即使这个过程确实能发生，也还需要克服另一个障碍。

氦核与铍核的结合质量比一个碳核的质量要大得多，因此，如果氦和铍聚合成碳，那么就可能会有多余的质量。通常情况下，核反应可以将多余的质量转换成能量（通过$E = mc^2$），但质量差越大，反应所需的时间就越长。而铍8核并不具备这个时间。碳的形成必须几乎在生成铍8核的同时完成，因为铍8核的生命期实在太短。

393

因此，取道铍8路生成碳核的路径上有两个障碍。首先，铍8根本不稳定，持续时间不足亿万分之一秒；其次，氦和铍聚变为碳需要一个很长的时间窗口，因为存在轻微的质量不平衡。僵局似乎不可能打破，因为这两个问题彼此冲突。对此霍伊尔似乎可以选择放弃，转向研究些较简单的东西。但相反，他在此完成了科学史上的一次最伟大的直觉跳跃。

虽然任何核都有一个标准结构，但霍伊尔知道，核内的质子和中子还可以有另一种安排。我们可以将构成碳核的12个粒子看成是12个小球。这些小球有两种可能的排列，如图90所示。一种排列是分成两层每层6个的矩形结构；另一种是分3层每层4个的三角形排列（这里过于简单化了，因为在核的层面上事情并非像几何排列那么简洁）。让我们假设，第一种安排就是我们最常见的碳的形态，第二种是所谓的碳的*受激形态*。通过注入能量是可以将一般形态的碳核转变为受激态的。因为能量和质量是等价的（同样还是由于$E = mc^2$），受激态的碳核的质量要比普通碳核稍大。霍伊尔断定，碳12的受激形式肯定具有正确的质量，即与铍8和氦4的组合质量完全匹配的质量。如果存在这样的碳核，那么铍8与氦4就可以迅速反应形成碳12。尽管铍8寿命

394

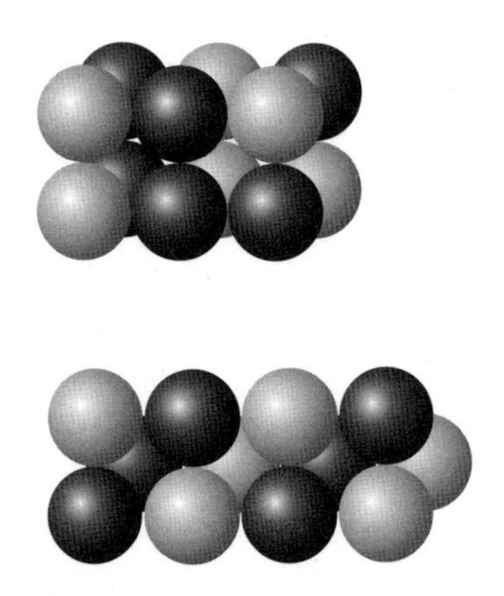

图 90　碳的两种可能形式。虽然实际上质子（深色球）和中子（浅色球）不会排列得如此整齐，而是倾向于形成球形团簇。图示要点在于表明碳核可以存在具有不同质量的不同排列方式。

很短，但生成大量的碳12是可能的。

问题解决了！

但是科学家不能想象一个问题只有一种解决方案。正如霍伊尔知道，虽然具有所需质量的碳12激发态打开了生成碳，乃至通向所有重元素的大门，但这并不意味着这种状态一定存在。受激核可以有非常特殊的质量，但科学家不能总寄希望于有一个方便的值。幸运的是，霍伊尔不只是一位只会想象的人。他对存在碳的正确激发态的自信是基于一种看似怪异但十分有效的逻辑推理链。

395

霍伊尔的推理前提是，他存在于宇宙。不仅如此，他指出，他还是一个以碳为基础的生命形式。因此，宇宙中必然存在一种制造碳的方式。然而，生成碳的唯一方法似乎依赖于碳的某个特定激发态的存在。因此这种激发态必定存在。霍伊尔严格运用的这种思考问题的方法后来被称为*人存原理*。这一原理可以用多种方式来定义和解释，但有一个版本可以这么来陈述：

我们在这里研究宇宙，因此宇宙的法则必定与我们的存在相一致。

在霍伊尔的推理中，他说碳12核是他的一个组成部分，因此碳的正确激发态必须存在，否则碳12和弗雷德·霍伊尔都不会存在。

从专业上讲，霍伊尔预测，他提出的碳的激发态的能量要比基本碳核高出7.65兆电子伏（MeV）。对于测量像原子核这样的微观粒子来说，兆电子伏能量是一个很小的能量单位。霍伊尔现在想知道这个激发态是否真的存在。

1953年，在他提出碳的这种激发态后不久，霍伊尔利用学术休假应邀到访加州理工学院。在那里，他有机会来检验他的理论。著名的凯洛格辐射实验室就坐落在加州理工学院的校园里，该实验室的威利·福勒是世界上最伟大的实验核物理学家之一。一天，霍伊尔来到福勒的办公室，告诉他自己对碳的激发态能量要比普通态高出7.65兆电子伏的预言。以前还没有人对核的激发态作出这样精确的预测，因为其中的物理和数学过于复杂。但霍伊尔的预测纯粹是基于逻辑，而不是数学或物理。霍伊尔想让福勒去寻找他所预言的这种碳12的激发态来证明他是对的。

396 福勒是第一次遇见霍伊尔，他对这个约克郡佬的想法没有一点思想准备。福勒最初的反应是，碳12已经有详细的测量结果，没发现有7.65兆电子伏的激发态的记录。他后来回忆说，他对霍伊尔的反应完全是负面的：“我很怀疑这位稳恒态宇宙学家，这个理论家，问的这个碳12核的问题……这个有趣的小个子男人认为我们应该停止我们所有正在进行的重要工作……来寻找这种态，我们把他打发了。离开我们这里，小伙子，你打扰了我们。”

霍伊尔继续展开他的论证，指出福勒只需几天时间专门搜寻一下碳12的7.65兆电子伏的态就可以检验这一理论。如果霍伊尔是错误的，那么福勒得花上几个晚上来追补他的日程安排；但如果霍伊尔是正确的话，福勒将作出核物理学领域的最大发现之一而获得奖励。福勒被这个简单的成本-效益分析折服了。他要求他的团队立即开始搜寻这种激发态，万一它在早期测量中被忽略了呢。

经过10天的对碳12核的分析，福勒的研究小组发现了一种新的激发态。正是7.65兆电子伏，与霍伊尔说的完全一样。这是第一次，也是唯一一次，科学家用人存原理做预测并被证明是正确的。这是极其天才的一个实例。

霍伊尔终于证明并确认了由氦转化为铍，然后变成碳的机制。他证实了碳是在大约2亿摄氏度的温度下通过图89（b）所示的反应合成的。这是一个缓慢的过程，但数十亿颗恒星经过数十亿年的演化，可以制造出大量的碳。

397

对碳的生成的解释确立了生成宇宙中所有其他元素的核反应的起点。霍伊尔解决了核合成问题。这对于稳恒态模型是一个突破，因为霍伊尔可以声称，退行星系之间产生的简单物质会聚集在一起，形成恒星和新的星系，于是它们会成为锻造更重元素的不同的恒星熔炉。霍伊尔的工作对于大爆炸模型也是一种提升，否则我们就不能解释重元素如何从所有的氢和氦中产生，而后者则是在宇宙诞生之初就立即生成的。

乍一看，核合成问题的解决现在可以看成是两个敌对的宇宙学阵营打了个平手。毕竟，无论是大爆炸还是稳恒态模型都可以借助于同样的恒星演化过程来解释重元素的合成。但事实上，大爆炸已经成为两款模型中的强者，因为对于轻元素如氦的产生，只有大爆炸模型能圆满解释它们的丰度。

氦是宇宙中丰度排行第二的元素，也是仅次于氢的最轻元素。恒星将氢转变成氦，只是这个过程非常缓慢，因此从大爆炸的观点看，恒星不可能说明今天宇宙中存在的大量的氦。然而，伽莫夫、阿尔弗和赫尔曼已经证明，如果在大爆炸之后瞬间就完成了氢到氦的聚变，那么今天宇宙中的氦的丰度就可以得到说明。大爆炸模型的最新计算结果表明，氦应该占到宇宙中所有原子的10%，这个估计非常接近于基于观察的最新估计，因此理论和观测是一致的。

398　相比之下，稳恒态模型却不能解释氦的丰度。因此，从重元素的核合成这一点看，大爆炸和稳恒态不相上下，但只有大爆炸模型可以真正解释氦的核合成。

有利于大爆炸核合成的局面还因为下述新的计算结果而得到进一步加强，这就是对像锂和硼这类元素的原子核的核合成的计算。这些元素都比氦重，但比碳轻。计算表明，这些锂核和硼核无法在恒星上合成，但可以在大爆炸瞬间产生的炽热状态下，与氢转化为氦的过程同时完成。事实上，理论上基于热大爆炸模型对锂和硼的丰度的估计与从当前宇宙中观察到的结果非常一致。

具有讽刺意味的是，虽然核合成的完整解释让大爆炸模型赢得了最终胜利，但这一胜利是建立在对立阵营的霍伊尔做出的巨大贡献的基础上的。乔治·伽莫夫对霍伊尔给予了极大的尊重，承认他的成就轻松改写了《创世纪》，如图（文）91所示。伽莫夫版的《创世纪》实际上是对核合成理论——从大爆炸的热中产生出轻核，到超新星爆发中产生出重核——的一个绝妙总结。

399

起初，神创造了辐射和伊伦。伊伦没有形状或数量，核子在渊面上疾驰。

神说："要有质量2。"就有了质量2。神看到了氘，说这很好。

神说："要有质量3。"就有了质量3。神看到了氚，说这很好。

神继续叫号，直到他遇到超铀元素。但当他回头看自己的工作时，却发现不够好。在叫号的兴奋中，他错过了叫质量5，所以，自然地，没有更重的元素可以形成。

神非常失望，希望先让宇宙收缩回去，再从头开始。但这太简单了。因此，全能的神决定用最不可能的方式来改正错误。

神说："要有霍伊尔。"就有了霍伊尔。神看着霍伊尔，告诉他按他高兴的方式做重元素。

霍伊尔决定在恒星上做重元素，并通过超新星爆发散布到周围。但在这样做时，他必须得到与神没忘记叫号质量5时由伊伦的核合成给出的相同的丰度。

所以，在神的帮助下，霍伊尔按这样的方式做重元素，但它是如此复杂，以至于在今天不论是霍伊尔，还是神，还是其他任何人，都无法能弄清楚它究竟是如何完成的。

阿门

图(文)91 伽莫夫版《创世纪》

400

根据恒星内部演化过程来解释核合成的整个研究方案涉及几十个步骤和无数次改进，时间上前后跨越十多年。霍伊尔始终是全身心地投入，但他显然得到了威利·福勒实验工作的支持，他还与伯比奇夫妇——玛格丽特·伯比奇和杰弗里·伯比奇——进行合作。四人合作的成果是一篇有104页的报告，标题为“恒星元素的合成”。文章里确定了恒星各阶段的作用以及每一步核反应的结果。文章包含了一个非比寻常的大字声明：“我们发现，在一般情况下，用恒星上的和超新星的核合成来解释从氢到铀的几乎所有原子的同位素的丰度是可能的。”

这篇文章变得如此有名，以至于人们干脆用作者姓氏的首字母（B^2FH）来命名它。它被公认是20世纪科学领域最伟大的胜利之一。毫不奇怪，它的一位作者将获得诺贝尔奖。令人惊讶的是，1983年的诺贝尔物理学奖授予了威利·福勒，而不是弗雷德·霍伊尔。

霍伊尔被忽略这一事实成了诺贝尔奖历史上最大的冤案。诺贝尔奖评审委员会拒绝霍伊尔的主要原因是他多年来树敌太多，归咎于他直率的本性。例如，当1974年度诺贝尔物理学奖被授予脉冲星的发现时，他有过大声抱怨。他同意对这些脉动恒星的检测是一项重大突破，但该奖没授予对这一脉冲星观测做出了关键性贡献的年轻的天文学家乔斯林·贝尔这一点让他感到愤怒。看来最明智的策略是始终保持沉默，不争论，但霍伊尔无法做到置礼貌于诚信和正直之上。

同样，霍伊尔在剑桥大学工作期间一直反对荒谬的大学治理政策，而且始终不肯低头。1972年，在这一系统里斗争多年之后，心灰意冷的霍伊尔选择了辞职：

> 我看不出在这块没有希望胜出的战场上继续战斗下去还有什么意义。剑桥体制被设计得有效防止人们提出有针对性的政策——重要决定可以被组成上有缺陷且怀有政治动机的委员会否

> 决。为在这个体系里做得有成效，我们必须永远盯着同事，几乎就像处在罗伯斯庇尔的间谍系统里。如果一个人照这样行事的话，那么他当然就很少有时间去从事真正的科学研究。

虽然霍伊尔对物理学和生活的这种直截了当的方法使他在某些圈子里不受欢迎，但大多数科学家都很喜欢他，包括美国天文学家乔治·O.阿贝尔：401

> 他是一位出色的演说家和一位优秀的教师。他还是一个热情的人，总是找时间和学生交谈，他对几乎所有的事情都很有感染力。事实上，他是一个有思想的人，他是那种几乎在任何情况下，只要有交谈就会出现他的身影的人……正是有了这样的思想财富，虽然其中有些是错的，有些虽错但很绝妙，有些不仅绝妙而且正确，科学才取得进步。

辞职后，霍伊尔作为一名流浪的天体物理学家度过了他人生的下一个三十年，他到各大学做访问学者，在湖区[1] 待过一段时间，最后隐居于伯恩茅斯岸边。正如皇家天文学家马丁·里斯指出的，这是一个伟大人物的可悲结局："他与广大学术界的隔绝不仅有损于他自己的科学研究；对我们其他人也是一种令人悲伤的损失。"

射电天文学

那些对宇宙学史有贡献的人，都曾在经济上以各种方式来资助他们的研究。哥白尼有时间来研究太阳系是在他作为埃姆兰主教的医生期间，而开普勒则受益于瓦克赫·冯·瓦肯费尔斯先生的资助。欧洲大学的兴起为牛顿

---

1. Lake District，位于英格兰西北部，以湖光山色秀美著称，曾是作家和诗人的聚居地。—— 译注

和伽利略等人提供了象牙塔，而有些研究者，如罗斯勋爵，本身就是有钱人，402 能够自己出资兴建自己的象牙塔，以及象牙塔般的天文台。几个世纪以来，欧洲王室的赞助有着重要影响，例如国王乔治三世对赫歇尔等人的支持。相比之下，在20世纪初，想要制作更大望远镜的美国天文学家则转向亿万富翁慈善家如安得烈·卡内基、约翰·胡克和查尔斯·泰森·耶基斯等寻求赞助。

然而，纵观截止1920年的整个天文学史，大企业就没在天文探索事业上投过资。这并不奇怪，因为探索宇宙的结构明显不是股东赚取利润的一个途径。尽管如此，一家美国公司还是决定成为宇宙学发展的主力球员，并为平息大爆炸与稳恒态模型的争论做出了重大贡献。

美国电话电报公司（AT&T）通过构建美国的通信网络和采用亚历山大·格雷厄姆·贝尔的电话专利而建立起自己的声誉。随后，在1925年与西电公司合并之后，公司在新泽西州成立了贝尔实验室作为自己的研究基地，迅速赢得了世界一流研究水平的声誉。除了应用通信研究之外，贝尔实验室还专门辟出大笔资金用于纯理论和基础研究。它的理念始终是：一流的、神秘的、纯理论的研究能够培育一种好奇心文化，建立起与大学合作的桥梁，这些终将导致具体的商业利益。除了这些好处之外，贝尔实验室的研究发现已经拿下6项诺贝尔物理学奖，11位获奖科学家分享此殊荣。这是一项只有世界上最伟大的大学才能与之匹敌的记录。例如，1937年，克林顿·J.戴维森因在物质的波动性质方面的研究荣获当年度诺贝尔物理学奖；1947年，巴丁、布拉顿和肖克利因发明晶体管被授予该奖；1998年，斯脱默、劳克林和崔琦因对分数量子霍尔效应的发现和解释而共享该奖。

403 贝尔实验室参与宇宙学研究的故事颇为曲折，可以追溯到1928年，即AT&T开始提供横越大西洋的无线电话服务的后一年。无线电线路一次可通一个电话，前3分钟的价格是75美元——折合成现今的价格几乎相当于1 000美元。AT & T急于通过提供高品质的服务以保持这个利润丰厚的市场，因此要求贝尔实验室对无线电波的天然信源进行调查，这种信号引起一种背景噪声对远距离无线电通信产生干扰。调查这种恼人的射电源的任务落到了卡尔·央斯基头上。央斯基当时22岁，是一位才从威斯康星大学物理系毕业的初级研究员，他的父亲是威斯康星大学电气工程专业的一名讲师。

无线电波，像可见光波一样，是电磁频谱的一个波段；但无线电波是不可见的，具有比可见光更长的波长。可见光的波长小于千分之一毫米，而无线电波的波长则从几毫米（微波）到几米（FM波段无线电波）和几百米（AM波段无线电波）。AT&T的无线电电话系统所涉的波长为几米量级，因此央斯基在贝尔实验室所在的霍姆德尔镇建立了一个大型高灵敏度的无线电天线基站（如图92所示），这副天线能够检测14.6米的无线电波。天线被安装在一

图92 卡尔·央斯基在对天线进行调整。这架天线被设计用来检测来自自然射电源的无线电波。福特牌T型车的车轮使得天线可在转盘上转动。

个可旋转的机架上，每小时转3圈，使得它可以接收到来自所有方向的无线电波。只要央斯基不在，当地的孩子们就会爬上这架世界上最慢的旋转木马玩耍，因此人们给这副天线取了个绰号叫“央斯基的旋转木马轮”。

到1930年秋，天线建造完毕。央斯基花了几个月的时间来检测在一天的不同时段来自不同方向的无线电干扰的强度。他给天线装上扬声器，这样他可以实际听到自然界无线电干扰的嘶嘶声、噼啪声和静态噪声。慢慢地，他将干扰分为三类。第一类是当地雷雨天气带来的偶然影响；第二类是来自遥远地区的风暴的影响，这种声音较弱，但更恒定；第三类干扰更弱，央斯基将它描述为“由其来源不明的非常稳定的嘶嘶声构成”。

大多数研究人员会忽略掉未知的射电源，因为比起其他两类信源它并不显著，也不会对跨大西洋通信造成严重影响。然而央斯基决定探究这个神秘信号的起因，他花了几个月的时间来分析这种莫名其妙的干扰。渐渐地，事情变得清晰起来：这种嘶嘶声来自天空中某个特定区域，而且每隔24小时达到一次峰值。事实上，当央斯基更仔细地查看他的数据后，他发现峰值到来的周期为23小时56分钟。峰值之间几乎相隔一整天，但不完全。

央斯基向同事梅尔文·斯凯勒特提到这种奇妙的时间间隔。斯凯勒特是天文学博士，能够指出这失踪的4分钟的意义。地球每年绕其自转轴旋转365又1/4次，每天持续24小时，所以一年时间为（365 + 1/4）× 24 = 8766小时。然而，地球每年除了绕其自转轴旋转365又1/4次之外，还绕太阳旋转一周。因此，地球实际上在8766个小时里是旋转了366又1/4次（一年），所以每次旋转的时长为23小时56分钟，这个时间被称为恒星日。恒星日的意义在于，它是我们相对于整个宇宙旋转一周所持续的时间，而不是我们局地的一天24小时。

斯凯勒特非常熟悉恒星日的持续时长及其天文学的相关意义，但这些知识在央斯基听来则是一个惊喜，他马上开始考虑他测得的无线电干扰的意义。他意识到，如果这种神秘的无线电嘘嘘声每个恒星日达到一次峰值，那么其信源必定是远远超出地球和太阳系的某个天体。恒星日暗示存在一种宇宙射电源。事实上，当央斯基试图确定这种无线电信号的方向时，他发现它来自银河系中心。唯一的解释是，我们的银河系正在发射无线电波。

年仅26岁的卡尔·央斯基成为了探测和识别来自外太空无线电波——一个真正的历史性的发现——的第一人。现在我们知道，银河系中心有很强的磁场，它与快速运动的电子相互作用导致无线电波的恒定输出。央斯基的研究打开了探索这一现象的一扇窗。他在一篇题为"河外源的显性电性干扰"的文章里宣布了这一结果。

《纽约时报》拾起这个故事，在1933年5月5日的报纸头版进行了文章报道。它向读者保证："没有任何迹象表明……这些星系的无线电波是某种星际信号，或者说它们是某种形式的智慧生命力图进行星际通信。"但这不足以阻止一堆信件堆上央斯基的办公桌，它们声称他正接收到来自外星人的重要讯息，我们不应忽视这些外星人的存在。 406

央斯基的突破的真正意义甚至超越了银河系发射无线电波这一重大发现。他的成就在于建立起射电天文学这一学科分支，它表明，天文学家可以通过对超出人眼可见的狭窄的电磁波波段以外的波段的观察来了解广袤的宇宙。正如第3章中提到的，物体发出的电磁辐射的波长范围非常宽阔。这些波长，如图93所总结的那样，既可以比我们可见的熟悉的彩虹的波长长，也可以比它的短。

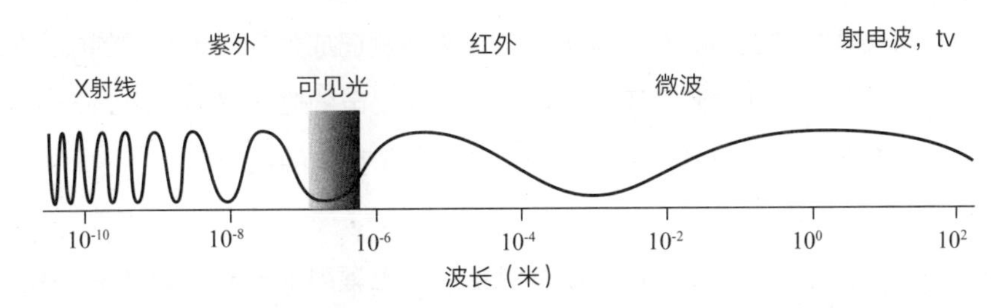

图 93　可见光的光谱只是电磁波谱中的一小段。所有电磁辐射，包括可见光，是由电场和磁场的振动构成的。可见光波长的范围仅限于电磁波谱中的一个非常狭窄的波段。因此，为了尽可能全面地研究宇宙，天文学家试图在整个波长范围上——从十亿分之一米（X射线波段）到几米（射电波段）——来检测辐射。

虽然我们无法用眼睛看到这些极端的波长，但它确实存在。这种情况就如同声音一样。动物发出的声音有一个波长范围，但是我们人类只能听到其中非常有限范围内的声音。我们既听不到大象发出的次声波（长波长），也听不到蝙蝠发出的超声波（短波长）。我们之所以知道超声波和次声波的存在，只是因为我们可以用特殊仪器检测到它们。

央斯基走在了他所处时代的前头，因为他那个时代的天文学家还不熟悉无线电技术，不愿跟进他的突破。更糟糕的是，又赶上大萧条，贝尔实验室无法拨出资金支持射电天文学，于是央斯基只好被迫放弃他的研究。然而，央斯基的突破及时鼓励了天文学家去拓宽超出可见光谱的观测范围。

今天的天文学家不仅运用射电望远镜，还包括红外望远镜、X射线望远镜等设备，这使他们能够获取整个电磁频谱的信息。通过探索这些不同波长的信息，天文学家能够从不同方面来研究宇宙。例如，X射线望远镜探测的是最短的波长，这个波段是观测宇宙中最活跃事件的理想场所。红外线望远镜在观测我们自己的银河系方面非常有效，因为红外线波长能够穿透星系尘埃和气体，使可见光看不清的对象变得清晰。

利用天体发出的每一种可能波长的光来探测已成为现代天文学的中心原则。光，无论是可见的还是不可见的，是研究宇宙的唯一途径，因此天文学家们必须利用一切可以利用的波长去拾取每一个可能的线索。

说点题外话。有趣的是，央斯基对星系射电辐射的探测纯属偶然，因为他遇到的这种美妙的东西并非他一开始就要寻找的东西。其实，这只是科学发现上鲜为人知但出奇地常见的特征——偶然的机遇——的美好例证之一。“偶然的机遇（serendipity）”这个词是由政治家兼作家罗伯特·沃波尔爵士于1754年创造的。他在一封信里讲述关于一个熟人的一件偶然而幸运的发现时用了它：408

> 这个发现确实几乎称得上我说的那种“偶然的机遇”，一个非常富有表现力的词，我没有更好的表达方式来传递这其中的微妙关系，我将努力向你解释：通过推演而不是定义你会更好地理解它。我曾经读过一个可笑的童话，叫作《塞伦迪普的三个王子》中讲道：在这三位殿下的旅行中，他们一直在通过偶然而睿智的方式来发现那些并非他们追求的东西。

科学技术史上充满着偶然。例如，1948年，乔治·德梅斯特拉尔在瑞士乡间散步时，看到他裤子上粘了一些带刺的种子，他发现这些刺的弯钩牢牢地抓在织物的纹理上，于是受到启发，发明了尼龙搭扣。称得上偶然的另一个例子是，阿特·弗莱在开发强力胶时，意外地配制出一种粘性非常低的胶水。这种胶水的粘性低到被粘在一起的两件东西轻轻一拉就脱开了。弗莱，这位当地教堂唱诗班的成员，机敏地将这种配制失败的胶水涂抹在纸边上，然后在这种涂有胶水的纸上写上页码贴在赞美诗集上，就这样，报事贴便条便诞生了。医疗上偶然性的一个例子是伟哥，这种药最初是开发用来治疗心脏病的。后来发现参与临床试验的患者坚决拒绝交还那些尚未服用的药片，即使这些药物对他们的心脏问题没有显著的作用，于是研究人员开始怀疑这种药物可能有积极的副作用。

409 我们不宜轻易地给那些抓住机遇的科学家贴上“幸运”的标签，这是不公平的。所有这些借助偶然而成功的科学家和发明家们之所以能够抓住仅有的一次机会取得成功，是因为他们已经积累了足够的知识，成功只是水到渠成的结果。正如路易斯 · 巴斯德 —— 他也得益于偶然 —— 所说的那样：“机遇垂青有准备的头脑。”沃波尔在上述的他的信里也强调了这一点，他将意外发现描述为“偶然和智慧”的结果。

此外，那些受到机遇垂青的人在机遇来临时必须准备好拥抱机遇，而不是简单地将裤子上粘着的刺儿果刷掉，将配制失败的胶水倒入水槽，或放弃一个不成功的医疗试验了事。亚历山大 · 弗莱明之所以能发明青霉素，全赖于从窗户吹进来漂浮在培养皿上的一块青霉菌斑，它落在培养皿上，杀死了培养的细菌。许多微生物学家此前极有可能也遇到过青霉斑点污染了他们培养的细菌的情况，但他们都将受污染的菌体倒掉了，而不是看到有可能发现能挽救数百万人的生命的抗生素的机会。温斯顿 · 丘吉尔曾经说过：“男人偶尔会被真理绊倒，但他们大多数自己爬起来，匆匆赶路，好像什么事也没发生过一样。”

返回到射电天文学，我们将看到，偶然性不仅仅孕育了这种新的观测技术，其实它要有用得多。在未来几年里，它将在这一领域的几项发现中发挥着核心作用。

例如，在二战期间，中学教师斯坦利 · 海伊被借调到陆军作战研究小组从事英国雷达研究项目。传输和接收无线电波是雷达工作的基础，海伊被要 410 求解决盟军雷达所面临的一个特殊问题。操作员在监视雷达系统时偶尔发现，屏幕会出现像圣诞树那样的闪光，这种干扰阻碍他们识别敌人的轰炸机信号。他们认为这是德国工程师们开发的一种新的雷达干扰技术，让英国的雷达站的雷达出现闪屏。海伊给自己定下的任务是搞清楚德国人是如何产生如此强大的无线电干扰信号的，搞清楚这一点，就能找到对付它们的办法。后来，到1942年春天，他搞明白了，英国雷达上出现的问题与德国人无关。

海伊注意到，干扰似乎在早晨来自西边，中午时分来自南边，下午又转移到东边，日落后消失。显然，这不是纳粹的秘密武器，而只是太阳发出的射电辐射的结果。事有凑巧，太阳正处在其11年太阳黑子周期的峰值期，射电辐射的强度与强烈的太阳黑子活动联系在一起。通过研究雷达，海伊意外地发现，太阳——想必所有的恒星——会发射无线电波。

海伊似乎特别受机遇的青睐，因为在1944年，他又做出了另一个幸运的发现。在使用特种雷达系统指向某个很窄的角度时，这是他开发出来用来对付入侵的V-2火箭的技术，海伊注意到，流星在穿过大气层时也发出嘶嘶的无线电信号。

当战时雷达研究的热潮在1945年结束时，盟军方面留下了大量冗余的无线电设备和一大帮懂得如何使用它们的科学家。正是出于这些原因，射电天文学开始成为一个严肃的研究领域。第一批全职射电天文学家中有两人——斯坦利·海伊和他的战时同行，雷达研究员伯纳德·洛弗尔。洛弗尔设法弄到了一台前陆军机动雷达装置，开始实施射电天文观测的计划。但这只是洛弗尔在曼彻斯特建立射电天文学观测台的起点。电车经过带来的无线电干扰迫 412 使他将观测站移到焦德雷尔班克——该城市以南大约30千米外的一个植物

411

图 94　斯坦利 · 海伊战时的发现被赋予新的生命。1963年4月，《每日先驱报》在“科学前沿”栏目里曾以连环漫画的形式描绘了这一技术的特征。

4幅连环画的文字：

（左上）1942年2月，二战期间，英国出现了噩梦般的危机。全国所有的雷达都报告说，一种新的“嗡嗡”声完全破坏了英国的雷达防空系统。

（右上）J.S.海伊领导的英军雷达运行调查组立即着手研究其原因。

（左下）海伊惊异地发现，雷达干扰*不是*来自海峡对面的德军，而是来自太阳黑子的强电磁活动。当时正处太阳黑子和太阳风活动的爆发期。

（右下）这是导致诞生全新的天文学——射电天文学——的重大事件之一。在这个领域，科学家就像用眼睛看到一样可以“听到”遥远恒星所发出的声音。

园里。在那里，他开始建造一个世界级的无线电观测站。与此同时，剑桥大学的马丁·赖尔则试图不落焦德雷尔班克之后。也正是赖尔将射电天文学变成了判断大爆炸与稳恒态争议的关键手段。

赖尔于1939年毕业于物理专业，二战期间也从事雷达工作。他先是被编入研究机载雷达的工作机构，后转职到空军研究部，并在那里研究出如何瘫痪V-2火箭制导系统的方法。他战时的最大成就是成为绝密的“月光计划”的成员。这一项目可以通过在德国雷达上产生虚假信号来模拟海上或空中攻击。在D日登陆行动中，他通过模拟在法国远离实际登陆地点的两次大规模海军攻击来帮助盟军分散和误导德军的注意力。

战争结束后，赖尔负责清理以前的军事装备，并着手提高射电天文测量的精度。与光学望远镜相比，射电望远镜在精确定位信号源方面能力非常弱，这主要是因为射电波的波长要比可见光波的波长长得多。1946年，赖尔借助于当时最先进的所谓*干涉技术*解决了这个问题。这项技术将几台射电望远镜的信号叠加起来大大改进了测量的总体精度。

因此，到1948年，赖尔已能够仔细巡天来找出是否存在几乎不发出可见光而只辐射大量的射电波的天体的迹象。这种天体对光学望远镜是不可见的，413 但能够用他的射电望远镜清晰地显示出来。赖尔的方法类似于警察在漆黑的夜晚搜寻一个逃犯。如果他们用一副光学望远镜来扫描，那么他们什么也看不见，因为逃犯不发出任何光，而且夜间很黑暗。但如果他们使用的是热成像仪，就是那种设计用来检测有体温的身体所发出的红外辐射的仪器，那么逃犯就将被清楚地显示出来。另外，如果该逃犯使用手机与同伙联系，手机会发射无线电波，警察就可以使用无线电讯号定位仪来确定他的位置。换句话说，不同的对象发出不同波长的能量，如果你想“看到”对象，那么你必须采用调谐到正确波长的适当的探测器。

赖尔的第一次调查结果，即《第一剑桥（或1C）射电源表》，给出了50个不同的射电源。这些天体发出强烈的无线电信号，但是是不可见的。紧接着是如何解释这些对象的问题。赖尔认为它们是我们银河系内的一种新型恒星，但其他人，例如稳恒态支持者托马斯·戈尔德，则认为它们是独立的星系。戈尔德有心要超越剑桥的射电天文研究组，但赖尔的这项工作击溃了他，因此这一科学争论染有个人恩怨的痕迹。

赖尔没有认真听取戈尔德的意见，因为戈尔德是一位理论家，而不是一位观测天文学家。1951年，在伦敦召开的一次大学学院的会议上，赖尔公开不点名地贬斥戈尔德的观点："我觉得理论家误读了实验数据。"换句话说，理论家根本不知道他们自己在说什么。霍伊尔当时也在场，他感到赖尔的语气暗示理论家是"一些低劣可憎之辈"。

414 这些射电源天体究竟是恒星还是星系这个问题在接下来的一年中得到了解决。剑桥组能够确定标记为天鹅座A的射电源的位置，其定位精度使得帕洛玛山天文台的沃尔特·巴德能够用200英寸望远镜在该区域尝试检测光信号。在巴德看来，看到的才可信："当我检查底片时，我知道有些东西不寻常。片子上布满了星系，数量有两百多个，最亮的处在中心……我脑子一时应接不暇，以至于开车回家吃晚饭时不得不半道儿把车停下来琢磨琢磨。"

巴德表明，赖尔的射电源与那些迄今看不见的星系恰好处于完全相同的位置。因此他得出结论，无线电波的波源是星系而不是某颗恒星。这样巴德便证明了赖尔的断言是错的，戈尔德是正确的。有了第一次自信地将一个射电源与一个星系联系起来，天文学家随后便将《1C射电源表》里的其他射电源与星系联系起来。这些主要是发射射电波而不是可见光的星系被称为射电星系。

戈尔德一直记得在一次会议上巴德第一次带着他的天鹅座A是射电星系的消息走过来时的情形：

> 在通往会议室的大厅里，人们和往常一样三三两两地聚在一起聊天。沃尔特·巴德站在那里。他叫道："汤米！到这里来！看看我们得到了什么！"……随后赖尔推门而入。巴德喊道，"马丁！过来！看看我们发现的东西！"赖尔走过来，铁青着脸看着这些照片，一句话也不说，跌坐在附近的沙发上——垂着头，埋在两手之中——抽泣起来。

赖尔将自己的职业声誉押在这样一个事实上：《1C射电源表》里的射电源是恒星，而他的对手，主要是霍伊尔和戈尔德，则无情地认为这些射电源是星系。这是一场已变得越来越具有敌意的战斗，所以当他不得不承认霍伊尔和戈尔德是对的时，赖尔受到了重大打击。 415

带着尴尬和羞辱，赖尔决定，如果他能找到反对稳恒态而支持大爆炸模型的新证据，那么他就能对霍伊尔和戈尔德进行报复。赖尔集中全力试图测出年轻星系的分布。这种分布的意义见前述表4中的稳恒态与大爆炸模型比拼的第4项标准。从本质上讲，两个模型预言的年轻星系的分布截然不同：

(1) 大爆炸模型认为，年轻星系只能存在于早期宇宙中，因为它们随着宇宙年龄的增长才逐渐成熟起来。尽管如此，我们还是能看到年轻星系，但只有在宇宙深处，因为遥远星系的光线要过数十亿年才能到达我们这里，因此我们看到的是它们处在早期宇宙中的情形。

（2）稳恒态模型认为，年轻星系应该分布得更均匀。在稳恒态宇宙中，年轻星系全都诞生自退行星系之间宇宙新产生的物质。因此，我们应既能看到邻近的年轻星系，也能看到遥远的年轻星系。

最重要的是，天文学家认为——尽管非常笼统——射电星系要比普通星系年轻。因此，如果大爆炸模型是正确的，那么射电星系通常应该在离我们银河系很远的地方。反之，如果稳恒态模型是正确的，那么它们应该无论远近都有出现。因此，测量射电星系的分布将是检验哪个模型正确的一个决定性方式。

416

赖尔决定进行这项关键性检验，他暗自希望结果将不利于稳恒态模型，而有利于大爆炸模型。因此在1C普查之后，他随即展开了一系列更为严格的巡天普查，并将之命名为2C、3C和4C普查。他建造了玛拉德天文台，从而使剑桥成为世界级的射电天文学研究中心。当遇到恶劣天气时，射电天文学研究不像光学天文学研究那般娇气，因为无线电波不会被云层阻隔。位于剑桥的射电望远镜因此即使在英国寒冷的冬天里也可以与世界上其他国家的天文台展开竞争。

到1961年，赖尔已编目5000颗射电星系，并分析了它们的分布。他无法测得到每一个射电星系的精确距离，但他可以采用一种复杂的统计方法来推断它们的分布是与稳恒态模型一致还是与大爆炸模型一致。结果很明确：往往是距离越远，射电星系越常见，这正是大爆炸模型所预言的结果。赖尔用在悉尼的另一个射电天文学小组的数据检查了他的结论，后者一直在南半球进行类似的调查。他们一致认为，射电星系的分布支持大爆炸模型。

10年前巴德已经证明，大多数射电源是星系，这意味着赖尔错了，戈尔德和霍伊尔是正确的。最后，赖尔居然转败为胜，真的实现了复仇。他在伦敦组织了一个新闻发布会来公布这一结果，并邀请霍伊尔参加。为了使公告的影响最大化，赖尔没有事先告知霍伊尔他将宣布什么。这使得新闻发布会变成了对霍伊尔的羞辱仪式，因为他误解了邀请并期待一个完全不同的结果。霍伊尔后来回忆说："当然，如果"结果"是不利的，我就很难这么气定神闲地坐着。当然，这肯定表示赖尔要宣布的结果与稳恒态理论是一致的……我坐在那里，几乎没怎么听，而是变得越来越确信，简直不可思议，我真的被下套了。" 417

赖尔的观测结果明确支持大爆炸模型，该模型描述了一个具有有限的历史和创生时刻的宇宙。发布会后的几个小时里，晚报的报贩已开始吆喝"圣经是正确的！"霍伊尔想躲起来分析赖尔的数据，希望能找到其中严重的缺陷，但无论是公众还是新闻界，都让他和他的家人难有片刻安宁："接下来的一周里，我的孩子们在学校遭到戏弄。电话响个不停。我懒得去接，但我妻子总担心孩子会发生什么事情，总是接听，结果被骚扰得不胜其烦。"

伽莫夫得知赖尔的测量结果后非常高兴，并用一段顺口溜来纪念有利于大爆炸的这一突破（见图95）。这段顺口溜生动描绘了赖尔和霍伊尔之间的紧张关系。

稳恒态团队的生死攸关的预言是，宇宙将被证明是处处一样的，年轻星系的分布无远近差别。如果赖尔的结果支持这一预言，那么霍伊尔会毫不犹豫地将它看作有利于他的模型的证据。霍伊尔本该对赖尔的结果给予平等的尊重，即使它与稳恒态模型的预言相抵触，但是他却试图从观测结果是如何被收集以及如何被解释这两个方面来寻找漏洞。

419

稳恒态已过期

"你摸爬滚打的这些年，"
赖尔对霍伊尔说道，
"全是瞎耽误功夫，相信我。
稳恒态，
已过期，
除非我的眼睛欺骗了我。

我的望远镜
已经破灭了你的希望；
您的信条已被驳倒。
让我简单扼要地说吧：
我们的宇宙
每天都变得更稀薄！"

霍伊尔说，"你鹦鹉学舌，
勒迈特，我注意到，
还有伽莫夫，好了，忘了他们！
那是不靠谱的团伙，
还有他们的大爆炸，
为什么要帮助他们，
教唆这种理论？
你看，我的朋友，
宇宙渺渺无尽头，
而且它也没起始。
就像邦迪、戈尔德
和我坚守的那样，
你就是等到秃顶也无济于事！"
"不是这样的！"赖尔大叫道。
他怒从心头起，
勒了勒裤腰带：
"遥远的星系，
就像人们看到的那样，
更紧密地挤在一起！"

"你给我下套！"
霍伊尔暴跳如雷，
他的发言开始语无伦次。
"每天早晚新物质都在诞生。
这幅图像是不变的！"

"别胡扯了，霍伊尔！
我的目标就是挫败你"
（有趣的开始）。
"而且一会儿，"
赖尔继续道，
"我就会让你恢复理智！"

图（文）95　乔治·伽莫夫写的这首打油诗最早出现在他的《汤普金斯先生神游仙境》一书中。此书描述了马丁·赖尔对射电星系分布的研究和霍伊尔的反应。

418

霍伊尔指出，赖尔的测量从2C到3C，以及从3C到4C的调查存在显著变化，旁敲侧击地暗示说如果进行第5次调查，就可能会给出与稳恒态模型一致的不同结果。戈尔德支持霍伊尔，称这种不断变化的结果为“赖尔效应”。戈尔德还认为射电天文学是一门新兴学科，可能还不能被信任，并说：“我不认为这种观察结果可作为判决性的证据。”

赖尔承认，过去的普查结果存在错误，但他坚持认为4C调查是可靠的，并重申这一结果已得到澳大利亚天文学家的独立证实。有一次，当赫尔曼·邦迪继续站在稳恒态的立场上对4C表进行猛攻时，赖尔终于忍不住拍案而起。据马丁·哈维特的描述，赖尔“勃然大怒，导致在公众场合下出现科学家之间最恶劣的争吵，实为我作为一个专业天体物理学家在30多年里所仅见”。

虽然霍伊尔、戈尔德和邦迪拒绝接受赖尔有关射电星系分布的结果，但越来越多的宇宙学家可以看出，大爆炸模型越来越处于优势地位，而稳恒态模型则变得越来越不稳定。更糟糕的是，赖尔的射电星系的测量结果还导致了对稳恒态模型的另一个重大打击。

1963年，荷兰裔美籍天文学家马尔滕·施密特对赖尔的3C射电源表中的第273号射电源（通常称为3C 273）进行研究。当时大部分射电源已被认为是遥远的星系，但是3C 273的射电信号是如此强烈，以至于该天体被认为是我们银河系内的一种新型的奇特近距恒星。不仅如此，3C 273还可以被光学望远镜看到，其像是一个点光源而不是模糊一片，这增强了人们认为它是一颗恒星而非星系的观点。施密特试图着手测量3C 273发射的光的波长，以便确定其物质组成。但从一开始就令他困惑的是，测得的波长似乎与任何已知原子所发光的波长均不相关。

420

突然，他意识到是什么导致了他的困惑。他正检测的波长与氢相关，只是它们的红移大到从未有过的程度。这让人感到惊讶不已，因为3C 273被认为是一颗近域恒星，而近域恒星的退行速度通常小于50千米/秒，远远低于施密特观察到的红移所给出的速度。事实上，所测红移意味着3C 273以48 000千米/秒——大约16%的光速——后退。根据哈勃定律，这意味着3C 273是有史以来发现的最遥远的天体，距离银河系超过10亿光年。3C 273不是一颗合理亮度的近域恒星，而是一个极其明亮的遥远星系，其亮度比迄今已知最亮的星系还要亮上几百倍。然而，其亮度主要是无线电波而不是可见光。

3C 273被称为*准恒星射电源天体*（或*类星体*），因为它是一个距离极其遥远的射电星系，而其亮度则让它看起来像一颗近域恒星。不久之后，又有一些射电源被确定为分外夺目的和遥远的类星体星系。毫不奇怪，伽莫夫为庆祝类星体的发现又创作了一首打油诗，这次强调的是天文学家不知道这些遥远的类星体星系的能源是什么：

> *一闪一闪，准恒星，*
> *远道而来的最大难题。*
> *它与其他恒星是如此不同，*
> *其亮度超过十亿个太阳。*
> *一闪一闪，准恒星，*
> *我想知道你是什么！*

421 类星体的另一个神秘性质——一个与大爆炸与稳恒态争论高度相关的性质——是它们的分布。每一个类星体似乎位于宇宙的极深处。大爆炸理论的支持者对这一点意味着什么毫无疑问。他们认为，如果类星体只能在遥远的距离外被感知到，那是因为它们的光要经过数十亿年的时间才能到达我们这里，所以我们看到的是它们几十亿年以前的样子——这意味着类星体仅存在于宇宙的早期阶段。也许早期宇宙的更热、更致密的条件有利于创生极为耀目的类星体。根据大爆炸模型，很可能早期宇宙中在我们附近就曾出现过类星体，但随着时间流逝，它们演化成了普通星系，这就是为什么我们今天看不到任何近域类星体的原因。

然而，类星体的分布对于霍伊尔、戈尔德和邦迪就很成问题，因为稳恒态模型声称，宇宙在任何时候和任何地方都是相同的。如果在过去、在远处存在类星体，那么它们也应该存在在现今和这里，但事实似乎并非如此。稳恒态理论家们试图通过表明类星体是罕见天体，我们在附近没找到它们只不过是我们运气不好的缘故来挽回面子。此外，还没有人可以解释类星体的本质或它们背后的非凡的动力源，所以霍伊尔、戈尔德和邦迪认为，他们的稳恒态模型不可能被这种知之甚少的现象所推翻。

这些借口很勉强。稳恒态模型开始失势，越来越多的宇宙学家倾向于归属大爆炸阵营。倒戈者之一丹尼斯·席艾玛称对类星体的观测是“迄今获得的击败稳恒态宇宙模型的最决定性的证据”。他的立场的转变似乎经历了一个痛苦的过程：“对我来说，丢弃稳恒态理论有着很沉痛的原因。稳恒态理论具有力道和美感，而出于一些无法解释的原因，宇宙的建筑师似乎忽略了这些特质。其实宇宙是一项拙劣的工作，但我想我们必须做到最好。” 422

射电天文学为观察宇宙开辟了新的窗口，探索的是全新的对象。它为大爆炸与稳恒态模型之间的争论提供了关键证据。遗憾的是，射电天文学之父卡尔·央斯基在生前几乎没有因无意中发明了射电望远镜和对天空做出的第一次射电观测而得到应有的评价。1950年，他在刚到44岁的盛年去世。而正是在他去世后的这10年里，射电天文学确立了作为天文学中一个真正重要分支的地位。

然而，卡尔·央斯基最终得到了永恒的纪念。1973年，国际天文学联合会通过用他的名字来命名射电流量的单位认可了他的贡献。这个单位——央斯基——被射电天文学家用来表示任何射电源的强度。一个强的类星体可能测得的强度达100央斯基，而一个弱的射电源测得的强度可能只有几毫央斯基。

资助央斯基开展射电天文学方面工作的贝尔实验室，通过设立射电天文学研究项目来向他表示敬意。特别是，贝尔实验室为射电天文学历史上最有名的两个人——一位直率的、雄心勃勃的犹太难民和一位来自得克萨斯州油田的安静的、勤奋好学的科学家——提供了一个家园。他们将共同做出一项发现，这项发现将彻底动摇现有的宇宙学观念。

彭齐亚斯和威尔逊的发现

阿诺·彭齐亚斯于1933年4月26日出生在慕尼黑的一个犹太家庭。这423 一天也正巧是盖世太保成立的日子。他第一次遭遇到反犹主义是在他4岁时。当时他正与他母亲一道坐电车：

> 当你是受宠的长子时，你会有一种成天显摆的感觉。但当那天我向其他人表明我是犹太人时，电车上的气氛立马紧张起来，我母亲不得不带我们下车等下一趟。从这件事情上我意识到我不应该在公共场合谈论自己是犹太人。如果你这么做，你就会让你的家人处于危险之中。这对我是一个很大的震动。

虽然他出生于德国，但彭齐亚斯的父亲是一名波兰公民，这使得他们家还要承受特殊的压力。德国当局曾威胁要逮捕拒绝离开该国的波兰人，但波兰政府已于1938年11月1日取消了犹太人的护照，所以彭齐亚斯一家人无法跨越边界。仿佛他们已经无从逃脱纳粹的迫害。不过，美国人在国内发起了一项运动：鼓励人们将这些德国犹太人认作亲戚。这个纯粹的人道主义策略可以使那些犹太家庭获得许可离开德国。仅过了一个多月，彭齐亚斯一家被告知，有一位美国人愿意资助他们办理出境签证。1939年春天，他们逃到英国，并在那里登上了开往纽约的轮船，从此开始了在布朗克斯的新生活。

彭齐亚斯的父亲以前在慕尼黑做皮革生意，但现在他只好找了一份在一个公寓做门卫的工作，工作事项包括给大楼的供暖炉上煤和清除炉渣。彭齐亚斯看到父亲是怎样为一家人的生活而挣扎的，同时他也注意到，“那些上大学的人似乎穿得更体面，通常不用为一日三餐发愁”。正是渴望这种舒适和安全感，他变得非常努力，学业成绩表现出色，继而赢得了上大学的机会。

424

彭齐亚斯对物理学情有独钟，但他担心当物理学家可能无法谋生，于是就去问他父亲他该选择什么专业为好。他说，“物理学家认为他们能做工程师能做的任何事情。如果他们真能做到这一点的话，他们至少可以像工程师那样挣钱糊口。那时，来读物理学的个个都是牛逼哄哄的。他们想法新奇，满脸阳光，但就是很难合群。大脑聪明的孩子似乎是出于审美的原因才来读物理学。”

在免费的纽约城市大学获得第一个学位后，彭齐亚斯来到哥伦比亚大学物理系攻读射电天文学方向的博士学位。哥大物理系到1956年已经荣获了3项诺贝尔奖。彭齐亚斯的导师查尔斯·汤斯，一位因其在微波激射器（微波波段的激光）领域的贡献而将成为哥伦比亚大学的第四位诺贝尔物理学奖的获得者。彭齐亚斯的论文项目需要建造一台超灵敏的无线电接收器，而其中的关键器件就是汤斯的微波激射器。

虽然这台无线电接收器的性能表现出色，但它并没有让彭齐亚斯实现他的主要目标——检测到星系间的氢气云所发出的无线电波。彭齐亚斯称他最后的博士论文“很糟糕”，虽然称作“没有定论”也许更合适。无论哪种说法，总之在1961年他确实获得了博士学位，并离开哥伦比亚大学在贝尔实验室谋得了一个博士后的职位，这是当时世界上唯一的聘请有潜质的射电天文学家的工业实验室。

在开展自己的纯理论研究的同时，彭齐亚斯也希望为实验室正在进行的商用研究项目提供帮助。例如，贝尔实验室设计了一款通讯卫星，这是第一颗有效的通信卫星。在它发射后，开发者便遇到了如何将天线指向卫星的问题。新来的男孩彭齐亚斯站在30位天线委员会的大佬们面前，向他们解释了如何采用已知的射电星系的位置来校准天线的方向，从而找到通讯卫星。这堪称纯基础研究与商用研究的完美结合。彭齐亚斯的这一解决办法，为贝尔实验室一贯坚持的让纯理论科学家与搞应用的科学家和工程师们一起工作将会取得意想不到的成果，提供了强有力的证明。

两年来，彭齐亚斯是贝尔实验室的唯一的射电天文学家。但到了1963年，罗伯特·威尔逊加盟进来。这位年轻的德克萨斯州来的小子从小在他的父亲——当地油田的一名化学工程师——的熏陶下对科学有着强烈的兴趣。长大后他去了休斯敦的莱斯大学学习物理，1957年毕业后去了加州理工学院攻读博士学位。在那里威尔逊选修了霍伊尔开设的宇宙学研究生课程。1953年，与威利·福勒合作后，霍伊尔成为加州理工学院的常设访问学者。与彭齐亚斯一样，威尔逊的博士论文题目也是射电天文学领域，获得博士学位后也放弃了学术界奔向贝尔实验室。

威尔逊被吸引到贝尔实验室的部分原因是附近的克劳福德山设有跨度6米的喇叭形射电天线（如图96所示）。这副天线最初被设计用来检测新颖的称为“回声”的气球卫星所返回的信号，该卫星已于1960年发射升空。“回声”在发射时被压缩置于直径66厘米的球体内。进入预定轨道后，它会膨胀成一个巨大的银质球体，直径达30米。它能够被动地反射回地基发射器和接收器之间的信号。然而，政府对通信行业的干预，使得AT&T因为经济原因而退出该项目，留下的喇叭天线被免费改造成一个射电望远镜。对于射电天文学研究来说，喇叭天线有加倍的好处：它不仅大大屏蔽当地的无线电干扰，而且其尺寸意味着它可以非常准确地定位射电源天体的位置。

彭齐亚斯和威尔逊得到贝尔实验室的许可，他们可以花费一定的时间来扫描天空以研究各种射电源。但在能够进行测量之前，他们首先要充分了解射电望远镜和它所有的怪癖。特别是，他们要检查它捡拾噪声的最低水平，噪声这个术语用来描述可能掩盖真正信号的任何随机干扰。 426

这与你调谐收音机收听某个电台的广播时可能遇到的噪声是完全一样的。电台的信号可能伴有嘶嘶声，这就是噪声。信号和噪声总是相伴的，理想的状况是信号比噪声强得多。通常情况是当你调到一个当地电台来收听，你可以听得很清楚，噪声是微不足道的。但是，如果你调到国外的电台，信号就可能很微弱，噪声对广播的清晰度造成严重影响。在最坏的情况下，无线电信号完全被噪声淹没，根本无法正确地听到。

在射电天文学领域，来自遥远星系的信号极其微弱，因此抑制噪声变得至关重要。为了检查噪声水平，彭齐亚斯和威尔逊将射电望远镜对准几乎没

427

图96 罗伯特·威尔逊（左）和彭齐亚斯在贝尔实验室位于新泽西州克劳福德山上的喇叭天线前的留影。这个射电望远镜实际上是一台巨大的射电信号接收器。它的孔径为6米见方，监控设备安装在锥顶的一个小屋里。

有任何星系射电信号的空间区域。因此，这时检测到任何讯息都可以归结为噪声。他们原本以为此时的噪声可以忽略不计，但实际测量后却惊讶地发现，噪声水平要比预料的高。这个噪声水平令人失望，但还不至于高到会严重影响他们打算进行的测量。事实上，大多数射电天文学家会忽略这个问题并着手进行调查。然而，彭齐亚斯和威尔逊决心进行的是最灵敏的调查，因此他们立即着手试图找出噪声来源，可能的话，设法减少甚至完全去除这种噪声。 428

噪声源大致可以分为两种类型。首先是外部噪声，即由射电望远镜之外的某些因素（如地平线上的大城市或附近的一些电气设备）引起的噪声。彭齐亚斯和威尔逊调查了周围景观的杂散噪声源，甚至将望远镜指向纽约大都会，但这种噪声既没有增加也不见减少。他们还监测了噪声水平随时间的变化，结果发现这种噪声是连续的。总之，这种噪声是绝对恒定的，无论何时望远镜指向何处。

这迫使二人考虑这种噪声是否属于第二类，即设备固有的噪声。射电望远镜包括许多部件，每个部件都有可能产生自身的噪声。这就如同你听广播。即使广播公司发出的是很强的信号，但你接收到的信号有可能因为你的收音机的功放、扬声器或线路所产生的噪声而降低品质。彭齐亚斯和威尔逊为此检查了他们的射电望远镜的每一个环节，查找可能的虚焊点、布线瑕疵、电子学故障、接收器偏差等。甚至为保万全，所有接口处都拿铝膜胶带缠定。

有一点引起了他们注意：一对鸽子在喇叭天线内做窝。彭齐亚斯和威尔逊认为，沉积在喇叭上的鸽子屎这种“白色介电材料”可能是噪声的原因。因此，他们捉住鸽子，把它们安置在一辆邮车上，送到距贝尔实验室50千米外的地方放飞。他们将天线擦洗得铮亮，但可惜，鸽子有归巢的本能，又飞回到望远镜的号角天线内，并开始再次沉积白色介电材料。彭齐亚斯再次将

429 鸽子捕获，但这次他不情愿地决定一劳永逸地摆脱它们："有一个鸽友愿意帮我们处理掉它们，但我想最人性化的做法是打开笼子，开枪射杀。"

经过一年的检查、清洁和重新布线，射电望远镜的噪声水平有所降低。彭齐亚斯和威尔逊将剩余噪声归结为可能是大气的影响以及环境在射电望远镜的号角壁上产生的效应，他们只得接受：这两种噪声源是完全不可避免的。但是，这仍不能完全解释他们检测的所有噪声。他们投入了巨大的时间、精力和金钱，以便理解并尽量减少射电望远镜的噪声，但总有这种既神秘莫测又源源不绝的噪声成分：无论何处，无论何时，在各个方向上总存在这种莫名来源的无线电波。

两位沮丧的射电天文学家没有意识到，他们遇到了宇宙学史上最重要的一个发现。他们完全无视这样一个事实，即这种无所不在的噪声其实是大爆炸的残留物：它是宇宙早期膨胀阶段的"回响"。这种恼人的"噪声"将成为证明大爆炸模型的正确性的最具说服力的证据。

如果你还记得，伽莫夫、阿尔弗和赫尔曼曾计算过，在大爆炸后宇宙会经历一个大约30万年的过渡期。届时宇宙的温度会下降到大约3000℃，冷到足以让以前自由飘浮的电子被原子核俘获，形成稳定的原子。充斥宇宙间

430 的光海不再与带电的电子或原子核相互作用，因为后者已经彼此结合成中性原子。宇宙演化史上的这一刻称为重组，此后原始光线可以没有任何改变地穿过宇宙——只有一点除外。

伽莫夫、阿尔弗和赫尔曼曾预言，随着宇宙随时间膨胀，原始光的波长会随着空间本身的延展而拉长。就是说，在宇宙大爆炸之初，原始光的波长大约是千分之一毫米，而根据大爆炸模型，宇宙在这30万年里膨胀了大约

1000倍，因此这些光的波长现在应该有大约1毫米，即它们处于电磁波谱的射电波段。

大爆炸的回声现已转变成无线电波，并且被彭齐亚斯和威尔逊的射电望远镜当作噪声检测到。这些波在电磁波谱上属于微波波段，这就是为什么这种大爆炸的回声后来被称为宇宙微波背景（CMB）辐射的原因。存在不存在CMB辐射对于大爆炸与稳恒态的辩论至关重要，它被列为表4中的第五项判据。

虽然CMB辐射的存在早在20世纪40年代就已明确预言，但到60年代科学界很大程度上将其遗忘了。这就是为什么彭齐亚斯和威尔逊没能将测得的无线电噪声与大爆炸模型联系起来的原因。然而，他们使得称颂的是，他们没有忽略掉这种神秘的无线电噪声，尽管一直为此感到苦恼和困惑。他们一直在相互之间以及与同事之间探讨这个问题。

1964年底，彭齐亚斯参加在蒙特利尔召开的天文学会议。在会议期间，他很偶然地向麻省理工学院的伯纳德·伯克提到了这个噪声问题。几个月后，[431] 伯克兴奋地给他打电话。他收到了普林斯顿大学的宇宙学家罗伯特·迪克和詹姆斯·皮布尔斯的论文初稿。这篇文章解释说，普林斯顿团队一直在研究大爆炸模型，并意识到宇宙间应该存在一种无所不在的CMB辐射，这种辐射在今天应为1毫米左右的波长的无线电信号。迪克和皮布尔斯根本不知道他们是在步15年前伽莫夫、阿尔弗和赫尔曼的后尘。尽管姗姗来迟，但毕竟他们独立地重新提出了CMB辐射。迪克和皮布尔斯也没想到贝尔实验室的彭齐亚斯和威尔逊已经发现了CMB辐射。

总之，伽莫夫、阿尔弗和赫尔曼在1948年就已预言了CMB辐射，但在随后的10年里每个人都忘记了这一预言。接着在1964年，彭齐亚斯和威尔逊发现了CMB辐射，但并没有意识到这一点。在大致相同的时间，迪克和皮布尔斯再次预言了存在CMB辐射，但他们不知道这一预言有人在1948年就已经做出。最终，伯克告诉了彭齐亚斯有关迪克和皮布尔斯的预言。

突然间，彭齐亚斯意识到一切都已水落石出。他终于明白一直困扰他的射电望远镜的噪声源是什么，并认识到它的重要性。这种无处不在的噪声之谜终于得到解决。它无关乎鸽子、无关乎线路板走线或纽约大都市，它起源于宇宙的创生。

彭齐亚斯打电话给迪克，告诉后者他已经检测到普林斯顿论文中所描述的CMB辐射。迪克惊呆了，特别是因为彭齐亚斯打电话的时机。它打断了正在进行的午餐会。本来他们打算在午餐会上讨论普林斯顿自己的CMB辐射探测器的建设，迪克和皮布尔斯想亲自检测他们的预言。现在这种探测器建造已变得毫无意义，因为彭齐亚斯和威尔逊已经验证了这一预言。迪克放下电432 话，转身对他的组员惊呼道："各位，我们已经被人抢先了。"迪克和他的团队迫不及待地于第二天拜访了彭齐亚斯和威尔逊。对射电望远镜及其数据的检查证实了一切。发现CMB辐射的这场竞赛以贝尔实验室小组悄无声息地击败对手普林斯顿而宣告结束。

1965年夏天，彭齐亚斯和威尔逊在《天体物理学期刊》上发表了他们的结果。他们用短短的600字保守地宣布了他们所检测到的东西，不附带任何个人解释。这一机会留给了迪克和他的团队，他们在同一杂志上发表了姐妹篇，明确地将彭齐亚斯和威尔逊的观测结果与CMB辐射联系起来。他们解释了贝尔实验室的两人是如何发现所预言的大爆炸的回声的。这是一场美丽的联姻。迪克团队给出一个理论但没有观测数据，而彭齐亚斯和威尔逊有观测数据但没有理论。把普林斯顿大学和贝尔实验室合在一起，便将一个恼人的问题变成了一个巨大的胜利。

大爆炸模型明确预言了CMB辐射的存在及它今天应有的波长。相比之下，稳恒态模型没有提到CMB辐射，也无法想象宇宙中充满微波的情景。因此，CMB辐射的发现似乎是一项决定性的证据，它证明了宇宙始于数十亿年前的一个全能的大爆炸。

因此，CMB辐射的发现也驳斥了稳恒态模型。这使得威尔逊在享受确立CMB辐射和大爆炸理论的真实性所带来的幸福感的同时不免有些悲伤，因为他在某种程度上一直保持着对稳恒态模型的偏爱："我的宇宙观是在加州理工学院从霍伊尔那里学到的，我非常喜欢稳恒态宇宙。哲学上，我还是有点喜欢它。"

433

他的悲伤无疑很快被铺天盖地而来的喝彩声冲淡了。美国宇航局的天文学家罗伯特·杰斯特罗认为，彭齐亚斯和威尔逊"做出了500年来现代天文学的最伟大的发现"。哈佛大学的物理学家爱德华·珀塞尔则在赞美对CMB辐射的检测上准备走得更远："这可以说是史无前例的最重要的事情。"

然而，这一切都是侥幸的结果。彭齐亚斯和威尔逊的这一发现纯属意外。他们的主要目标一直是开展标准的射电天文学普查，但他们最大的分心竟然是他们最大的发现。30年前，卡尔·央斯基曾在贝尔实验室做出了一个幸运的发现，并因此创立了射电天文学；现在还是在同一门学科，还是同一个研究机构，偶然性再度来袭，只是这次的发现更加辉煌。

CMB辐射只是在等待被那些偶然将足够灵敏的射电天线对准宇宙的人

来发现。碰巧这两人就是彭齐亚斯和威尔逊。然而，他们这一发现的偶然性质并非羞于启齿，因为这样的突破不仅需要运气，还需要有相当的经验、知识、洞察力和坚忍不拔的毅力。有确凿的证据表明，法国人埃米尔·拉鲁在1955年，乌克兰人季格兰·什毛诺夫于1957年都曾在进行射电天文学巡查期间独立检测到CMB辐射，但他们都把它当作仪器的瑕疵引起的白噪声给忽略掉了。他们缺乏彭齐亚斯和威尔逊发现CMB辐射时所具有的决心、毅力和严谨性。

甚至在彭齐亚斯和威尔逊的论文发表之前，他们的这一突破的消息就已在宇宙学界迅速传开了。1965年5月21日，《纽约时报》以头版向公众报道了这个故事，它采用的通栏标题是："信号暗示'大爆炸'宇宙"。读者对这一发现狂热到痴迷的程度，因为这是宇宙的意义，而且还具有一定朴实的魅力。彭齐亚斯是这样描述的：

434

> 当你今晚走到户外，并摘下帽子，你的头皮就能感受到大爆炸带来的一丝温暖。如果你有一个品质良好的调频收音机，而且你站在两个微波中继站之间，你就会听到"嘶－嘶－嘶"的声音。你可能听到过这样的哗哗声。它像是一种抚慰。有时它很像海浪的拍击声，你听到的声音，大约有千分之五是来自数十亿年前传来的噪声。

《纽约时报》的文章只是对宇宙创生的大爆炸模型的一种非正式的认可。爱因斯坦、弗里德曼和哈勃——几位对大爆炸模型做出卓越贡献的人——都没能活着看到它的平反。唯一活着见证历史上最伟大的宇宙学争论的结论的宇宙学之父是乔治·勒迈特，他曾率先给出了大爆炸的理论基础。当他听说已检测到CMB辐射的消息时，他因心脏病发作刚在鲁汶大学校医院被抢救过来。仅仅一年后，他便去世了，享年71岁，他一辈子都是一位忠实的牧师和献身宇宙学的宇宙学家。

当伽莫夫、阿尔弗和赫尔曼得知CMB辐射的发现时，他们的喜悦掺杂了些苦涩。他们在迪克和皮布尔斯之前就曾预言了大爆炸的这种回声，但他们的这种开拓性贡献几乎没有得到学术界的认可。发表在《天体物理学期刊》上宣告这一突破的两篇原始论文没有提及他们的贡献；随后，迪克在《科学美国人》杂志上发表的综述性文章也没有提到他们的名字。事实上，几乎所 435 有的学术文章和科普文章在谈及彭齐亚斯和威尔逊的发现时都没有提及伽莫夫、阿尔弗和赫尔曼。

相反，迪克和皮布尔斯则是提出存在CMB辐射预言的理论家。迪克和皮布尔斯毫无疑问是杰出的宇宙学家，但他们仅仅是重走了一遍1948年就已开辟的路径，问题在于宇宙学已由新一代物理学家所把持，他们对伽莫夫、阿尔弗和赫尔曼的工作根本不熟悉。

伽莫夫试图利用一切机会确立他的团队在预言大爆炸回声方面的优先权。例如，在得克萨斯州举行的讨论CMB辐射的天体物理学会议上，当伽莫夫被问到最近发现的辐射是否确实是他、阿尔弗和赫尔曼曾预言的现象时，伽莫夫站在讲台上回答道：“好吧，让我打个比方。我在这附近掉了一枚硬币，现在在我掉硬币的地方找着了一枚硬币，我知道所有的硬币看起来都一样，但我认为这枚硬币就是我掉的那枚硬币。”

当彭齐亚斯最终得知CMB辐射的最初预言可以追溯到1948年时，他给伽莫夫写了一张和解的便条，要求伽莫夫提供更多的信息。伽莫夫给出了自己早期在相关研究方面的详细描述：“因此你看，世界并不是始于万能的迪克。”

拉尔夫·阿尔弗感到更加愤慨，因为他一直是预言CMB辐射这一研究项目的主要负责人，但他得到的认可甚至还不如伽莫夫。在从事预言CMB辐射的研究时他还是个年轻人，因此风头经常被伽莫夫盖过。更糟糕的是，在阿尔弗、贝特和伽莫夫联名撰写的关于核合成的论文署名（α-β-γ）上，他的排序地位甚至更靠后。

436 当后来有记者问阿尔弗他是否对于彭齐亚斯和威尔逊不承认他的贡献感到愤慨时，他说出了他的内心感受："我受到伤害了吗？是的！他们考虑过我的感受吗？他们甚至从来没有邀请过我们去看看该死的射电望远镜，我能不失望吗？发火当然很愚蠢，但我确实很恼火。"

在描述他们工作的《大爆炸的成因》一书中，阿尔弗和赫尔曼给出了更为得体的反应：

> 一个人从事科学出于两个原因：第一次认识到一个事物或首次测量了某个量所带来的快感，以及这么做了之后至少被人知道，如果得不到同行认可的话。但有些同事认为，科学的进步才是最重要的，至于是谁做出的这一贡献则无关紧要。然而，我们不能不注意到，同样是这些同事，他们对他们的工作得到认可感到高兴，并在尊敬的科学界评选成果时欣然接受这样一种认可。

同时，为表彰彭齐亚斯和威尔逊的工作，在他们做出这一发现的10年后的1978年，他们荣获了诺贝尔物理学奖。在这期间，天文学家们细化了他们对CMB辐射的测量，仔细检查了这种辐射特性与大爆炸模型所预言的那些性质的符合程度。结果表明，CMB辐射和大爆炸模型显然都货真价实。

彭齐亚斯利用颁奖仪式的机会向他父母表示了由衷的感谢。他们将他从纳粹德国的魔爪下解救出来并带他到了纽约：

> 我想，如果我可以这么说的话，要一件犹太人做的燕尾服，就是服装市场做的那种。我母亲就曾在那里工作，整整一代犹太移民通过在那里工作把他们的下一代送进了大学。我不想在普林斯顿或纽约的时装店里买燕尾服，在那里买的话，卖给你的那个人可能会让你因为穿着它感到羞愧。我想这件燕尾服就是我而不是某种服装。

437

他还利用做诺贝尔颁奖报告的机会以正视听，明确承认并称赞了伽莫夫、阿尔弗和赫尔曼的贡献。彭齐亚斯对大爆炸模型的发展和证明的过程做了历史性回顾。这种回顾主要是基于几个星期前与阿尔弗进行的长时间讨论。阿尔弗似乎终于找到了一种能与物理学界和平交流的方式。

然而仅仅一个月后，阿尔弗便罹患了严重的心脏病。也许他为了争得学术成果得到承认已不堪重负，也许没能分享诺贝尔奖所带来的失望过于强烈。阿尔弗的健康在逐渐恢复，但他已不得不继续与疾病的困扰做长期斗争。

宇宙涟漪的必然性

诺贝尔奖颁给彭齐亚斯和威尔逊标志着大爆炸模型已成为科学主流的一部分。没过多久，这个宇宙创生模型甚至得到了史密森国家航空航天博物馆的认可。要举办一个表现大爆炸模型的发展背后所奠定的理论和观测成果的展览可不是一件容易的事情，但展览策划者提出了一些富有想象力的决定。史密森选择展示君度酒瓶，就是伽莫夫和阿尔弗为庆祝他们在核合成方面的

438 突破所用的那个酒瓶（如图83所示）。理想情况下，博物馆还可以安装贝尔实验室的6米见方的射电望远镜用于检测CMB辐射，但这是不切实际的。取而代之的是，它展示了彭齐亚斯和威尔逊为降低噪声而曾经用过的鸽子笼（如图97所示）。

图97　用于捕捉做窝于贝尔实验室的射电望远镜的鸽子的鸽子笼。这个鸽子笼是当年彭齐亚斯和威尔逊试图解释神秘的噪声来源时所做出的努力的一部分，现成为史密森国家航空航天博物馆的展品之一。

CMB辐射的检测给了宇宙学家一个新的信心。CMB辐射不仅存在，而且是以预期的波长形式存在。这除了意味着大爆炸模型是基本正确的之外，还意味着宇宙学家已经了解了宇宙在大爆炸之初其温度和密度如何演化的一些细节。

对于大多数研究人员来说，CMB辐射是有利于创生时刻和不断演化的宇宙的确凿证据，它对于基本稳恒的宇宙是不利的。每过去一年，就有越来越多的科学家改换门庭从稳恒态模型转向大爆炸模型。1959年，即大爆炸与稳恒态的争论处于巅峰的那一年，有机构对美国天文学家的倾向性做过问卷调查。1980年，即彭齐亚斯和威尔逊荣获诺贝尔奖之后两年，该机构再次进行了同一问卷调查。1959年的结果表明，有33%的天文学家支持大爆炸理论，24%的人赞成稳恒态，其余43%的人没有表态。而在1980年的调查中，支持大爆炸的天文学家上升到69%，而坚持稳恒态的只有2%，29%的人没有表态。

变节者之一是稳恒态的先驱赫尔曼·邦迪，他曾说过："如果存在大爆炸，让我看看它的化石。"现在他不得不承认CMB辐射就是完美的化石，并不再相信他曾帮助建立起的模型。但是托马斯·金则坚守信念："我实在看不出稳恒态理论有什么毛病。我不会因为相信一件事情的人数而改变自己的信念。科学不是由盖洛普民意调查来进行的。"

同样，霍伊尔继续嘲笑大爆炸模型和那些相信它的人："将大爆炸宇宙学紧紧揽入科学怀抱的那种狂热显然深深根植于对《创世纪》第一页所述的信仰，是宗教原教旨主义的最强形态。" 439

如果霍伊尔打算扭转舆论潮流并赢得这场辩论，他就必须更努力地去做而不是对大爆炸的支持者进行诽谤。通过与同事如贾扬特·纳里卡、钱德拉·维克拉马辛哈和杰佛瑞·伯比奇等人的合作，他将原始的稳恒态模型改造成一个开始看上去与天文学观测比较一致的升级版。新的准稳恒态模型要求宇宙在两次长期膨胀之间有一个规则的收缩阶段。修订版不再声称物质被不断创造出来，而是依赖于爆发时所创造的物质。尽管有了这些修改，宇宙的准稳恒态模型还是未能赢得广泛的支持。 440

441

图98　霍伊尔与他的朋友和同事贾扬特 · 纳里卡。后者帮他发展出宇宙的准稳恒态模型。他们一边喝着茶一边在黑板上讨论他们的理论。

尽管如此，霍伊尔继续捍卫他的模型：“我认为，公平地说，这个理论已表现出强大的生命力，它就是我们应该正确寻找的理论。一方面理论和观察并行不悖，另一方面突变和自然选择均有用武之地。理论提供了突变机制，观察提供了自然选择的结果。理论从来不能被证明是正确的。它们能做到最好的就是生存。”但稳恒态模型及其准稳恒态版本还是挣扎在生死线上。任何不抱偏见的观察者都可以看出，它们处在灭绝的边缘，而大爆炸模型不仅生存无忧，而且蓬勃发展。

宇宙显然在大爆炸模型的背景下显得更具意义。例如，在1823年，当时的科学家们认为宇宙是无限的和永恒的，而德国天文学家威廉·奥尔伯斯却想知道为什么夜空不是被星光照耀得如同白昼。他的理由是，一个无限大的宇宙包含有无限数量的恒星，如果宇宙真是无限古老，那么就将允许星光经过无穷长的时间达到我们这里。因此我们的夜空应该充满了来自所有这些恒星的无限量的光。

空间明显不具有这种无限大的光的事实被称为*奥尔伯斯佯谬*。可以有多种方法来解释为什么夜空不是无限明亮，但其中大爆炸的解释也许是最具说服力的。如果宇宙只是在数十亿年前被创造出来的，那么星光就需要有足够长的时间从有限体积的空间到达我们这里，因为光速只有30万千米/秒。总之，宇宙的有限年龄和光速的有限性导致夜空只存在有限的光，这就是我们观察到的结果。

442

最能说明大爆炸对稳恒态宇宙占据明显优势的方法是重新审视我们在本章开头给出的关键判据表（表4）。它呈现的是1950年辩论双方的状态，一些研究结果有利于大爆炸，另一些则看好稳恒态模型。但是，自1950年以后，每项新的观测证据似乎都支持大爆炸模型，不利于稳恒态模型，如表6所示。

这个表显示的是1978年对垒双方的状态，这一年彭齐亚斯和威尔逊荣获了诺贝尔物理学奖。

在7项决定性的判据中，大爆炸模型在其中4项上较强。其余3项可以判断为：有一项稳恒态模型胜出，一项是两个模型均成功，一项是两个模型均失败。

撇开创生问题，这个问题对两个模型都仍很困难，宇宙学家的注意力集中在大爆炸模型剩下的唯一问题上：目前还不清楚从大爆炸创生的宇宙如何能够演化出星系。正如霍伊尔曾经指出的："如果你假定足够猛烈的爆发能够解释宇宙的膨胀，那么像星系这样的凝聚状态就永远无法形成。"换句话说，霍伊尔抱怨的是，大爆炸之所以荒谬，就是因为它把所有现存物质炸得四分五裂来创建一个包含稀薄的，甚至一鳞半爪的物质的宇宙，而不是一个物质集中于星系的宇宙。

大爆炸的支持者被迫同意，大爆炸将导致——至少在初期——一锅物质汤，它确实被宇宙膨胀炸得四分五裂。大爆炸模型面临的挑战是明确的——宇宙如何能够从无可比拟的平淡景观中演化出一个由巨大的虚空隔开的大质量星系？

443 大爆炸宇宙学家希望，早期宇宙虽然很均匀，但不可能一直呈完全的均匀。他们乐观地认为，早期宇宙中一定存在某种程度上的小扰动，是它打乱了宇宙的同质性。如果是这样的话，那么他们认为，这些密度上最微小的变化足以引发宇宙必要的演化。

稍致密点的区域将会形成吸引物质的引力中心，从而使得这些区域吸引更多的物质，变得更为致密，如此循环，直至形成第一个星系。换句话说，如果宇宙学家推测密度上存在丝毫变化，那么就不难想象引力是如何驱使宇宙形成丰富而复杂的结构和次级结构的。

如果这就是大爆炸模型的星系形成机制，那么宇宙极早期的密度涨落将成为非凡的宇宙凝结的最早的种子。今天宇宙中充满了平均密度大约为1 g/cm^{3}的物质，这个密度与水的密度差不多。例如，太阳的密度比水稍致密些，为1.4 g/cm^3，而土星则不太密集，为0.7 g/cm^3。另一方面，宇宙也有巨大的虚空，虚到几乎没有任何物质。因此，宇宙的整体平均密度，如果同时将星系和虚空空隙考虑进来，大致是0.000000000000000000000000000001 g/cm^3。这意味着有些宇宙区域，特别是我们居住的地方，要比平均密度致密10^{30}倍。

因此，大爆炸的看法是，早期宇宙是一锅最均匀、最一致、最顺滑的可以想象的物质汤。在这个几乎处处均匀的海洋里有那么一丁点变化，它在数十亿年间引发了一连串事件，使得宇宙变成既有高密度的星系又有密度接近于零的虚空空间。

表6

444

下表列出了大爆炸模型和稳恒态模型孰是孰非的不同判据。它显示的是在1978年所获数据基础上这两个模型的表现。本表是表4的升级版。"√"和"×"给出每个模型在相关判据前的大致优劣，问号表示该项缺乏数据或赞同和不赞同的难辨胜负。

判据	大爆炸模型	成功与否
1.红移和膨胀宇宙	预料宇宙是从致密状态下创生的，然后膨胀。	√
2.原子丰度	轻原子（如氢，氦）的观察比例非常接近于伽莫夫及其同事做出的大爆炸模型的预期；较重的原子是在恒星中产生的。	√

续表

判据	大爆炸模型	成功与否
3.星系形成	大爆炸引起的膨胀或许会在婴儿星系形成之前就将其撕碎。尽管如此，星系还是在演化，但没人能够解释为什么。	×
4.星系分布	星系分布随距离的变化如赖尔所示；年轻星系（如类星体）只在很远的距离上被观察到，因为它们可能仅存在于大爆炸初期的宇宙。	√
5.宇宙微波背景辐射	这种大爆炸的回声最先由伽莫夫、阿尔弗和赫尔曼预言了其存在，后由彭齐亚斯和威尔逊予以发现。	√
6.宇宙年龄	最近的年龄测量结果表明，宇宙中的天体要比宇宙本身年轻。所以一切都很一致。	√
7.创生	仍不能解释宇宙是如何创生的。	?

445

判据	稳恒态模型	成功与否
1.红移和膨胀宇宙	从膨胀的永恒宇宙出发可预知存在红移，膨胀引起的间隙由不断产生的新物质填补。	√
2.原子丰度	不能真正解释轻原子的观测到的丰度。较重原子由恒星产生。	×
3.星系形成	有更多的时间且没有初始的猛烈扩张，这使得星系可以演化和消亡，可以被产生物质形成的新的星系取代。	√
4.星系分布	年轻星系应显现为均匀分布，因为它们可以在任何地方和任何时刻由老星系之间产生的物质来形成。但这一点没得到观测上的支持。	×
5.宇宙微波背景辐射	无法解释观测到的CMB辐射。	×
6.宇宙年龄	没有证据表明任何事情存在的时间长于200亿年。但宇宙被认为是永恒的。	?
7.创生	仍无法解释宇宙中的物质为什么会持续不断地产生。	?

446 为了证明真的发生过这种巨大的转变，大爆炸宇宙学家们将不得不去寻找触发星系形成的密度变化的证据。否则，没有这些确凿的涨落证据，大爆炸模型就无从回答少数稳恒态理论家（如霍伊尔）的批评。

寻找早期宇宙涨落的最合适的地方显然是宇宙最古老的遗迹，即CMB辐射。这种辐射是宇宙历史上某个特定时刻发射出来的，因此现在被当作化石，它代表宇宙在创生后大约30万年间最早原子形成时的状态。因此通过检测这种CMB辐射，射电天文学家能够在时间上有效地回溯宇宙在其早期阶段的演化。大爆炸模型估计，宇宙至少有100亿岁，所以能够看到年龄30万年的宇宙就相当于看到了仅为目前年龄的0.003%时的宇宙。让我们给宇宙一个更人性化的时间尺度。我们将当今的宇宙比作一个70多岁的老人，那么CMB辐射的出现则发生在宇宙还只是一个出生仅短短几个小时的初生婴儿。

观察CMB辐射相当于时间上回头看可能不是那么显然，但天文学家观测一颗遥远恒星时其实做的是同样的事情。如果一颗恒星距离我们100光年，那么它的光就将要100年才能到达我们这里，所以我们只能看到的这颗恒星是它100年前的状态。同样，如果CMB辐射是在数十亿年前被释放出来的，并用了数十亿年才到达我们这里，那么当天文学家最终发现它时，他们实际看到的便是数十亿年以前的宇宙，那时它只有30万岁。

如果在宇宙史上此时发生了密度变化，那么它们应该在我们今天看到的CMB辐射上留下印迹。这是因为如果宇宙有些地方的密度稍高于平均密度——一个鼓包——那么在这个地方CMB辐射就会有明显的效应。从这个区域放出的辐射在逃脱鼓包的高于平均密度的额外引力时就会经历一个稍大的挣扎。因此，鼓包处的CMB辐射会失去一些能量，因此它的波长稍长。 447

这样，通过检查来自宇宙不同方向的CMB辐射，天文学家希望检测到其波长稍有不同。来自波长稍长方向的辐射将表明，它来自古宇宙那些密度稍大的地方，而来自波长略短的不同方向的辐射将表明它源自古宇宙那些密度略小的地方。如果天文学家能从CMB辐射中找到这些波长变化，那么他们将能够证明，在宇宙早期确实存在密度涨落，它们就是形成星系的种子。这样，大爆炸模型将变得更加引人注目。

彭齐亚斯和威尔逊已经证明，存在CMB辐射而且它有大致正确的波长，但现在天文学家们开始要更精确地来测量它，以便表明来自宇宙某一部分的辐射的波长确实不同于其他部分所发出辐射的波长。不幸的是，CMB辐射看起来似乎处处一样。它应该是大致一致的，因为早期宇宙在空间每一点上是非常相似的，但测量显示，来自各个方向的辐射不只是相似，而是完全相同。波长上没有一丁点增加或减少的迹象。

448

稳恒态理论家抓住这个否定结果作为大爆炸模型的危险征兆，因为今天的CMB辐射的波长观测不到变化意味着在早期宇宙中不存在密度变化，这意味着我们今天看到的星系没法解释。

但大多数宇宙学家并不慌张。他们认为变化肯定是确实存在的，但太微弱，没被检测到，因为现有的观测技术还太粗糙。这似乎是一个合理的说法。例如，你看的这一页的纸张看起来非常光滑，但借助足够灵敏的设备，其表面的不平整度就会变得十分明显（如图99所示）。也许可以证明CMB辐射的真实结构同样如此，其变化还有待更仔细的检查来发现。

到了20世纪70年代，最新设备的灵敏度足以检测出CMB辐射的1% 的电位差，但仍然没有任何变化的迹象。变化的可能性只能留到小于1% 的区间里去寻找了，但是检测这么微小的变化在地球表面上进行似乎是不可能的。因为CMB辐射是在电磁频谱的微波波段，而大气中的水分连续辐射的也是微波，虽然很微弱，但足以压倒CMB辐射的可能存在的任何微小变化。

一个创新的解决方案是设计一个巨大的充有氦气的高空气球，它能上升

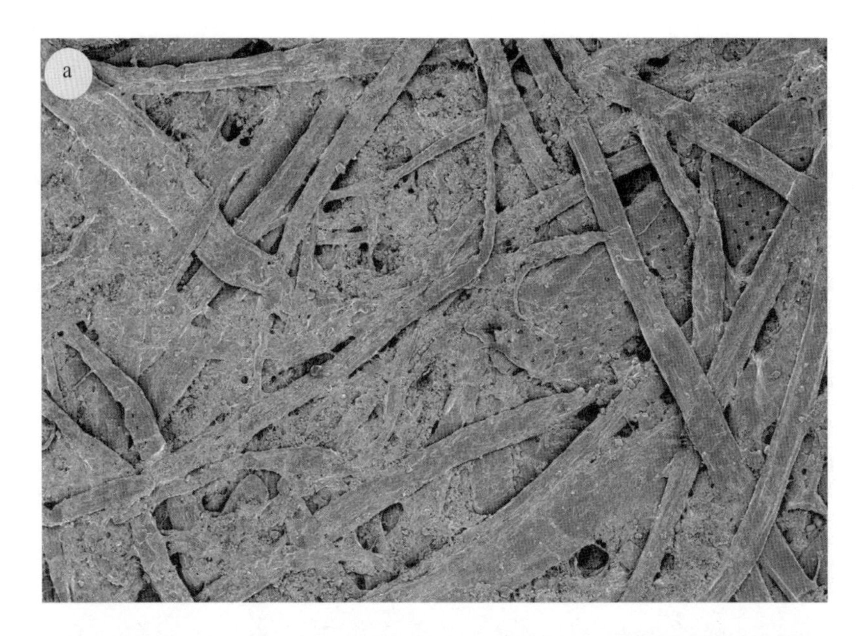

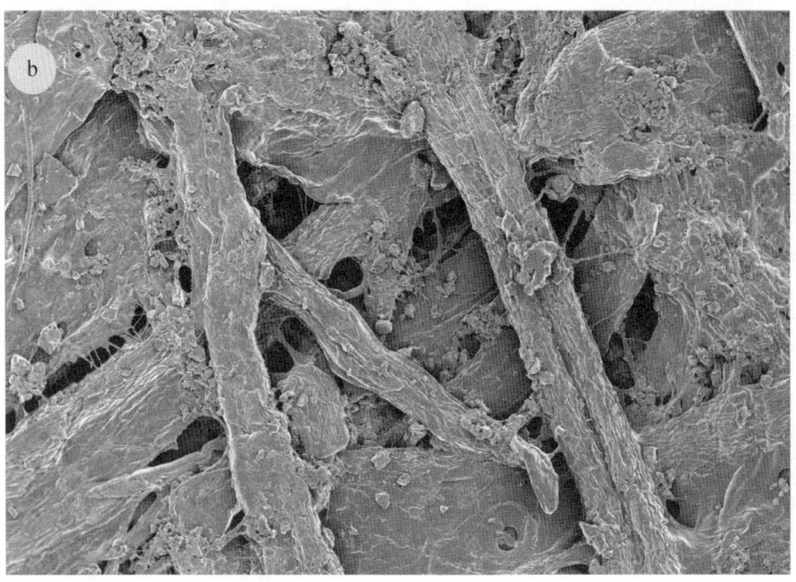

图99 在图（a）中，肉眼看上去光滑的纸经放大250倍后的结构和变化。图（b）是放大1000倍后的纹理。

到地球上空几十千米处，接近太空边缘，这样，气球携带的CMB探测器将能够漂浮在几乎不含水分的大气层上空，由此大气微波带来的干扰将被减低到最小。

450 然而气球实验困难重重。单一个低温就可能引起脱胶，使得探测器解体。另外，如果设备出现故障，天文学家将束手无策。即使设备运行正常，探测器在气球下降之前也只能工作几个小时。最糟糕的是，装有探测器的缆车有可能落地时会与地面发生撞击，使得数据丢失或毁坏，这样，多年精心准备的努力将毁于一旦。

加州大学伯克利分校的乔治·斯穆特一直痴迷于寻找CMB辐射的变化，曾参加了几次气球实验，但到70年代中期他已不再对此抱有希望。他的气球实验经常是以灾难结束，即使落地完好的那些结果也依然未能揭示CMB辐射有任何变化。对此，斯穆特采用新的战略。他计划将微波探测器安装在飞机上，这样他就可以在较长的时间里以较高的可靠性来收集数据。这要比危险地悬吊在不靠谱的气球下进行实验好多了。

斯穆特试图找出具有在高海拔条件下长时间滞空能力的飞机，这两个条件是检测CMB有效辐射所必需的。最后，他确定理想的飞行器是洛克希德·马丁公司制造的U-2侦察机，即冷战期间专事间谍任务的传奇飞行器。他向美国空军打了一份正式报告，让他意外的是得到了他们的积极响应。他们很乐意参加这样一个破解宇宙中最大谜团的研究项目。军方高层人物是如此合作，他们甚至告诉斯穆特可以使用U-2上绝密的机顶舱口，这样他的实验将获得一个相当开阔的太空视角。这个舱口最初只是设计用来测试洲际弹道导弹轨迹用的，当时U-2的任务是监测这些导弹再入大气层时的状态。

以前的气球吊舱实验使用的探测器已显得相当粗糙，因为没有人愿意将大量金钱投入到一台落地时十有八九要毁坏的设备上。现在，斯穆特有了一个更可靠的机载平台，他用最新技术构建了一套CMB辐射探测器。它能够比较来自两个不同方向的CMB辐射，而且灵敏度比以往大有提高。[451]

1976年，实验在U-2上起步。短短几个月内，斯穆特及其同事就发现了CMB辐射的惊人变化。来自半边天空的辐射的波长要比来自另一半天空的辐射波长长1/1000。这是一个重要的结果，但不是斯穆特真正要找的结果。

在早期宇宙中成为星系形成种子的这种辐射涨落应该是非常不规则的，因此它们在天空中应表现为随机的区域斑块。然而，斯穆特检测到的是一种非常简单的二分变化。实际观察结果与宇宙学家真正想看到的结果之间的区别如图100所示。

斯穆特的测量结果有一个十分显然的解释。宽阔的半球形变化其实是由地球自身的运动以及由此产生的多普勒效应引起的。当地球在空间穿行时，如果探测器是向前探测入射的CMB辐射，那么辐射波长会略短；如果探测器是向后探测，那么波长将变得稍长。通过测量辐射波长的这种差异，斯穆特实际上可以测得地球在宇宙中的速度。这个速度是地球绕太阳旋转，与太阳[452]绕银河系转动，以及银河系自身运动活动的综合效应。《纽约时报》于1977年11月14日在头版公布了这一结果：星系在宇宙中的速度被发现超过100万英里/时。

虽然这是一个有趣的结果，但它对解决大问题——成为星系种子的CMB辐射的变化在何处？——没有什么大的用处。甚至在除去多普勒效应的贡献后，仍然没有看到大爆炸变化的迹象。如果大爆炸模型是正确的，那么它们必定存在，但没有人能找到它们。斯穆特的设备是非常灵敏的，所以他未能看到错落有致的斑块说明这种变化必定小于1/1000。这样微小的变化即使是机载实验也很难探测到，因为那里仍然有一层稀薄的大气，它将使探测器的非常精细的测量变得模糊不清。

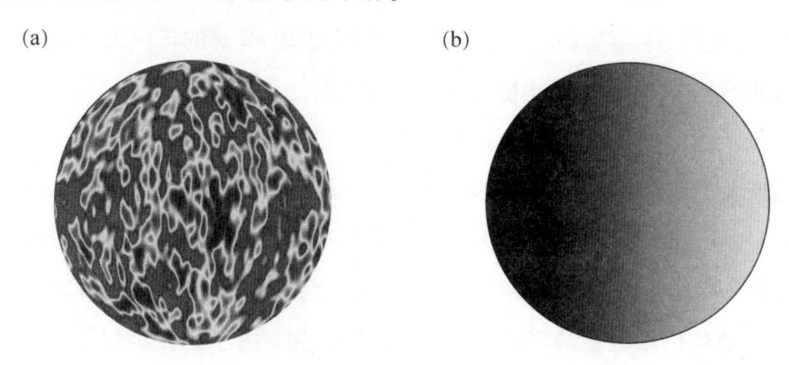

图100　这两个球代表了CMB辐射的两种不同的分布。从我们地球（处于球体的中心）上看，整个球就是我们看到的太空，阴影区表示我们从不同方向看到的CMB辐射的平均波长。深色阴影表示CMB辐射波长稍长于平均波长，浅色阴影表示CMB辐射的波长稍短于平均波长。

图（a）所示的变化错落有致，是宇宙学家迫切需要找到的形态。长于平均波长的区域表明这里在早期宇宙时密度稍高，因此可能成为星系形成的种子。宇宙学家不能确定CMB辐射的精确模式可能呈什么形态，但他们知道，它应该相当复杂才能解释星系的现代分布。

图（b）给出的是简单的结构，一个半球是较短的波长，另一半球的波长较长。斯穆特的U-2实验检测到的正是这种变化模式。它无助于解释宇宙大爆炸模型给出的星系形成所需的复杂变化。

453　天文学家开始逐渐认识到，他们寻找这种难以捉摸的变化（如果存在的话）的唯一希望就是得把CMB辐射探测器架到地球大气层之外，就是得安装到空间轨道卫星上才行。星载实验能够排除大气微波的影响，将会是非常稳定的，而且能够对整个天空进行扫描，并能够逐天运行。

甚至在斯穆特进行机载实验时，他就考虑过卫星可能是检测CMB辐射变化的唯一途径。为此他酝酿了一个更加雄心勃勃的实验计划。早在1974

年，美国航空航天局（NASA）就曾要求科学家们就如何利用最新的“探测者号”卫星提出想法，由此产生了一系列旨在支持天文学研究的相对便宜的项目。包括乔治·斯穆特的伯克利团队提交了关于星载CMB辐射探测器的建议书，但他们不是唯一的申请者。来自加州帕萨迪纳喷气推进实验室的一个小组也已提出了类似的建议，此外还有一个叫约翰·马瑟的年仅28岁的雄心勃勃的NASA天体物理学家也提出了相关建议书。

热衷于支持这种宇宙学意义实验的美国航空航天局将这三项建议统一成一项予以资助，这就是后来被命名为“宇宙背景探测”（首字母缩写为COBE，发音押“托比”韵）卫星的实验研究。此次合作于1976年开始实验的设计，同时斯穆特仍积极参与了U-2间谍飞机的测量。由于现在仍只是初步阶段，所以斯穆特的一心二用没有问题。由科学家和工程师组成的团队将在未来花上6年的时间来搞定如何制作一个探测器，它可以实现发现CMB辐射变化的[454]宇宙学目标，而且既要体积足够小，又要性能足够强，便于被发射到太空后能够稳定运行。

最终的设计包括三套独立的探测器，每一套测量CMB辐射的不同方面（如图101所示）。戈达德空间飞行中心（整个项目的基地）的麦克·豪瑟领导的团队负责漫射红外背景辐射实验（DIRBE），约翰·马瑟负责第二套探测器——远红外绝对光度分光光度计（FIRAS）。乔治·斯穆特负责第三套探测器——差分微波辐射计（DMR），这个探测器被专门设计用来发现CMB辐射的变化。DMR探测器，顾名思义，就是同时检测来自两个方向的CMB辐射并测量这两路微波辐射的差异。

1982年，在项目提出的8年后，COBE终于等来了绿灯。建设终于可以上马了。COBE原定于在1988年由航天飞机送入太空，但在卫星建造了4年后，整个项目陷入危机。1986年1月28日，“挑战者号”航天飞机升空后不久爆炸，所有7名宇航员全部壮烈牺牲。

“我惊呆了，”斯穆特回忆道，“我们所有人都惊呆了。我们为宇航员痛心。这次事故的悲剧是空前的，而且对COBE的影响可能会逐渐显露出来……一架损失三架封存，NASA的航天飞行计划被叫停。所有飞行都取消了。谁也不知道COBE的升空会推迟多久，也许是几年。”

天文学家和工程师花了超过10年设计和建造的COBE卫星，其未来现在看来似乎很黯淡。所有的航天飞机飞行被取消，航天飞机承担的任务很快积压起来。即使恢复飞行，很明显，列在COBE之前的还有诸多任务有待进行。事实上，在1986年底之前，美国航空航天局正式宣布，COBE已经从航天飞机的发射计划中划去。

455

COBE团队开始寻找替代的运载工具，唯一像样的选择是老式的一次性火箭。最好的发射器当属欧洲的阿丽亚娜火箭，但是资助了COBE的美国航空航天局不准备让外国竞争对手窃取发射卫星的荣耀。一位COBE小组成员指出：“我们与法国人讨论了两三次，但是当NASA总部发现之后，他们命令我们中止接触并取消这一设想，并威胁我们说，如果我们不停止的话，很难保证人身安全。”与俄国人商谈显然就更不可能了。

火箭业务大大下降，因此很少有其他可供替代的方式。例如，COBE团队曾与麦道公司接洽，但该公司已经暂停了德尔塔火箭的生产线。他们只保留了几个备用火箭，而且全部被指定用于新的战略防御计划（即“星球大战”计划）的武器测试。然而，当德尔塔火箭工程师听说了COBE的困境后，他们很高兴看到他们制作精美的太空舱有可能被用于比打靶更具建设性的用途。

他们立即提供他们的服务，但仍有一个突出问题有待克服。

整个COBE卫星将重达近500吨，但德尔塔火箭的有效载荷只有这个重量的一半，因此COBE必须瘦身。COBE团队被迫完全重新设计卫星，大大减小其大小，并做出巨大牺牲放弃以前的工作。同时，团队必须设法确保卫星的科研内容仍完好无损——仍可以探测CMB辐射并检验大爆炸模型。更严苛的是，整个重新设计和建造工作必须在短短的3年内完成，因为1989年将有发射计划，是一个机会，错过这一期限就将受到进一步的严重滞后。 456

数百名科学家和工程师取消周末，24小时轮班转，以赶在空间探险史上这一最苛刻的期限到来之前完成任务。最后，1989年11月18日上午，即最初提交NASA建议书的15年后，COBE卫星终于待命发射。在此期间，其他人则继续利用地面上的气球和飞机携带的探测器来寻找CMB辐射的变化，但测得的CMB辐射仍保持完美的平滑性。从这点看，COBE卫星多晚发射都不算迟。

COBE团队没有忘记拉尔夫·阿尔弗和罗伯特·赫尔曼，是他们于1948年最先预言了CMB辐射的存在。卫星发射前，COBE团队邀请他俩到美国加州范登堡空军基地来亲眼目睹发射过程。两位理论家甚至被允许登上龙门摸一摸火箭的鼻锥。斯穆特也在观看发射的数百人中间。他所有的抱负就取决于COBE和德尔塔火箭了：“在早年旅行时，我曾近距离见过火箭，它看上去破旧不堪，锈迹斑斑地躺在这里和那里，亲眼看到人们用环氧树脂对它进行修补。我们的职业生涯在此达到了顶点。我们没说一句话，只是无声地祈祷。”

当倒计时到零，德尔塔火箭从发射架腾空而起。在30秒内便突破音障，11分钟COBE便被成功送入轨道。最后一级推动器将卫星提升到900千米高度，然后它遵循极地轨道，每天绕地球转14圈。

457 很快第一批数据被传回地球，很明显，COBE运行完全正常，每个探测器在火箭发射的物理压力下完好无损地存活下来。然而，斯穆特和他的同事们还无法就其任务的主要目标对外发布任何声明。

要证实或证伪是否存在CMB辐射的变化，都需要一个漫长的过程来对DMR探测器的数据进行细致分析，甚至累积这些测量数据本身就是一个缓慢的过程。这个探测器可以同时测量并比较来自相距60°天空的两小块区域的CMB辐射，但为了测量整个天空的辐射分布，卫星首先必须绕地球转上几百次。1990年4月，DMR探测器最终完成了对整个天空的第一轮粗略巡查。

第一批数据的分析显示，在1/3000的水平上没有观测到CMB辐射的任何变化的迹象。第二轮巡查结果表明，在1/10000的水平上仍没有观测到任何变化的迹象。科普作家马库斯·乔恩将这些测量值描述为“毫无破绽的平坦”。

COBE已被送入太空去发现孕育今天星系的变化。也许它们只是很难找到。也许它们根本不存在，这样的话那对于大爆炸模型将是灾难性的，因为星系的生成就没法解释。而如果没有星系，就没有恒星，没有行星，没有生命。情况正变得越来越令人沮丧。正如约翰·马瑟说的那样：“我们还不排除我们自己的存在。但如果背景辐射没留下一丁点痕迹，我对今天的结构到底是如何会存在就完全迷惑了。”

乐观者希望，更多的数据，更仔细的巡查也许就会发现CMB辐射的变化。459 而悲观者担心，更仔细的检查将证明CMB辐射是完全光滑的，大爆炸模型有缺陷。随着每一个月的过去，CMB辐射的变化到底是存在还是不存在没有任何说法，谣言开始在宇宙学界和科学出版界四处流传。理论家开始发展大爆炸模型的特设变种，它不一定需要以CMB辐射的变化为前提。《天空与望远镜》杂志登了篇标题为“大爆炸：是死是活？”的文章综述了当时的心情。小的稳恒态社群振奋起来，并开始重新批评大爆炸模型。

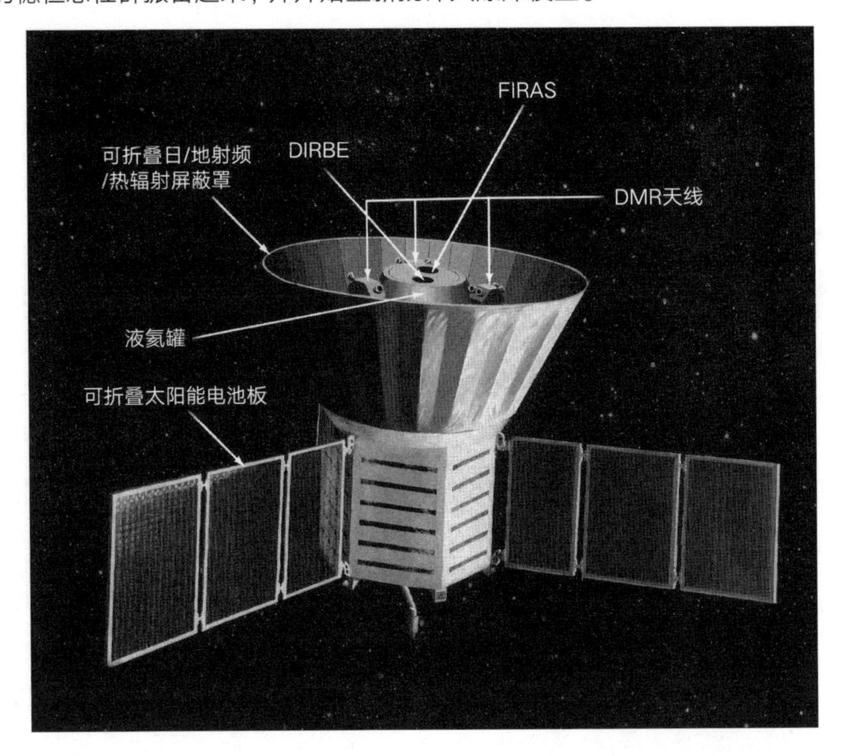

图101 COBE卫星于1989年发射升空。3个探测器由屏蔽罩保护，以免受到来自太阳和地球的热和微波辐射。屏蔽罩中心的杜瓦瓶装着液氦，用于卫星组件的冷却，以减少卫星本身的微波辐射排放。

到目前为止，我给出的都是来自任意方向的单一波长的CMB辐射，但在实际情形下，任何方向的CMB辐射都有一个波长范围。但这种波长分布的特性可以用明显的峰值波长来表征，这就是为什么CMB辐射被处理成就好像它是由单个波长构成的一样。

大爆炸模型的命运取决于DMR探测器的测量结果。它可以对两个不同方向的入射CMB辐射进行比较，找出峰值波长的差异。这种差异表征着早期宇宙中的密度变化，较高密度区域将是今天的星系的苗圃。

FIRAS探测器和DIRBE探测器被设计用来分析CMB辐射的其他方面。

COBE团队之外没有人意识到，期待已久的变化正逐渐开始显现。这种变化的迹象非常不确定，以至于研究者不得不守口如瓶。

COBE的DMR探测器从1990年到1991年持续收集了更多的数据，并在1991年12月完成了对整个天空的第一次彻底巡查，进行了700万次测量。最后，变化在1/100 000的水平上显现出来。换句话说，CMB辐射的峰值波长随位置变化的迹象在0.001%的精度上显露出来。CMB辐射在天空中的变化非常微弱，但关键是它们确实存在。它们恰好大到足以表明在早期宇宙中密度波动的影响，这种影响足以孕育星系的后续发展。

一些COBE科学家急于发布这一结果，但其他人表现得更加谨慎，而且后者占了上风。COBE团队决心彻底审查数据，以便确信这些变化不是来自探测器的故障或分析失误。为了营造谨慎和自我批评的氛围，斯穆特做了悬赏：任何人，只要能挑出分析中的错误，便可获得一张免费去世界任何地方旅游的机票。460他意识到，他正从事着科学史上最敏感的测量，非常隐蔽的错误很容易影响结果。他曾经将寻找CMB辐射的微弱变化的挑战比喻成“在一片嘈杂——无线电啸叫、海浪拍岸声、人喊狗叫和穿越沙丘的越野车怒吼声——中听出一声耳语”。在这种情况下，很容易听到错误的声音，甚至想象听到某种声音但其实不是真的存在。

经过近3个月的进一步分析和论证，COBE团队一致认为变化是真的。是时候对外公布了。一篇论文被提交到《天体物理学期刊》，并商定，在1992年4月23日于华盛顿召开的美国物理协会年会上宣布这一发现。

斯穆特，作为建造DMR探测器团队的发言人，荣幸地应邀向济济一堂的听众作报告，给出真正重大的结果。自从彭齐亚斯和威尔逊发现了CMB辐射后，四分之一世纪过去了，现在，预期的变化终于得到查实。由于结果一直属于高度机密，所以连会议组织者事先都不知道斯穆特会在会上做出这样重大的公告，因此给他的发言时间就是标准的12分钟，但这已足够呈现科学史上这一最重要的发现。所有出席者均满怀敬畏地看着这一宇宙景观戏剧般地落幕。大爆炸确实能解释星系的形成。

中午举行了重要的新闻发布会。媒体的新闻稿登出了COBE给出的宇宙地图，上面的每块红色、粉红色、蓝色和淡紫色代表着不同的密度。地图的黑白版本如图102所示。每个椭圆形地图表示整个天空，它们被展开并重组成平面图，正如在地图集里球形地球的地图被展成平面图一样。

许多记者和他们的读者看到这些图片，认定每个补丁代表了CMB辐射 462 的真正变化，并大肆吹嘘在十万分之一的水平上起伏显示得很清晰。事实上，COBE的测量受到DMR探测器本身发射的随机辐射的严重影响，因此在关键性的图［图102（b）］中，包含了显著的随机辐射成分。这种污染严重到你单独看图时根本不可能分辨哪个斑点是CMB辐射的真正变化，哪些是由探测器的随机涨落引起的。然而，COBE科学家已经用复杂的统计方法证明了，在他们宣布的精度水平上，存在CMB辐射的真正变化，因此其结果是有效的，即使分布图有点误导。本来将统计分析后的数据交给记者要比交图更准确，但没有哪位新闻记者会理解它。不管怎样，插图编辑们肯定对第二天见报的文章配有出人意料的图像心存感激。

统计分析很复杂，但乔治·斯穆特的消息传到世界其他地方却很简单。COBE卫星已找到的证据表明，大约在宇宙创生后的30万年左右，整个宇宙的密度存在十万分之一水平的微小变化，随着时间的推移，这一变化最终导致了我们今天看到的星系。在前一天花了一晚上功夫才琢磨出该怎样在新闻发布会上给出清脆的回答，斯穆特告诉聚拢来的记者：“我们已经观察到早期宇宙中最古老和最大的结构。这些结构是现今的天体结构如星系、星系团等的原始种子。”斯姆特还给了记者一个更加难忘和迅捷的引语：“好吧，如果

461

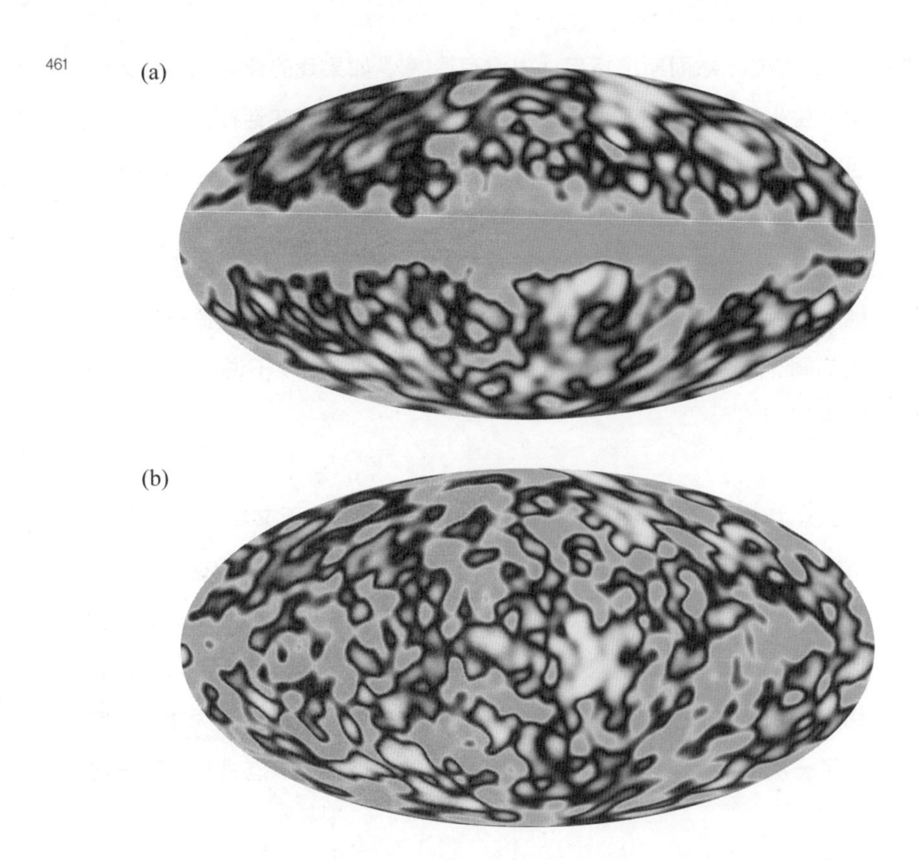

图102 COBE看到的空间。它看到来自四面八方的CMB辐射。辐射的变化被映射到的球的表面，就像COBE被定位在球体的中心看出去的那样。COBE给出了几种球形图，其中两张被展开成这里的二维分布图。原图是彩色的，但这里显示为黑色、白色和灰色。阴影反映的是由COBE的DMR探测器测得的CMB辐射的强度的变化。

图（a）主要是叠加了我们银河系的恒星的辐射，它在赤道附近呈条纹状。这张照片得了个绰号“汉堡包”。

图（b）是剔除了银河系的影响后的辐射分布图。它较好地展示了整个宇宙的CMB辐射变化。大部分的图仍然是以随机噪声为主，但统计分析显示了在十万分之一的水平上CMB辐射的真正变化。

你信教，它就像你看到的上帝的面容。”

463 新闻界的反应是全部拿出整个头版来报道COBE结果。《新闻周刊》杂志最为典型，它采用了戏剧性的通栏标题：“上帝的印迹”。虽然对激情之下他说的话略显尴尬，然而斯穆特自认为没有遗憾："如果我的评论能够让人们对宇宙学产生兴趣，那么这就对了，这是肯定的。总之现在话已出口。我不能把它咽回去。"

上帝的提及、醒目的图像和COBE突破的科学重要性确保了这段历史毫无疑问地成为近十年来最有趣的天文学故事。甚至连史蒂芬·霍金都来火上浇油地凑热闹，他说："这是20世纪中最重大的发现，如果不说是所有人类历史上的话。"

证明大爆炸模型的争论终于结束。几代物理学家、天文学家和宇宙学家——爱因斯坦、弗里德曼、勒迈特、哈勃、伽莫夫、阿尔弗、巴德、彭齐亚斯、威尔逊、整个COBE团队，以及许许多多的其他人成功地解决了宇宙创生这一终极问题。很显然，宇宙是动态的，在不断扩张和演化，我们今天看到的一切都来自于100亿年前的一个热的、致密的、瞬间发生的大爆炸。宇宙学完成了一次革命，宇宙大爆炸模型现在已被广泛接受，范式的转变已经完成。

CHAPTER 5 - PARADIGM SHIFT
SUMMARY NOTES

① 1950 - THE COSMOLOGICAL COMMUNITY WAS DIVIDED BETWEEN THE STEADY STATE MODEL AND THE BIG BANG MODEL.

QUESTIONS HAD TO BE ANSWERED AND CONFLICTS HAD TO BE RESOLVED BEFORE ONE MODEL COULD CLAIM TO BE THE TRUE DESCRIPTION OF THE UNIVERSE.

FOR EXAMPLE: IF THERE WAS A BIG BANG, THEN:

- WHY WAS THE UNIVERSE YOUNGER THAN THE STARS?
- HOW WERE THE HEAVY ELEMENTS FORMED?
- WHERE WAS THE CMB RADIATION?
- AND HOW DID THE GALAXIES FORM?

② FIRST BAADE AND THEN SANDAGE RECALIBRATED THE DISTANCE SCALE TO THE GALAXIES AND SHOWED THAT THE BIG BANG ACTUALLY PREDICTED A MUCH OLDER UNIVERSE, COMPATIBLE WITH THE AGES OF THE STARS AND GALAXIES WITHIN IT.

③ HOYLE SET OUT TO EXPLAIN THE FORMATION OF HEAVY ELEMENTS AND SHOWED HOW THEY WERE FORMED BY FUSION WITHIN THE HEARTS OF AGEING STARS.

THE PROBLEM OF NUCLEOSYNTHESIS HAD BEEN SOLVED:

- HEAVY ELEMENTS FORMED IN DYING STARS
- LIGHT ELEMENTS FORMED SOON AFTER THE BIG BANG

④ 1960s ASTRONOMERS USED RADIO ASTRONOMY AND DISCOVERED NEW GALAXIES (eg YOUNG GALAXIES AND QUASARS) THAT TENDED TO EXIST IN THE FAR REACHES OF THE UNIVERSE.

⇩

THIS UNEVEN DISTRIBUTION OF GALAXIES WENT AGAINST THE STEADY STATE MODEL WHICH CLAIMED THAT THE UNIVERSE WAS ROUGHLY THE SAME EVERYWHERE.

⇩

HOWEVER, THIS OBSERVATION WAS WHOLLY COMPATIBLE WITH THE BIG BANG MODEL.

⑥ MID 1960s - PENZIAS AND WILSON ACCIDENTALLY DISCOVERED THE CMB RADIATION PREDICTED BY ALPHER, GAMOW AND HERMAN BACK IN 1948, PROVIDING COMPELLING EVIDENCE IN FAVOUR OF THE BIG BANG.

THIS PIECE OF SERENDIPITY WON THE NOBEL PRIZE IN 1978.

NEARLY ALL COSMOLOGISTS MOVED TO THE BIG BANG CAMP.

⑦ 1992 -

THE COBE SATELLITE

DISCOVERED TINY VARIATIONS IN THE CMB RADIATION COMING FROM DIFFERENT PARTS OF THE SKY, WHICH INDICATED TINY VARIATIONS IN DENSITY IN THE EARLY UNIVERSE, WHICH WOULD HAVE SEEDED THE FORMATION OF THE GALAXIES.

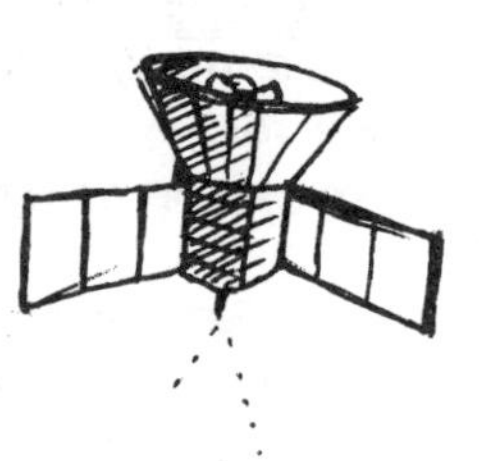

THE PARADIGM SHIFT FROM AN ETERNAL UNIVERSE TO A BIG BANG UNIVERSE WAS COMPLETE.

THE BIG BANG MODEL WAS PROVED TO BE TRUE!

THE END?

467

第 6 章：尾声

如果你想从头开始做苹果派，你必须先创造宇宙。

——卡尔·萨根

不断给我带来惊喜的是，人类已能够大胆想象一种创生的理论，现在我们能够检验这一理论。

——乔治·斯穆特

我们认为爆炸模型是当代最具说服力的和包容性的宇宙物理理论，因为这个模型具有预言能力（即它同时囊括了许多不同的天文观测结果），特别是因为，正如任何一项可行的理论所必须具有的，它在不断的观测证伪的挑战中生存下来……就大爆炸而言，这个模型不仅存活了几十年，而且其生存状况正变得越来越强大。

——拉尔夫·阿尔弗和罗伯特·赫尔曼

十亿年或二十亿年前，发生了一件事——大爆炸，一件我们的宇宙开端的事件。它为什么会发生是我们想知道的最大的谜。但它的发生却是相当清楚的。

——卡尔·萨根

大爆炸模型可以说是20世纪最重要和最辉煌的科学成就。然而，大爆炸[469]模型在其构思、发展、探索、检验、证明并最终接受的方式上也可以被认为是非常普通的。在这些方面，它与许多不那么吸引人的科学领域有着很多共同之处。大爆炸模型的发展是科学方法付诸实施的一个典型例子。

如同其他许多科学领域，宇宙学始于试图解释一些以前一直属于神话或宗教领域的东西。最早的宇宙学模型有用，但并不完美，因此很快就表现出与观察的不一致和不准确的缺陷。新一代宇宙学家提供了一个可供选择的模型，并向着有利于他们宇宙观的方向推进，而科学界则捍卫现有的模型。无论是守成者还是挑战者都认为自己正确，并利用理论、实验和观察结果来为自己辩护，有时一项证明工作在取得突破之前需要耗上几十年的时间，但一个偶然的发现就可能在一夜之间改变科学的景观。双方都利用了最新的技术——从望远镜到卫星——来努力寻找能支持自己模型的关键证据。最终，[470]形势变得对新模型十分有利，宇宙学迎来了一场革命，科学界终于接受了新模型，抛弃了旧模型。以前批评新模型的大多数批评家开始确信并改变了他们的立场，范式的转变终于完成。

重要的是，在大多数科学争论中，范式并没有转变。通常情况下，一个新提出的科学模型很快被发现是有缺陷的，于是既有模型仍被当作对实在的最佳解释而得到保留。这种情势是必需的，否则科学将不断修正其位置，这样它在探索和理解宇宙方面将变成一种不可靠的框架。然而，当范式转移已然出现时,它便是科学历史上最非凡的时刻。

从旧范式到新范式的道路可能十分漫长，需要经过几十年和几十位科学家的奉献。这产生了一个有趣的问题：谁对新范式的贡献最大？罗尔德·霍夫曼和卡尔·杰拉西在戏剧《氧气》中对这个问题做了初步探索。这部剧作围绕如何颁发“追认诺贝尔奖”这个虚构的奖项（授予诺贝尔奖基金会成立之前所诞生的科学发现）展开。委员会开会，很快同意这个奖项应授予氧气的发现。但委员们对谁最值得获此殊荣意见不一。是瑞典药剂师卡尔·威廉·舍勒，因为他第一个合成并分离出这种气体？还是英国一个神论派教长约瑟夫·普里斯特利，因为他第一个公布他的发现并提供了研究的细节？抑或是法国化学家安东尼·拉瓦锡，因为他正确理解了氧气不仅仅是空气的一个版本（“消炎的空气”），而是一种全新的元素？这部戏详细讨论了优先权的问题，通过时间回溯让每个人都来为自己辩护，从而反映出荣誉归属的复杂性。

471 如果说谁值得荣获发现氧气的殊荣这个问题很难回答的话，那么要认定是谁发明了宇宙大爆炸模型则几乎是不可能的。发展、检验、修改和证明完整的大爆炸模型需要经过众多的理论、实验和观测阶段，每个阶段都有自己的英雄。爱因斯坦通过他的广义相对论来解释引力值得肯定，没有这一工作，任何严肃的宇宙学模型都不可能发展起来。然而，最初他却反对进化宇宙的思想，所以这一思想在勒迈特和弗里德曼那里才发展成大爆炸理论。而且如果不是因为哈勃的观测结果证明了宇宙在膨胀，他们的工作也不会被认真对待。但哈勃却声称，他不愿意从自己的研究结果得出任何宇宙学的结论，从而使大爆炸的皇冠减色不少。要不是伽莫夫、阿尔弗和赫尔曼在理论上的贡献，以及赖尔、彭齐亚斯、威尔逊和COBE团队的观测工作，大爆炸模型可能依旧处于低迷状态。甚至弗雷德·霍伊尔——稳恒态模型的主创者——在核合成理论上的贡献，无意中也帮助支持了大爆炸模型。显然，大爆炸模型不能归功于某一个人。

事实上，本书提到的仅是对大爆炸模型的发展有贡献的人群中的一小部分人，因为我们不可能在短短几百页的篇幅内对稳恒态与大爆炸的争论给出一个完整、明确的说明。要对对大爆炸模型的发展有贡献的每一个人都做出公正的评价，那么本书的每一章的每一节都需要扩展成单独一卷才有可能。

除了篇幅的限制，这种对大爆炸模型的历史的说明还受到在文中尽量减少数学方程的数量的限制。数学是科学的语言，并且在许多情况下，对一个科学概念的完整、准确的解释只有通过给出详细的数学描述才有可能。但是，通常我们可以单纯借助于文字和几张图表来说明关键要点，从而得到对科学概念的一般性描述。事实上，数学家卡尔·弗里德里希·高斯就曾强调过“概念，而不是符号”的价值。 472

1992年4月24日见报的对大爆炸理论的文字解释和图片说明已经提供了这样的证据。这是在COBE新闻发布会后的第二天，《独立报》在头版以一张简单的图（见图103）总结了大爆炸模型的所有基本要素。图中的某些时间和温度值不同于我们在前面章节中引述的值，这是因为理论和观测到1992年已有所改进。数量仍只是个大概，但它们在很大程度上将继续代表着今天的宇宙学家的共识。

《独立报》的图简洁地总结了我们当前对大爆炸宇宙的理解。首先，正如它所指出的：“所有的物质和能量曾被压缩为一个点”，然后有一个全能的大爆炸。术语“大爆炸”暗示着某种爆炸，这不是一个完全不恰当的比喻，但有一点应指出，大爆炸不是指空间内的爆炸，而是空间的爆炸。同样，大爆炸也不是指某个时间点所发生的爆炸，而是时间本身的爆炸。空间和时间都在大爆炸的瞬间产生。

在第1秒之内，超热宇宙急剧膨胀并冷却，其温度从几万亿度下降到几十亿度。宇宙中主要有质子、中子和电子，它们都沐浴在光的海洋里。在接下来的几分钟内，质子，相当于氢原子核，与其他粒子反应形成轻的原子核 473

（如氦核）。氢氦在宇宙中的比例在最初几分钟内就基本上被固定下来，并与我们今天所看到的相一致。

宇宙继续膨胀和冷却。现在它包含简单的原子核、高能电子和大量的光，一切都处于相互散射的过程中。经过大约30万年，宇宙的温度已经冷却到足以使电子慢下来，被核束缚住，形成完全成熟的原子。这种原子有效阻止了光的进一步散射，自此光在宇宙中畅通无阻的状态在很大程度上受到遏制。这种光就是所谓的宇宙微波背景（CMB）辐射，一种由伽莫夫、阿尔弗和赫尔曼预言，并为彭齐亚斯和威尔逊探测到的大爆炸的光的回声。

经过COBE卫星对宇宙微波背景辐射的详细测量，我们知道，经过30万年后，宇宙中有些地方的密度稍高于平均密度。这些区域逐渐吸引更多的物质，变得更加致密，从而在宇宙大约10亿岁的时候形成了第一批恒星和星系。恒星内部的核反应继续形成中等重量的元素，而最重的元素则是在恒星死亡前的剧烈挣扎条件下形成的。正是由于在恒星上形成了诸如碳、氧、氮、磷和钾等元素，才最终使得演化出生命成为可能。

到今天为止，宇宙已有150亿年的历史。《独立报》上的插图将人类的出现置于顶层，有点谄媚的意味，因为它夸大了我们在宇宙历史中的角色。虽然生命在地球上已存在了数十亿年，但人类的出现只有10万年左右。要将他置诸其间，如果宇宙的历史用张开双臂后两个指尖之间的长度来表示这个时间表的话，那么人类存在的时间仅相当于指甲锉刮一下的宽度。

476

重要的是要记住，这个创生和演化的历史是有具体的证据来支撑的。物理学家们，如伽莫夫、阿尔弗和赫尔曼等，进行了详细的计算，估计了早期宇宙的环境，并预言了早期宇宙如何会在当前的宇宙中留下自己的印记，即氢氦比和宇宙微波背景辐射。这些预言都惊人的准确。正如诺贝尔奖获得者、物理学家斯蒂芬·温伯格所指出的那样，大爆炸模型绝不是一种想入非非的猜测："我们的错误不在于我们把理论看得太认真，而是我们没有给予它足够的重视。我们总是很难意识到我们在办公桌上玩弄的这些数字和方程与现实世界的联系。更糟糕的是，我们通常会认为，某些现象只是不适合可敬的理论和实验上的努力。伽莫夫、阿尔弗和赫尔曼之所以比其他人更应该得到巨大的荣誉，就在于他们非常重视早期宇宙的问题，在于他们用已知的物理定律去说明最初3分钟。"

当一家报纸准备在头版对一个宇宙学模型进行广泛报道时，正如亚瑟·爱丁顿所言，这是个强烈的迹象：大爆炸模型已经从理论研讨会上搬到了科学的陈列室里。然而这并不意味着这个模型就是完美无缺的，因为总是存在一些悬而未决的问题和一些细节需要处理。本篇结语的其余部分将对这些仍待解决的问题和细节做一简述。几段文字不可能有望传递出这些问题的细微之处、深度和真正的意义，但它们应能表明，虽然广义上说，大爆炸模型的概念已被证明是正确的，但要让所有的宇宙学家都信服，还将有很长的路要走。 477

例如，我们知道，今天的星系分布是大爆炸后大约30万年里宇宙密度变化的结果，但这些密度变化的起因是什么？另外，根据爱因斯坦的广义相对论，空间可以是平的，也可以向内弯曲或向外弯曲。在平直的宇宙中，光线可以永远走一直线，就像球在一个平坦、光滑的平面上滚动，但在弯曲的宇宙中，光线可以沿着环形轨道行进并返回到其出发点，就像一架飞机绕地球赤道飞行一周。根据天文观测，我们的宇宙似乎是平直的，因此就有这么一个问题：为什么我们的宇宙是平直的，什么时候它可能是弯曲的？

暴胀理论为这两个问题——密度变化和宇宙表观平直性的起源——提供了一种可能的解释。这一理论是由阿兰·古斯在1979年末发展出来的。当他第一次想到宇宙的暴胀这个概念时，古斯简直惊呆了，他很快在他的笔记本上写下“壮观的实现”。这不是轻描淡写，因为暴胀看起来就像是向大爆炸模型添了点有价值的东西。有各种版本的暴胀，但其本质是这种理论提出了在宇宙最早的瞬间的一种快速扩张的阶段，这个阶段大约在10^{-35}秒后结束。在这个暴胀时期，宇宙的体积大约每10^{-37}秒扩大一倍，这意味着到这一阶段结束，宇宙体积大约倍增100倍。这听起来好像不是很多，但一个著名的寓言故事说明加倍的力量。

这则寓言讲述的是一位波斯大臣是怎样向他的苏丹讨米的。他希望能这样来给他米：在国际象棋棋盘的第一个方格内放一粒米，以后每个方格内放的米粒数加倍，即在第二个方格放2粒米，然后是4粒、8粒、16粒等等。苏丹同意了，认为最终的米粒数应该不会太多。但实际上他因此破产了，因为棋盘的最后一格将有9 223 372 036 854 775 808粒米。所有方格内的米粒数的总和将几乎是这个数的两倍，这远远超过了当今全球大米的年产量。

所以，暴胀将在瞬间使宇宙的体积大大扩充。在我们今天看到的较为舒缓的膨胀之前，尤其是在0.00000000000000000000000000000000001秒之前，暴胀将对宇宙的发展产生重大影响。主要是，新生儿宇宙的密度虽然只有微不足道的变化，但暴胀会放大这些微小变化，从而导致30万年后为天文学家所知晓的显著变化。这些变化，特别是高密度团块，随后又成为星系形成的种子。

暴胀的另一个后果是，暴胀前并不平坦的宇宙将成得非常平坦。台球的表面显然不是平的，但如果让它的体积反复倍增27次，那么它的体积将和地

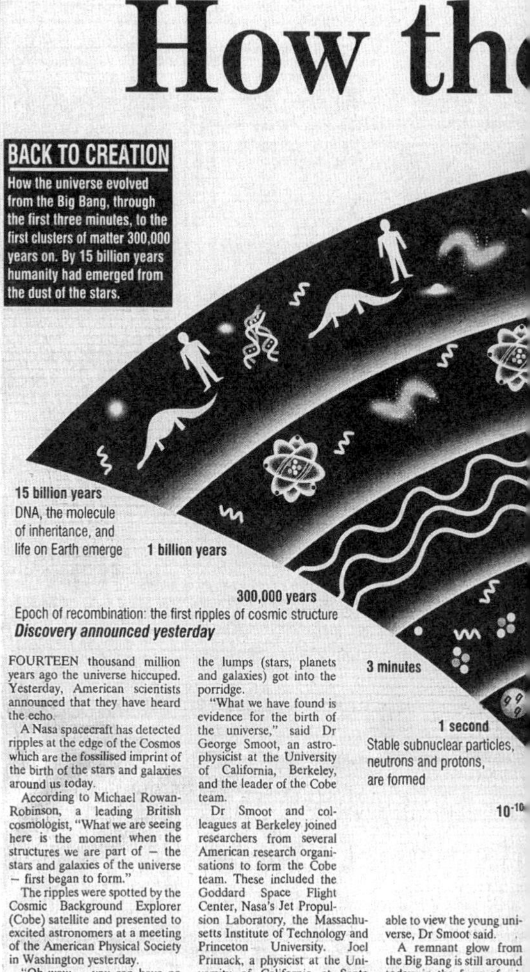

How th

BACK TO CREATION

How the universe evolved from the Big Bang, through the first three minutes, to the first clusters of matter 300,000 years on. By 15 billion years humanity had emerged from the dust of the stars.

15 billion years
DNA, the molecule of inheritance, and life on Earth emerge

1 billion years

300,000 years
Epoch of recombination: the first ripples of cosmic structure
Discovery announced yesterday

3 minutes

1 second
Stable subnuclear particles, neutrons and protons, are formed

10^{-10}

FOURTEEN thousand million years ago the universe hiccuped. Yesterday, American scientists announced that they have heard the echo.

A Nasa spacecraft has detected ripples at the edge of the Cosmos which are the fossilised imprint of the birth of the stars and galaxies around us today.

According to Michael Rowan-Robinson, a leading British cosmologist, "What we are seeing here is the moment when the structures we are part of – the stars and galaxies of the universe – first began to form."

The ripples were spotted by the Cosmic Background Explorer (Cobe) satellite and presented to excited astronomers at a meeting of the American Physical Society in Washington yesterday.

"Oh wow . . . you can have no idea how exciting this is," Carlos Frenk, an astronomer at Durham University, said yesterday. "All the world's cosmologists are on the telephone to each other at the moment trying to work out what these numbers mean."

Cobe has provided the answer to a question that has baffled scientists for the past three decades in their attempts to understand the structure of the Cosmos. In the 1960s two American researchers found definitive evidence that a Big Bang had started the whole thing off about 15 billion years ago. But the Big Bang would have spread matter like thin gruel evenly throughout the universe. The problem was to work out how the lumps (stars, planets and galaxies) got into the porridge.

"What we have found is evidence for the birth of the universe," said Dr George Smoot, an astrophysicist at the University of California, Berkeley, and the leader of the Cobe team.

Dr Smoot and colleagues at Berkeley joined researchers from several American research organisations to form the Cobe team. These included the Goddard Space Flight Center, Nasa's Jet Propulsion Laboratory, the Massachusetts Institute of Technology and Princeton University. Joel Primack, a physicist at the University of California at Santa Cruz, said that if the research is confirmed, "it's one of the major discoveries of the century. In fact, it's one of the major discoveries of science."

Michael Turner, a University of Chicago physicist, called the discovery "unbelievably important . . . The significance of this cannot be overstated. They have found the Holy Grail of cosmology . . . if it is indeed correct, this certainly would have to be considered for a Nobel Prize."

Since the ripples were created almost 15 billion years ago, their radiation has been travelling toward Earth at the speed of light. By detecting the radiation, Cobe is "a wonderful time machine" able to view the young universe, Dr Smoot said.

A remnant glow from the Big Bang is still around today, in the form of microwave radiation that has bathed the universe for the billions of years since the explosion. Galaxies must have formed by growing gravitational forces bringin ter together. To produ "lumpy" universe, radiatior the Big Bang should itself signs of being lumpy.

Cobe, which has been o 500 miles above the Earth the end of 1989, has instru on board that are sensitive extremely old radiation. Th ples Cobe has found are th hard evidence of the long-s lumpiness in the radiation.

Cobe detected almost i ceptible variations in the

图103　在英国，COBE的发现占据了《独立报》1992年4月24日星期五报纸的头版。

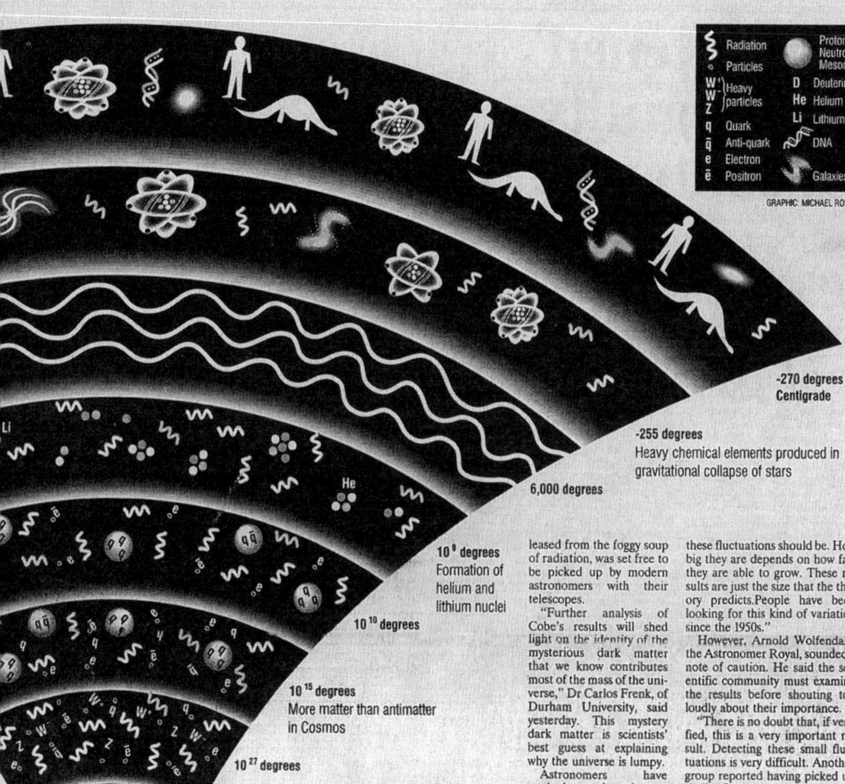

ıniverse began

Radiation
Particles
W⁺ W⁻ Z Heavy particles
q Quark
q̄ Anti-quark
e Electron
ē Positron
Proton/ Neutron/ Meson
D Deuterium
He Helium
Li Lithium
DNA
Galaxies

GRAPHIC: MICHAEL ROSCOE

-270 degrees Centigrade

-255 degrees
Heavy chemical elements produced in gravitational collapse of stars

6,000 degrees

10^{9} degrees
Formation of helium and lithium nuclei

10^{10} degrees

10^{15} degrees
More matter than antimatter in Cosmos

10^{27} degrees

10^{32} degrees
All forces unified and violent increase in expansion (cosmic inflation)

econds

THE BIG BANG
All matter and energy were condensed to a point

he radiation, which C below zero. Those only about thirty- a degree – repre- ferences in the den- at the edge of the les of wispy clouds y slightly less dense matter, the scientists said yesterday. The smallest ripples the satellite picked up stretch across 500 million light years of space.

Cobe has taken a snapshot of the universe just 300,000 years after Big Bang itself – at a point in time when the foggy fireball of radiation and matter produced by the explosion cooled down. "The results also show that the idea of a Big Bang model is once again brilliantly successful," Professor Rowan-Robinson, of London University, said.

He described the ripples as similar to the chaotic pattern of waves you might see from an aeroplane window flying over an ocean. "I can be pretty confident now that if we had an even bigger telescope in space we could see the fluctuations that are the early signs of individual galaxies themselves. It's just a matter of technology now," he added.

The point in time of Cobe's snapshot is known as "the epoch of recombination". At this point, the early galaxies began to form and light from these galaxies, released from the foggy soup of radiation, was set free to be picked up by modern astronomers with their telescopes.

"Further analysis of Cobe's results will shed light on the identity of the mysterious dark matter that we know contributes most of the mass of the universe," Dr Carlos Frenk, of Durham University, said yesterday. This mystery dark matter is scientists' best guess at explaining why the universe is lumpy.

Astronomers have worked out that, for today's galaxies to have formed, there ought to be far more matter around than they have observed. One of the leading theories to get round this is the Dark Matter theory, which says that about 99 per cent of the matter of the universe is invisible to us. This theory predicts fluctuations in the background radiation of exactly the size Cobe has observed. "Because these had not been seen, the theoreticians were beginning to get worried that they had got it wrong," Professor Rowan-Robinson said.

"If Cobe had found no ripples the theoreticians would have been in disarray; their best shot at understanding how galaxies were formed would have been disproved," he added. "The cold dark matter theory is a very beautiful one which makes very exact predictions about what the size of these fluctuations should be. How big they are depends on how fast they are able to grow. These results are just the size that the theory predicts.People have been looking for this kind of variation since the 1950s."

However, Arnold Wolfendale, the Astronomer Royal, sounded a note of caution. He said the scientific community must examine the results before shouting too loudly about their importance.

"There is no doubt that, if verified, this is a very important result. Detecting these small fluctuations is very difficult. Another group reported having picked up similar fluctuations last year, then later found they were due to cosmic rays. At the frequencies our colleagues in the US are working at, cosmic rays should not be a problem, but there is dust between the stars which can also produce radiation and make you think it is cosmological."

Martin Rees, Professor of Astrophysics at Cambridge University, said: "We needed equipment sensitive enough to pick up these fluctuations. We can expect in the next year or so there will be other observations from the ground corroborating this."

He said the results opened up a whole new area of astronomy. "Now we have seen them we can start analysing them. We can learn a lot about the history of the universe – what happened when. We might find, for example, that there was a second foggy era after the original fog lifted."

文章预告宇宙微波背景辐射的变化是对宇宙的大爆炸模型的最终认可，并用黑体图解释了这个模型。

球一样大。地球仍具有弯曲的表面，但它的弯曲要比一个台球的小多了，按人的尺度看，它的外观看上去非常平坦。同样，暴胀宇宙也会给出平坦的印象，这就是天文学家今天看到的景象。

密度变化和平整度问题的解决还为解决另一个神秘的问题提供了潜在的可能性。当天文学家从相反的方向来比较他们的宇宙视角时，发现两个相距超过200亿光年的宇宙拼块之间似乎存在很强的相似性。宇宙学家原本以为宇宙在这个距离上应该发散得更厉害，但暴胀可以解释为什么不是这样。宇宙的两个部分在暴胀之前可能彼此非常接近，因此它们非常相似。后来，经过暴胀带来的梦幻般的膨胀后，他们突然被分开了一个相对大的距离，但它们仍然保留了其初始的相似性，因为分离发生得实在太快了。

479

古斯的暴胀理论依然处在讨论阶段，但许多宇宙学家认为，它将在适当的时候被纳入大爆炸模型。吉姆·皮布尔斯曾经说过：“如果暴胀是错的，那么上帝就错过了一个好把戏！暴胀是一个美妙的想法。不过，也有其他许多美妙的但大自然已决定不予采用的想法，所以，如果这是错的，我们也不必抱怨太多。”

让大爆炸宇宙学家们夜不能寐的另外一些东西就是*暗物质*。观测表明，在星系外围做轨道运动的恒星有巨大的速度，但靠近星系中心的所有恒星的引力不足以阻止这些外围恒星飞离星系。因此，宇宙学家认为，星系中必定存在大量的暗物质，即那种不发光但其引力足以让外围恒星保持在其轨道上运动的物质。虽然暗物质的概念可以追溯到20世纪30年代在威尔逊山上工作的弗里茨·兹维基，但宇宙学家仍无法确定其真实性质，而且相当尴尬的是，计算表明，宇宙中的暗物质要比普通的恒星物质更多。

暗物质的一些候选者是所谓的*大质量致密晕天体*（MACHO），其中包括黑洞、小行星和巨型类木行星。我们无法在一个星系里看到这样的对象，因为它们不发光，但它们都对一个星系内的引力有贡献。暗物质的其他候选者可用大质量弱相互作用粒子（WIMP）来概括，它们包括无法形成大质量致密晕天体的各种类型的粒子，但它们可能会渗透到整个宇宙，除了通过引力，它们几乎不表现出任何存在感。

到目前为止，我们对宇宙中暗物质的性质和数量只有模糊的线索，这令人非常沮丧，因为宇宙学家在修补大爆炸模型的一些漏洞之前需要对暗物质有全面的了解。例如，暗物质的引力作用可能会在宇宙的早期阶段吸引更多的普通物质，从而有助于在形成星系方面发挥主要作用。

而且，在时间线的另一端，暗物质可能对宇宙的最终命运起着决定性作用。宇宙自大爆炸之后一直不断在膨胀，但宇宙的所有质量会向内拉动物质，并使膨胀逐渐放缓。这将导致以下三种可能的未来，这个断言是由亚历山大·弗里德曼在20世纪20年代首次提出的。第一种可能，宇宙会一直膨胀下去，只是速率在不断下降；第二种可能，宇宙膨胀会逐渐减速到某个点戛然而止；第三种可能，宇宙膨胀会慢下来，停下来，然后开始收缩，就是我们现今所说的“大挤压”。因此，宇宙的未来取决于宇宙中的引力，而这又取决于宇宙的质量，而宇宙的质量又取决于宇宙中暗物质的量。

事实上，还有第四个潜在的未来值得认真考虑。20世纪90年代末，天文学家都将天文望远镜对准被称为Ⅰa型超新星的各个特定超新星上。这些超新星非常亮，因此即使它们的爆发是位于遥远的星系，但依然可以被观测到。Ⅰa型超新星还具有指示光变的特性，这种特性可被用来测量它们的距离，从而得到它们所在星系的距离。并且，通过利用其光谱，我们可以测量其退行速度。随着天文学家对Ia型超新星的研究越来越多，测量结果似乎在暗示，宇宙实际上是在以不断增大的速度膨胀。因此宇宙的扩张不是放缓，而是似乎在加快。宇宙看上去是要吹破了。这个让宇宙失控的排斥性推动力仍是一个谜，于是被贴上暗能量的标签。 481

鉴于暴胀的瞬间剧烈时期，奇特的暗物质和怪异的暗能量等概念，21世纪的新的大爆炸宇宙的确处在一种奇怪的位置上。看来，著名科学家J.B.S.霍尔丹真有深邃的先见之明，他在1937年写道："我怀疑宇宙不但比我们假设的要古怪，而且比我们能假设的更古怪"。

彻底解决大爆炸遗留的奥秘需要在三个方面发起攻击，包括理论的进一步发展、实验室实验，以及最为重要的——对宇宙的更清晰的观察。例如，COBE卫星在1993年12月23日完成了它的科学使命，被装有更先进的探测器（如WMAP）的卫星所取代，其观测结果如图104所示。甚至更好的卫星也已经在设计中，并且在地球表面，将会有更敏锐的射电望远镜、更强大的光学望远镜和实验来寻找暗物质的迹象。

未来的观测将挑战、检验并发展大爆炸模型。它们可能会对宇宙年龄的估计进行修正，弱化宇宙中暗物质的影响，或填补我们的知识空白。但宇宙学家普遍认为，这些只会对大爆炸模型的整体方案作调整，而不是模式转变到一种全新的模型。大爆炸的先驱拉尔夫·阿尔弗和罗伯特·赫尔曼在2001年出版的《大爆炸的萌芽》一书中就持有这一观点："尽管关于宇宙学模型的许多问题仍没有答案，但大爆炸模型处于合理的健康状态下。我们确信，未来的理论和观测工作将主要是非常细微的微调，但我们无法预料，50年后，这个模型是否能被证明基本上是不充分的。再过50年后我们可以回头看看这一切是怎么过来的。" 483

482

图104　WMAP（威尔金森微波各向异性探测器）卫星被设计用来测量探测宇宙微波背景辐射，其分辨率比COBE卫星高35倍。它的观测结果如本图所示，于2003年公布。菱形格式相当于图102所示的COBE图的投影。这幅图可以卷起来形成一个球面，球面的两侧也都在图中显示出来。你可以想象WMAP卫星在球的中心看着满天际的宇宙微波背景辐射的变化。

WMAP的数据允许对宇宙的各种参数进行比以往任何时候都更加准确的测量。WMAP团队估计，宇宙年龄为137亿年，误差在2亿年范围内。他们还计算出宇宙中暗物质占23%，暗能量占73%，普通物质仅占4%。而且，这种变化的大小与天文学家所期望看到的宇宙早期存在一个暴胀阶段是基本一致的。

虽然大多数宇宙学家会同意阿尔弗和赫尔曼的观点，但需要注意的是，大爆炸模型仍有一些坚定的批评者，他们仍然偏爱永恒宇宙的观念。当稳恒态模型变得不成立时，它的一些支持者转向了修正后的版本——准稳态模型。继续支持这些少数人的观点的宇宙学家们为他们挑战大爆炸的正统角色而感到非常自豪。事实上，弗雷德·霍伊尔在2001年是带着他的坚定信念——准稳态模型是正确的，而大爆炸模型是错误的——去世的。他在自传中写道："然而，正像许多大爆炸宇宙学的支持者认为的那样，声称我们已接近正确理论的边缘，在我看来这无疑是一种傲慢。如果说我自己曾经陷入这样的陷阱，那么它也是一种短暂的傲慢，而且必然要遭到报应。"这种健康挑战是科学固有的一部分，应该得到鼓励。毕竟，大爆炸模型本身就是反对既有权威的结果。

霍伊尔对大爆炸模型的仇视可能因下述事实而复杂化：正是他的这个命名帮助公众加快对大爆炸概念的意识。"大爆炸"这个称呼被证明是对创生理论的既简短，又具有冲击力且令人难忘的概括，但它却是由这一理论的最大的批评者发明的。虽然一些宇宙学家喜欢"大爆炸"一词的小报基调，但另一些人却抱怨说它似乎不适合用来描述这一宏伟庄严的概念。甚至在1992年6月21日出版的比尔·沃特森的连环画里，卡通人物加尔文和霍布斯都指出了这个问题。加尔文对霍布斯说："我一直在阅读有关宇宙开端的书。他们称它为'大爆炸'。科学家怎么会想象宇宙的所有物质都来自比针头还小的一个点的爆炸，这是不是很怪异？他们就不能拿出一个比'大爆炸'更令人回味的名字？这是科学的整个问题所在。要试图描述难以想象的奇迹，你得有一大批经验主义者。"加尔文接着提议将"可怕的太空Kablooie"作为替代的名称，这个称呼某些宇宙学家实际上已经使用了一段时间，有时它缩写为HSK。

484

次年，《天空和望远镜》杂志发起了一次取代大爆炸标签的竞赛，但由卡尔·萨根、休·唐斯和蒂莫西·费里斯组成的令人尊敬的评审团对所有参赛词条没有一条有深刻印象。提出的新名称建议包括"哈勃泡泡"、"贝莎D.宇宙"和"SAGAN"("科学家敬畏上帝的可怕的自然")，等等。他们的结论是：来自41个国家的13099条建议词条没有一条能比霍伊尔原创的"大爆炸"标签更到位。

这好像证明了一个事实，即大爆炸模型现在已经是我们文化的一部分。在大爆炸作为解释宇宙的创生、发展和历史的模型的发展过程中，整整一代人已经成长起来，我们无法想象这个理论还可以有其他名称。

甚至连教会也变得喜爱大爆炸模型。自从教宗庇护十二世赞同大爆炸学说后，天主教会在很大程度上容忍了创生这一科学观点。它不再为经文给出的关于宇宙的字面解释寻找任何借口。这被证明其态度有了非常务实的变化。过去，在宇宙所有奥秘的背后都有上帝之手在指导，从火山喷发到太阳的设置，但科学逐个为这些现象提供了理性的和自然的解释。化学家查尔斯·库485 尔森曾创造了“空白的上帝”这个术语用来指称那个负责说明我们尚无法理解的一切事物的上帝。随着每项知识空白被科学填补，这个上帝的权力正逐渐减弱。但是现在，天主教会集中负责精神世界的引导，而将自然世界的解释工作留给了科学，这意味着科学在知识领域仍能够安全地提供指导，未来的任何科学发现都不能削弱上帝的地位。科学与宗教可以并排相互独立地生活下去。

1988年，仿佛是为了加强这种独立性，教宗约翰·保罗二世宣布：“基督教的正当性有其自身的内在起源，不指望科学构成其主要的辩护。”随后，在1992年，梵蒂冈甚至承认，它过去对伽利略的迫害是错误的。崇尚太阳中心的宇宙观一度被认为是异端邪说，因为根据圣经：“上帝固定地球作为其基础，它永远不变动。”不过，经过持续13年的调查后，红衣主教普帕德（Poupard）报告称，在审判伽利略的时候，神学家“在描述宇宙的物理结构时，未能把握圣经深刻的非字面的意思。”1999年，教皇通过走访他的波兰家园，并参观了尼古拉·哥白尼的出生地，专门称赞了哥白尼的科学成就等一系列举动，象征性地结束了宗教与宇宙学之间持续了几个世纪的冲突。

也许是受到教会新确立的宽容政策的鼓舞，一些宇宙学家已决定深入探讨大爆炸模型的哲学意蕴。例如，这个模型描述了宇宙是如何从一锅炽热致密的原始汤开始，然后逐步演变出纷繁的星系、恒星、行星和今天存在的生命形式的——这是不可避免的吗，或者说，宇宙可以有不同的形态吗？皇家天文学家马丁·里斯在他的《仅此6个数》一书中探讨了这个问题。他在书中解释了为什么宇宙的结构最终只取决于诸如引力的强度这样的6个参数。科 486 学家可以测量每个参数的值，这些参数形同于6个数字。里斯想知道，如果宇宙在创生时这些数字取其他的值，事情可能会有怎样的不同。例如，如果引力的数值大一点，那么引力会强得多，这将导致恒星更快地形成。

有个数字，里斯标以 ε，反映的是强的核力，就是将原子核内质子和中子胶合在一起的那种力。ε 的值越大，胶粘性越强。测量结果表明，ε = 0.007。这实在是幸运得令人难以置信，因为如果它取不同的值，那么后果将是灾难性的。例如取 ε = 0.006，那么这种核胶水就会略显绵软，这样就不可能使氢聚变成氘，而这是形成氦和所有重元素的第一步。事实上，如果 ε = 0.006，那么整个宇宙将只有平淡的氢，因此也就没有任何机会构成生命。相反，如果 ε = 0.008，核胶水就会较强，氢就会过于容易转变成氘和氦——以至于所有的氢都将在大爆炸的早期阶段就已经消失，没什么能够剩下充作恒星的燃料。这同样绝对没有形成生命的机会。

里斯还检查了规定我们的宇宙的其他5个数字，并解释了它们中任何一个的数值的改变将如何严重地影响到宇宙的演化。事实上，这5个数中的一些数对数值的变化比 ε 更敏感。如果它们取略微不同于我们测量值的数值，那么宇宙很容易在孕育时就夭折了，或者它一诞生便自我毁灭。

因此，这6个数似乎早就被调整到适于生命的出现。就好像这6个号码决定了宇宙的演化，这种演化经过精心设置，目的就是为我们的存在创造必要的条件。杰出的物理学家弗里曼·戴森写道："我越研究宇宙及其架构的细节，越是有更多的证据让我觉得，在某种意义上，宇宙想必知道我们的到来。"

487

这一点可以追溯到第5章中提到的人存原理。这条原理是弗雷德·霍伊尔在解释恒星中的碳如何生成时提出的。人存原理指出，任何宇宙学理论必须考虑到一个事实，即宇宙已经演化到包含我们。这意味着，这一事实应当是宇宙学研究的一个重要因素。

加拿大哲学家约翰·莱斯利提出了一个行刑队场景来阐明人存原理。试想你被判犯有叛国罪，正等待在20名执行枪决的士兵面前。你听到命令开火，你看到20条枪吐出火舌——然后你意识到没有子弹击中你。按法律规定，这种情况下你被允许自由地离开。但当你奔向自由时，你开始想知道为什么你还活着。难道所有的子弹都那么偶然地打偏了？难道这样的事情每处决一万人才可能发生一次，而这一次就恰好落在你的头上？为什么你能活下来这总得有个理由吧？也许行刑队的所有20名士兵都故意打偏了，因为他们知道你是无辜的？抑或是前一天晚上校准步枪时他们都错误地将枪的准心偏移标靶10°？你当然可以认为行刑失败纯属偶然来度过余生，但你的幸存很难不让人联想到更深层次的意义。

同样，这6个表征宇宙的数字怎么就恰好取让生命蓬勃发展的值，似乎并不奇怪。那么，我们是不是因此就能忽略这个问题，认为自己就是这么幸运？或者说我们是在为我们这么好的运气寻找特殊的意义？

488

根据极端版本的人存原理，使得生命进化的宇宙的微调表明存在一个调谐器。换句话说，人存原理可以被理解为上帝存在的证据。然而，另一种观点认为，我们的宇宙是*多元宇宙*的一部分。宇宙一词在字典中的定义是它涵盖一切，但宇宙学家通常将宇宙定义为我们可以感知或可以影响我们的那些东西的集合。根据这个定义，就可能存在许多其他的独立和分离的宇宙，它们每一个都由其自己的一组6个数字限定。因此，多元宇宙允许许多（也许是无穷多）不同的宇宙并存。它们中的绝大多数不是胎死腹中，就是昙花一现，或两者兼而有之，但是偶然地，就有那么一些能够形成某种环境，允许生命的存在、演化和持续。当然，我们碰巧就生活在有利于生命的宇宙中的一个当中。

“宇宙与成品服装店有某种共同之处，”里斯说。“如果店内有大量现货，我们找到一身适合自己的服装，这没什么奇怪。同样，如果我们的宇宙是多元宇宙中的一员，那么这种看似精心设计或微调的特征就不会令人意外了。”

这个问题——我们的宇宙是专为生命设计的，还是多元宇宙中的宇宙幸运儿？——属于科学猜测的边缘地带，是宇宙学家之间激烈辩论的主题。唯一能在形而上学层面上超越它的是所有问题中的最大的问题：大爆炸之前是什么？

到目前为止，大爆炸模型的能力仅限于描述今天所观察到的浩瀚宇宙是怎么出现的，是怎么从数十亿年前的那种高密度炽热状态进化而来的。究竟你准备将大爆炸模型回溯到多远取决于你是否将早期的暴胀阶段包括进来，或是否诉诸于粒子物理学的最新理论。这个理论声称能够描述10^{32}摄氏度、创生后仅10^{-43}秒的宇宙历史。 489

这样还剩下创生的实际时刻和是什么导致创生等突出问题。这些问题也是乔治·伽莫夫在批评者询问他关于他的研究的范围时他很快退避三舍的原因。他在他的科普著作《宇宙的创生》的第二次印刷中加了个免责声明：

> 鉴于一些评论对“创生”一词的使用提出异议，我应当在此解释一下，笔者对这个词的理解不是在“无中生有”的意义上运用，而是“使某些东西从无定形中凸现出来”，例如，在短语“巴黎时尚的最新创作”的意义上运用的。

无法解决大爆炸之前发生了什么，无疑令人失望，但对于宇宙学并非毁灭性的失败。从最坏的情况说，大爆炸模型至少也是有效的，只是不完备，而且这种不完备性是相对于其他许多科学理论而言的。生物学家要解释生命是如何产生的还有很长的路要走，但这并不排斥以自然选择，或基因和DNA的概念为核心的进化论的正确性。不过，我们不得不承认，宇宙学家可能比生物学家的处境更糟糕。我们完全有理由相信，在第一批细胞和第一个DNA片段的构造的背后是标准的化学定律，但是我们并不清楚已知的物理学定律对于宇宙创生的那一刻是否有效。当我们倒拨时钟回到宇宙接近零时间的时刻，似乎所有的物质和能量集中在一个点上，这时运用现有的物理定律会导致严重问题。在创生的那一刻，宇宙似乎进入一种被称为奇点的非物理状态。

490

即使宇宙学家可以处理奇点的物理，他们中的许多人认为，“大爆炸之前是什么？”的问题仍无法回答，因为这个问题没有意义。实际上这个模型指明，大爆炸不仅产生了物质和辐射，也产生了空间和时间。所以，如果时间是在大爆炸中产生的，那么在大爆炸之前就不存在时间，因此，在任何情形下“大爆炸之前”的短语都没有意义。这种情形的另一个例子是单词“北”，你问“伦敦的北边是什么？”或“爱丁堡以北是什么？”都有意义，但问“北极以北是什么”就没有任何意义。

批评家可能会觉得，如果这就是宇宙学家能够给出的最好的回答，那么“大爆炸之前是什么？”的问题就必然属于神话或宗教领域的一个谜团，一道永远超出科学研究范围的上帝的沟壑。美国天文学家罗伯特·贾斯特罗在他的《上帝和天文学家》一书中对大爆炸理论家的这种雄心持悲观态度：“他迈向无知的高山。他即将征服最高峰；当他攀上最后一块岩石后，却受到在那里已待了几个世纪的神学家的欢迎。”

巧妙处理创生问题的一种方法是设想宇宙的质量有少许超重。这种宇宙会膨胀，但额外的质量会导致较大的引力使膨胀停止，然后反转过来使宇宙开始收缩。宇宙似乎要趋向前面提到的大坍缩，但实际上是一种大反弹。随着物质和能量的聚集，宇宙可能会达到一个压力和能量与引力相抵消，并再次开始向外推的关键阶段。这导致另一次大爆炸，宇宙进入另一个膨胀阶段，直至引力再次终止这种膨胀，导致收缩，接着又是大坍缩，再一次大爆炸，无限循环直至无穷。

这种反弹的、振荡的、生态友好型的，可循环的凤凰涅盘式宇宙将是永恒的，但它不能被视为稳恒态宇宙。它不是稳恒态模型的一个版本，而是一种多重大爆炸模型。几位宇宙学家，包括弗里德曼、伽莫夫和迪克，一直在认真地予以讨论。 491

其他如爱丁顿等人则不喜欢一个循环的宇宙：“我更倾向于认为宇宙应该实现某种宏伟的演变，而且它已经取得了一切可以取得的成就，没有回到杂乱混沌的缺乏变化的状态，而不是受到不断重复的惩罚。”换句话说，一个不断膨胀的宇宙最终将变成寒冷的不毛之地，因为其中的恒星终将耗尽氢燃料并停止发光。比起无限重复的、乏味的宇宙，爱丁顿更偏爱这种“大冻结”（或叫“热死”）的状态。

除了爱丁顿的主观批评，反弹式大爆炸还面临一系列的实际问题。例如，至今还没有一位宇宙学家能对引起宇宙反弹所需的力给出一个完整的解释。况且最新的观测表明，宇宙的膨胀正在加速，从而使目前的膨胀转为收缩的可能性变得更低。

尽管存在缺陷，但反弹式宇宙的绘景确实允许宇宙通过坍缩来触发下一次大爆炸，这至少解决了我们希望搞清楚的大爆炸之前是什么这个核心问题的因果关系。但在宇宙学意义上，因果律也许只是一种应当放到一边的常识性偏见。毕竟，大爆炸膨胀始于一种极其微小的尺度，常识根本就不适用于这种极端状态。这里是量子物理学的怪异规则当道。

492 量子物理学是整个物理学中最成功也是最奇特的理论。正如量子物理学的奠基人之一尼尔斯·玻尔所言：“任何人对量子理论不感到震惊，只能说明他还不理解它。”

虽然因果律在日常的宏观世界里是一项有效的法则，但统治亚微观量子领域的却是所谓的*不确定性原理*。这条原理规定，事件可以自发发生，这种情形已经得到实验上的证明。它还允许物质可以无中生有，哪怕只是暂时的。在日常生活的层面上，世界似乎是确定性的，各种守恒律均有效，但在微观层面上，确定性和守恒性都可以违背。

因此，*量子宇宙论*提供了各种允许宇宙毫无缘由地从无到有的假说。例如，婴儿宇宙可以自发地从虚无中诞生，可以与其他众多宇宙一并存在，使自身成为多元宇宙的一部分。正如暴胀理论之父阿兰·古斯所言：“人们常说，世上没有免费的午餐。但宇宙本身可能就是一顿免费的午餐。”

遗憾的是，科学界不得不承认，所有这些可能的答案，从反弹型宇宙到自发量子创生，都具有太多的猜测性，而且仍没有妥善解决宇宙来自何处这个最终问题。然而，当前这一代宇宙学家不应该气馁。在这一事实——大爆炸模型是对我们的宇宙的连贯一致的描述——面前，他们应该高兴才是。他们应该自豪的是，大爆炸模型是人类成就的巅峰，因为它通过揭示其过去很大程度上解释了宇宙的当前状态。他们应该走出去告诉世界，大爆炸模型是对人类好奇心和我们智慧的一种纪念。如果一个市民问起这个最棘手的问题："大爆炸之前是什么？"那么他们可以借用下面这个圣奥古斯丁的例子。

对于神学上等价的"大爆炸之前是什么？"问题，哲学家暨神学家圣奥古斯丁在其写于约公元前400年的自传《忏悔录》里引用了他听来的一个回答： 493

> 在创造宇宙之前上帝在做什么？
>
> 在创造天地之前，上帝创造了地狱，专用于像你这样的问这种问题的人。

附录：什么是科学？

“科学”和“科学家”这两个词是十分现代的发明。事实上，“科学家”一词是由维多利亚时代博学的威廉·惠威尔创造的。他在1834年3月出版的《季度评论》（*Quarterly Review*）上首次使用了这个词。美国人几乎立即采纳了它，到该世纪结束时，该词已在英国流行开来。这个词的词根来自于拉丁语“scientia”一词，意思是“知识”，它取代了其他如“自然哲学家”这样的术语。

本书是关于大爆炸模型的历史，但同时试图对“什么是科学”以及它是如何工作的这两方面提供一个深入的了解。就一个科学的想法是如何提出、被检验、确认和接受这一整个过程而言，大爆炸模型提供了一个很好的例子。然而，科学是一项非常广泛的活动，本书的描述是不完整的。因此，为了填补一些空白，我们在这里给出一些关于“科学”的引语。

科学是系统化的知识。

——赫伯特·斯宾塞（1820—1903），英国哲学家

科学是对狂热和迷信的毒害的最好的解药。

——亚当·斯密（1723—1790），苏格兰经济学家

科学就是你知道的知识。哲学则是你不知道的知识。

——伯特兰·罗素（1872—1970），英国哲学家

[科学是]一系列判断和无休止的修正。

——皮埃尔·埃米尔·迪克勒（1840—1904），法国细菌学家

[科学是]想知道原因的欲望。

——威廉·哈兹里特（1778—1830），英国散文家

[科学是]关于结果的认识，它依赖于一个又一个的事实。

——托马斯·霍布斯（1588—1679），英国哲学家

[科学是]心灵在神秘世界中寻求真理的一种想象的冒险。

——西里尔·赫尔曼·欣谢尔伍德（1897—1967），英国化学家

[科学是]一场伟大的比赛。它鼓舞人心，令人耳目一新。赛场就是宇宙本身。

——伊西多·拉比（1898—1988），美国物理学家

人不是靠武力而是靠理解掌握自然。这就是为什么科学会在魔法失败的地方取得成功，因为它不是寻求法术来战胜自然。

——雅各布·布洛夫斯基（1908—1974），英国科学家和作家

这就是科学的本质：问一个不恰当的问题，然后你一路去寻找恰当的答案。

——雅各布·布洛夫斯基（1908—1974），英国科学家和作家

对一名研究型科学家来说，每天早餐前舍弃一个偏爱的假设，这是一种好的晨练。这能让他保持年轻。

——康拉德·洛伦兹（1903—1989年），奥地利动物学家

科学真理的最佳定义可陈述为这样一种工作假说，它最适合通往下一个更好的假说。

——康拉德·洛伦兹（1903—1989年），奥地利动物学家

本质上说，科学就是不断地追求对我们生活的这个世界的那种聪慧、全面的理解。

——科尼利厄斯·范·尼尔（1897—1985），美国微生物学家

科学家不是给出正确答案的人，而是提出正确问题的人。

——列维-斯特劳斯（1908—），法国人类学家

科学只能确定是什么，但不能给出应该是什么，在这个领域之外，价值判断仍是必要的。

——阿尔伯特·爱因斯坦（1879—1955），德裔物理学家

科学技术是对物质世界的客观真理的无私追索。

——理查德·道金斯（1941—），英国生物学家

科学不过是精炼的和逻辑严谨的常识。它与后者的区别不外乎一个老手与一个新手之间的区别；其方法与常识性方法的不同正如同一个卫兵的劈刺与一个野蛮人挥舞棍棒之间的不同。

——托马斯·亨利·赫胥黎（1825—1895），英国生物学家

科学并不试图解释什么，它们甚至几乎不试图阐明什么东西，它们主要是建模。一个模型就意味着一个数学构造。对其予以某种口头解释，我们就可以将其用于描述观察到的现象。这种数学构造的正当性唯一且精确地取决于它所预期的结果有效。

——约翰·冯·诺依曼（1903—1957），匈牙利裔数学家

今天的科学就是明天的技术。

——爱德华·特勒（1908—2003），美国物理学家

科学的每一个伟大进步都源自新的大胆的想象。

——约翰·杜威（1859—1952），美国哲学家

接受的四个阶段：

1）这是毫无价值的废话，

2）这是个有趣的观点，尽管比较叛逆，

3）这是真的，但不是很重要，

4）我一直就认为是这样。

——J. B. S. 霍尔丹（1892—1964），英国遗传学家

科学哲学对于科学家的用处就好比鸟类学对于鸟类的用处。

——理查德·费恩曼（1918—1988），美国物理学家

在任何已知科学领域，一个人当他意识到自己一辈子都将是个初学者时，他就不再是个初学者，而是该领域的大师了。

——罗宾·G. 科林伍德（1889—1943），英国哲学家

词汇表

吸收	原子吸收特定波长的光的过程，从而允许通过识别“缺失”波长的光谱来检测其存在。
α粒子	某类放射性衰变所放出的亚原子粒子，由2个质子和2个中子组成，等同于一个氦原子核。
人存原理	这一原理指出，由于人类已知是一种存在，因此物理定律必然是以生命存在为前提的。在其极端形式下，人存原理指出，宇宙之所以设计成现在这个样子就是要允许生命存在。
弧分	用于衡量非常小的角度的单位，等于1°的1/60。
弧秒	用于衡量非常小的角度的单位，等于1弧分的1/60，或1°的1/3 600。
原子	元素最小的组成部分，由一个带正电的原子核和周围带负电荷的电子构成。核中带正电的质子数唯一确定了该原子所属元素的化学性质。例如，每一个含有单个质子的原子是氢原子，而每一个含有79个质子的原子是金原子。
大爆炸模型	目前公认的宇宙模型。根据这一模型，时间和空间都是在100亿至200亿年前从一个热的、致密的小区域里产生的。

造父变星	一类恒星，其亮度变化具有精确、规则的周期性，通常为1到100天。这种光变周期直接与恒星亮度的平均值相联系，因此我们可以由此计算出该恒星的亮度。将这个亮度与地球上观测到的视亮度作比较，就可以准确确定其距离。因此，这些恒星在确定宇宙的距离尺度上具有重要作用。
CMB辐射	参见宇宙微波背景辐射。
COBE（宇宙微波背景探测器）	1989年发射的旨在对宇宙微波背景辐射进行精确测量的卫星。其DMR（较差微波辐射）探测器首次提供了宇宙微波背景辐射变化的证据，表明早期宇宙中的这些区域曾导致星系的形成。
哥白尼模型	以太阳为中心的宇宙模型，由哥白尼于16世纪提出。
宇宙微波背景（CMB）辐射	宇宙中弥漫的从各个方向看去都几乎均匀的微波辐射“海”。其历史可追溯到重组的时刻。按照伽莫夫、阿尔弗和赫尔曼在1948年的预言，这种辐射是大爆炸的“回声”。1965年，彭齐亚斯和威尔逊发现了这种辐射。这种辐射源于大爆炸的热，随着宇宙的膨胀，其频谱已从红外延伸到微波波段。COBE卫星测得了这种辐射的变化。
宇宙学常数	爱因斯坦人为添加到他的广义相对论方程中的一个参数。在此之前，这个方程显然蕴含着宇宙是膨胀的或是收缩的结果。通过有效地引入反引力项，这个方程变得允许一个静态的宇宙。
宇宙学原理	即宇宙中不存在任何优于其他地方的地方，宇宙的整体特征在各个方向上似乎都是一样的（各向同性性质），不论观察者处于何处（均匀性）。

宇宙学　研究宇宙的起源和演化的学科。

产生场（C场）　稳恒态模型中引入的一个概念。C场通过不断产生物质来填补因膨胀而引起的物质密度的减小，从而使宇宙的物质总密度保持不变。

截面　粒子物理学里用来衡量两个粒子发生碰撞的概率大小的一个量。

暗能量　一种假想的能量形式，被用来解释最近观察到的结果。这些结果表明宇宙正在加速膨胀。虽然计算结果表明它可能是宇宙中质量-能量的主要成分，但关于其性质还没有任何统一的认识。

暗物质　一种假想的物质形式，被用来填补宇宙中的缺失的大部分物质。其存在只能通过其引力来感知，它们发出很少或根本不发射可见光。

均轮　在托勒密模型里用来描述天体环绕地球运动的大圆。当天体的这种运动与较小的本轮上的运动复合后，可以大致解释我们在地球上观察到的行星运动。

氘　氢的同位素，原子核中含有1个质子和1个中子。

多普勒效应　运动波源所发出的声波或电磁波的波长因波源运动而出现变化的效应。当观察者运动（而不是波源运动）时同样会出现这种效应。运动波源发出的向前传播的波被压缩，向后传播的波被拉伸，从而产生出一种类似于救护车在眼前通过时警笛声从低到高再到低的音调变化。类似的效应会导致退行星系的频谱出现红移。

电磁辐射	能量传播的一种方式，其波长范围包括可见光、无线电波和X射线。电磁辐射在空间的传播是以电磁波的形式以光速传播的。辐射的波长决定了其品质。
电磁波谱	电磁辐射波长的整个范围，从短波长（高能量）的伽马射线和X射线，经紫外线、可见光、红外线，一直延伸到长波长（低能量）的无线电波。
电磁波	电场和磁场的简谐振荡，二者交替进行，共同以电磁辐射形式在空间传播。
电子	带负电荷的亚原子粒子。电子可以独立存在，也可以围绕带正电荷的原子核做轨道运动。
元素	宇宙的基本物质单元之一，以元素周期表的方式列出。元素的最小单位是原子，并且原子中的质子数确定了元素的类型。
发射	原子被激发（例如通过加热）并发射出特定波长的光过程。借此我们可以通过光谱来检测存在哪一种元素。
本轮	托勒密地心模型中所用的叠加在均轮上的小圆，用以解释某些行星被看成是绕地球旋转时的逆行。
以太	一度被认为用以传播光的弥漫于整个宇宙的物质，其存在被迈克耳孙-莫雷实验所否定。
指数记法	非常大和非常小的数字的一种简便记法。例如1200可以写成1.2×10^3，因为它等于$1.2 \times (10 \times 10 \times 10)$；0.0005可以写成$5 \times 10^{-4}$，因为它等于$5 \div (10 \times 10 \times 10 \times 10)$。

裂变　大的原子核碎裂成两个较小的核的过程，通常伴有能量的释放。放射性衰变就是一种自发裂变的过程。

聚变　两个小的原子核结合在一起形成一个较大的核的过程，通常伴有能量的释放。例如氢核可以通过多步聚变过程形成氦核。

星系　恒星、气体和尘埃在引力作用下聚合在一起所形成的集合，通常与相邻的星系分开，其形状通常有螺旋状或椭圆状。星系的大小范围从大约一百万颗恒星到数十亿颗恒星不等。

广义相对论　爱因斯坦的引力理论，为宇宙学提供支撑。广义相对论将引力描述成四维时空的曲率。

引力　任意两个有质量物体之间所感受到的吸引力。牛顿最先对引力进行了描述，后来爱因斯坦在他的广义相对论给出了更准确的描述，即引力取决于时空的曲率。

氦　宇宙中存在的第二种最常见也是仅次于氢的最轻的元素。其核包含2个质子和（通常）2个中子。恒星内部的温度和压力可以迫使氦气通过聚变形成较重的原子核。

均匀性　空间所有各处均相似的特性。

哈勃常数（H_0）　可测得的宇宙参数，用以描述宇宙膨胀的速度。其值为50 ~ 100 km/s/Mpc，即一个相距100万秒差距远的星系的退行速度在50 km/s到100 km/s之间。哈勃常数源自哈勃定律的定义。

哈勃定律　一条用以描述星系的退行速度正比于其距离的经验法则：$v = H_0 \times d$。式中的比例常数（H_0）即为哈勃常数。

氢	宇宙中最简单和最丰富的元素，其原子核由一个质子构成，核外有一个电子绕核做轨道运动。
暴胀	宇宙在前10^{-35}秒所经历的极速膨胀阶段。尽管暴胀是假设性的，但它可以解释宇宙的一些特点。
红外	电磁波谱中波长比可见光波长稍长的那部分波段。
同位素	同种元素的一种变体，以核内中子数的不同来区别。例如，氢有三种同位素，分别具有0个、1个和2个中子，但是所有这些同位素都只包含1个质子。
各向同性	空间各个方向上性质相同。
光波	见电磁波。
光年	光在一年中走过的距离，大约为9 460 000 000 000千米。
迈克耳孙-莫雷实验	19世纪中后期进行的一项实验，旨在通过对平行于地球运动方向上和垂直于地球运动方向上光速的测量来检测地球相对于以太的运动。该实验否决了以太的存在。
微波辐射	电磁波谱中波长为几毫米或几厘米的那部分。它通常被认为是射频波段的一个子波段。
银河系	我们太阳系所在的星系的名称。银河系是一个包含大约2 000亿颗恒星的螺旋星系，太阳位于其一条旋臂上。
模型	数学上用于描述现实世界的某些特征的一套自洽的法则和参数。

多重宇宙	有别于单一宇宙的另一种宇宙模型，其中许多不同的宇宙并存，各有一组不同的物理定律，每个宇宙都与其他宇宙完全隔绝。
星云	银河系内由气体（更多的是尘埃）构成的云。在夜空中表现为光线模糊的斑块，与点状星星相区别。在20世纪里，随着大辩论的解决，很多在1900年以前标示为星云的天体被确认是独立的星系。
中子	原子核内发现的一种粒子。中子的质量几乎与质子相同，但不带电荷。
新星	在几天内其亮度增大到原先的（通常是）50 000多倍的恒星。然后经过几个月的时间，其亮度逐渐回到原先的亮度。新星的能量来自其近距伴星的质量流。
核物理学	研究原子核的学科。主要研究核的相互作用和核结构。
核子	质子和中子的通用术语，这两个粒子是原子核的基本构件。
核合成	元素通过核聚变的形成过程，特别是在恒星和超新星爆发时期。最轻的原子核的核合成是在大爆炸之后瞬间发生的。
原子核	原子中心的一种致密结构，内含质子和中子，具有至少99.95%的原子质量。
奥卡姆剃刀	一条经验法则，它指出，在对现象有多种可替代的、充分的解释时，较简单的一种更有可能是正确的。
视差	当观察者的位置改变时，观测对象的位置的表观移位。在天文学里，恒星视差被用来测量最近的恒星的距离。

秒差距	天文学中使用的距离单位，约等于3.26光年，简称“秒差距”，即恒星视差为1角秒时对应的距离。100万秒差距的距离称为1个百万秒差距（Mpc）。
完美宇宙学原理	宇宙学原理的延伸，它指出，宇宙不仅是均匀的和各向同性的，而且在时间上也是不变的。这一原理是稳恒态模型的基础。
等离子体	物质的高温状态，在此状态下，原子核与其核外电子呈分离状态。
原始原子理论	乔治·勒迈特提出的一种早期宇宙大爆炸的模型，即在宇宙之初，所有原子都挤在一个致密的“原始原子”内。原始原子的爆炸创生了宇宙。
视运动	恒星在天空中的表观运动，这种运动由其相对于太阳的真实运动引起，其效应非常微弱，直到1718年才被检测到。
质子	原子核内带正电的亚原子粒子。
宇宙的托勒密模型	有缺陷的地心说模型。该模型认为，所有其他天体都围绕着地球做轨道运动，这些轨道由称为均轮和本轮的完美的圆构成。
类星体	一种极为明亮的天体，看上去像一个恒星（“类星体”），但目前已知它实际上是在宇宙早期就已存在的高亮度的年轻星系。今天可观察到的类星体都处于宇宙最遥远的地方，因为它所发出的光——当时宇宙还非常年轻——要从遥远的宇宙的另一端经过如此漫长的时间才到达我们这里。

准稳态模型　稳恒态模型的修订版，它试图修补原模型的一些不自洽的缺陷。

径向速度　恒星或星系飞向地球或飞离地球的速度。恒星的这个速度分量可以从恒星或星系所发出的光或其他电磁波的多普勒效应来确定。

放射性衰变　原子核自发衰变并释放出能量的过程。通常情况下它会变成一个更轻、更稳定的核。

放射性　某些原子（例如铀）具有的放射性衰变的倾向。

射电天文学　利用射电望远镜而不是光学望远镜来研究天体发出的无线电波（射电波）的学科。

射电星系　以发射强大的无线电波（射电波）为特征的星系。这类星系所发出的射频波的强度大约是普通星系（如银河系）的100万倍。在100万个星系中大约只有一个属于这类星系。

射电望远镜　设计用来探测射电源天体所发出的射电波的仪器。射电望远镜是一种高灵敏的无线电接收器，它有一副呈抛物型或碟形的天线。

射电波　波长在毫米量级（包括微波波段）的电磁辐射。研究天体发出的射电波的学问称为射电天文学。

复合期　宇宙充分冷却使得电子被原子核俘获的时期。此时宇宙中的物质形态从等离子体态转化为整体上不带电的原子。这个阶段发生在宇宙年龄大约为30万年的时刻，此时温度大约为3000℃。从那一刻开始，电磁辐射便能够几乎无阻碍地在宇宙中穿行，这就是我们今天所探测到的宇宙微波背景辐射。

红移	波源因退行引起的所发射的光的波长的增加（多普勒效应）。在宇宙学里，这个术语通常指遥远的星系所发出的光波因宇宙膨胀而抻长的效应。这种红移不是因为星系在空间上退行，而是因为空间本身的扩张造成的。
相对性	请参阅广义相对论和狭义相对论词条。
逆行	火星、木星和土星运动的视方向的临时改变。它是从地球上观察这些行星的结果，源自地球具有较高的绕日轨道速度。
天琴RR型星	一类光度略逊于造父变星的变星，其光变周期为9～17个小时之间。在20世纪40年代之所以无法在仙女座星系检测到天琴RR型星的一个很重要的原因，是该星系比以前设想的更为遥远。
相似三角形	任何一对形状相同、但大小不同的三角形。这两个三角形的所有三个角均相同，其相应的边之间成相同的比例。
索尔维会议	每隔几年进行一次的一系列著名的受邀出席的会议。会议主题是讨论物理学前沿问题。
时空	由三个空间维度加上一个时间维度（第四维）构成的统一结构。它是我们这个宇宙的基本框架。时空的概念是爱因斯坦的狭义相对论和广义相对论的一个组成部分。时空的曲率导致我们所理解的重力的力。
狭义相对论	爱因斯坦提出的一种基于光速不变原理的理论。所谓光速不变是指对任何观察者，不论其自身是否在运动，光速都是一样的。这一理论的一个最著名的结果是能量与物质的等价性，用公式表达为$E = mc^2$。它也意味着，我们对时间和空间的感知取决于观察者。该理论之所以称之为“狭义”，是因为它不

涉及对象的加速度或引力，对于后者，爱因斯坦后来发展出了广义相对论。

分光镜 将光波分解成其各组分波长以便用于分析的仪器。通过分析某种原子所发出的光及其红移，我们就可以识别该原子。

光谱学 通过将光分解成其各组分波长以便了解其波源的性质的学问。

光速（c） 一个物理学常数，数值等于299 792 458米/秒。根据狭义相对论，对于所有观察者，不论其是否在运动，光速都是一样的。

恒星 主要由氢构成，因自身引力而聚集在一起的天体，恒星有足够大的质量，其内部的温度和压力启动核聚变。恒星通常诞生于星系的形成时期。

稳恒态模型 一种未能得到广泛认可的宇宙模型。在该模型中，宇宙膨胀造成的星系间真空由不断生成的新物质来填补，从而使得宇宙维持一个持续到永恒的近似不变的物质密度。

恒星视差 近距恒星的位置相对于遥远的恒星的视在位移。这种位移由地球上的观察者因地球围绕太阳转动而造成观测位置的变动所引起。

超新星 恒星因其氢燃料源耗尽而造成的灾难性爆发。对于构成生命至关重要的较重的元素就是在这种导致超新星爆发的过程中生成的。

思想实验 通过一系列事件的逻辑链的思维活动构成的实验。当进行实际实验的条件尚不具备时，这是一种非常有用的思考问题的方法。

紫外线（UV）　波长比可见光稍短的电磁辐射。

可见光　电磁波谱中人眼可见的那部分电磁辐射。其波长范围从0.4微米（紫色）到0.7微米（红色）。

波长　波的两个连续峰（或谷）之间的距离。电磁辐射的波长决定了它属于电磁波谱的哪部分及其整体性质。

进一步阅读文献

本书试图在相对较小的篇幅下阐明大的主题。想更深入探讨这一主题的读者可能会对下列图书（和文章）感兴趣。

这些文献从科普到较专业的文献不等，每一章所开列的图书都是按最切合本章内容的方式给出的。其中许多作品在写作《大爆炸》时被用到，但另一些作品则超越了本书的范围，特别是那些在“尾声”中提到的文献。

第1章

艾伦·查普曼，《天空之神》（*Gods in the Sky*，Channel 4 Books，2002）

-

牛津大学的科学史学家讨论了古代天文学的发展及其与宗教和神话的重叠。

-

安德鲁·格雷戈里，《找到了！》（*Eureka!*，Icon，2001）

-

古希腊科学、数学、工程和医学的发展。

-

卢西奥·拉瑟，《被遗忘的革命》（*The Forgotten Revolution*，Springer-Verlag, 2004）

-

探索科学在古希腊的兴起，讨论了它为什么终结，以及它如何影响到哥白尼、开普勒、伽利略和牛顿。

-

迈克尔·霍斯金（主编），《剑桥插图天文学史》（CUP，1996. 中译本，江晓原、关增建、钮卫星译，山东画报出版社，2003年第1版）

-

一部出色的天文学史入门书。

-

约翰·诺斯，《丰塔纳天文学和宇宙学史》（*The Fontana History of Astronomy and Cosmology*，

Fontana, 1994）

-

天文学史的详细综述，强调了它从古代开始作为一门科学的发展。

-

亚瑟・库斯勒，《梦游者》（*The Sleepwalkers*, Arkana, 1989）

-

系统论述了从古希腊到17世纪的宇宙学的发展。

-

凯蒂・弗格森，《贵族及其管家》（*The Nobleman and His Housedog*, Review, 2002）

-

对第谷・布拉赫与约翰内斯・开普勒之间的伙伴关系给予了栩栩如生的描述。

-

马丁・戈斯特，《劫》（*Aeons*, Fourth Estate, 2001）

-

对人类测量宇宙年龄的历史——从厄舍主教到哈勃定律——给予了系统的描述。

-

达娃・索贝尔，《伽利略的女儿》（Fourth Estate, 2000.中译本，谢延光译，上海世纪出版集团，2002年第1版）

-

对伽利略的一生做了描述，其中包括他的女儿给他的信。他女儿从13岁起就住在女修道院。

-

卡尔・萨根，《宇宙》（*Cosmos*, Abacus, 1995. 中译本，周秋麟、吴衣俤等译，吉林人民出版社，1998年第1版。）

-

本书基于著名的同名电视连续剧，这部作品已经成为众多天文学家职业生涯的灵感来源。

第2章

詹姆斯・格雷克，《艾萨克・牛顿》（*Isaac Newton*, Fourth Estate, 2003.）

-

一本关于艾萨克・牛顿的一生的简明读本。

-

汉斯・赖欣巴哈，《从哥白尼到爱因斯坦》（*From Copernicus to Einstein*, Dover, 1980）

-

促成相对论建立的思想简史。

-

大卫・博丹尼斯，$E = mc^2$（Walker, 2001）

-

著名公式的传记，灵感来自卡梅隆·迪亚兹，他曾被问道，是否有人能够解释爱因斯坦这个著名公式的含义。

-

克利福德·威尔，《爱因斯坦是对的吗？》（*Was Einstein Right？* Basic Books，1999）

-

对爱因斯坦理论的各种检验的考察，包括水星异常轨道的测量和爱丁顿的日食远征。

-

杰里米·伯恩斯坦，《爱因斯坦和科学前沿》（*Albert Einstein and the Frontiers of Science*，OUP，1998）

-

一本对爱因斯坦的工作给予明确解释的流行传记。

-

约翰·斯塔赫尔，《爱因斯坦奇迹年》（*Einstein's Miraculous Year*，Princeton University Press，2001. 中译本，范岱年、许良英译，上海世纪出版集团，2007年第一版）

-

对爱因斯坦1905年发表的5篇著名论文给予了中等学术水平的讨论。

-

加来道雄，《爱因斯坦的宇宙》（*Einstein's Cosmos*，Weidenfeld & Nicolson，2004. 中译本，徐斌译，湖南科学技术出版社，2006年第一版）

-

关于爱因斯坦的狭义相对论和广义相对论工作的新颖的解读，其中还讨论了他试图统一物理定律的心路历程。

-

拉塞尔·斯坦纳，《阿尔伯特叔叔的时间和空间》（*The Time and Space of Uncle Albert*，Faber & Faber，1990）

-

在这本针对11岁以上的年轻人的书中，阿尔伯特叔叔和他的侄女吉丹肯探索了相对论世界。

-

埃德温·A. 阿博特，《平地》（*Flatland*，Penguin Classics，1999）

-

副标题："多维的罗曼史"，这部离奇、耐人寻味的中篇小说对多维宇宙做了有益的探讨。

-

梅尔文·布拉格，《站在巨人的肩膀上》（*On Giants' Shoulders*，Sceptre，1999）

-

本书简介了历史上12位最伟大的科学家，其中包括几位在宇宙学发展上起了一定作用的人物。

-

亚瑟·爱丁顿，《膨胀的宇宙》（*The Expanding Universe*，CUP，1988）

-

这本对宇宙的膨胀给予娱乐性和通俗描述的小书写于1933年，当时大爆炸的概念正在孕育中。

-

E. 特罗普、V. 弗雷克尔和A. 彻宁，《亚历山大 · A. 弗里德曼：令宇宙膨胀的人》（*Alexander A. Friedmann: the Man Who Made the Universe Expand*，CUP，1993）

-

短而精的弗里德曼传记，专注于他的职业生涯，包括对他的宇宙想法的一些半技术性说明。

第3章

理查德 · 潘尼克，《眼见为实》（*Seeing and Believing*，Fourth Estate，2000）

-

望远镜的历史，以及它如何改变了我们对宇宙的看法。

-

姬蒂 · 弗格森，《测量宇宙》（*Measuring the Universe*，Walker，2000）

-

本书描述了从古希腊人到现代宇宙学人类试图测量宇宙的历史。

-

艾伦 · 希什菲尔德，《视差》（*Parallax*，Owl Books，2002）

-

本书用通俗的语言详细描述了人类对恒星距离的测量是怎样演进的。

-

汤姆 · 斯丹迪奇，《海王星文件》（*The Neptune File*，Walker，2000）

-

虽然海王星的发现不关乎宇宙学的大问题，但这本优秀的作品概述了天文学史上这一引人入胜的时期。

-

迈克尔 · 霍斯金，《威廉 · 赫歇尔和天堂的构建》（*William Herschel and the Construction of the Heavens*，Oldbourne，1963）

-

从威廉 · 赫歇尔的一些原创性论文出发阐述他是如何阐明银河系的结构的。

-

梭伦 · I. 贝利，《哈佛大学天文台的历史和工作1839-1927》（*History and Work of the Harvard Observatory 1839–1927*，McGraw Hill，1931）

-

对哈佛大学天文台自成立以来直到20世纪20年代中期的研究项目进行了有趣的、基本上非专业性的（如果有点枯燥的话）描述。本书涵盖了亨丽埃塔 · 莱维特和安妮 · 坎农的工作，并解释了她们所使用的技术和仪器。

-

哈里·G. 朗，《球体沉默》（*Silence of the Spheres*，Greenwood Press，1994）

-

副标题："科学史上聋人的经历"，这本书包括了对约翰·古德利克和亨丽埃塔·莱维特的描述。

-

埃德温·鲍威尔·哈勃，《星云世界》（*The Realm of the Nebulae*，Yale University Press，1982）

-

这是哈勃在1935年耶鲁大学做西利曼讲座的讲义基础上整理成文的专业著作。它是哈勃在取得重大突破后对当时的宇宙学绘出的一幅有趣的图景。

-

盖尔·E. 克里斯琴森，《哈勃：星云世界的水手》（*Edwin Hubble: Mariner of the Nebulae*，Institute of Physics Publishing，1997. 中译本，何妙福、朱保如、傅承启 译，上海科技教育出版社，2000年第1版）

-

关于哈勃的一本可读性很强的科普传记。

-

迈克尔·J. 克罗，《当代宇宙学理论：从赫歇尔到哈勃》（*Modern Theories of the Universe from Herschel to Hubble*，Dover，1994）

-

很好地融合了历史和科学，包括了对天文学家和宇宙学家的原始文献的节选。

-

W. 帕特里克·麦克雷，《巨型望远镜》（*Giant Telescopes*，Harvard UP，2004）

-

自哈勃时代以来有关望远镜发展的最新技术史文献。

第4章

黑尔格·克拉格，《宇宙学和争论》（*Cosmology and Controversy*，Princeton University Press，1999）

-

本书对大爆炸与稳恒态模型之间的争论做了明确而详尽的记述。本书着重于这一争论的历史发展和所涉关键人物的个性，字里行间对相关的科学做了清楚的解释。这可能是关于大爆炸模型的发展的最重要的单卷本著作。

-

F. 克罗斯、M. 马汀和C. 萨顿，《粒子奥德赛：物质核心之旅》（*The Particle Odyssey: A Journey to the Heart of the Matter*，OUP，2004）

-

一本有关原子、原子核和亚核物理学的发展史及其宇宙学之间关系的优秀入门读物。

-

布赖恩・卡斯卡特,《大教堂里的苍蝇》(*The Fly in the Cathedral*, Viking, 2004)

-

关于恩斯特・卢瑟福和他的团队以及卡文迪什实验室的故事。书中对物理学家如何转变我们对原子核和原子分裂现象的理解做了通俗的说明。

-

乔治・伽莫夫,《我的世界线》(*My World Line*, Viking Press, 1970)

-

伽莫夫的"非正式自传"。书中对20世纪最有魅力的物理学家的生活做了令人愉快的考察。

-

乔治・伽莫夫,《汤普金斯先生漫游新世界》(*The New World of Mr. Tompkins*, CUP, 2001)

-

作者用迷人、轻松的笔调描述了一位伟大的实践者如何引领读者进入奇异的量子和相对论物理世界。

-

约瑟夫・德・阿格尼斯,"力挺大爆炸的最后勇士",《发现》(1999年7月号,第60-67页)

-

这篇文章给了拉尔夫・阿尔弗一个重要机会向普通读者讲述他在发展大爆炸模型中的作用。

-

R. 阿尔弗和R. 赫尔曼,《大爆炸的成因》(*Genesis of the Big Bang*, OUP, 2001)

-

一个优秀的并没有太多的技术考虑到大的起源爆炸模型及其发展到现在的一天。

-

约瑟夫・B. 赫里普洛维奇,"弗里茨・豪特曼斯的不平凡的生涯",《今日物理》(1992年7月号,第29-37页)

-

一篇记录弗里茨・豪特曼斯生平的感人文章,配有迷人的照片。

-

弗雷德・霍伊尔,《宇宙的本质》(*The Nature of the Universe*, Basil Blackwell, 1950)

-

根据BBC广播专题节目系列讲座稿本写成。正是在这个讲座里,霍伊尔无意中命名了大爆炸模型。本书是对20世纪50年代宇宙学的概述。

-

弗雷德・霍伊尔,《风吹到哪哪是家》(*Home is Where the Wind Blows*, University Science Books, 1994)

-

一本引人入胜的自传,详细介绍了霍伊尔作为数学家、雷达研究员、物理学家、宇宙学家和特立独行的人的无数事迹。

-

托马斯·戈尔德，《倒拨时钟》（*Getting the Back off the Watch*，OUP，2005）

-

托马斯·戈尔德在2004年去世前刚写完的回忆录。于2005年出版，该书名仅是他取的暂定名。

第5章

J. S. 海伊，《射电天文学的演变》（*The Evolution of Radio Astronomy*，Science History Publications，1973）

-

本书对自央斯基到当代的射电天文学的发展进行了简明概述，作者为第一代实践者之一。

-

斯坦利·海伊，《秘密的人》（*The Secret Man*，Care Press，1992）

-

一部简短的回忆录。

-

奈杰尔·汉博斯特，“无线电时代”《新科学家》（2000年10月28日，第46-47页）

-

关于射电天文学的早期岁月和斯坦利·海伊对这一领域的贡献的一篇有趣的文章。

-

马库斯·乔恩，《魔术炉》（*The Magic Furnace*，Vintage，2000）

-

对物理学家和宇宙学家如何解释核合成的秘密给予了十分精彩的解释。

-

杰里米·伯恩斯坦，《零上三度》（*Three Degrees Above Zero*，CUP，1984）

-

贝尔实验室科学研究的历史回顾，包括对阿罗·彭齐亚斯和罗伯特·威尔逊的采访。

-

G. 斯穆特和K. 戴维森，《时间的褶皱》（*Wrinkles in Time*，Little Brown，1993）

-

有关由差分微波辐射计小组领衔的COBE的故事。

-

约翰·马瑟，《第一道光》（*The Very First Light*，Penguin，1998）

-

有关由远红外绝对分光光度计团队领衔的COBE的故事。

-

M. D. 莱蒙尼克，《大爆炸的回声》（*Echo of the Big Bang*，Princeton University Press，2003）

-

有关宇宙微波背景辐射和WMAP卫星的故事。

-

F. 霍伊尔、G. R. 伯比奇和J. V. 纳里卡，《宇宙学的不同路径》（*A Different Approach to Cosmology*，CUP，2000）

-

仍不相信大爆炸模型的三位作者提出了自己的观点，挑战不同观察结果的解释。

结语

卡尔・波普尔，《科学发现的逻辑》（*The Logic of Scientific Discovery*，Routledge，2002. 中译本，查汝强、邱仁宗、万木春译，中国美术学院出版社，2008年第1版）

-

首次出版于1959年，波普尔从学术角度提出了一个革命性的科学哲学观点。

-

托马斯・S. 库恩，《科学革命的结构》（*The Structure of Scientific Revolutions*，University of Chicago Press，1996. 中译本，金吾伦、胡新和译，北京大学出版社，2003年第1版）

-

首次出版于1962年，在本书中，库恩提出了一种全新的科学进步的性质的观点。

-

史蒂夫・福勒，《库恩对波普尔》（*Kuhn vs Popper*，Icon，2003）

-

本书对库恩与波普尔之间的科学哲学辩论进行了重新审查，书中提炼的双方观点比它们的原始出版物更容易理解。

-

刘易斯・沃伯特，《科学的反常性质》（*The Unnatural Nature of Science*，Faber & Faber，1993）

-

对科学是什么，它能做什么，不能做什么，以及它如何运作进行了讨论。

-

阿兰・H. 古斯，《暴胀宇宙》（*The Inflationary Universe*，Vintage，1998）

-

暴胀理论之父解释了宇宙是怎么来的，以及为何会有我们的宇宙。

-

F. 提普勒和J. 巴罗，《人存宇宙学原理》（*The Anthropic Cosmological Principle*，OUP，1996）

-

本书探讨了我们的宇宙与其中生命存在的关系。

-

马里奥・利维奥，《加速的宇宙》（*The Accelerating Universe*，Wiley，2000）

-

本书讨论了20世纪90年代最重要的宇宙学发现之一，即宇宙似乎是在不断地加速膨胀。

-

李・斯莫林，《通向量子引力的三条途径》（*Three Roads to Quantum Gravity*，Perseus，2002. 中译本，李新洲等译，上海科学技术出版社，2003年第1版）

-

本书讨论了量子物理学与广义相对论之间的关系。包括这些理论能否得到统一，这种统一对宇宙学会产生什么影响等问题。

-

布赖恩・格林，《宇宙的琴弦》（*The Elegant Universe*，Random House，2000. 中译本，李泳译，湖南科学技术出版社，2004年第1版）

-

一本有分量的、长期高居排行榜榜首的科普书，很好地解释了广义相对论和弦理论。

-

马丁・里斯，《6个数》（*Just Six Numbers*，*Basic Books*，2001. 中译本，石云里译，上海科学技术出版社，2009年第1版）

-

这位皇家天文学家介绍了6个自然常数如何确定了宇宙的性质，并提出了为何这几个数似乎正好适合生命的进化的问题。

-

约翰・格里宾，《大爆炸探秘》（*In Search of the Big Bang*，Penguin Books，1998. 中译本，卢炬甫译，上海科技教育出版社，2000年第1版）

-

本书叙述了宇宙大爆炸的故事，讲述宇宙如何通过演化产生出星系、恒星、行星和生命。

-

史蒂芬・温伯格，《最初三分钟》（*The First Three Minutes*，Basic Books，1994. 中译本，王丽译，重庆大学出版社，2015年第1版）

-

虽然有些过时，但这仍然是对一宇宙大爆炸和宇宙的最早时刻的最通俗的描述。

-

保罗・戴维斯，《最后三分钟》（*The Last Three Minutes*，Basic Books，1997. 中译本，傅承启 译，上海科技教育出版社，2000年第1版）

-

科学大师系列的一部分，这本书探讨宇宙的最终命运。

-

珍娜・莱文，《宇宙是如何形成的》（*How the Universe Got Its Spots*，Phoenix，2003）

-

作者以给母亲的一系列信件的形式写成，珍娜带有强烈个性的描述使得本书在宇宙学以及宇宙学家是做什么的方面具有独特的视角。

-

“开启宇宙学的四把钥匙”,《科学美国人》(2004年2月号,第30-63页)

-

关于宇宙微波背景辐射的最新测量结果及其对宇宙学的意义的四篇出众的系列文章:“宇宙交响曲”,作者韦恩·胡和马丁·怀特;“读懂创生蓝图”,作者迈克尔·A.施特劳斯;“从减速到加速”,作者亚当·G.里斯和迈克尔·S.特纳,以及“黑暗之外”,作者格奥尔基·德瓦里。

-

斯蒂芬·霍金,《果壳中的宇宙》(*The Universe in a Nutshell*, Bantam, 2002. 中译本,吴忠超 译,湖南科学技术出版社,2002年第1版)

-

由世界最著名的宇宙学家撰写的一本插图丰富的科普读物,曾赢得2002年度Aventis科学奖,可读性远胜霍金的《时间简史》。

-

盖伊·孔索马格诺,《兄弟天文学家》(*Brother Astronomer*, Schaum, 2001)

-

论述宗教如何与科学共存,由梵蒂冈天文台的天文学家撰写。

-

R. 布拉威尔和A. 莱特曼,《起源》(*Origins*, Harvard UP, 1990)

-

对27位国际知名宇宙学家的采访录,包括霍伊尔、桑德奇、席艾玛、里斯、迪克、皮布尔斯、霍金、彭罗斯、温伯格和古斯。

-

安德鲁·利德尔,《现代宇宙学导论》(*Introduction to Modern Cosmology*, Wiley, 2003)

-

一本涵盖了宇宙学各个方面的教材,是具有中等文化水平的读者最好的入门读物。

-

卡尔·盖瑟和阿尔玛·E.卡弗佐斯-盖瑟,《天文学读本》(*Astronomically Speaking*, Institute of Physics, 2003)

-

一本优秀的天文学文献选集。是系列选集中的一部,该系列包括《数学读本》、《科学读本》和《化学读本》。

致谢

西蒙·辛格
伦敦
2004年6月

在过去几年里，在写作本书时我得到了无数人的帮助。我特别要感谢拉尔夫·阿尔弗、艾伦·桑德奇、阿诺·彭齐亚斯和已故的托马斯·金，他们都花费时间告诉我他们对宇宙学发展的贡献。他们的耐心和良好的品质非常值得赞赏。奥胡斯大学的黑尔格·克拉格和焦德雷尔班克天文台的伊恩·墨里森也非常支持，同样给予支持的还有威尔逊山天文台的南茜·威尔逊和唐·尼克尔森。我还得以访问了贝尔实验室，我要感谢带我参观那里的各种设施的所有人，特别是萨斯瓦托·达斯。

我还要感谢（伦敦）大学学院的亚瑟·米勒，他向我介绍了弗里茨·豪特曼斯的工作。感谢奈吉尔·亨伯斯特，他向我指出了斯坦利·海伊的重要贡献。我得以采访到彭齐亚斯。我在英国广播公司电台节目“科学的发现”和“物质世界”工作时，听到过弗雷德·霍伊尔第三次讲座的原版录音，我感谢这些节目的制作人阿曼达·哈格里夫斯、莫妮丝·杜兰尼和安得烈·拉科巴克，他们无意中帮助我重新点燃了对宇宙学的兴趣。

在成书过程中，许多人阅读我的手稿后给出了有价值的反馈信息。这包括马丁·里斯和戴维·伯登尼斯，他们设法抽出时间帮我，即使他们自己的项目已经够忙的了。在本项目的各个阶段，艾玛·金、亚历克斯·西利、阿玛伦德拉·斯瓦鲁普和米娜·瓦尔萨尼始终在帮助我，我很感谢他们的贡献。特别是，我的助理德比·皮尔森协助我研究了这本书的几个部分，安排我到剑桥参观玛拉德射电天文台，并为本书搜寻到很多照片。

在后面的图片致谢部分已列出了提供图片的各档案馆和图书馆，但下面这些人和机构提供的帮助远超其职责所在：彼得·D. 欣格利（皇家天文学会）、希瑟·琳赛（埃米利奥·塞格雷视频档案馆）、丹·刘易斯（亨廷顿图书馆）、约翰·格鲁拉（华盛顿卡内基研究所天文台）、乔纳森·哈里森（圣约翰大学图书馆）、约瑟夫·赫里普洛维奇（新西伯利亚大学）、谢丽尔·丹德里奇（利克天文台档案馆）、刘易斯·怀曼（国会图书馆）、丽莲·摩恩丝（鲁汶天主教大学勒迈特档案馆），以及马克·胡恩、莎拉·布里德尔和约亨·韦勒（剑桥大学天文研究所）。

我要感谢威尔士大学生物成像实验室的伊奥勒·格温，他专门制作了如图99所示的放大图像。我还要感谢哈佛学院天文台的艾丽森·多恩，她接到临时通知后变更了原定的计划安排，带我去参观亨丽埃塔·莱维特和她的同事们原先工作的处理照片的场地。在本书中我还收进了弗雷德·霍伊尔的几幅珍贵的照片。我非常感谢巴巴拉·霍伊尔和圣约翰学院的院长和研究人员，他们允许我使用霍伊尔在剑桥大学圣约翰学院的这些图片。

在我日常阅读、学习和写作宇宙学（这本身就非常有趣）的过程中，众多朋友和同事的不时加入让我感到愉快。休·马森、拉维·卡普尔、莎伦·赫克斯和瓦莱丽·伯克在实施UAS项目（一项旨在鼓励本科生花时间听讲学校各类讲座的项目）时都曾与我一起工作过。参与这个项目让我不断了解到有关科学教育的各种问题。克莱尔·埃利斯和克莱尔·格里尔一直代表我主持学校的代码破解专门小组的工作，向年轻人展示数学的魅力。正是他们的辛勤工作和热情，让数以万计的学生参与到这个揭谜项目中来。我还要感谢尼克·密，他将光驱里的《码书》[1] 上的想法变成了现实。他还让我经常通过他的望远镜去观看夜空，这始终是一种给人震撼的经历。

在过去的几年里，我一直与国家科学和工业博物馆、科学传媒中心和国家科学、技术和艺术基金会打交道，它们以新的方式扩展了我的大脑。感谢所有三个机构的专家在我提出想法和不时打搅时所给予的宽容和支持。我要特别感谢苏珊娜·史蒂文森，是她和她的同事们不断帮助我纠偏，不断给我建议、支持和鼓励。没有她的坚定的存在，我就不可能提出新的想法和项目。

劳伊和弗朗西丝卡·佩尔绍德在让我保持清醒和专注方面做了了不起的工作，罗杰·海费尔德、霍利、罗利、阿莎和萨钦则让我有机会一睹格林尼治的各个公园和博物馆，这让我整整一周都沉浸在新鲜感里。理查德·威斯曼在让我不执迷于某些细节方面起到了重要作用。他还向我介绍了魔法泡泡的神奇，对此我真的很感激。希亚玛·佩雷拉曾专门过来将我拖离久坐的办公桌，事后想来这都是很必要的，我很认可。我还要感谢我的两个外甥女，安娜和瑞秋，她们一直充当我的时尚警察，监督我不要总穿固定的外套。我也很高兴瑞秋让我有借口在去年出差去了趟印度南部，她在蒂鲁门格勒姆的泰迪学校当老师，她中学毕业后在上大学之前的大部分时间都是在那里搞教学。我看到那里的学生、教师和工作人员都对她的热情和冷静的头脑称赞有加，我知道她也从这所鼓舞人心的机构中学到很多，这有助于改变当地的社区。我也非常感谢菲奥娜·波特，在过去的几年中，她的友好的忠告一直让我受益匪浅。

---

1. 作者的另一本书。—— 译者注

在《大爆炸》的成书过程中，我得到了相当大的支持。雷蒙德·特维帮着绘制了各种插图，特伦斯·卡文负责该书的外观和整体布局设计。曾参与《码书》编辑的约翰·伍德拉夫，在将粗略的草稿转变成流畅的手稿的过程中起着核心作用。事实上，在过去20年里，他是许多科普著作的幕后英雄，一直从事着默默无闻的编辑和校对工作。

自打写作本书开始，克里斯托弗·波特就一直给予指导性的意见，我很高兴他能参与到《大爆炸》的出版工作中来。米兹·安吉尔是我的新编辑，做事追求绝对完美，为我提供了源源不绝的友好建议。我还要感谢我的那些海外编辑——从意大利到日本，从法国到巴西，从瑞典到以色列，从德国到希腊——他们始终支持我的全球写作计划。反过来，他们与那些世界上最好的译者一起工作，后者承担着将一本既包含叙事性散文又包含科学解释的书翻译成另一种语言的挑战。在出版业的这个专门领域里，能够从事这种工作的译者已经很少，我很感激那些使我的书能在英语世界之外被人阅读的人。

最后，在本书的写作过程中，我要感谢康维尔和沃尔什文学社的每一个人，尽管我确信自己与他们比起来更像是一个蹩脚的作者。特别要感谢沃尔什·帕特里克，自我从大约10年前开始写作后，他一直是我的作品经纪人，不知疲倦地代我处理各种事务。他总能就我的作品给出坦率的批评，每当出现危机时他总能够挺身而出。我无法想象是否许多作品代理人都会陪同作者到赞比亚去见证日食。总之，帕特里克一直是我最好的朋友，是任何作者都希望结交的朋友。

图片来源

本书的插图由雷蒙德·特维绘制，所有图片均承蒙下列机构许可提供。

图12，10	皇家天文学会
图16，15	皇家天文学会
图18	（哥白尼）美国物理学会埃米利奥·塞格雷视频档案馆
图18	（第谷）皇家天文学会
图18	（开普勒）剑桥大学天文学研究所
图18	（伽利略）美国物理学会埃米利奥·塞格雷视频档案馆
图21	盖蒂图片（赫尔顿档案馆）
图28	剑桥大学天文学研究所
图29	美国物理学会埃米利奥·塞格雷视频档案馆
图31	鲁汶天主教大学勒迈特档案馆
图32	皇家天文学会
图33	剑桥大学天文学研究所

图35	欧文 · 金戈里奇，哈佛大学
图36，37	比尔城堡档案馆和Father Browne藏品
图37	朱丽亚 · 缪尔，格拉斯哥大学
图38	埃德温 · 哈勃论文集，亨廷顿图书馆
图39	（柯蒂斯）玛丽 · 李 · 沙恩档案馆/利克天文台
图39	（沙普利）哈佛学院天文台
图42	朱丽亚 · 玛格丽特 · 卡梅伦信托公司
图42	皇家天文学会
图43，44	哈佛大学学院
图46-48	埃德温 · 哈勃论文集，亨廷顿图书馆
图49	华盛顿卡内基学会天文台
图50	朱丽亚 · 缪尔，格拉斯哥大学
图56	皇家天文学会
图57	（1950）帕洛玛数字巡天天文台
图57	（1997）杰克 · 施密德琳，马伦戈，伊利诺伊州
图63	太平洋天文学会
图65	棕色兄弟

图66	加州理工大学档案馆
图68	卡文迪什实验室，剑桥大学
图75	国会图书馆
图76	卡文迪什实验室，剑桥大学和美国物理学会埃米利奥·塞格雷视频档案馆
图77	美国物理学会埃米利奥·塞格雷视频档案馆
图78	Herb Block基金会
图79	乔治·伽莫夫，《宇宙的创生》
图83	拉尔夫·阿尔弗
图85，84	圣约翰学院图书馆，剑桥大学
图87	圣约翰学院图书馆，剑桥大学
图88	美国物理学会埃米利奥·塞格雷视频档案馆
图92	朗讯技术公司/贝尔实验室
图94	《镜报》新闻集团
图96	朗讯技术公司/贝尔实验室
图97	史密森国家航空航天博物馆
图98	圣约翰大学图书馆，剑桥大学

图99	威尔士大学生物成像实验室
图101	美国航空航天局（COBE探测器组）
图102	美国航空航天局（DMR探测器组）
图103	《独立报》, 1992年4月24日
图104	美国航空航天局（WMAP探测器组）

名词索引

词条后的数字是原书页码，即本书的边码。斜体数字指该词条出现在该页的图注中。

C

E

F

H

I

J

K

L

M

N

O

P

R

S

T

U

Z

图书在版编目（CIP）数据

大爆炸简史 /（美）西蒙·辛格著；王文浩译. 一长沙：湖南科学技术出版社，2017.6
ISBN 978-7-5357-9251-8

Ⅰ. ①大… Ⅱ. ①西… ②王… Ⅲ. ①“大爆炸”宇宙学-天文学史 Ⅳ. ①P159.3

中国版本图书馆CIP数据核字（2017）第103253号

Harper Perennial
An imprint of Harper Collins Publishers
77-85 Fulham Palace Road Hammersmith London W6 8JB
www.harperperennial.co.uk
This edition published by Harper Perennial 2005.12
First published by Fourth Estate 2004

A catalogue record for this book is available from the British Library

湖南科学技术出版社获得中文简体版中国内地独家出版发行权。
著作权合同登记号：18-2015-136

DABAOZHA JIANSHI
大爆炸简史

著　　者：[英] 西蒙·辛格
译　　者：王文浩
责任编辑：吴　炜　孙桂均　杨　波
责任美编：殷　健
出版发行：湖南科学技术出版社
社　　址：长沙市湘雅路276号　http://www.hnstp.com
湖南科学技术出版社天猫旗舰店网址：http://hnkjcbs.tmall.com
邮购联系：本社直销科0731-84375808
印　　刷：湖南省众鑫印务有限公司
（印装质量问题请直接与本厂联系）
厂　　址：长沙县榔梨工业园区
邮　　编：410129
版　　次：2017年6月第1版第1次
开　　本：710mm × 970mm　1/16
印　　张：30.5
字　　数：253000
书　　号：978-7-5357-9251-8
定　　价：88.00元